全国电力行业"十四五"规划教材
高等教育电气与自动化类专业系列
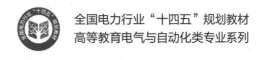

电机学

李永刚　李俊卿　孙丽玲　编著
王　昊　李志远　王艾萌

胡虔生　朱　凌　主审

中国电力出版社
CHINA ELECTRIC POWER PRESS

内 容 提 要

本书为全国电力行业"十四五"规划教材。

本书共分为 5 篇 21 章，主要内容包括变压器的基本工作原理和结构，变压器的运行分析，三相变压器，三相变压器的不对称运行，三绕组变压器、自耦变压器和互感器，变压器的并联运行，交流电机的绕组和电动势，交流绕组的磁动势，同步电机的基本知识，同步发电机的基本电磁关系，同步发电机的运行特性，同步发电机的并联运行，同步电动机和同步调相机，同步发电机的非正常运行，三相异步电机的结构和基本工作原理，三相异步电动机的运行原理，三相异步电动机的运行特性和三相异步发电机，三相异步电动机的起动、调速和制动，不对称供电电源下三相异步电动机的运行和单相异步电动机，直流电机的基础知识，直流发电机和直流电动机等内容。本书全面涵盖了电力系统专业的电机基础知识，并配有丰富的例题和习题，便于教学。

本书可作为普通高等学校电气工程及其自动化及其他特设电气类专业的电机学课程本科教材，也可供有关工程技术人员学习参考。

图书在版编目（CIP）数据

电机学/李永刚等编著.—北京：中国电力出版社，2023.8（2025.2重印）
ISBN 978-7-5198-7232-8

Ⅰ.①电… Ⅱ.①李… Ⅲ.①电机学 Ⅳ.①TM3

中国版本图书馆 CIP 数据核字（2022）第 217199 号

出版发行：中国电力出版社
地　　址：北京市东城区北京站西街 19 号（邮政编码 100005）
网　　址：http：//www.cepp.sgcc.com.cn
责任编辑：雷　锦
责任校对：黄　蓓　朱丽芳　马　宁
装帧设计：赵丽媛
责任印制：吴　迪

印　　刷：廊坊市文峰档案印务有限公司
版　　次：2023 年 8 月第一版
印　　次：2025 年 2 月北京第三次印刷
开　　本：787 毫米×1092 毫米　16 开本
印　　张：25.75
字　　数：640 千字
定　　价：78.00 元

前　言

为了适应我国电力工业发展和电力类专业教学改革的需要，根据电气工程及其自动化专业新教学大纲的要求，在华北电力大学叶东老师主编的《电机学》及校内讲义基础上，组织电机教研室老师进行了编写和更新工作。本书内容包括变压器、交流绕组、同步电机、异步电机和直流电机部分，讲述语言通俗易懂，与电网知识结合紧密，能更好地为后续电力系统专业课程服务。

本书包含电气工程学科所需的电机学基础知识，同时加入了电机新技术，内容丰富，结构完整。本书科学性强，能结合工程实际层层递进讲述基本理论，着重介绍了基本概念，原理阐述和重要的数学公式推导，做到言简意赅。本书内容针对电气工程及其自动化专业要求，重点突出，取材适度，深入浅出，重视实验分析，培养学生动手能力，做到与后期专业课程完美衔接。

本书由有多年电机学教学经验的任课老师编写，李俊卿负责编写异步电机篇和直流电机篇及其习题，李志远负责编写概论、变压器篇的第一章及第一～第四篇习题，王昊负责编写交流绕组篇，孙丽玲负责编写同步电机篇，王艾萌负责编写新型节能永磁同步电机，李永刚负责其余部分的编写并统稿。全书由东南大学胡虔生教授、华北电力大学朱凌教授审阅，在编写过程中得到了电机教研室其他老师及研究生的帮助，在此深表谢意。

限于作者水平，书中不妥和疏漏之处在所难免，恳请广大读者批评指正。

编者

目　　录

第一篇　变　压　器

电机学综合资源

第五篇　直　流　电　机

附录 电机学习题集

概　　论

一、电机的历史、作用及分类

电机的发展大体上可以分为四个阶段：①直流电机；②交流电机；③控制电机；④特种电机。

1820 年，丹麦物理学家奥斯特发现了电流在磁场中受机械力的作用，即电流的磁效应。

1821 年，英国科学家法拉第总结了载流导体在磁场内受力并发生机械运动的现象，法拉第的试验模型可以认为是现代直流电动机的雏形。

1831 年，法拉第发现了电磁感应定律，并发明了单极直流电机。

1864 年，英国物理学家麦克斯韦提出了麦克斯韦方程组，创立了完整的经典电磁学理论体系，为电机电磁场分析奠定了基础。

1871 年，凡·麦尔准发明了交流发电机。

1876 年，亚布洛契诃夫制成了世界第一台配电变压器。

汽轮发电机最大容量已达 1800MW，水轮发电机最大容量已达 1000MW，特高压输电 1000kV 变压器已投入运行。

电机是生产、传输、分配及应用电能的主要设备，它在电力系统中占有相当重要的地位。电能的应用是从直流到交流而发展起来的，交流发电机是现代电力系统的基础电源，相当于电力系统的心脏；变压器是输配电能的关键设备；异步电机是用电单位的一种主要原动机；直流电机在电力、交通运输、化工、家庭生活等方面也起着重要的作用。对于电气类专业的学生，深刻地理解和掌握电机运行原理和性能，较全面地了解电机结构，学会分析电机运行中的问题，是非常必要的。

随着电力电子技术的发展，传统电机应用得到了进一步的发展，比如整流电源对直流电机应用的影响，变频电源对交流电机应用的影响，电力电子技术对风电和太阳能应用的影响等。

电机是根据电磁感应定律和电磁力定律实现电能和机械能相互转换的机械设备。发电机可把机械能转换为电能；电动机却把电能转换为机械能。其机电转换系统示意图如图 0-1（a）所示，图中箭头表示能量传递方向。

由于变压器是根据电磁感应定律把一种电压等级的交流电能转换成另一种电压等级的交流电能的电器，其基本原理和异步电机有许多共同点，因此，人们把变压器也作为电机来进行研究，它的能量转换示意如图 0-1（b）所示。

电机的种类、形式十分繁多，按电流形式和用途可做如下分类：

1. 按电流形式分类

（1）直流电机（direct current machine）。电机输出或输入的能量为直流电能。

（2）交流电机（alternating current machine）。电机输出或输入的能量为交流电能。交流电机主要包括变压器、同步电机（synchronous machine）和异步电机（asynchronous machine）三大类。

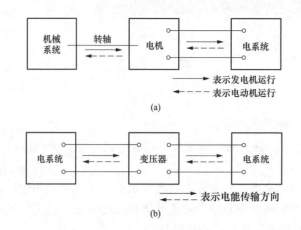

图 0-1　电机能量转换示意图

（a）旋转电机能量转换系统示意图；（b）变压器能量转换系统示意图

2. 按用途分类

（1）变压器（transformer）。它是将某一等级的交流电压与电流转变成另一等级的交流电压与电流的静止电器。

（2）发电机（generator）。它是将机械能转换成电能的旋转电机。

（3）电动机（motor）。它是将电能转换成机械能的旋转电机，还有一种直线运动的电动机，本书不作研究。

（4）控制电机（controlling machine）。这种电机的用途主要不是为了传递能量，而是为了执行某种控制任务，本书不作研究。

按照以上分类可归纳，电机分类如图 0-2 所示。

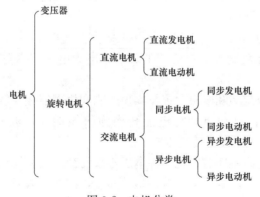

图 0-2　电机分类

值得指出，发电机和电动机是同一电机的两种不同运行方式，其基本原理是一致的。

二、电机中所用材料和铁磁材料的特性

电机是一种以磁场为媒介，按照电磁感应原理实现能量转换的换能机械，所以在电机里必须具有引导磁通的铁芯磁路和引导电流的良导体电路。为了把带电部分分隔开以构成电路，带电导体之间及导体与铁芯之间还应有绝缘物质。电机在运行中要产生热量，为了确保

电机在允许温度下正常工作，必须有冷却电机的冷却材料。因此电机主要由以下五类材料构成。

（1）导电材料：用来构成电路。为了减小电阻损耗，电机绕组常采用紫铜线制成。

（2）导磁材料：用来构成磁路。为了增加磁路的导磁性能，使在一定励磁电流下产生较强的主磁场，电机和变压器的主磁路一般采用导磁性能较高和铁芯损耗较小的硅钢片制成；而在直流单向磁路且兼作结构支撑的部分，则常采用导磁性能较高的钢板或铸钢制成。

（3）绝缘材料：要求介电强度高，耐热性能好。常用的绝缘材料有 A、E、B、F、H、C 等级。因为各种绝缘材料的成分不同，所以耐热能力也不同。各种绝缘材料的极限允许温度见表 0-1。

表 0-1　　　　　　　　　　　　　各种绝缘材料的极限允许温度

A 级	E 级	B 级	F 级	H 级	C 级
105℃	120℃	130℃	155℃	180℃	180℃以上

（4）冷却材料：用来冷却电机和变压器，要求热容量和导热能力大。常用气体冷却材料（如空气、氢气等）和液体冷却材料（如油、水等）两类。

（5）结构材料：主要要求机械强度好。常用的结构材料有铸铁、铸钢和钢板。在小型电机中也有采用铝合金或塑料的。

本节只着重讨论铁磁材料在磁方面的一些特性，作为今后研究电机的磁路和运行特性的基础，铁磁物质有如下特性。

1. 磁导率（permeability）很大

按导磁性可将金属分为以下三种。

（1）顺磁性物质：其磁导率 μ 略大于真空磁导率 μ_0，如铝、铬、锰、氧等。

（2）抗磁性物质：其磁导率 μ 略小于 μ_0，如铜、银、铅、氢等。

（3）铁磁性物质：其磁导率 $\mu_{fe} \gg \mu_0$，如铁、镍、钴及它们的合金。

真空的磁导率 $\mu_0 = 4\pi \times 10^{-7}$ H/m，电机中所用的铁磁材料的磁导率 $\mu_{fe} \approx （2000 \sim 6000）\mu_0$，而其余材料（如铜、铝）的磁导率与 μ_0 相差无几，因此在工程计算中，除了铁磁性物质外，其余物质的磁导率都认为与 μ_0 相等。

铁磁性物质的磁导率很大的原因是铁磁材料内部存在着由安培电流产生的自发磁化区域，它相当于一块块极小的磁铁，称为磁畴（magnetic domain）。在磁化前，这些磁畴杂乱地排列着，如图 0-3（a）所示，磁性相互抵消，对外界不显示磁性。但在外界磁场作用下，这些磁畴沿着外界磁场的方向开始转动，如图 0-3（b）所示。如果继续增大外界磁场强度，则顺着外磁场极性的磁畴继续扩大，逆着外磁场极性的磁畴继续缩小，结果在铁磁体两端出现异性磁极，从而形成一个附加磁场叠加在外磁场上，如图 0-3（c）所示。因为铁磁材料的每个磁畴原来都是强烈磁化了的，具有很强的磁场，故它们产生的附加磁场要比非铁磁性物质在同一外界磁场下所产生的强得多，所以铁磁性物质的磁导率比非铁磁性物质的要大很多。

2. 磁通密度（magnetic flux density）B 与磁场强度（magnetic field strength）H 呈饱和曲线关系

磁通密度 B 与磁场强度 H 的关系曲线称为磁化曲线（magnetization curve）。对于非铁

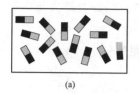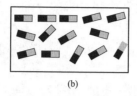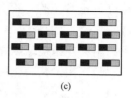

(a) 　　　　　　　　　　(b) 　　　　　　　　　　(c)

图 0-3　铁磁物质磁化的磁畴理论
(a) 未被磁化；(b) 稍微磁化；(c) 完全磁化——饱和

磁材料，由于磁导率 μ_0 为一常数，所以磁通密度 B 与磁场强度 H 呈线性关系，即 $B=\mu_0 H$。铁磁材料却不然，$B=f(H)$ 关系为一曲线，如图 0-4 所示，磁化曲线基本上可分为以下四段。

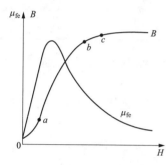

图 0-4　铁磁材料的磁化曲线
和磁导率曲线

（1）$0a$ 段：外磁场较弱，但能使顺着外磁场极性的磁畴增大，逆着外磁场极性的磁畴在缩小。随着 H 的增加 B 增加，但较缓慢。

（2）ab 段：此时外磁场较强，不但磁畴的扩大与缩小过程仍在进行，而且逆着外磁场方向的磁畴也开始转向与外磁场极性一致，B 随 H 几乎呈线性关系上升。

（3）bc 段：当外磁场再增加时，所有磁畴几乎都转到与外磁场极性一致的方向，这时它产生的附加磁场接近最大。b 点以后进入饱和状态，即使外磁场再增加，B 的增加也有限。

（4）c 点以后：B 随 H 的增加更加缓慢，而且趋于线性，因此，c 点称为饱和点。整个曲线称为 B-H 饱和曲线（B-H saturation curve）。

根据 $\mu_{\mathrm{fe}}=\dfrac{B}{H}$，可算出相应于 H 各个值下的磁导率 μ_{fe}，$\mu_{\mathrm{fe}}=f(H)$ 曲线也示于图 0-4 中。由图可见，开始磁化时，μ_{fe} 较小，以后迅速增大，在 B/H 比值最大的一个点上，磁导率达最大值，再以后又减小下来。磁路越饱和，磁导率越小。

为了充分利用铁磁材料，并使磁路具有较高的 μ_{fe} 值，使得磁路内得到同样的磁通量时所需励磁电流较小，设计电机和变压器时，通常把 B 值选择在 b 点（称为膝点）附近。

3. 存在磁滞现象

磁化曲线可以用实验测取。在实验中发现这样一个现象，当 H 由零上升到某个最大值 H_{m} 后再逐渐减小，过零后继续反向磁化，直到磁场强度为 $-H_{\mathrm{m}}$，之后又磁化到 $+H_{\mathrm{m}}$，记下对应的 B 和 H 的数值可得到一闭合曲线，如图 0-5 所示。该闭合曲线称为铁磁材料的磁滞回线（hysteresis loop），不同的铁磁材料有不同的磁滞回线形状。对于同一铁磁材料，H_{m} 越大，则磁滞回线的面积越大。

从磁滞回线可以看出，上升磁化曲线与下降磁化曲线不重合。下降时，B 的变化总是滞后于 H 的变化，当 H 下降到零时，B 没有下降到零而是下降到某一数值 B_{r}，这种现象称为磁滞（magnetic hysteresis）。B_{r} 称为剩余磁通密度（residual flux density or remanence），而对应于 $B=0$ 的磁场强度 H_{c} 称为矫顽力（coercive force）。B_{r} 和 H_{c} 是铁磁物质磁性能的两个重要参数。

磁滞现象的产生是由于铁磁材料中的磁畴在外磁场作用下，发生扩大和倒转时，彼此之间产生"摩擦"，由于这种"摩擦"的存在，当外磁场停止作用后，与外磁场方向排列一致的部分磁畴被保留下来，不能恢复原状，因此形成了磁滞现象和剩磁。

同一铁磁材料在不同的 H_m 值下有不同的磁滞回线，因此按不同的 H_m 值可测出许多不同的磁滞回线。如把所有的磁滞回线的顶点连接起来，所得到的磁化曲线称为铁磁材料的基本磁化曲线或平均磁化曲线。工程上所用的磁化曲线就是这种磁化曲线。

4. 磁滞损耗和涡流损耗

若把铁磁材料放在交变磁场中，则它将按照磁滞回线规律反复磁化。在反复磁化过程中，由于磁畴不停地转动，互相"摩擦"，要消耗能量，因此引起损耗，这种损耗称为磁滞损耗（hysteresis loss）。可以证明，磁滞回线所包围的面积可代表磁化电流变化一周中因磁滞作用消耗的能量，而磁滞回线的面积大小与材料性质有关，也与磁通密度的最大值 B_m 有关。B_m 越大，磁滞回线面积越大。1892 年斯坦梅茨提出了一个计算磁滞损耗的经验公式，至今仍在应用，即单位质量的磁滞损耗可表示为

$$P_h = \sigma_h f B_m^\alpha \tag{0-1}$$

式中：P_h 为单位质量的磁滞损耗，W/kg；σ_h 为斯坦梅茨系数或磁滞损耗系数，它取决于材料的性质；α 为斯坦梅茨指数。

对于常用硅钢片，当 $B_m = 1.0 \sim 1.6 \text{Wb/m}^2$ 时，$\alpha \approx 2$。因为硅钢片的磁滞回线面积较小，所以电机和变压器的铁芯都采用硅钢片叠成。

当铁芯中的磁通发生变化时，根据电磁感应定律，铁芯内将产生呈现旋涡状的感应电流，称为涡流，如图 0-6 所示。涡流在铁芯中引起的损耗称为涡流损耗（eddy current loss）。

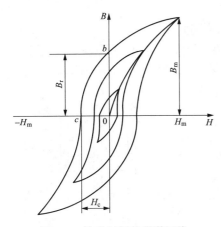

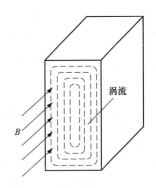

图 0-5　铁磁材料的磁滞回线　　　　　　图 0-6　铁芯中的涡流

不难看出，铁芯的电阻率越大，涡流所经路径越长，涡流损耗越小，因此电机和变压器的铁芯分别用厚度为 0.35～0.5mm 和 0.2～0.35mm 的硅钢片叠装而成（二者的含硅量为 4％左右）。经推导，对于一定厚度的硅钢片，单位质量的涡流损耗为

$$P_e = \sigma_e f^2 B_m^2 \quad (\text{W/kg}) \tag{0-2}$$

式中：P_e 为单位质量的涡流损耗；σ_e 为涡流损耗系数，它和硅钢片材料性质及厚度有关。

实际上，为简便起见，在电机和变压器中，通常把磁滞损耗和涡流损耗合在一起，统称

为铁耗（iron loss）。单位质量的铁耗为

$$P = P_h + P_e = \sigma_h f B_m^2 + \sigma_e f^2 B_m^2$$
$$= \sigma_{he} f^\beta B_m^2 \tag{0-3}$$

单位质量的铁耗 P 以 W/kg 为单位，在测定某种硅钢片的铁耗时，是以 1kg 硅钢片，当 $B_m = 1\text{Wb/m}^2$，$f = 50\text{Hz}$ 时进行的，测出的铁耗 $P_{1/50}$ 称为铁耗系数或比损耗。因此对于某一频率的 B_m 时，单位质量的铁耗为

$$P = P_{1/50} \left(\frac{f}{50}\right)^\beta B_m^2 \tag{0-4}$$

式中：β 介于一次和二次方之间，对于硅钢片，$\beta = 1.2 \sim 1.6$。

电机和变压器的总铁耗为

$$P_{fe} = P \cdot G_{fe} \tag{0-5}$$

式中：G_{fe} 为铁芯质量，kg。

5. 磁路定律

（1）基尔霍夫磁路第一定律。磁路节点上磁通的代数和等于零，即

$$\sum \Phi = 0$$

如图 0-7 所示，对节点 a 作一闭合面 S，根据磁通连续性原理可知

$$\Phi_1 = \Phi_2 + \Phi_3$$

或

$$-\Phi_1 + \Phi_2 + \Phi_3 = 0$$
$$\sum \Phi = 0$$

若按正弦变化，则

$$\sum \dot{\Phi} = 0$$

当规定磁通流出闭合面为正时，则流入闭合面为负。

（2）全电流定律。设空间有多根载流导体（见图 0-8）。导体中电流分别为 I_1、I_2、I_3、……，则磁场强度沿任意闭合回路的线积分等于该闭合回路所包围的导体电流的代数和（简称全电流），即

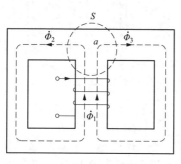

图 0-7　基尔霍夫磁路第一定律

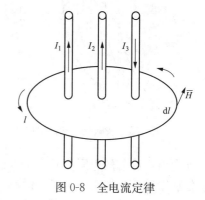

图 0-8　全电流定律

$$\oint_l \overline{H} \mathrm{d} \overline{l} = \sum I \tag{0-6}$$

式（0-6）称为全电流定律。在式（0-6）中，若电流与积分路径方向符合右手螺旋关系，则

电流取正，反之为负。若在一磁路上绕上几个线圈，各线圈中有电流通过，则根据全电流定律

$$\oint_l \overline{H} \mathrm{d}\overline{l} = \sum NI \tag{0-7}$$

式中：N 为线圈的匝数。

例如图 0-9 中磁路上绕了两个线圈，其匝数分别为 N_1、N_2，分别通过电流 I_1、I_2。按全电流定律，沿铁芯磁路作磁场强度的闭合积分，则

$$\oint \overline{H} \cdot \mathrm{d}\overline{l} = N_1 I_1 - N_2 I_2$$

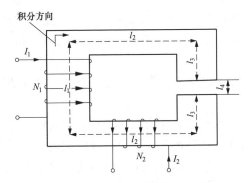

图 0-9　基尔霍夫磁路第二定律

把磁路按材料及截面相同分成若干段，如图 0-9 中分成四段，则由于各段中各点的磁场强度相同，所以闭合积分可写成

$$H_1 l_1 + 2H_2 l_2 + 2H_3 l_3 + H_4 l_4 = N_1 I_1 - N_2 I_2$$

一般形式为

$$\sum_{k=1}^{n} H_k l_k = \sum_{j=1}^{m} N_j I_j \tag{0-8}$$

式中：n 为磁路的段数；m 为线圈的个数；H_k 为第 k 段磁路的磁场强度，A/m；l_k 为第 k 段磁路的平均长度，m；N_j 为第 j 个线圈的匝数；I_j 为第 j 个线圈中的电流，A。

式 (0-8) 为磁路基尔霍夫第二定律的表达式。式中每一段的 Hl 值称为该段磁路上的磁压降。而 $\sum NI$ 是作用在整个磁路上的磁动势［magnetomotive force（M．M．F）］（一般用 F 表示）。式 (0-8) 表明：作用在闭合磁路上的总磁动势等于各段磁路上的磁压降之和。

（3）磁路欧姆定律。

式 (0-8) 可写

$$F = \sum_{k=1}^{n} H_k l_k \tag{0-9}$$

再考虑到 $H = \dfrac{B}{\mu}$，而磁通密度又等于磁通量除以面积，即 $B = \dfrac{\Phi}{S}$，于是式 (0-9) 可改写为

$$F = \Phi \sum_{k=1}^{n} \frac{l_k}{\mu_k S_k} = \Phi \sum_{k=1}^{n} R_{\mathrm{m}k}$$

$$\Phi = \frac{F}{\displaystyle\sum_{k=1}^{n} R_{\mathrm{m}k}} = F \Lambda_{\mathrm{m}} \tag{0-10}$$

$$F = \sum NI$$

$$R_{mk} = \frac{l_k}{\mu_k S_k}$$

$$\Lambda_m = \frac{1}{\sum_{k=1}^{n} R_{mk}} = \frac{1}{R_{m1} + R_{m2} + \cdots R_{mk}} = \frac{1}{\frac{1}{\Lambda_{m1}} + \frac{1}{\Lambda_{m2}} + \cdots \frac{1}{\Lambda_{mk}}}$$

$$\Lambda_{mk} = \frac{1}{R_{mk}} = \frac{\mu_k S_k}{l_k}$$

式中：F 为作用在磁路上的总磁动势，A；R_{mk} 为第 k 段磁路的磁阻（magnetic reluctance），A/Wb 或 1/H；Λ_m 为磁路的总磁导，H；Λ_{mk} 为第 k 段磁路的磁导（magnetic permeance），H；l_k 为第 k 段磁路的平均长度，m；S_k 为第 k 段磁路的截面积，m^2；μ_k 为第 k 段磁路的磁导率，H/m。

从式（0-10）可见，磁路的磁通等于作用在磁路上的总磁动势除以磁路的总磁阻，这就是磁路的欧姆定律。

由此可知：磁路的磁阻（或磁导）主要取决于磁路的几何尺寸和所用材料的磁导率。材料的磁导率越大，则磁阻越小；磁路的长度越长，截面积越小，则磁阻越大。

对于非铁磁材料，其磁导率 $\mu \approx \mu_0 \ll \mu_{fe}$，且为常数，不受 B 值的影响，当 B 的单位取 T，H 的单位取 A/m 时，其磁导率为

$$\mu_0 = 4\pi \times 10^{-7} \ H/m$$

所以，由非铁磁材料组成的磁路在尺寸一定时，其磁阻为常数。对于铁磁材料，其磁导率 μ_{fe} 随磁通密度 B 的增大而变小，因此其磁阻为一变量，即磁阻是非线性的。

在工程计算时，一般不按式（0-10）计算，而是以所用材料的磁化曲线进行计算。

由上可知，磁路和电路有一定的相似性，为了更好地理解磁路定律，表 0-2 列出磁路和电路中对应的物理量和有关定律。

表 0-2　　　　　　　　　　　　　　　磁路和电路的对比

电　路	磁　路
电流 $I(A)$	磁通 $\Phi(Wb)$
电流密度 $\Delta(A/mm^2)$	磁通密度 $B(T$ 或 $Wb/m^2)$
电动势 $E(V)$	磁动势 $F(A)$
电压降 $IR(V)$	磁压降 $\Phi R_m(A)$
电阻 $R = \rho \dfrac{l}{S}(\Omega)$	磁阻 $R_m = \dfrac{l}{\mu S}(1/H)$
电导 $g = \dfrac{1}{R}(1/\Omega)$	磁导 $\Lambda_m = \dfrac{1}{R_m}(H)$
基尔霍夫第一定律 $\sum i = 0$	基尔霍夫磁路第一定律 $\sum \Phi = 0$
基尔霍夫第二定律 $\sum u = \sum e$	基尔霍夫磁路第二定律 $\sum Hl = \sum Ni$
电路欧姆定律 $I = \dfrac{E}{R}$	磁路欧姆定律 $\Phi = \dfrac{F}{R_m}$

值得提出的是磁路和电路有三点不同的性质：

（1）电路中通过不随时间变化的恒定电流 I 时，有功率损耗 I^2R，而磁路中维持不随时间变化的恒定磁通 Φ 时，铁芯中没有功率损耗。

（2）电路中可以认为电流全部在导线中通过，导线外没有电流，但在磁路中因为没有绝对的隔磁体，磁通虽大部分从铁芯中通过，但还有一小部分由铁芯外通过，这部分磁通常称为漏磁通（leakage flux）。

（3）电路中的电阻率 ρ 在一定温度下是恒值，但磁导率 μ 却非常数，它随铁芯中的磁通密度 B 而变化。

三、本课程的定位及任务

本课程是一门专业基础课。通过本课程的学习，主要获取电机的基本理论、基本知识和基本的实践技能。为电力相关专业的专业课学习打下基础。

学习本课程后，应达到以下基本要求：

（1）对主要几种电机的基本结构和绕组有一定了解。特别是在电力系统中应用广泛的变压器、同步电机和异步电机。

（2）对各种电机的磁动势和电动势的性质和时空关系有深入了解。

（3）掌握分析电机运行的基本分析方法，学会分析电机运行的基本方程、相量图和等效电路等分析方法。

（4）掌握各种电机的稳态参数的意义和其测量方法。

（5）了解电机的不对称运行和突然短路的分析，为后续的学习打下暂态分析的基础。

（6）通过实验，掌握电机的基本实验技能和方法。对基本测量设备有基本了解。

第一篇

变　压　器

第一章　变压器的基本工作原理和结构

本章学习目标：

(1) 了解变压器在电力系统中的作用。

(2) 掌握变压器的基本工作原理。

(3) 了解变压器的基本结构和额定值。

1831 年英国人法拉第在铁环上绕上两个闭合线圈，一个线圈与电池串联，另一个线圈接一电流表，当电池闭合或断开时，发现在电流表上有电流指示，从此创立了电磁感应原理，为变压器奠定了理论基础。

1876 年俄国人亚布洛契诃夫制成了世界上第一台配电变压器，并在法国取得了专利。

1885 年匈牙利人德里在根茨工厂第一次做成闭合磁路的单相变压器，而且，从这里开始，才把这种电器称作变压器。

变压器的发展只有 100 多年的历史，但从理论和制造上都达到了相当高的水平，这是由于变压器在电力系统中的作用所决定的。

第一节　变压器在电力系统中的应用

随着国民经济的发展，对电力的需求越来越大，产生电能的发电机的容量也随之越来越大，那种初期的直接为用户使用的低压发电机早已不能满足要求，它已为集中于能源附近处（煤或水力和风力等资源）的发电厂所取代，因此在电能运用于国民经济中产生了新的问题，即发电、输电和用电之间的矛盾，变压器正是为解决这些矛盾而产生和发展的，也正是由于这些矛盾得到解决，才使得电力工业有了新的发展。

由于发电机为旋转电机，电压不能做得太高（大容量发电机通常为 10.5～20kV），如果要把电能输送到很远的地方去，是否可以直接从发电机输出去呢？这几乎是不可能的。因为低电压大电流输电，除了在输电线路上产生很大的损耗外，线路上产生的压降也足以使电能送不出去。要降低线路损耗和线路压降，可以减少输送电流或减少输电线路的电阻，而后者只能增大导线截面积（输电距离一定），势必浪费宝贵的有色金属，所以减少电流是减少损耗和减少压降的关键。当传输容量一定时，为了减少电流，必须提高电压，即所谓高压输电，升压变压器就是用来将发电机发出的电压升高到输电电压（220～500kV 或更高）的电力设备。

当电能输送到用电地区后，还不能直接使用，因为一方面操作电器设备不安全；另一方面用电设备的绝缘要求高，因此必须利用降压变压器把输电电压降为配电电压。然后再送到各用电地区，最后再经配电变压器把电压降到用户所需的电压等级，供用户使用。用户使用的电压，对于大型动力设备，采用 3、6kV 或 10kV；对于小型动力设备和照明用电则为 380/220V。

图 1-1 是一个简单的输配电系统示意图。

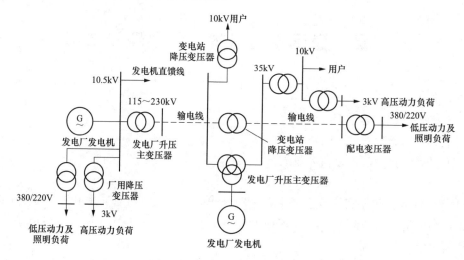

图 1-1　简单的输配电系统示意图

由图 1-1 可见，变压器在电力系统中的总容量要比发电机的总容量大很多，据统计，变压器的安装容量是发电机安装容量的 9～10 倍，可见变压器在电力系统中占有很重要的地位。我们将主要研究电力系统中的变压器，即电力变压器（power transformer）。

除了上述电力变压器外，在其他部门，变压器也得到了广泛的应用，如冶金工业的电炉变压器，化学工业的整流变压器以及无线电工业中变换阻抗的输出、输入变压器等。

第二节　变压器的基本工作原理及分类

一、基本工作原理

变压器是一种静止电器，它把一种电压、电流的交流电能转换成同频率的另一种电压、电流的交流电能。由于它是建立在电磁感应的基础上，因此它的结构原则是：两个（或两个以上）互相绝缘的线圈套在一个共同的铁芯上，如图 1-2 所示。线圈之间有磁的耦合，一般没有电的直接联系，通常两个线圈中一个接到交流电源，称为一次绕组，简称一次侧。凡是一次侧的物理量和参数的符号右下角标为"1"，如 u_1、

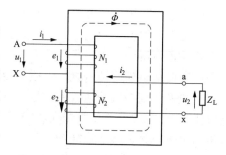

图 1-2　变压器原理示意图

i_1 等。另一个线圈接负载，称为二次绕组，简称二次侧。凡是二次侧的物理量和参数的符号右下角标为"2"，如 u_2、i_2 等。当一次绕组接到交流电源时，在外施电压作用下，一次绕组中有交流电流流过，并在铁芯中产生交变磁通，其交变频率与外施电压频率一样。该交变磁通同时交链一、二次绕组，根据电磁感应定律，便在一、二次绕组内感应出电动势，二次侧有了电动势，当接上负载后，便向负载供电，从而实现能量传递。

设两绕组的匝数分别为 N_1、N_2，则根据电磁感应定律，在电动势与磁通规定正方向符合右手螺旋的前提下：

一次侧电动势 $e_1 = -N_1 \dfrac{\mathrm{d}\Phi}{\mathrm{d}t}$

二次侧电动势 $e_2 = -N_2 \dfrac{\mathrm{d}\Phi}{\mathrm{d}t}$

因为两个绕组是套在同一个铁芯上，绕组中交链的是同一磁通，所以磁通变化率都一样，因而

$$\frac{e_1}{e_2} = \frac{N_1}{N_2}$$

只要适当改变绕组的匝数，就可以改变一、二次侧电动势之比。以后将说明，一、二次侧电动势之比近似等于一、二次侧电压之比，所以只要改变一、二次侧匝数之比，便可以达到改变电压的目的，这就是变压器的基本工作原理。

由于一、二次侧电压不等，我们把电压高的绕组称为高压绕组（high voltage winding），电压低的绕组称为低压绕组（low voltage winding）。如果一次侧电压低于二次侧电压，则称为升压变压器（step-up transformer）；如果一次侧电压高于二次侧电压，则称为降压变压器（step-down transformer）。

二、变压器的分类

1. 按用途分类

（1）电力变压器——用于输配电系统。它又可以分为：①升压变压器——把发电机电压或输电电压升高。②降压变压器——把输电电压降低。③配电电压器——把电压降到用户所需电压。④联络电压器——联系几个不同电压等级的输电线。⑤厂用变压器——供发电厂本身用电。

（2）特殊变压器——用于特殊用途的变压器，如调压器、电炉变压器、整流变压器、仪用互感器等。

2. 按相数分类

（1）单相变压器——一、二次侧为单相绕组，一次绕组接于单相电源上。

（2）三相变压器——一、二次侧为三相绕组，一次绕组接于三相电源上。

（3）多相变压器——一、二次侧为多相绕组，如六相整流变压器等。

3. 按绕组形式分类

（1）双绕组变压器——铁芯柱上有高压和低压两个绕组。

（2）三绕组变压器——铁芯柱上有高压、中压和低压三个绕组。

（3）多绕组变压器——铁芯柱上有三个以上绕组。

（4）自耦变压器——一、二次侧绕组有电路上的连接。

电力系统中使用最多的是双绕组变压器，其次是三绕组变压器和自耦变压器。

4. 按铁芯形式分类

（1）心式变压器——绕组包围铁芯，如图1-3所示。

（2）壳式变压器——铁芯包围绕组，如图1-4所示。

5. 按冷却介质分类

（1）干式变压器——依靠空气冷却。

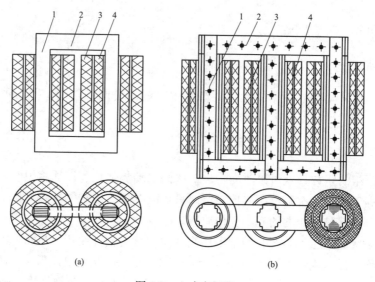

图 1-3　心式变压器

（a）单相；（b）三相

1—铁芯柱；2—铁轭；3—高压绕组；4—低压绕组

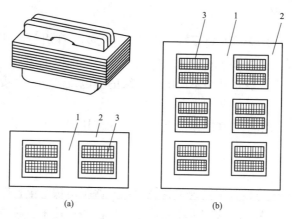

图 1-4　壳式变压器

（a）单相；（b）三相

1—铁芯柱；2—铁轭；3—绕组

（2）油浸式变压器——依靠变压器油冷却。它又可以分为：①自冷——依靠油的自然对流冷却。②风冷——在自冷的基础上，加装风扇给油箱壁和油管吹风进行冷却。③强迫油循环——用油泵将热油抽到变压器外冷却器中进行冷却，然后再送入变压器。冷却器可以用循环水冷却或强迫风冷却。

还有其他分类方式，不一一列举。

第三节　变压器的基本结构

虽然变压器可以分成许多类型，每个类型的变压器都有自己的特点，但基本结构都是由铁芯（构成磁路）、绕组（构成电路）组成，其次还包括一些其他部件。图1-5是油浸式电力变压器的外形结构。图1-6是三相变压器器身结构示意图，表示了各部件的相互位置。以下简要介绍主要部件的构造和作用。

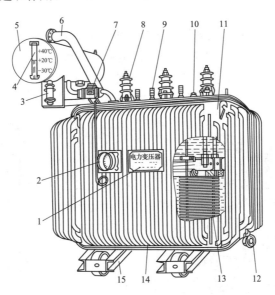

图 1-5　油浸式电力变压器的外形结构

1—铭牌；2—信号式温度计；3—吸湿器；4—油表；5—储油柜；6—安全气道；7—气体继电器；
8—高压套管；9—低压套管；10—分接开关；11—油箱；12—放油阀门；13—器身；14—接地板；15—小车

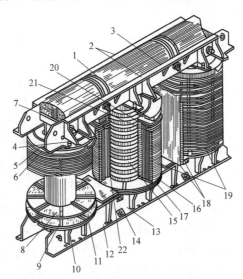

图 1-6　三相变压器器身结构示意图

1—铁轭；2—上夹件；3—上夹件绝缘；4—压钉；5—绝缘纸圈；6—压板；7—方铁；8—下铁轭绝缘；9—平衡绝缘；
10—下夹件加强筋；11—下夹件上肢板；12—下夹件下肢板；13—下夹件腹板；14—铁轭螺杆；15—铁芯柱；
16—绝缘纸筒；17—油隙撑条；18—相间隔板；19—高压绕组；20—角环；21—静电环；22—低压绕组

一、铁芯（core）

铁芯既是变压器的磁路，又是它的机械骨架，铁芯由心柱（limb）和铁轭（yoke）两部分组成，心柱上套装线圈，铁轭使整个磁路成为闭合磁路。按照铁芯结构，变压器可分为心式（core type）和壳式（shell type）两类，如图 1-3、图 1-4 所示。由于心式结构比较简单，线圈的装配、绝缘也较容易，因此国产电力变压器均采用心式结构。三相三柱式铁芯装配图如图 1-7 所示。

为了减少铁芯中的磁滞和涡流损耗，铁芯常用 0.20～0.35mm 厚的冷轧取向晶粒硅钢片叠成，片间涂以 0.01～0.013mm 厚的漆膜，以避免片间短路。

为了减少叠片接缝间隙以降低励磁电流，叠片时均采用交错式叠装，即上层和下层叠片接缝错开，如图 1-8 所示。为了减少装配工时，一般用两、三片作一层。

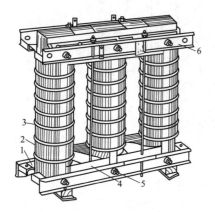

图 1-7　三相三柱式铁芯

1—下夹件；2—铁芯柱；3—铁柱绑扎；
4—拉紧螺杆；5—铁轭螺杆；6—上夹件

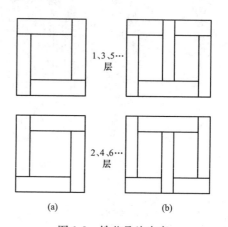

图 1-8　铁芯叠片次序

（a）单相；（b）三相

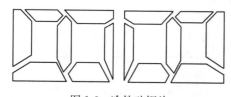

图 1-9　冷轧硅钢片

大型变压器中采用高磁导率、低损耗的冷轧硅钢片时，应用斜切钢片，如图 1-9 所示，以减少转角处的附加损耗。因为冷轧钢片沿碾轧方向有较小的铁耗和较高的导磁率，如按图 1-8 下料叠装，则在磁路转角处，由于磁通方向和碾轧方向呈 90°，将引起铁耗增加。

心柱的截面积形状，在小型变压器中可用正方形或长方形，在容量较大的变压器中，为充分利用线圈内圆空间，一般采用阶梯形截面，如图 1-10 所示，当铁芯柱直径大于 0.38m 时，中间还留有油道，以利于铁芯内部的冷却。铁轭的截面有矩形的，也有阶梯形的，如图 1-10 所示。铁轭的面积一般比心柱大 5%～10%，以减少励磁电流和铁芯损耗。

二、绕组（winding）

绕组是变压器的电路部分，用纸包、纱包或漆包的绝缘扁线或圆线绕成。

从高、低压绕组之间的相对位置来看，变压器的绕组可分成同心式和交叠式两类。同心式绕组的高、低压绕组同心地套装在心柱上，如图 1-3 所示。为便于绝缘，一般低压绕组（L. V. Winding）靠近铁芯，高压绕组（H. V. Winding）套装在低压绕组外面，交叠式绕组都做成饼式，高、低压绕组互相交叠放置，如图 1-11 所示。为了减少绝缘距离，通常靠近

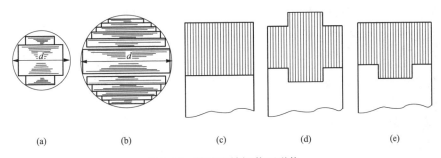

图 1-10　铁柱和铁轭截面形状

(a)、(b) 铁柱截面；(c)、(d)、(e) 铁轭截面

铁轭处放低压绕组。同心式绕组结构简单，制造方便，国产电力变压器均采用这种结构。交叠式绕组的漏抗较小，易于构成多条并联支路，主要用于低压、大电流的电焊、电炉变压器和壳式变压器中。

同心式绕组又可分成圆筒式、螺旋式和连续式等基本形式。

圆筒式绕组是最简单的一种形式，它是由一根或几根并联的绝缘导线沿铁芯柱高度方向连续绕制而成，一般用于每柱容量为 210kVA 及以下变压器中。作为低压绕组时，因电流较大，常用单根或多根并联扁线绕成双层圆筒式。作为高压绕组时，因电流较小，匝数较多，常采用圆线绕成多层圆筒式，如图 1-12 所示。为了保证线圈冷却，圆筒式线圈有时沿轴向还分成若干段，叫分段圆筒式绕组。

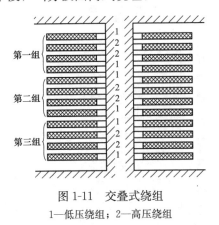

图 1-11　交叠式绕组

1—低压绕组；2—高压绕组

图 1-12　多层圆筒式绕组

1—油道；2—绕组；3—撑条

螺旋式绕组主要用于 800kVA 及以上、25kV 及以下的变压器，此时绕组电流大，匝数较少。螺旋式绕组通常用多根并联扁线绕制，每一线饼只有一匝，整个绕组像螺旋纹一样绕制下去，故称螺旋式，如图 1-13 所示，这种绕组由于并联股数较多，里层和外层导线所处的磁场位置不同，会引起各股导线之间电流分布不均匀，故在绕制过程中导线要进行换位，即绕到一定位置时使里面的导线换到外面，外面的导线换到里面。图 1-14 是单层螺旋式绕组的换位，图中表示半换位两次，全换位一次。

连续式绕组主要用于 630～10 000kVA 变压器中的高压绕组或 10 000kVA 以上的低压绕组。连续式绕组由单根或多根（一般不超过 3～4 根）并联扁线分成若干线饼连续绕成，故叫作连续式绕组，如图 1-15 所示。在绕制过程中，从一个线饼到另一个线饼的连接不用焊接，而用特殊的翻线方法连续绕成。

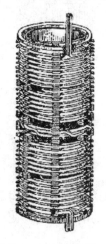

图 1-13 螺旋式绕组

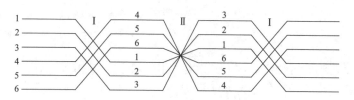

图 1-14 单层螺旋式绕组的换位

Ⅰ—分组（特殊）换位；Ⅱ—完全（标准）换位

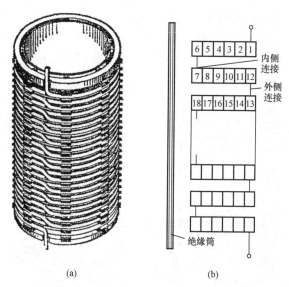

(a)   (b)

图 1-15 连续式绕组

（a）连续式绕组外形；（b）线饼间的连接法

近年来，国产大容量变压器的高压绕组均采用纠结连续式绕组，以改善在大气过电压的作用下绕组上的初始电位分布，防止绕组绝缘在过电压时被击穿。

变压器绕组的导线一般采用铜线。但过去国内生产的中、小型系列电力变压器也有采用铝线绕组。

三、绝缘结构

变压器的绝缘可分为外部绝缘和内部绝缘。外部绝缘是指油箱盖外部的绝缘，主要是使高低压绕组引出的瓷制绝缘套管和空气间绝缘。内部绝缘是指油箱盖内部的绝缘，主要是线圈绝缘、内部引线绝缘等。绕组和绕组之间、绕组与铁芯及油箱之间的绝缘叫作主绝缘，绕组的匝间、层间及线段之间的绝缘叫作纵绝缘。

主绝缘是采用油与绝缘板结构。图 1-16 为 6～35kV 级主绝缘示意图。绕组的径向距离用绝缘圆筒分隔成若干油隙，例如 60～110kV 电压级用 2～3 个绝缘筒分隔。

匝间绝缘主要是导线绝缘，在小型变压器中用漆包绝缘，大型变压器中用电缆纸包绝缘；绕组的端部线匝要加强绝缘，以提高耐受冲击电压波的能力。层间绝缘采用电缆纸、电工纸板或油隙。线饼、线段绝缘一般均用油隙，即用绝缘垫块将线段与线段之间或饼与饼之间分隔开。

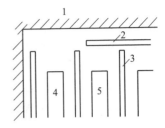

图 1-16 6～35kV 级主绝缘示意图
1—铁芯；2—护板；3—隔板；
4—低压绕组；5—高压绕组

四、油箱和其他附件

铁芯和绕组组成变压器的器身，器身放置在装有变压器油的油箱内，在油浸式变压器中，变压器油既是绝缘介质，又是冷却介质。

变压器油要求介电强度高、发火点高、凝固点低、灰尘等杂质和水分少。变压器油中只要含有少量水分，就会使绝缘强度大为降低。此外，变压器油在较高温度下长期与空气接触时将被老化，使变压器油产生悬浮物，堵塞油道并使酸度增加，以致损坏绝缘，故受潮或者老化的变压器油须经过滤等处理，使之符合标准。

为使变压器油能较长久地保持良好状态，一般在变压器油箱上面装置圆筒形的储油柜（油枕），如图 1-17 所示。储油柜通过连通管与油箱相通，柜内油面高度随着变压器油的热胀冷缩而变动。储油柜使油与空气的接触面积减少，从而减少油的氧化与水分的浸入。储油柜上面还装有吸湿器，外面的空气必须经过吸湿器才能进入储油柜。储油柜底部还有放水塞，便于定期放出水分和沉淀杂物。

在油箱与储油柜的连通管中装有气体继电器，如图 1-18 所示。当变压器发生故障时，内部放电产生气体，使气体继电器动作，发出信号，以便运行人员进行处理，或使断路器自动跳闸。

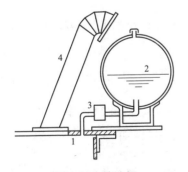

图 1-17 储油柜
1—主油箱；2—储油柜；3—气体继电器；4—安全气道

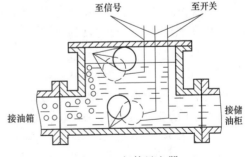

图 1-18 气体继电器

较大的变压器油箱盖上还装有安全气道（见图 1-17 中 4），出口用玻璃密封。当变压器内部发生严重故障时，油箱内部压力迅速升高，当压力超过某一限度时，气体即从安全气道喷出，以免造成重大事故。

油箱的结构与变压器的容量和发热情况密切相关。变压器容量越大，发热问题就越严重。在小容量变压器中采用平板式油箱。容量稍大一些的变压器，在油箱壁上焊有扇形散热器油管以增加散热面积，称为管式油箱。对于容量为 3000～10 000kVA 的变压器，所需油管数目很多，箱壁布置不下，因此把油管先做成散热器，再把散热器接到油箱上，这种油箱称为散热器式油箱。容量大于 10 000kVA 的变压器，需要采用风吹冷却的散热器。为提高冷却效果，利用油泵把变压器热油排到油箱外专门的油冷却器，在冷却器内利用风吹或水冷后再把它送回油箱，称为强迫油循环冷却。

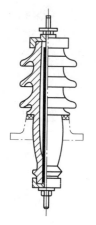

图 1-19 35kV 充油式套管

变压器的引出线从油箱内部引到箱外时，必须穿过瓷质的绝缘套管，使带电的导线与接地的油箱绝缘。绝缘套管的结构取决于电压等级。1kV 以下的采用实心瓷套管；10～35kV 采用空心充气式或充油式套管；110kV 及以上时采用电容式套管。为增加表面放电距离，高压绝缘套管外部做成多级伞形，电压越高，级数越多。图 1-19 为 35kV 级充油式绝缘套管。

为了对电压进行适当调整，变压器还装有分接开关，用来改变绕组的匝数，以实现分级调压。若在变压器一、二次侧都不带电的情况下，切换分接开关，称为无励磁调压（无载调压），所使用的分接开关称为无励磁分接开关。若在变压器带负载情况下切换分接开关，则称为有载调压，所使用的分接开关称为有载分接开关。

分接开关一般装在高压边。匝数调整范围为（1±5%）。容量较大时，可以是（1±2×2.5%），其中 2 是分接级数。

第四节　变压器的额定值

设计部门和制造厂对变压器或电机在有关产品标准规定工作条件下所规定的有关电气和机械的量值称为额定值（rated value），如额定电压、额定电流等。这些额定值都标在铭牌上，因此又称为铭牌值。

运行在额定值下的变压器或电机，称为额定运行。额定运行的变压器或电机可以在规定期限内可靠地运行，并有优良的特性。

变压器的额定值主要如下：

1. 额定容量（rated power）S_N

额定容量是指在额定状态下变压器的视在功率。额定容量以伏安（VA）、千伏安（kVA）或兆伏安（MVA）为单位。对于三相变压器，额定容量指三相的总容量。

2. 额定电压（rated voltage）U_{1N}/U_{2N}

以伏（V）或千伏（kV）为单位。对于三相变压器而言，额定电压指线电压。

3. 额定电流（rated current）I_{1N}/I_{2N}

以安（A）或千安（kA）为单位。对于三相变压器而言，额定电流指线电流。

4. 额定频率（rated frequency）f_N

以赫兹（Hz）为单位，我国额定工频为 50Hz。

除额定值以外，铭牌上还标有变压器的相数、联结组标号和绕组联结图、阻抗电压等。说明：

（1）双绕组变压器一、二次侧容量按相等进行设计。

对于单相变压器，额定容量为

$$S_N = U_{1N} I_{1N} = U_{2N} I_{2N} \tag{1-1}$$

对于三相变压器，额定容量为

$$S_N = \sqrt{3} U_{1N} I_{1N} = \sqrt{3} U_{2N} I_{2N} \tag{1-2}$$

因此，额定电流可以由额定容量和额定电压计算出来。

对于单相变压器，一、二次侧额定电流为

$$I_{1N} = \frac{S_N}{U_{1N}}$$

$$I_{2N} = \frac{S_N}{U_{2N}} \tag{1-3}$$

对于三相变压器，一、二次侧额定电流为

$$I_{1N} = \frac{S_N}{\sqrt{3} U_{1N}}$$

$$I_{2N} = \frac{S_N}{\sqrt{3} U_{2N}} \tag{1-4}$$

（2）U_{1N}指电源加到变压器一次侧的电压；U_{2N}指一次侧加上额定电压时的二次侧开路电压。电力变压器的额定电压U_{1N}、U_{2N}需按国家规定的电压等级进行设计。

（3）一般情况下，当$U_1 = U_{1N}$和$I_2 = I_{2N}$时，$U_2 \neq U_{2N}$，这是由于变压器有阻抗压降之故。因此，此时一般$S_2 \neq S_{2N}$。

（4）本书在分析变压器和发电机中，所说的负载是指电流而不是指阻抗，负载的增减是指电流的增减。当二次侧电流为额定电流时，称为额定负载（rated load）。

例 1-1　有一台 D50/10 型单相变压器，$S_N = 50$kVA，$U_{1N}/U_{2N} = 10\ 500/230$V 联结，试求一、二次侧绕组的额定电流。

解：

一次侧额定电流 $I_{1N} = \dfrac{S_N}{U_{1N}} = \dfrac{50 \times 10^3}{10\ 500} = 4.76(\text{A})$

二次侧额定电流 $I_{2N} = \dfrac{S_N}{U_{2N}} = \dfrac{50 \times 10^3}{230} = 217.4(\text{A})$

例 1-2　有一台 S-5000/10 型三相变压器，$S_N = 50\ 000$kVA，$U_{1N}/U_{2N} = 10.5/6.3$kV，Yd 联结，试求一、二次侧绕组的额定电流。

解：

一次侧额定电流　$I_{1N} = \dfrac{S_N}{\sqrt{3} U_{1N}} = \dfrac{5000 \times 10^3}{\sqrt{3} \times 10.5 \times 10^3} = 274.9(\text{A})$

二次侧额定电流　$I_{2N} = \dfrac{S_N}{\sqrt{3} U_{2N}} = \dfrac{5000 \times 10^3}{\sqrt{3} \times 6.3 \times 10^3} = 458.2(\text{A})$

小 结

变压器是一种交流电能的变换装置，利用一、二次侧绕组匝数不同，把一种数值的交流电压、电流变换成另一种数值的交流电压和电流，以满足电能的传输、分配和使用。变压器的原理是基于电磁感应原理，因此磁场是变压器的工作媒介。为了提高磁路的导磁性能，采用了闭合铁芯；为了增加一、二次侧绕组之间的电磁耦合，将一、二次侧绕组套在同一个铁芯柱上。

铁芯、绕组、油箱及绝缘套管等是变压器的主要部件，了解这些部件的作用和构成，将为今后进一步学习变压器理论打下基础。

此外，还应注意变压器的额定容量、额定电压和额定电流的定义以及它们之间的关系。

第二章 变压器的运行分析

本章学习目标：

(1) 通过对变压器空载时磁通和电动势的分析，掌握变压器的电动势、电压和磁通之间的关系。

(2) 通过对空载电流的分析，掌握励磁阻抗的意义。

(3) 通过对变压器负载运行的分析，掌握变压器的基本方程式、等效电路和相量图。

(4) 通过空载试验和短路试验，掌握变压器参数的测定方法。

(5) 掌握变压器的电压调整率和效率的计算方法。

(6) 掌握标幺值的概念，会采用标幺值进行运算。

电力变压器大都是三相变压器。三相变压器带三相对称负载运行时，三相中的每相电压、电流等物理量的有效值相同，相位互差120°，所以掌握了其中一相的物理规律，根据三相对称的关系，就可得到另外两相的规律。因此，本章将针对单相交压器的稳态运行方式进行分析，分析的结论也完全适用于三相变压器带对称负载稳态运行的情况。至于三相变压器的特殊问题，将在后续的章节中进行研究。

本章先从变压器的空载运行入手，通过相对简单的空载运行方式，讨论变压器中的电磁感应关系，介绍变压器中的磁场分布情况，再根据电路定律，推导出电压、电动势、磁通、空载电流等物理量之间的关系，进而引出变压器的参数；在此基础上，再来分析变压器的负载运行方式，给出普遍适于变压器稳态运行的基本方程式、相量图和等效电路三种分析方法；其中变压器参数可以通过试验方法测取。最后，讨论变压器性能指标的计算方法以及标幺值体系。

第一节 变压器的空载运行

变压器的空载运行是指一次绕组接交流电源，二次绕组开路，二次绕组电流为零（即空载）时的运行，它是负载运行的一个特殊情况。通过空载运行（no-load operation）分析，可以较清楚地理解变压器的电磁关系。

一、磁场分析

变压器的一次绕组和二次绕组同心地套在同一个铁芯柱上，对于心式变压器，低压绕组和高压绕组内外排列。图 2-1 是单相变压器空载运行时的示意图，为了使图形清晰和简单，在示意图中，将一次绕组和二次绕组上下排列。

当变压器一次绕组的 AX 端接到电压为 u_1 的交流电网上，二次绕组开路时，一次绕组内将流过一个很小的空载电流 i_0。若一次绕组的匝数为 N_1，则空载电流 i_0 产生交变磁动势 $f_0 = N_1 i_0$，并建立交变磁通。这一磁通穿过变压器的一次绕组（也可称为与一次绕组相交链），其对变压器二次绕组的影响取决于穿过二次绕组的磁通量。变压器一次侧空载电流产

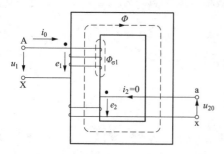

图 2-1　单相变压器空载运行时的示意图

生的磁通并没有全部穿过二次绕组，其中一小部分磁通离开铁芯通过空气（或者变压器油）交链了一次绕组，这一小部分离开铁芯通过空气穿过变压器的一个线圈但与另一个线圈不交链的磁通称为漏磁通。因此，变压器一次侧空载电流产生的磁通可以分成两部分，如图 2-1 所示。其中一部分磁通 Φ 沿铁芯闭合，同时交链一次绕组和二次绕组，由电磁感应定律可知，这部分磁通在一次绕组和二次绕组中感生了电动势，若二次绕组侧接有负载，则变压器向负载输出电功率，所以这部分磁通通过互感作用传递了功率，是变压器进行能量传递的媒介，称为主磁通（main flux）或互感磁通（mutual flux）。另一部分磁通 $\Phi_{\sigma 1}$ 只交链一次绕组，将二次绕组旁路，这部分磁通不传递功率，主要沿非铁磁材料闭合（沿变压器油或空气闭合），称为一次绕组的漏磁通（leakage flux）。因为铁芯的导磁率远比变压器油或空气的大，故主磁通占总磁通的绝大部分，而漏磁通只占很小的一部分。

从上述物理情况可见，主磁通和漏磁通的性质不同，主要表现在以下两个方面：

（1）由于铁磁材料存在饱和现象，主磁通与建立它的空载电流 i_0 之间成非线性关系；而漏磁通主要沿非铁磁材料闭合，不但磁阻大，而且没有饱和现象，它与空载电流 i_0 呈线性关系。

（2）在电磁关系上，主磁通在一次绕组和二次绕组内感应电动势，通过互感作用传递功率，所以主磁通起传递能量的作用；而漏磁通仅在一次绕组内感应电动势，只起电压降的作用，不能传递能量。

二、电动势分析

由于磁通随时间交变，根据法拉第电磁感应定律，主磁通 Φ 将在一次绕组和二次绕组内分别感应电动势 e_1 和 e_2；漏磁通 $\Phi_{\sigma 1}$ 只在一次绕组内感应漏磁电动势 $e_{\sigma 1}$。

$$e_1 = -N_1 \frac{\mathrm{d}\Phi}{\mathrm{d}t}, e_2 = -N_2 \frac{\mathrm{d}\Phi}{\mathrm{d}t}, e_{\sigma 1} = -N_1 \frac{\mathrm{d}\Phi_{\sigma 1}}{\mathrm{d}t} \tag{2-1}$$

式中：N_1、N_2 分别为一次绕组和二次绕组的匝数。

根据基尔霍夫电压定律，可以分别给出一次侧回路和二次侧回路的电压平衡关系。由于变压器运行时的电压、电动势、电流和磁通等都是随时间变化的物理量，为了正确地表示出它们之间的关系，必须规定它们的正方向（又称参考正方向或者假想正方向），否则无法列出方程式，无法研究各电磁量之间的关系。原则上，物理量的正方向可以任意假定，但是正方向规定的不同，所列方程式中物理量前面的正负号则不同，这是因为在某一电磁过程中，电磁规律是一定的，它与正方向的规定无关。因此若某一物理量的实际方向与规定正方向一致，则为正，反之，则为负。换言之，若所求出的值为正，则说明所求瞬间的实际方向与规定正方向一致；反之，若求出的值为负，则所求瞬间的实际方向与规定正方向相反。为了便于交流，通常采用"电工惯例"来给出各个物理量的参考正方向，具体如下：

（1）在同一元件上，电压的正方向与电流的正方向一致；

（2）电流的正方向与其产生的磁通正方向符合右手螺旋关系；

（3）由交变磁通感应的电动势的正方向与该磁通的正方向符合右手螺旋关系（即交变磁

通的正方向与其感应的电流正方向符合右手螺旋关系）。

我国常用的变压器的惯例如图 2-1 所示。变压器一次绕组采用的是"电动机惯例"，电功率总是从供电电源输入变压器中，即变压器一次侧为吸收电能的电路，故以流入一次绕组的电流作为正向电流；然后可根据上述三个原则给出一次侧电压、磁通和电动势的参考正方向。二次绕组采用的是"发电机惯例"，电功率自变压器二次侧向负载输出，即二次侧电路为产生电能的电路；主磁通的正方向确定以后，即可给出二次侧感应电动势的正方向，随后可给出二次侧电流和电压的正方向。

根据基尔霍夫电压定律和图 2-1 所示参考正方向，可分别写出一次绕组和二次绕组的电压方程式为

$$u_1 = i_0 r_1 - e_1 - e_{\sigma 1}$$
$$u_{20} = e_2 \tag{2-2}$$

式中：r_1 为一次绕组的电阻；u_{20} 为二次绕组的空载电压（即开路电压）。

以上电磁感应过程，可表示如下：

$$u_1 \rightarrow i_0 \rightarrow f_0 = N_1 i_0 \rightarrow \Phi \rightarrow \begin{cases} e_2 = -N_2 \dfrac{\mathrm{d}\Phi}{\mathrm{d}t} \text{——与 } u_{20} \text{ 相平衡} \\[2mm] e_1 = -N_1 \dfrac{\mathrm{d}\Phi}{\mathrm{d}t} \\[2mm] \Phi_{\sigma 1} \rightarrow e_{\sigma 1} = -N_1 \dfrac{\mathrm{d}\Phi_{\sigma 1}}{\mathrm{d}t} \end{cases} \Big\} \text{与 } u_1 - i_0 r_1 \text{ 相平衡}$$

1. 主磁通感应的电动势

在一般的电力变压器中，空载电流所产生的电阻压降 $i_0 r_1$ 和漏磁电动势 $e_{\sigma 1}$ 很小，可以忽略不计，因而电压 u_1 基本上与电动势 e_1 平衡，即 $u_1 \approx -e_1$。因为电源电压 u_1 通常为正弦波，故电动势 e_1 也可认为是正弦波，即 $e_1 = \sqrt{2} E_1 \sin\omega t$。

所以由式（2-1）可知：

$$\Phi = -\frac{1}{N_1}\int e_1 \mathrm{d}t = -\frac{1}{N_1}\int \sqrt{2} E_1 \sin\omega t \, \mathrm{d}t = \frac{\sqrt{2} E_1}{\omega N_1}\cos\omega t = \Phi_m \cos\omega t = \Phi_m \sin(\omega t + 90°) \tag{2-3}$$

式中：Φ_m 为主磁通的最大值；ω 为电源的角频率。

其中，$\omega = 2\pi f$。

$$\Phi_m = \frac{\sqrt{2} E_1}{\omega N_1} = \frac{\sqrt{2} E_1}{2\pi f N_1} = \frac{E_1}{4.44 f N_1} \approx \frac{U_1}{4.44 f N_1} \tag{2-4}$$

式（2-4）表明：在变压器中，当电阻压降和漏磁电动势可以忽略不计时，主磁通的大小和波形主要取决于电源电压的大小和波形。

所以若用相量表示电动势 e_1，其有效值（rms）为

$$\dot{E}_1 = -\mathrm{j}4.44 f N_1 \dot{\Phi}_m \tag{2-5}$$

同理，二次绕组的感应电动势 e_2，若用相量表示，其有效值为

$$\dot{E}_2 = -\mathrm{j}4.44 f N_2 \dot{\Phi}_m \tag{2-6}$$

当 Φ_m 的单位为韦伯（Wb）时，电动势的单位为伏特（V）；若 Φ_m 用麦克斯韦尔（Mx）

作单位，则公式应乘以 10^{-8}，电动势单位才为伏特。

由式（2-5）和式（2-6）可见，绕组内感应电动势的有效值正比于绕组的匝数、磁通交变的频率以及磁通的幅值，波形与磁通相同，相位滞后于磁通 $90°$ 相角。当变压器接到额定频率的电网上运行时，由于 f 和 $N_1(N_2)$ 均为常值，故电动势 $E_1(E_2)$ 的大小仅由主磁通 Φ_m 决定。

在变压器中，一次侧电动势 E_1 和二次侧电动势 E_2 之比称为变压器的变比（transformation ratio），用 k 表示，即

$$k = \frac{E_1}{E_2} = \frac{4.44fN_1\Phi_m}{4.44fN_2\Phi_m} = \frac{N_1}{N_2} \tag{2-7}$$

式（2-7）表明，变压器的变比等于一次绕组和二次绕组的匝数比（turns ratio）。当变压器空载运行时，由于一次侧电压 $U_1 \approx E_1$，二次侧空载时的电压 $U_{20} = E_2$，故可近似地用一次绕组和二次绕组的电压之比作为变压器的变比，即

$$k = \frac{E_1}{E_2} \approx \frac{U_1}{U_{20}} \tag{2-8}$$

对于三相变压器来说，变比是指相电动势的比值。

2. 漏磁通感应的电动势（简称漏磁电动势）

根据电磁感应定律，漏磁通 $\Phi_{\sigma 1}$ 在一次绕组内感应的电动势 $e_{\sigma 1}$ 为

$$e_{\sigma 1} = -N_1 \frac{d\Phi_{\sigma 1}}{dt} = -L_{\sigma 1} \frac{di_0}{dt} \tag{2-9}$$

当电流随时间正弦变化时，相应的漏磁通和漏磁电动势也将随时间正弦变化，用相量表示为

$$\dot{E}_{\sigma 1} = -j\omega L_{\sigma 1} \dot{I}_0 = -jX_1 \dot{I}_0 \tag{2-10}$$

式中：$L_{\sigma 1}$ 为一次绕组的漏磁电感，简称漏感（leakage inductance）；X_1 为一次绕组的漏磁电抗，简称漏抗（leakage reactance），漏抗是表征绕组漏磁效应的一个参数。

其中，$X_1 = \omega L_{\sigma 1}$。

$$X_1 = \omega L_{\sigma 1} = \omega \frac{N_1\Phi_{\sigma 1}}{I_0} = \omega \frac{N_1(I_0 N_1 \Lambda_{\sigma 1})}{I_0} = \omega N_1^2 \Lambda_{\sigma 1} \tag{2-11}$$

式中：$\Lambda_{\sigma 1}$ 为一次侧绕组漏磁路的磁导。

由于漏磁通是通过非铁磁物质闭合，磁路不会饱和，$\Lambda_{\sigma 1}$ 是常数，所以漏抗 X_1 为一常数，不随电流大小而变化。

3. 电动势平衡方程式

因为变压器中的电压、电动势、电流以及磁通都是随时间变化的正弦量，故式（2-2）可用相量表示为

$$\dot{U}_1 = -\dot{E}_1 - \dot{E}_{\sigma 1} + \dot{I}_0 R_1 = -\dot{E}_1 + \dot{I}_0(R_1 + jX_1) = -\dot{E}_1 + \dot{I}_0 Z_1 \tag{2-12}$$

式中：Z_1 为一次绕组的漏阻抗（leakage impedance）。

其中，$Z_1 = R_1 + jX_1$。

额定电压下空载运行时，空载电流 I_0 不超过额定电流的十分之一，它产生的漏阻抗压降对 E_1 来说是很小的，所以在空载时可以认为 $\dot{U}_1 \approx -\dot{E}_1$。

因为二次侧空载，所以

$$\dot{U}_{20}=\dot{E}_2$$

三、空载电流分析

产生主磁通所需要的电流叫作励磁电流，用 i_m 表示。变压器空载运行时，铁芯中仅有一次绕组电流 i_0 所产生的主磁通，所以空载电流又称为励磁电流，即 $i_0=i_m$。下面对空载电流的波形、大小和相位进行分析。

1. 空载电流的波形

励磁电流由铁芯的磁化特性确定，由于铁芯的磁化特性为非线性，所以励磁电流的波形不同于磁通波形，可以由铁芯的磁滞回线作图求出，如图 2-2 所示。当外施电压 u_1 为正弦波时，和它相平衡的电动势 e_1 以及感应电动势的主磁通 Φ 也应是正弦波，图 2-2 中给出了外施电压 u_1 和主磁通 Φ 的波形，两者均为正弦波，且主磁通 Φ 落后于电压 u_1 90°相角（忽略了电阻压降 $i_0 R_1$ 和漏磁电动势 $e_{\sigma 1}$，$u_1 \approx -e_1$）。在任意时刻，对于给定的磁通值，可以由磁滞回线求出相应的励磁电流值，如图 2-2 所示。可见励磁电流随时间变化的波形为非正弦波，其峰值较陡，称之为尖顶波，可以采用傅里叶级数将其分解为基波及一系列谐波。

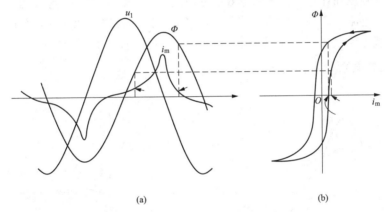

图 2-2　电压、磁通及励磁电流随时间变化的波形
(a) 电压、磁通以及励磁电流波形；(b) 铁芯的磁滞回线

由图 2-2 可见，励磁电流 $i_m(i_0)$ 的波形与主磁通 Φ 的波形相位并不相同，而是超前于它一个角，这是由变压器铁芯中存在铁耗（即磁滞损耗和涡流损耗）所致。为了分析方便，可以将励磁电流 i_m 分解为两个分量，一个和主磁通 Φ 同相位，用于激励铁芯中的主磁通，称为励磁电流的磁化分量（是空载电流的无功分量），即磁化电流 i_μ；另一个与感应电动势反相位，它提供铁芯中磁滞和涡流损耗所需要的功率，称为励磁电流的铁耗分量（是空载电流的有功分量），即铁耗电流 i_{Fe}，故 $i_m=i_\mu+i_{Fe}$，如图 2-3 所示，为了概念清楚，图 2-3 同时给出了主磁通 Φ 和感应电动势 e_1 的波形。图 2-3 中，曲线 1 和曲线 2 分别为主磁通 Φ 和感应电动势 e_1 的波形；曲线 3 为励磁电流 i_m 的波形，励磁电流 i_m 超前于主磁通 Φ 一个 α 角，α 称为铁耗角；曲线 4 和曲线 5 分别为由励磁电流 i_0 分解出的铁耗分量 i_{Fe} 和磁化分量 i_μ 的波形。

由图 2-3 可见，励磁电流磁化分量 i_μ 的波形畸变为尖顶波，这是由于铁芯的饱和关系，使得 i_0 的增加比 Φ 增加得快；饱和程度越高，励磁电流的波形畸变得越厉害。尖顶波的励

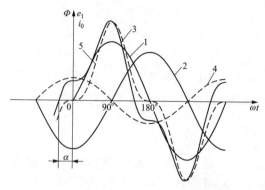

图 2-3 考虑铁耗时的空载电流的分解

磁电流可分解为基波及 3、5、7 等一系列奇次谐波,除基波外,主要是三次谐波,如图 2-4 所示。

从上面分析可见,空载电流 i_0 不是正弦波,因此,用相量表示时,必须取它的基波。但工程上为了便于测量和计算,常采用等效正弦波的概念,即采用一个等效的正弦波来代替实际的尖顶波空载电流 i_0。等效电流与实际电流具有相同的有效值和频率,并产生相同的平均功率,这样空载电流就可以用相量表示。变压器空载运行时的相量如图 2-5 所示,图 2-5 中 ψ_0 为等效正弦波电流 $\dot{I}_0$ 滞后于 $-\dot{E}_1$ 的相位角。

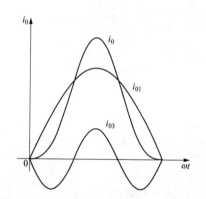

图 2-4 把尖顶波分解为基波和三次谐波图

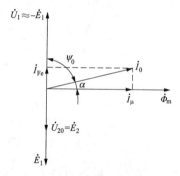

图 2-5 空载电流相量

由于电力变压器的铁耗较小,当铁芯损耗的影响可以忽略不计时,则空载电流全部为磁化电流,此时空载电流与主磁通同相位。在变压器中,铁芯的饱和程度取决于铁芯磁密 B_m 的大小。当铁芯磁密较低,磁路不饱和时,i_0 和 Φ 呈线性关系;若铁耗忽略不计,当磁通按正弦规律变化时,i_0 也按正弦规律变化。

2. 空载电流的大小和相位

引入等效正弦电流代替实际的励磁电流后,励磁电流即可用相量表示。此时,由励磁电流 i_m 分解出的磁化电流 i_μ 和铁耗电流 i_{Fe} 也可以用相量表示,即

$$\dot{I}_m = \dot{I}_\mu + \dot{I}_{Fe} \tag{2-13}$$

根据磁路的欧姆定律和法拉第电磁感应定律,主磁通 Φ、感应电动势 e_1 与磁化电流 i_μ

之间有下列关系:

$$\Phi = N_1 i_\mu \Lambda_m, e_1 = -N_1 \frac{d\Phi}{dt} = -N_1^2 \Lambda_m \frac{di_\mu}{dt} = -L_{\mu 1} \frac{di_\mu}{dt} \qquad (2\text{-}14)$$

式中:Λ_m 为主磁路的磁导;$L_{\mu 1}$ 为一次侧绕组对应铁芯磁路的磁化电感。

其中 $L_{\mu 1} = N_1^2 \Lambda_m$。用相量表示时,式(2-14)可表示为

$$\dot{E}_1 = -j\omega L_{\mu 1} \dot{I}_\mu = -j\dot{I}_\mu X_\mu \qquad \text{或者} \qquad \dot{I}_\mu = \frac{-\dot{E}_1}{jX_\mu} \qquad (2\text{-}15)$$

式中:X_μ 为变压器的磁化电抗。

X_μ 是表征铁芯磁化性能的一个参数,$X_\mu = \omega L_{\mu 1}$。

另外,铁耗电流 $\dot{I}_{Fe}$ 与电动势 $-\dot{E}_1$ 同相位,故可引入一个系数 R_{Fe} 表示 $\dot{I}_{Fe}$ 与 $\dot{E}_1$ 的关系,即

$$\dot{E}_1 = -\dot{I}_{Fe} R_{Fe} \qquad \text{或者} \qquad \dot{I}_{Fe} = -\frac{\dot{E}_1}{R_{Fe}} \qquad (2\text{-}16)$$

式中:R_{Fe} 为铁耗电阻。

铁耗电阻是表征铁芯损耗的一个参数,$P_{Fe} = I_{Fe}^2 R_{Fe}$。

将式(2-15)和式(2-16)代入式(2-13),则励磁电流 $\dot{I}_m$ 与感应电动势 $\dot{E}_1$ 之间有下列关系:

$$\dot{I}_m = \dot{I}_\mu + \dot{I}_{Fe} = -\dot{E}_1 \left(\frac{1}{jX_\mu} + \frac{1}{R_{Fe}} \right) \qquad (2\text{-}17)$$

所以

$$\dot{I}_0 = \dot{I}_m = \frac{-\dot{E}_1}{Z_m} = \frac{-\dot{E}_1}{|Z_m|} \angle -\psi_0 \quad \text{或} \quad \dot{E}_1 = -\dot{I}_m Z_m = -\dot{I}_m (R_m + jX_m) \qquad (2\text{-}18)$$

其中

$$R_m = R_{Fe} \frac{X_\mu^2}{R_{Fe}^2 + X_\mu^2}, X_m = X_\mu \frac{R_{Fe}^2}{R_{Fe}^2 + X_\mu^2}, \psi_0 = \tan^{-1} \frac{X_m}{R_m}$$

式中,$Z_m = R_m + jX_m$,Z_m 为变压器的励磁阻抗(excitation impedance),是表征铁芯磁化性能和铁芯损耗的一个综合参数;R_m 为励磁电阻(excitation resistance),也称铁耗等效电阻,它是表征铁芯损耗的一个等效参数,空载电流 I_0 在 R_m 上产生的损耗等于铁耗,即 $P_{Fe} = I_0^2 R_m$;X_m 称为励磁电抗(excitation reactance),它是表征铁芯磁化性能的一个等效参数,对应于主磁通的电抗。励磁参数可以通过空载试验求出。因为电力变压器中,$X_m \gg R_m$,所以 $\psi_0 = \tan^{-1} \frac{X_m}{R_m}$,$\psi_0$ 接近于 90°。

不考虑铁耗时,$\dot{I}_0 = \frac{-\dot{E}_1}{jX_m} = j\frac{\dot{E}_1}{X_m}$,即 $\dot{I}$ 超前于 $\dot{E}_1$ 90°,与主磁通 $\dot{\Phi}_m$ 同相位。

因为铁芯磁路的磁化曲线是非线性的,所以 $\dot{E}_1$ 和 $\dot{I}_m$ 之间也是非线性关系,即励磁阻抗 Z_m 不是常值,而是随着电压的变化而变化,随工作点饱和程度的增加而减小。这是由于铁芯存在饱和现象,I_0 比 Φ_m 增加得快,而 Φ_m 与外施电压 U_1 成正比,故 I_0 比 U_1 增加得快,因此 X_m 和 R_m 都是随着外施电压的增加而减小。但是变压器在实际运行过程中,由于外施

电压 U_1 在额定值左右变化不大，故定量计算时，可近似认为 Z_m 为一常值。由于主磁通远远多于漏磁通，所以 $X_m \gg X_1$，或 $Z_m \gg Z_1$。

一般电力变压器的空载电流很小，只有额定电流的 $1\% \sim 10\%$，巨型变压器的空载电流只有 1% 以下。

综合以上分析，在这一节中讨论了变压器空载运行时的电磁感应过程，利用电磁定律得到了变压器各个物理量之间的数学表达式。归纳起来有以下五个常用的基本方程式，即

$$\left.\begin{array}{l}
\dot{U}_1 = -\dot{E}_1 + \dot{I}_0 Z_1 \\[2mm]
\dot{E}_1 = -j4.44 f N_1 \dot{\Phi}_m \\[2mm]
\dot{I}_0 = \dfrac{-\dot{E}_1}{Z_m} \\[2mm]
\dot{E}_2 = -j4.44 f N_2 \dot{\Phi}_m \\[2mm]
\dot{U}_{20} = \dot{E}_2
\end{array}\right\} \tag{2-19}$$

例 2-1　有一台 180kVA 的三相铝线变压器，一次绕组和二次绕组的额定电压分别为 10 000/400V，Yy 联结，铁芯截面积 $S_{Fe} = 0.016 \text{m}^2$，取铁芯磁密 $B_m = 1.445\text{T}$，试求：

(1) 一次绕组和二次绕组的匝数。

(2) 若使二次侧的电压能在额定值上、下调节 5%，一次侧绕组应如何抽头？

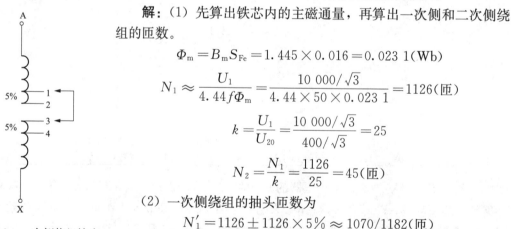

图 2-6　一次侧绕组抽头

解：(1) 先算出铁芯内的主磁通量，再算出一次侧和二次侧绕组的匝数。

$$\Phi_m = B_m S_{Fe} = 1.445 \times 0.016 = 0.023\ 1 (\text{Wb})$$

$$N_1 \approx \frac{U_1}{4.44 f \Phi_m} = \frac{10\ 000/\sqrt{3}}{4.44 \times 50 \times 0.023\ 1} = 1126 (\text{匝})$$

$$k = \frac{U_1}{U_{20}} = \frac{10\ 000/\sqrt{3}}{400/\sqrt{3}} = 25$$

$$N_2 = \frac{N_1}{k} = \frac{1126}{25} = 45 (\text{匝})$$

(2) 一次侧绕组的抽头匝数为

$$N_1' = 1126 \pm 1126 \times 5\% \approx 1070/1182 (\text{匝})$$

如图 2-6 所示，通过分接开关把一次侧绕组抽头 1—3 连通，就是对应于 1126 匝的正常位置；如把分接开关转到 1—4 连通的位置，则一次侧绕组为 1070 匝，此时二次侧绕组电压升高 5%；把分接开关转到 2—3 连通的位置时，一次侧绕组为 1182 匝，此时二次侧绕组电压降低 5%。

第二节　变压器的负载运行

本章第一节研究了变压器空载运行时的情况，实际上，在电力系统中变压器的作用主要是改变电压、传递和分配电能，也就是它的二次侧要接入负载，这种状态叫作变压器的负载运行，又称有载运行。变压器的一次绕组接到交流电源，二次绕组接到负载阻抗时，二次绕组中便有电流流过，二次侧电流对变压器内部的电磁关系有何影响呢？这是本节研究的主要

问题。

一、负载运行时的电磁关系

（一）磁动势分析

变压器一次绕组接在额定电压的电源上，当二次绕组通过负载阻抗 Z_L 闭合时，在感应电动势 e_2 的作用下，二次绕组中便有电流 i_2 流过，i_2 将产生磁动势 $N_2 i_2$。因为一次绕组和二次绕组绕在同一个铁芯上，所以变压器负载运行时铁芯中主磁通是由这两个绕组的磁动势共同产生的，两个磁动势的合成磁动势即是变压器的励磁磁动势 $N_1 i_m$。由于电流 i_1 和 i_2 的正方向都与磁通 Φ 的正方向符

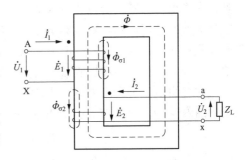

图 2-7　变压器的负载运行

合右手螺旋关系，它们产生的磁通是相加的，如图 2-7 所示。图 2-7 中还给出了各个物理量的参考正方向。变压器带负载正常运行时，i_1 和 i_2 都随时间按正弦变化，所以用相量表示时，合成的励磁磁动势 $\dot{F}_m$ 为一次侧电流产生的磁动势 $\dot{F}_1$ 和二次侧电流产生的磁动势 $\dot{F}_2$ 的相量和。

$$\dot{F}_1 + \dot{F}_2 = \dot{F}_m \tag{2-20}$$

式（2-20）称为变压器的磁动势关系或称为磁动势平衡关系。其中 $\dot{F}_m$ 是负载时铁芯中产生主磁通的磁动势，称为励磁磁动势，$\dot{F}_m$ 的大小决定于负载情况下主磁通的大小，而这时主磁通的大小决定于负载时一次绕组感应电动势 E_1 的大小。由于变压器一次绕组漏阻抗压降很小，故额定电压下的负载运行与空载运行相比较，E_1 变化很小，与之对应的主磁通和产生主磁通的励磁磁动势变化也很小，所以负载时励磁磁动势 $F_m \approx F_0$，励磁电流 I_m 与空载电流 I_0 相差很小，可以近似地认为相等。

式（2-20）可以写成用电流表达的形式，即

$$\dot{I}_1 N_1 + \dot{I}_2 N_2 = \dot{I}_m N_1 \tag{2-21}$$

将式（2-21）两边除以 N_1，可得

$$\dot{I}_1 + \dot{I}_2 \frac{N_2}{N_1} = \dot{I}_m$$

或者

$$\dot{I}_1 = \dot{I}_m + \left(-\frac{\dot{I}_2}{k}\right) = \dot{I}_m + \dot{I}_{1L} \tag{2-22}$$

式（2-22）中，$\dot{I}_{1L} = -\dfrac{\dot{I}_2}{k} = -\dfrac{N_2}{N_1}\dot{I}_2$，$\dot{I}_{1L} N_1 = -I_2 N_2$。由式（2-22）可见，变压器负载运行时，一次侧电流中除了用以产生主磁通 Φ_m 的励磁电流 $\dot{I}_m$ 外，还将增加一个负载分量 $\dot{I}_{1L}$，以抵消二次绕组电流 $\dot{I}_2$ 的作用。换言之，$\dot{I}_{1L}$ 产生的磁动势 $\dot{I}_{1L} N_1$ 与 $\dot{I}_2$ 产生的磁动势 $\dot{I}_2 N_2$ 大小相等、方向相反，用以抵消二次侧磁动势 $\dot{I}_2 N_2$，从而保持励磁磁动势 $\dot{I}_m N_1$ 基本不变。再考虑到一次绕组和二次绕组的电动势之比为 $\dfrac{\dot{E}_1}{\dot{E}_2} = \dfrac{N_1}{N_2}$，结合 $\dot{I}_{1L} = \dfrac{N_2}{N_1}\dot{I}_2$，于是可得

$$-\dot{I}_{1L}\dot{E}_1 = \dot{I}_2\dot{E}_2 \tag{2-23}$$

式（2-23）中，左端的负号表示输入功率，右端的正号表示输出功率。式（2-23）说明，通过一次绕组和二次绕组的磁动势平衡和电磁感应关系，一次绕组从电源吸收的电功率就传递到二次绕组，并输出给负载，这就是变压器进行能量传递的原理。

从上面的分析可知，变压器负载运行时，通过电磁感应关系，一次侧和二次侧的电流是紧密地联系在一起的，二次侧电流的增加或减小必然同时引起一次侧电流的增加或减小。相应地，二次侧输出功率增加或减小时，一次侧从电网吸取的功率必然同时增加或减小。

二次绕组电流 i_2 除了影响主磁通 Φ 外，还产生仅与二次绕组相交链的磁通，称为二次绕组的漏磁通 $\Phi_{\sigma2}$，$\Phi_{\sigma2}$ 在二次绕组内感应漏磁电动势 $e_{\sigma2}$，与一次侧类似，用相量表示时

$$\dot{E}_{\sigma2}=-\mathrm{j}\omega L_{\sigma2}\dot{I}_2=-\mathrm{j}X_2\dot{I}_2 \tag{2-24}$$

其中，$X_2=\omega L_{\sigma2}$ 称为二次绕组的漏电抗，为常值。

（二）电动势分析

变压器负载运行时，除了主磁通在一次侧和二次侧绕组中感应电动势 $\dot{E}_1$ 和 $\dot{E}_2$ 外，还有仅与一次绕组交链的漏磁通 $\dot{\Phi}_{\sigma1}$ 所感应的漏磁电动势 $\dot{E}_{\sigma1}$ 和仅与二次绕组交链的漏磁通 $\dot{\Phi}_{\sigma2}$ 所感应的漏磁电动势 $\dot{E}_{\sigma2}$。此外，一次绕组和二次绕组内还有电阻压降 i_1R_1 和 i_2R_2。

各个磁动势、磁通、感应电动势及电阻压降的相互关系如下所示：

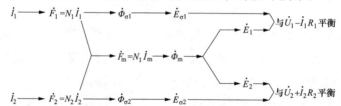

根据基尔霍夫第二定律和图 2-7 中所示各物理量的参考正方向，若一次绕组和二次绕组的电压、电动势和电流均随时间正弦变化，用相量表示的一次侧和二次侧的电压方程式为

$$\left.\begin{aligned}\dot{U}_1&=-(\dot{E}_1+\dot{E}_{\sigma1})+\dot{I}_1R_1=-\dot{E}_1+\dot{I}_1R_1+\mathrm{j}\dot{I}_1X_1=-\dot{E}_1+\dot{I}_1Z_1\\\dot{U}_2&=(\dot{E}_2+\dot{E}_{\sigma2})-\dot{I}_2R_2=\dot{E}_2-\dot{I}_2R_2-\mathrm{j}\dot{I}_2X_2=\dot{E}_2-\dot{I}_2Z_2\\\dot{U}_2&=\dot{I}_2Z_\mathrm{L}\end{aligned}\right\} \tag{2-25}$$

式中，$Z_1=R_1+\mathrm{j}X_1$、$Z_2=R_2+\mathrm{j}X_2$ 分别称为一次绕组和二次绕组的漏阻抗，均为常数，与电流大小无关；Z_L 为负载阻抗。

二、变压器的归算值

综上所述，变压器负载运行时，一次绕组和二次绕组之间没有电的联系，只有磁的联系，其电压、电流在数值上存在变比 k 的倍数关系。在电力变压器中，当变比 k 较大时，一次绕组和二次绕组的电流、电压、阻抗等在数值上相差很大，使得计算很不方便，特别是画相量图更是困难。因此，为了简化计算，需要进行绕组归算。归算的意义是把一侧的物理量换算为相对于另一侧的物理量，而不改变两侧的电磁关系。通常是把二次绕组归算到一次绕组，也就是假想把二次绕组的匝数变换成一次绕组的匝数，而不改变一次绕组和二次绕组原有的电磁关系，显然归算后的变压器变比 $k=1$。

从磁动势平衡关系可知，二次侧电流对一次侧的影响是通过二次绕组的磁动势 $\dot{I}_2N_2$ 起作用的，所以只要归算前后保持二次绕组的磁动势不变，一次绕组的所有物理量将保持不

变，即一次绕组将从电网吸收同样大小的功率和电流，并有同样大小的功率传递给二次绕组。归算后，二次侧各物理量的数值称为归算值，用原物理量的符号右上角加 " ′ " 来表示。

1. 二次侧电流的归算值

根据归算前、后二次绕组磁动势不变的原则，可得 $\dot{I}'_2 N_1 = \dot{I}_2 N_2$。

由此可得二次侧电流的归算值为

$$\dot{I}'_2 = \frac{N_2}{N_1} \dot{I}_2 = \frac{1}{k} \dot{I}_2 \tag{2-26}$$

即归算后的二次侧电流为实际电流的 $1/k$ 倍。

2. 二次侧电动势的归算值

由于归算前、后二次绕组的磁动势未变，那么变压器的磁势守恒关系不变，即励磁电流不会改变，因此铁芯中的主磁通将保持不变；这样，根据感应电动势与主磁通的关系式 $\dot{E}_2 = -\mathrm{j}4.44 f N_2 \dot{\Phi}_\mathrm{m}$，便得归算前后的电动势之间的关系，即

$$\frac{\dot{E}'_2}{-\mathrm{j}4.44 f N_1} = \frac{\dot{E}_2}{-\mathrm{j}4.44 f N_2}$$

即二次绕组感应电动势的归算值为

$$\dot{E}'_2 = \frac{N_1}{N_2} \dot{E}_2 = k \dot{E}_2 \tag{2-27}$$

即归算后的二次侧电动势为实际电动势的 k 倍。

3. 二次侧阻抗的归算值

把二次绕组的电压方程式（2-25）两边同时乘以变比 k，可得

$$k \dot{U}_2 = k [\dot{E}_2 - \dot{I}_2 (R_2 + \mathrm{j} X_2)] = k \dot{E}_2 - \frac{\dot{I}_2}{k}(k^2 R_2 + \mathrm{j} k^2 X_2)$$

或者

$$\dot{U}'_2 = \dot{E}'_2 - \dot{I}'_2 (R'_2 + \mathrm{j} X'_2) = \dot{E}'_2 - \dot{I}'_2 Z'_2 \tag{2-28}$$

式中：R'_2、X'_2 和 Z'_2 分别为二次绕组电阻、漏抗和漏阻抗的归算值；$\dot{U}'_2$ 为二次电压的归算值。

$R'_2 = k^2 R_2$，$X'_2 = k^2 X_2$，$Z'_2 = \mathrm{j} R'_2 X'_2 = k^2 Z_2$，即漏抗和漏阻抗的归算值均为实际值的 k^2 倍。$\dot{U}'_2 = k \dot{U}_2$，可见二次侧电压与电动势具有同样的归算关系。

4. 二次侧负载阻抗的归算值

把负载阻抗上的电压和电流的关系式 $\dot{U}_2 = \dot{I}_2 Z_\mathrm{L}$，两侧同时乘以变比 k，可得

$$k \dot{U}_2 = k \dot{I}_2 Z_\mathrm{L} = \frac{\dot{I}_2}{k} k^2 Z_\mathrm{L}$$

即

$$\dot{U}'_2 = \dot{I}'_2 Z'_\mathrm{L} \tag{2-29}$$

式（2-29）中，$Z'_\mathrm{L} = k^2 Z_\mathrm{L}$ 即为负载阻抗归算至一次侧的值，可见负载阻抗的归算值与漏阻抗具有同样的归算关系。

综上所述，当把二次绕组的各物理量和参数归算到一次绕组时，凡是单位为伏特的物理

量（电动势和电压）的归算值等于其原来的数值乘以 k；凡是单位为欧姆的物理量（电阻、电抗和阻抗）的归算值等于其原来的数值乘以 k^2；电流的归算值等于原来的数值乘以 $1/k$。不难证明，归算前、后二次绕组内的功率和损耗均将保持不变。因此，所谓归算，实质是在磁动势和功率保持不变的条件下，对绕组的电压、电流以及阻抗所进行的一种线性变换。

上面介绍的归算方法，是在将二次侧绕组的匝数归算到一次侧绕组匝数的基础上，把二次侧的各物理量和参数归算到一次侧。同样，也可以在将一次侧绕组的匝数归算到二次侧绕组匝数的基础上，把一次侧的各物理量和参数归算到二次侧，此时，电流应乘以 k，电压除以 k，阻抗除以 k^2。甚至可以把一次绕组和二次绕组的匝数同时归算到另一匝数 N_3 的基础上，将一次侧和二次侧的物理量和参数进行归算。

综合分析，当把变压器二次绕组的各物理量和参数归算到一次绕组时，并不影响一次侧的电磁关系。归纳起来，归算以后常用的变压器基本方程包括以下七个关系式，即

$$
\left.
\begin{aligned}
&\dot{U}_1 = -\dot{E}_1 + \dot{I}_1 Z_1 \cdots\cdots\cdots\cdots\cdots (1)\\
&\dot{U}_2' = \dot{E}_2' - \dot{I}_2' Z_2' \cdots\cdots\cdots\cdots\cdots (2)\\
&\dot{E}_1 = -\mathrm{j}4.44 f N_1 \dot{\Phi}_\mathrm{m} \cdots\cdots\cdots (3)\\
&\dot{E}_1 = -\dot{I}_\mathrm{m} Z_\mathrm{m} \cdots\cdots\cdots\cdots\cdots (4)\\
&\dot{E}_2' = \dot{E}_1 \cdots\cdots\cdots\cdots\cdots\cdots\cdots (5)\\
&\dot{I}_1 + \dot{I}_2' = \dot{I}_\mathrm{m} \cdots\cdots\cdots\cdots\cdots\cdots (6)\\
&\dot{U}_2' = \dot{I}_2' Z_\mathrm{L}' \cdots\cdots\cdots\cdots\cdots\cdots (7)
\end{aligned}
\right\}
\qquad (2\text{-}30)
$$

对已经制造好投入负载运行的变压器来说，$\dot{U}_1$、k、Z_1、Z_2'、Z_m、Z_L 都是已知的物理量和参数，求解式（2-30）即可求出其他物理量。一次侧的物理量 $\dot{E}_1$、$\dot{\Phi}_\mathrm{m}$、$\dot{I}_\mathrm{m}$、$\dot{I}_1$ 可直接得到，再利用绕组归算的方法，就可以由二次侧各个物理量的归算值得到它们的实际值 $\dot{E}_2$、$\dot{I}_2$、$\dot{U}_2$。

三、变压器的等效电路和相量图

（一）等效电路（equivalent circuit）

利用基本方程式（2-30），虽然可以计算出变压器的各个物理量，进而得到变压器的运行性能，但是由于式（2-30）中各个方程式均为相量方程式，联立求解会非常繁琐。在研究变压器和电力系统的运行问题时，希望能有一个既能正确反映变压器内部的电磁关系，又便于工程计算的单纯电路来模拟实际变压器，这种电路称为等效电路。以下是由变压器的基本方程式导出的等效电路。

1. "T" 形等效电路

根据式（2-30）中的式（1）$\dot{U}_1 = -\dot{E}_1 + \dot{I}_1 Z_1$ 和式（2）$\dot{U}_2' = \dot{E}_2' - \dot{I}_2' Z_2'$，可分别画出一次绕组和二次绕组各自回路的等效电路，如图 2-8（a）、（c）所示；根据式（2-30）中的式（4）$\dot{E}_1 = -\dot{I}_\mathrm{m} Z_\mathrm{m}$ 可画出励磁部分的等效电路，如图 2-8（b）所示；然后根据式（2-30）中的式（5）电动势关系式 $\dot{E}_2' = \dot{E}_1$ 以及式（2-30）中的式（6）电流关系式 $\dot{I}_1 + \dot{I}_2' = \dot{I}_\mathrm{m}$，把这三个电路连接在一起，即可得到与变压器内部电磁过程等效的 "T" 形等效电路，如图 2-9

所示。

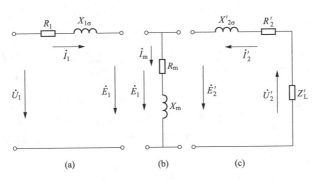

图 2-8　变压器的部分等效电路

（a）一次侧等效电路；（b）励磁部分等效电路；（c）二次侧等效电路

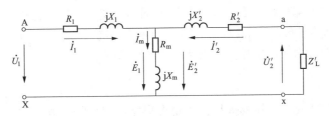

图 2-9　变压器的"T"形等效电路

工程上常用等效电路来分析、计算各种实际运行问题。应当指出，利用归算到一次侧的等效电路算出的一次绕组各物理量，均为变压器的实际值；二次绕组中各物理量则为归算值，欲得其实际值，对电流应乘以 k（即 $\dot{I}_2 = k\dot{I}'_2$），对电压应除以 k（即 $\dot{U}_2 = \dfrac{\dot{U}'_2}{k}$）。

2. 近似和简化等效电路

"T"形等效电路反映了变压器的电磁关系，因而能准确地代表实际变压器。但它含有串联和并联支路，属于复联电路，计算起来比较繁琐。对于一般的电力变压器，额定负载时一次绕组的漏阻抗压降 $\dot{I}_{1N}Z_1$ 仅占额定电压的 $2.5\%\sim5\%$，加上励磁电流 I_m 又远小于额定电流 I_{1N}，所以可以近似地认为

$$\dot{I}_m = \frac{-\dot{E}_1}{Z_m} = \frac{\dot{U}_1 - \dot{I}_1 Z_1}{Z_m} \approx \frac{\dot{U}_1}{Z_m}$$

也就是说，把励磁支路从"T"形等效电路的中间移到电源端，对变压器的计算不会带来明显的误差，如图 2-10 所示，这种电路称为近似等效电路（approximate equivalent circuit）。

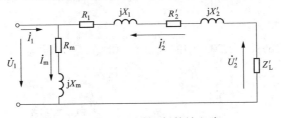

图 2-10　变压器近似等效电路

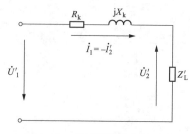

图 2-11　变压器简化等效电路

近似等效电路计算较简便，也足够准确。在电力变压器中，由于 I_m 在 I_{1N} 中占的比例很小，在工程实际中可以忽略。若进一步忽略励磁电流（即把励磁支路断开，去掉励磁支路），则近似等效电路将简化成一个简单的串联电路，如图 2-11 所示，称为变压器的简化等效电路（simplistic equivalent circuit）。用简化等效电路进行计算有较大误差，常用于定性分析。

在近似等效电路和简化等效电路中，可将一次侧和二次侧的参数合并起来，得到以下关系

$$R_k = R_1 + R_2'$$
$$X_k = X_1 + X_2' \tag{2-31}$$
$$Z_k = R_k + jX_k$$

以上参数可用短路试验测出，故 R_k、X_k、Z_k 分别称为变压器的短路电阻（short circuit resistance）、短路电抗（short circuit reactance）和短路阻抗（short circuit impedance）。

与简化等效电路相对应的电压方程式为

$$\dot{U}_1 = -\dot{U}_2' + \dot{I}_1(R_k + jX_k) \tag{2-32}$$

从简化等效电路可见，变压器如果发生稳态短路，则短路电流 $I_k = \dfrac{U_1}{Z_k}$，在额定电压下，这个电流很大，可达额定电流的 10～20 倍。

（二）相量图（phasor diagram）

变压器内部的电磁关系，除可用基本方程式（2-30）和等效电路图 2-10～图 2-12 表示外，还可以用相量图来表示，通过相量图可以较直观地看出变压器内部各物理量之间的相位关系。绘制相量图的步骤视具体条件而定，当给出的已知量和待求量不同时，绘制相量图的步骤也不同。下面通过一个例子来说明如何绘制变压器的相量图。

假定已知变压器的各个参数和主磁通 Φ_m，且变压器带感性负载运行，试通过相量图给出其他物理量的相量。

可根据基本方程式（2-30）绘出包含各个物理量的相量图。其作图步骤如下：

（1）取主磁通 $\dot{\Phi}_m$ 为参考相量，且作在水平位置上，如图 2-13 所示。

（2）作 $\dot{E}_1$ 和 $\dot{E}_2'$。由式（2-30）中的式（3）和式（5）$\dot{E}_1 = \dot{E}_2' = -j4.44fN_1\dot{\Phi}_m$ 可知，$\dot{E}_1$ 落后于 $\dot{\Phi}_m$ 90° 相角，所以从 $\dot{\Phi}_m$ 的位置顺时针转过 90°，即为相量 $\dot{E}_1$ 和 $\dot{E}_2'$ 的位置。

（3）作 $\dot{I}_m$。根据式（2-30）中的式（4）$\dot{E}_1 = -\dot{I}_m Z_m$，可知 $\dot{I}_m$ 落后于 $-\dot{E}_1$ 一个 ψ_0 角，$\psi_0 = \tan^{-1}\dfrac{X_m}{R_m}$。将 $\dot{E}_1$ 转过 180°，便为 $-\dot{E}_1$，从 $-\dot{E}_1$ 位置顺时针转过 Ψ_0 即为相量 $\dot{I}_m$ 的位置。

（4）作 $\dot{I}_2'$。联立求解式（2-30）中的式（2）和式（7），可得

$$\dot{E}' - \dot{I}_2'Z_2' = \dot{I}_2'Z_L'$$

即

$$\dot{I}_2' = \frac{\dot{E}_2'}{Z_2' + Z_L'} = \frac{\dot{E}_2'}{(R_2' + R_L') + j(X_2' + X_L')}$$

所以 $\dot{I}'_2$ 与 $\dot{E}'_2$ 之间的夹角为 $\psi_2 = \tan^{-1}\dfrac{X'_2 + X'_L}{R'_2 + R'_L}$，$\psi_2$ 的大小和正负由变压器二次侧的漏阻抗和负载阻抗之和 $Z'_2 + Z'_L$ 来决定。

若 X'_L 为感抗，则 $\dot{I}'_2$ 落后于 $\dot{E}'_2$ 一个 ψ_2 角。

若 X'_L 为容抗，则当 $X'_L > X'_2$，$\dot{I}'_2$ 超前于 $\dot{E}'_2$ 一个 ψ_2 角；当 $X'_L < X'_2$，$\dot{I}'_2$ 落后于 $\dot{E}'_2$ 一个 ψ_2 角；当 $X'_L = X'_2$，$\dot{I}'_2$ 与 $\dot{E}'_2$ 同相位。

若 $X'_L = 0$，则 $\dot{I}'_2$ 落后于 E'_2 一个 ψ_2 角。

对于感性负载，由前述分析可知 $\dot{I}'_2$ 落后于 $\dot{E}'_2$ 一个 ψ_2 角。

（5）作 $\dot{U}'_2$。根据式（2-30）中的式（2）或者式（7）即可作出 $\dot{U}'_2$。$\dot{U}'_2$ 与 $\dot{I}'_2$ 之间的相位关系，仅由负载的性质来确定，假如负载的阻抗角用 φ_2 表示，φ_2 也称为二次侧的功率因数角。对于本例中的感性负载来说，$\dot{U}'_2$ 超前于 $\dot{I}'_2$ 一个 φ_2 角，即从 $\dot{I}'_2$ 的位置逆时针转过 φ_2 角则为相量 $\dot{U}'_2$ 的位置。但若为容性负载，$\dot{U}'_2$ 落后于 $\dot{I}'_2$ 一个 φ_2 角；若为纯电阻负载，$\dot{U}'_2$ 与 $\dot{I}'_2$ 同相位。图 2-12 中的电压 $\dot{U}'_2$ 是依据式（2-30）中的式（2）画出来的，从相量图上可以看出 $U'_2 < E'_2$，说明在感性负载下二次侧的端电压相对于开路电压来说是下降的。

（6）作 $\dot{I}_1$。根据式（2-30）中的式（6）$\dot{I}_1 + \dot{I}'_2 = \dot{I}_m$，将相量 $\dot{I}_m$ 和 $-\dot{I}'_2$ 相加即为相量 $\dot{I}_1$。

（7）作 $\dot{U}_1$。根据式（2-30）中的式（1）$\dot{U}_1 = -\dot{E}_1 + \dot{I}_1 Z_1$，在相量（$-\dot{E}_1$）的末端加上相量 $\dot{I}_1 R_1$ 和 $j\dot{I}_1 X_1$ 即可得到 $\dot{U}_1$。由图 2-12 可见，当变压器带感性负载时，$\dot{U}_1$ 超前于 $\dot{I}_1$ 一个相位角 φ_1，φ_1 称为变压器一次侧的功率因数角。

应用基本方程式（2-30）作出的相量图 2-12 在理论上是有意义的，它对应于变压器的"T"形等效电路。对于已经制造好的变压器，由于很难用实验方法把一次绕组和二次绕组的漏电抗 X_1 和 X'_2 分开，因此，在分析负载方面的问题时，常根据图 2-11 所示的简化等效电路或者式（2-32）$\dot{U}_1 = -\dot{U}'_2 + \dot{I}_1(R_k + jX_k)$ 来画相量图，变压器带感性负载时的相量图如图 2-13 所示。

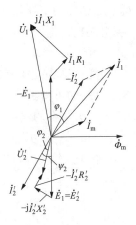

图 2-12　变压器带感性负载时的相量图

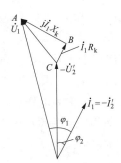

图 2-13　感性负载时的简化相量图

若已知 $\dot{U}_2'$、$\dot{I}_2'$ 和 $\cos\varphi_2$，因忽略 $\dot{I}_m$，即 $-\dot{I}_2'=\dot{I}_1$。图 2-13 中，取 $-\dot{U}_2'$ 为参考相量，由 φ_2 角画出 $-\dot{I}_2'=\dot{I}_1$，然后在 $(-\dot{U}_2')$ 的端点上加上相量 $\dot{I}_1R_k$ 和 $j\dot{I}_1X_k$，便得到一次侧的端电压 $\dot{U}_1$。从图 2-13 上看出，短路阻抗的电压降落组成一个三角形 ABC，称为漏阻抗三角形。对于给定的一台变压器，不同负载下的这个三角形，它的形状是相似的，三角形的大小与负载电流成正比。在额定电流时的三角形，叫作短路三角形。

基本方程式、等效电路和相量图是分析变压器运行的三种方法。基本方程式概括了变压器中的电磁关系，描述了变压器各个物理量之间用相量表示时的数学关系，而等效电路和相量图则是基本方程式的另外一种图形表达形式，因此三者之间是一致的，究竟取哪一种表达形式，则视具体情况而定。进行定量计算时，等效电路比较方便；讨论各物理量之间大小和相位关系时，相量图比较方便。

四、变压器的损耗和功率平衡关系

变压器通过电磁感应，将一次侧绕组从电源吸收的电功率传递到二次侧绕组所接的负载上。在能量传递过程中，由于变压器本身要消耗能量，所以根据能量守恒原理，变压器输出的电功率要小于输入的电功率，两者之差即为被变压器消耗掉的功率。若要得到变压器的功率平衡关系，只要知道变压器中的损耗即可。变压器中的损耗包括以下几项：

(1) 铁芯损耗 P_{Fe}。铁芯损耗包括基本铁耗和附加铁耗。变压器带负载运行时，铁芯中有交变磁通穿过，交变磁通在铁芯中产生磁滞损耗和涡流损耗，两者之和即为基本铁耗；附加铁耗包括叠片间由于绝缘损伤所引起的局部涡流损耗、主磁通在结构部件中引起的涡流损耗以及高压变压器中的介质损耗等。附加铁耗难于计算，一般取基本铁耗的 $15\%\sim20\%$。铁耗近似正比于 B_m^2，在已制成的变压器中近似正比于 U_1^2。因为变压器的一次 (侧) 电压一般保持为额定值，$U_1=U_{1N}$，故铁耗又称为不变损耗。绪论中给出了铁耗计算公式，也可用变压器参数计算铁耗，$P_{Fe}=I_m^2R_m$。

(2) 绕组铜耗 P_{Cu}。绕组铜耗包括基本铜损耗和附加铜损耗两部分。变压器带负载运行时，一次绕组和二次绕组流过电流，其所产生的直流电阻损耗即为基本铜损耗；附加铜损耗主要是指漏磁场在导线中引起的电流集肤效应，使有效电阻和铜耗增大的这部分损耗。附加铜损耗很难准确计算，一般是把直流电阻乘上一个增大系数 (为 $1.005\sim1.05$) 的办法把它考虑进去。通常我们把一次绕组铜耗 P_{Cu1} 和二次绕组铜耗 P_{Cu2} 之和称为变压器的绕组铜耗，$P_{Cu}=P_{Cu1}+P_{Cu2}$，其中 $P_{Cu1}=I_1^2R_1$，$P_{Cu2}=I_2'^2R_2'=I_2^2R_2$。绕组铜耗与流过绕组的电流平方成正比，由于绕组电流随负载变化而变化，因而绕组铜损耗又称可变损耗。

由变压器一次侧输入的有功功率扣除掉铁芯损耗和绕组铜耗，即为变压器二次侧输出的有功功率。变压器的功率平衡关系借助于图 2-14 的 T 形等效电路即可得到。

变压器一次侧绕组从电源吸收电功率 $P_1=U_1I_1\cos\varphi_1$，扣除一次绕组的铜耗 P_{Cu1} 和铁芯损耗 P_{Fe}，余下的即为一次侧传递到二次侧的电功率 $P_M=E_2'I_2'\cos\psi_2$，该功率是通过电磁感应传递的，所以 P_M 称为电磁功率 (electromagnetic power)。电磁功率 P_M 再扣除二次绕组的铜耗 P_{Cu2}，即为二次侧输出的电功率 $P_2=U_2'I_2'\cos\varphi_2$。

由此可得功率平衡关系为

$$P_1=P_{Cu1}+P_{Fe}+P_M$$
$$P_2=P_M-P_{Cu2}$$

(2-33)

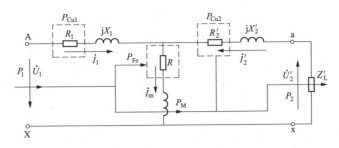

图 2-14　从等效电路看功率平衡关系

知道了变压器的功率平衡关系，即可求出它的效率。"电机学"中常用到如图 2-15 所示的功率流程图来表示功率的传递关系。

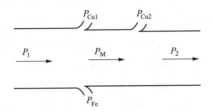

图 2-15　变压器功率流程图

第三节　变压器的参数测定

对于已经制造好的变压器，其等效电路中的参数，可以用空载试验和稳态短路试验来测定。这两个试验是变压器试验中的主要项目。由这两个试验测量得到的一次侧电压、电流和功率来计算变压器的参数，另外，还可以通过测量得到变压器的空载损耗、短路损耗、短路电压、变比等物理量，以便用于分析变压器的运行情况。

一、空载试验（no-load test）

空载试验是通过将变压器的二次侧开路，一次侧施加电压来进行的。通过空载试验测量得到的一次侧电压、电流和功率除了可以计算得到励磁阻抗 Z_m 外，还可以求出变比 k、计算效率时的铁芯损耗 P_Fe（近似为空载损耗 P_0）以及检测励磁电流（近似为空载电流）的大小。

图 2-16 是变压器空载试验的接线图，其中图（a）为单相变压器，图（b）为三相变压器。考虑到在高压边作空载试验时所加电压较高，电流较小，为了试验安全和仪表选择方便，一般在低压边加电压，高压边开路。

进行试验时，高压边开路，通过调压器在变压器的低压边加上额定电压 U_1N，测量低压侧的空载电流 I_0、空载输入功率 P_0 以及高压边的开路电压 U_{20}。在做三相心式变压器试验时，因为三相磁路不对称，导致三相电流不相等，此时可取三相电流的平均值作为励磁电流值。由于空载时，二次侧的电流 $\dot{I}_2 = 0$，由变压器的"T"形等效电路（见图 2-9），即可得到变压器空载时的等效电路，如图 2-17 所示。

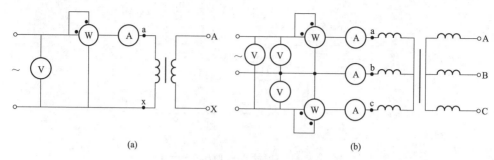

图 2-16　变压器空载试验线路图
（a）单相变压器；（b）三相变压器

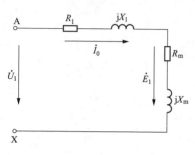

图 2-17　空载时的等效电路

空载试验时，因为一次侧的外加电压为额定电压 U_{1N}，所以感应电动势、铁芯磁密以及铁耗也非常接近于变压器额定运行时的数值。因为空载时一次侧的励磁电流很小，由它引起的一次绕组的铜耗 $P_{Cu1} = I_0^2 R_1$ 可以忽略不计，所以输入功率 P_0 几乎全部供给铁耗，于是 $P_0 \approx P_{Fe}$。

由图 2-17，变压器空载时的总阻抗为 $Z_0 = Z_1 + Z_m$。

由于 $Z_m \gg Z_1$，可以认为 $Z_0 \approx Z_m = \dfrac{U_{1N}}{I_0}$

铁耗等效电阻为

$$R_m \approx R_0 = \frac{P_0}{I_0^2}$$

励磁电抗为

$$X_m \approx X_0 = \sqrt{Z_0^2 - R_0^2}$$

由空载试验还能求出变压器的变比 k 为

$$k = \frac{高压边匝数}{低压边匝数} = \frac{高压边电动势}{低压边电动势} \approx \frac{U_{20}}{U_{1N}}$$

如果是三相变压器，在计算励磁参数时，需要用一相的功率、电压和电流值来计算。

由于励磁阻抗 Z_m 随外加电压的大小而变化，为了使测出的参数符合变压器的实际运行情况，空载试验应在额定电压下进行。同时为了试验的安全与方便，应在低压侧施加电压，因此，所求励磁参数是由低压侧测量得到的电压、电流和功率计算得到的，故计算得到的励磁参数为从低压侧看进去的等效参数，即为归算到低压方的数值，如果需要归算到高压侧，则必须乘以 k^2。

二、稳态短路试验（steady-state short circuit test）

稳态短路试验是通过将变压器的二次侧直接短路，一次侧施加电压来进行的。通过短路试验，可以求出计算变压器效率时的绕组铜耗 P_{Cu}、短路阻抗 Z_k 和阻抗电压 u_k。

图 2-18 是变压器稳态短路试验的线路图，其中图（a）为单相变压器，图（b）为三相变压器。变压器短路运行时，图 2-9 等效电路中的二次侧直接短接（a、x 直接相连），因为常用电力变压器的 $Z_m \gg Z_2'$，所以励磁电流只占一次侧电流的很小一部分，此时励磁电流可忽

略不计，故可用图 2-11 的简化等效电路来分析。从图 2-11 可见，当二次侧短路而一次侧电流为额定电流时，一次侧所加的电压大小等于变压器漏阻抗上的压降，因此所加电压 $U_k = I_{1N}Z_k$ 是很小的，只有额定电压的 10％左右，甚至更低，所以为了便于测量，稳态短路试验通常将高压绕组接到电源，低压绕组直接短路。

进行短路试验时，低压侧直接短路，高压侧通过调压器接到电源。试验时所加电压必须比额定电压低得多，以一次侧电流达到或接近额定值为止。测量高压侧的电压 U_k、电流 I_k 和输入功率 P_k。

做稳态短路试验时，当一次绕组电流达额定值，二次绕组里电流也几乎同时达额定值，这时绕组中的铜损耗相当于额定负载时的铜耗。由于外加电压很低，铁芯里的主磁通很小，励磁电流以及铁耗可以忽略不计，这时输入功率 P_k 几乎全部供给了绕组的铜耗，因此稳态短路测出的损耗近似为绕组铜耗，$P_k \approx P_{Cu}$。

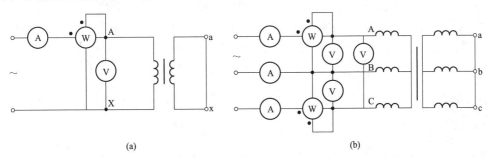

图 2-18　变压器稳态短路试验接线图

(a) 单相变压器；(b) 三相变压器

根据测量数据，可以计算出短路阻抗的大小。

短路阻抗
$$Z_k = \frac{U_k}{I_k}$$

短路电阻
$$R_k = \frac{P_k}{I_k^2}$$

短路电抗
$$X_k = \sqrt{Z_k^2 - R_k^2}$$

因为绕组的电阻随温度而变化，而短路试验一般在室温下进行，所以测得的电阻必须换算到基准工作温度时的数值，根据国家标准规定，油浸电力变压器和电机的绕组应换算到 75℃的数值。换算公式为

$$R_{k75℃} = R_k \frac{235 + 75}{235 + \theta}$$

式中：θ 为试验时的室温；R_k 为 θ 温度下的短路电阻。

对于铝线变压器，换算公式中常数 235 应改为 225。

在 75℃时的短路阻抗为

$$Z_{k75℃} = \sqrt{R_{k75℃}^2 + X_k^2}$$

同样，如果是三相变压器，计算短路参数时，上式中的电压、电流和功率都要用一相的数据来计算。由上述计算得到的短路参数显然是归算到变压器高压侧的值。做稳态短路试验时，如能保持电流为额定值，这时测得的损耗更符合实际情况。

通过短路参数还可求出变压器的阻抗电压（impedance voltage）。所谓阻抗电压是短路阻抗 $Z_{k75℃}$ 与一次侧额定电流 I_{1N} 的乘积用一次侧额定电压的百分数表示，即

$$u_k = \frac{I_{1N}Z_{k75℃}}{U_{1N}} \times 100(\%) \tag{2-34}$$

上式表明，阻抗电压就是变压器短路电流达额定值时一次侧所加电压用一次侧额定电压的百分数表示，故又称短路电压，它的有功分量 u_{kr} 和无功分量 u_{kx} 分别为

$$u_{kr} = \frac{I_{1N}R_{k75℃}}{U_{1N}} \times 100(\%)$$

$$u_{kr} = \frac{I_{1N}X_k}{U_{1N}} \times 100(\%)$$

$$u_k = \sqrt{u_{kr}^2 + u_{kx}^2}(\%) \tag{2-35}$$

阻抗电压标在变压器的铭牌上，它的大小反映了变压器在额定负载下运行时，漏阻抗压降的大小。从运行角度来看，希望阻抗压降小一些，使变压器输出电压随负载变化波动小一些；但阻抗电压太小时，变压器短路时电流太大，可能损坏变压器。一般中小型电力变压器的 u_k 为 4%～10.5%，大型电力变压器的 u_k 为 12.5%～17.5%。有功分量 u_{kr} 随容量的增大而减小，无功分量 u_{kx} 则随容量的增大而增大。比值 $\dfrac{u_{kx}}{u_{kr}}$ 在大型变压器中可达 10～15，中小型变压器则在 1～5 范围内。

例 2-2 一台单相变压器，$S_N = 20\,000\text{kVA}$，$U_{1N}/U_{2N} = \dfrac{220}{\sqrt{3}}/11\text{kV}$，额定频率为 50Hz，绕组由铜线制成。在 15℃时的空载和稳态短路试验数据见表 2-1。

表 2-1　　　　　　　　　　　15℃时的空载和稳态短路试验数据

试验名称	电压（kV）	电流（A）	功率（kW）	备注
空载	11	45.5	47	电压加在低压边
短路	9.24	157.46	129	电压加在高压边

设归算到同一边后高、低压绕组的电阻和漏抗分别相等。

试求：

（1）"T" 形等效电路中的各参数。

（2）阻抗电压及各分量。

解：

（1）一次侧和二次侧的额定电流为

$$I_{1N} = \frac{S_N}{U_{1N}} = \frac{20\,000 \times 10^3}{220 \times 10^3/\sqrt{3}} = 157.46(\text{A})$$

$$I_{2N} = \frac{S_N}{U_{2N}} = \frac{20\,000 \times 10^3}{11 \times 10^3} = 1818.2(\text{A})$$

变比为

$$k = \frac{220 \times 10^3/\sqrt{3}}{11 \times 10^3} = 11.55$$

由空载试验数据可算出归算到高压边的励磁参数为

$$Z_m = k^2 \frac{U_0}{I_0} = 11.55^2 \times \frac{11 \times 10^3}{45.5} = 32\ 251.15(\Omega)$$

$$R_m = k^2 \frac{P_0}{I_0^2} = 11.55^2 \times \frac{47 \times 10^3}{45.5^2} = 3029.58(\Omega)$$

$$X_m = \sqrt{Z_m^2 - R_m^2} = \sqrt{32\ 251.15^2 - 3029.58^2} = 32\ 108.54(\Omega)$$

由稳态短路试验数据可算出归算到高压边的短路参数为

$$Z_k = \frac{U_k}{I_k} = \frac{9.24 \times 10^3}{157.46} = 58.7(\Omega)$$

$$R_k = \frac{P_k}{I_k^2} = \frac{129 \times 10^3}{157.46^2} = 5.2(\Omega)$$

$$X_k = \sqrt{Z_k^2 - R_k^2} = \sqrt{58.7^2 - 5.2^2} = 58.5(\Omega)$$

依题设有

$$R_1 = R_2' = \frac{R_k}{2} = \frac{5.2}{2} = 2.6(\Omega)$$

$$X_1 = X_2' = \frac{X_k}{2} = \frac{58.5}{2} = 29.25(\Omega)$$

$$Z_1 = Z_2' = \frac{Z_k}{2} = \frac{58.7}{2} = 29.35(\Omega)$$

换算到 75℃时各参数为

$$R_{1(75℃)} = R_{2(75℃)}' = 2.6 \times \frac{235 + 75}{235 + 15} = 3.22(\Omega)$$

$$R_{k(75℃)} = R_{1(75℃)} + R_{2(75℃)}' = 6.44(\Omega)$$

$$Z_{k(75℃)} = \sqrt{R_{k(75℃)}^2 + X_k^2} = \sqrt{6.44^2 + 58.5^2} = 58.9(\Omega)$$

（2）75℃时的阻抗电压及其分量为

$$u_k = \frac{I_{1N} Z_{k(75℃)}}{U_{1N}} \times 100\% = \frac{157.46 \times 58.9}{220 \times 10^3 / \sqrt{3}} \times 100\% = 7.3\%$$

$$u_{kx} = \frac{I_{1N} X_k}{U_{1N}} \times 100\% = \frac{157.46 \times 58.5}{220 \times 10^3 / \sqrt{3}} \times 100\% = 7.25\%$$

$$u_{kr} = \frac{I_{1N} R_{k(75℃)}}{U_{1N}} \times 100\% = \frac{157.46 \times 6.44}{220 \times 10^3 / \sqrt{3}} \times 100\% = 0.80\%$$

第四节　变压器的运行性能

变压器带负载运行时，二次侧电压的变化程度直接影响到供电电压的稳定性和供电质量，而其效率的大小则影响到运行的经济性。这是变压器的两个主要性能指标，本节讨论这两个指标的计算方法及其影响因素。

一、变压器的电压调整率（voltage regulation）

变压器负载后，由于变压器内部存在漏阻抗压降，即使一次侧的输入电压保持不变，变压器二次侧的供电电压也会随着负载变化而变化，导致二次侧电压 U_2 与空载电压 U_{20} 不相等，通常用电压调整率来表示二次侧电压变化的程度。电压调整率是表征变压器运行性能的重要数据之一，它反映了变压器供电电压的稳定性。

所谓电压调整率是指：当一次侧接在额定频率和额定电压的电网上，二次侧空载电压 U_{20} 与负载时电压 U_2 的算术差，用二次侧额定电压的百分数表示的数值，即

$$\Delta U = \frac{U_{20} - U_2}{U_{2N}} \times 100\% = \frac{U'_{2N} - U'_2}{U'_{2N}} \times 100\% = \frac{U_{1N} - U'_2}{U_{1N}} \times 100\% \tag{2-36}$$

电压调整率 ΔU 与变压器的参数和负载性质有关，可用简化相量图求出。

图 2-19 是变压器的简化相量图。在 $-\dot{U}'_2$ 的延长线向上作线段 $\overline{CP}$ 及其垂线 $\overline{AD}$ 和 $\overline{BF}$，则从图中不难看出 $\angle BAD = \angle BCD = \varphi_2$，因此

$$\overline{CD} = \overline{CF} + \overline{FD} = \overline{CF} + \overline{BF} = I_1 R_k \cos\varphi_2 + I_1 X_k \sin\varphi_2$$

在一般变压器中，由于 $\overline{AD} \ll \overline{OD}$，故可近似认为 $\overline{OA} \approx \overline{OD}$，或 $U_{1N} \approx U'_2 + \overline{CD}$

于是 $\Delta U = \dfrac{U_{1N} - U'_2}{U_{1N}} \times 100\% = \dfrac{\overline{CD}}{U_{1N}} \times 100\% = \dfrac{I_1 R_k \cos\varphi_2 + I_1 X_k \sin\varphi}{U_{1N}} \times 100\%$

$$= \left(\frac{I_1}{I_{1N}} \frac{I_{1N} R_k}{U_{1N}} \cos\varphi_2 + \frac{I_1}{I_{1N}} \frac{I_{1N} X_k}{U_{1N}} \sin\varphi_2 \right) \times 100\%$$

$$= (\beta u_{kr} \cos\varphi_2 + \beta u_{kx} \sin\varphi_2) \times 100\% \tag{2-37}$$

如果考虑 $\overline{OA}$ 与 $\overline{OD}$ 的差别，则可导出电压调整率为

$$\Delta U = (\beta u_{kr} \cos\varphi_2 + \beta u_{kx} \sin\varphi_2) + \frac{1}{2}(\beta u_{kx} \cos\varphi_2 - \beta u_{kr} \sin\varphi_2)^2 \tag{2-38}$$

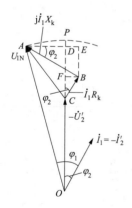

图 2-19　用简化相量图求 ΔU

式（2-38）说明，电压调整率随着负载电流的增加而正比增加，此外还与短路阻抗和负载的功率因数有关。在实际的电力变压器中，u_{kx} 比 u_{kr} 大很多倍，故在纯电阻负载时，电压调整率很小。在感性负载时，电压调整率为正值；若负载为容性，$\sin\varphi_2$ 为负值，当 $|u_{kx} \sin\varphi_2| > u_{kr} \cos\varphi_2$ 时，电压调整率将为负值，即负载时二次侧电压反而比空载电压高。对于一般变压器，当负载的功率因数约为 0.8（感性）时，额定负载的电压调整率约为 5%，所以一般电力变压器的高压线圈均有 $\pm 5\%$ 的抽头，以便进行电压调节。

二、变压器的效率（efficiency）

在能量传递过程中，变压器内部将同时产生损耗，使得其输出功率小于输入功率。输出功率和输入功率之比就是效率，即

$$\eta = \frac{P_2}{P_1} \times 100\% \tag{2-39}$$

已知变压器的输出功率和损耗，由式（2-33）即可求出输入功率 P_1 为

$$P_1 = P_{Fe} + P_{Cu1} + P_{Cu2} + P_2 = \sum P + P_2$$

其中，$\sum P = P_{Fe} + P_{Cu} = P_{Fe} + P_{Cu1} + P_{Cu2}$ 为变压器内部的总损耗。

由于变压器效率很高，用直接负载法测量输出功率 P_2 和输入功率 P_1 来确定效率很难

得到准确的结果。这是因为 P_1 和 P_2 相差很小，测量仪表的误差很可能超过这一差值。另外，对大型变压器也很难找到相应的大容量负载来进行试验，故工程中常用间接法来计算效率。所谓间接法就是通过空载试验和稳态短路试验求出变压器的铁耗和绕组铜损耗，然后按下式计算

$$\eta = \frac{P_2}{P_1} \times 100\% = \frac{P_1 - \sum P}{P_1} \times 100\% = \left(1 - \frac{\sum P}{P_2 + \sum P}\right) \times 100\% = \frac{P_2}{P_2 + \sum P} \times 100\%$$

$$= \left(1 - \frac{P_{Fe} + P_{Cu}}{P_2 + P_{Fe} + P_{Cu}}\right) \times 100\% = \frac{P_2}{P_2 + P_{Fe} + P_{Cu}} \times 100\% \tag{2-40}$$

为了简便起见，计算时做一些假定：

(1) 计算 P_2 时，由于变压器的电压变化率较小，忽略负载时 U_2 的变化，认为 $U_2 \approx U_{2N}$，即

$$P_2 = U_2 I_2 \cos\varphi_2 \approx U_{2N} I_{2N} \left(\frac{I_2}{I_{2N}}\right) \cos\varphi_2 = \beta S_N \cos\varphi_2$$

式中，$\beta = \dfrac{I_2}{I_{2N}} \approx \dfrac{I_1}{I_{1N}}$（忽略 I_m）称为负载系数（或负荷系数）（load coefficient）。

(2) 当变压器一次侧接额定电压的电源时，认为负载时的铁耗等于额定电压下的空载损耗 P_0，即认为从空载到负载，主磁通基本不变，而且忽略了空载铜耗的影响，即

$$P_{Fe} \approx P_0 = 常数$$

(3) 认为额定负载时的绕组铜损耗等于额定电流时的短路损耗 P_{kN}。稳态短路试验时，外施电压很低，故铁芯磁密很小，铁耗可忽略不计，因此短路损耗主要是绕组铜损耗。这样可得

$$P_{Cu} = P_{Cu1} + P_{Cu2} = I_1^2 R_1 + I_2'^2 R_2' = I_1^2 R_k = \left(\frac{1}{I_{1N}}\right)^2 I_{1N}^2 R_k = \beta^2 P_{kN}$$

于是效率公式可写成

$$\eta = \left(1 - \frac{P_0 + \beta^2 P_{kN}}{\beta S_N \cos\varphi_2 + P_0 + \beta^2 P_{kN}}\right) \times 100\% = \frac{\beta S_N \cos\varphi_2}{\beta S_N \cos\varphi_2 + P_0 + \beta^2 P_{kN}} \times 100\% \tag{2-41}$$

式 (2-41) 说明，在一定性质的负载（$\cos\varphi_2$ 为常值）下，效率随负载系数而变化。取不同的负载系数代入式 (2-41)，可得 $\eta = f(\beta)$ 曲线，称为效率特性，如图 2-20 所示。空载时输出功率为零，所以 $\eta = 0$。负载小时，空载损耗 P_0 占输出功率的百分数较大，所以效率很低。负载增加时，P_2 增加，η 上升。当超过某一负载时，与 β^2 成正比的绕组铜损耗增加很快，所以效率反而下降。这样，效率有一最大值 η_{max}。为了求出最大效率，将式 (2-41) 对 β 取一阶导数，并使之为零，即

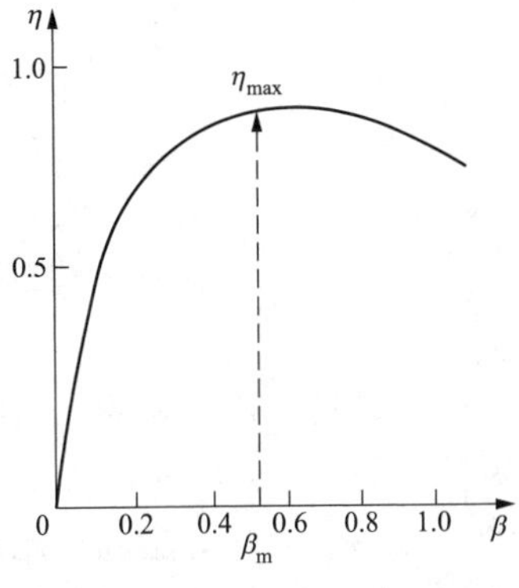

$$\frac{\mathrm{d}\eta}{\mathrm{d}\beta} = 0$$

即可求出产生最大效率的条件为

$$P_0 = \beta^2 P_{kN}$$

图 2-20 变压器的效率曲线

或
$$\beta=\sqrt{\frac{P_0}{P_{kN}}} \qquad (2-42)$$

上式说明，当不变损耗等于可变损耗时，变压器的效率达到最大值，以此 β 值代入式 (2-41)，即可求得最大效率

$$\eta_{max}=\left(1-\frac{2P_0}{\sqrt{\dfrac{P_0}{P_{kN}}} S_N \cos\varphi_2 + 2P_0}\right) \times 100\% \qquad (2-43)$$

由于变压器经常接在线路上，铁耗总是存在的，绕组铜损耗随负载（季节、时间）的变化而变化，故铁耗小些对全年的平均效率有利。一般变压器的 $\dfrac{P_0}{P_{kN}} \approx \left(\dfrac{1}{4} \sim \dfrac{1}{3}\right)$ 范围内，故最大效率大体发生在 $\beta=0.5 \sim 0.6$。

例 2-3　试用例 2-2 的数据，计算变压器的额定效率和额定负载电压调整率。负载的功率因数设为 0.8（滞后）。

解： 从例 2-2 可知

$$P_0=47(kW)$$
$$P_{kN}=I_{1N}^2 R_{k(75℃)}=157.46^2 \times 6.44=159.67(kW)$$

额定负载时，$\beta=1$

$$\begin{aligned}
\eta &= \left(1-\frac{P_0+\beta^2 P_{kN}}{\beta S_N \cos\varphi_2 + P_0 + \beta^2 P_{kN}}\right) \times 100\% \\
&= \left(1-\frac{47+159.67}{20\,000 \times 0.8 + 47 + 159.67}\right) \times 100\% \\
&= 98.72\%
\end{aligned}$$

由例 2-2 计算出

$$u_{kr}=0.8\%$$
$$u_{kx}=7.25\%$$

代入式 (2-29) 得

$$\begin{aligned}
\Delta U &= \beta(u_{kr}\cos\varphi_2 + u_{kx}\sin\varphi_2) \\
&= 0.8\% \times 0.8 + 7.25\% \times 0.6 \\
&= 4.99\%
\end{aligned}$$

第五节　标 幺 值 体 系

前面提到，在计算变压器的物理量或者性能指标时，常常采用等效电路，等效电路需要进行匝数的归算，将不同侧的电压归算到同一电压等级下，使得计算较为繁琐。尤其在电力系统中，一个系统可能包含几台不同电压等级的变压器或者电机，这时需要将所有不同的电压等级归算到共同的等级下，这会使得计算相当繁琐。如果采用标幺值体系，这种归算即可避免。

另外，对电机和变压器来说，采用标幺值体系还有一个非常显著的优点。电机或者变压器的内部阻抗以及损耗随着其容量的变化而大范围的变化。例如 10kW 的损耗，对某台大容

量的变压器来说可能是比较低的数值，但对另外一台小容量变压器来说则是相当高的数值了。然而，采用与设备额定值相关的标幺值体系时，各种形式和结构的电机及变压器，其损耗的标幺值均处于一个相当窄的范围，阻抗也具有相同的性质。

因此，在工程计算中，各物理量如电压、电流、阻抗、功率等往往不用它们的实际值进行计算，而采用标幺值体系。我们把这些物理量的实际值与某一选定的同单位的基值之比，称为标幺值（或相对值），即

$$标幺值 = \frac{某量的实际值}{该量的基值}$$

为了区别标幺值和实际值，我们在各物理量原来的符号右上角加上"$*$"号以表示该物理量的标幺值。

在电机和变压器中，通常首先选定两个量的基值（这两个量一般为电压和视在功率），来定义标幺值体系，一旦选定了两个量的基值，所有其他量的基值就由通常的电路定律来求出。

例如，在单相体系中，若选取了电压基值 U_J 和功率基值 S_J，则电流基值 I_J 与视在功率的基值和电压基值之间满足关系 $S_J = U_J I_J$，阻抗的基值为 $Z_J = \dfrac{U_J}{I_J}$。有功功率（包括各种损耗）和无功功率的基值 P_J、Q_J 选取与 S_J 相等；电阻和电抗的基值 R_J、X_J 选取与 Z_J 相等。

在电机和变压器中，常取各物理量的额定值作为基值。当选用额定值为基值时，变压器一次侧和二次侧的电压、电流的标幺值为

$$U_1^* = \frac{U_1}{U_{1N}} \qquad\qquad U_2^* = \frac{U_2}{U_{2N}}$$

$$I_1^* = \frac{I_1}{I_{1N}} \qquad\qquad I_2^* = \frac{I_2}{I_{2N}}$$

一次绕组和二次绕组阻抗的基值分别取 $Z_{1N} = \dfrac{U_{1N}}{I_{1N}}$，$Z_{2N} = \dfrac{U_{2N}}{I_{2N}}$，相应的一次绕组和二次绕组的漏阻抗的标幺值为

$$Z_1^* = \frac{Z_1}{Z_{1N}} = \frac{I_{1N} Z_1}{U_{1N}} \qquad\qquad Z_2^* = \frac{Z_2}{Z_{2N}} = \frac{I_{2N} Z_2}{U_{2N}}$$

上式表明，阻抗的标幺值等于额定电流在阻抗上产生的电压降的标幺值。

变压器的有功功率、无功功率、视在功率的基值取额定的视在功率 S_N，则输出功率的标幺值为

$$P_2^* = \frac{P_2}{S_N}$$

因为标幺值是两个具有相同单位的物理量之比，所以它没有单位。标幺值乘上 100，便是百分值。

在计算标幺值时应注意以下几点：

（1）在三相变压器中，实际值为相值，则基值也应是相值；实际值为线值，则基值也应是线值。在对称三相电路中，线值和相值的标幺值是相等的；在交流电路里，最大值和有效值的标幺值是相等的。

（2）实际值与基值的单位必须一致，如实际值单位为 kV，则基值单位也应为 kV。

（3）对于三相系统，若电压基值和电流基值分别取额定线电压 U_N 和线电流 I_N 时，功率基值 $S_N=\sqrt{3}U_NI_N$；阻抗基值 Z_N 应为相电压与相电流之比。

若三相绕组采用星形连接，则 $$Z_N=\frac{U_N/\sqrt{3}}{I_N}=\frac{U_N^2}{S_N}$$

若三相绕组采用三角形连接，则 $$Z_N=\frac{U_N}{I_N/\sqrt{3}}=3\times\frac{U_N^2}{S_N}$$

（4）归算值的基值，应取被归算到所在边的基值。如

$$U_2'^*=\frac{U_2'}{U_{1N}};I_2'^*=\frac{I_2'}{I_{1N}};Z_2'^*=\frac{Z_2'}{Z_{1N}}=\frac{I_{1N}Z_2'}{U_{1N}}$$

采用标幺值具有下列优点：

（1）不论变压器的容量相差多大，用标幺值表示的参数及性能数据变化范围很小，这就便于对不同容量的变压器进行比较。例如空载电流 I_0^* 为 $0.01\sim0.10$；中、小型变压器的 Z_k^* 为 $0.04\sim0.10$。

（2）归算值的标幺值和其归算以前的标幺值相等。因此采用标幺值时，一次侧和二次侧的各物理量就不需要进行归算了。例如

$$R_2^*=\frac{I_{2N}R_2}{U_{2N}}=\frac{kI_{1N}R_2}{U_{1N}/k}=\frac{I_{1N}(k^2R_2)}{U_{1N}}=\frac{I_{1N}R_2'}{U_{1N}}=R_2'^*$$

（3）采用标幺值后，各物理量的数值简化了。例如额定电压、额定电流、额定视在功率的标幺值等于1，因此使计算更简便。同时，采用标幺值后，某些物理量具有相同的数值，例如短路阻抗 Z_k 的标幺值等于阻抗电压 U_k 的标幺值，$Z_k^*=\frac{Z_k}{Z_N}=\frac{I_NZ_k}{U_N}=\frac{U_k}{U_N}=U_k^*=u_k$，相应地 $R_k^*=u_{kr}$，$X_k^*=u_{kx}$。

其次，由于换成标幺值后，并不改变相位，只是物理量的大小改变了，因此当各个量采用标幺值时，前面给出的基本方程式、相量图和等效电路仍然适用。但要注意按标幺值作相量图时，$\dot{U}_1^*$、$\dot{E}_1^*$、$\dot{E}_2'^*$、$j\dot{I}_1^*X_1^*$、$\dot{I}_1^*R_1^*$、$j\dot{I}_2'^*X_2'^*$ 和 $\dot{I}_2'^*R_2'^*$ 等的实际值都是电压量纲，因此应该用同一电压基值，作图时的比例尺应取得一样。

标幺值的缺点是没有单位，因而物理概念不明确，而且失去了利用量纲关系来检查某些计算是否正确的可能性。

例 2-4 一台单相变压器，$S_N=20\ 000\text{kVA}$，$U_{1N}/U_{2N}=\dfrac{220}{\sqrt{3}}/11\text{kV}$，额定频率为 50Hz。参数 $R_1=R_2'=3.22\Omega$，$X_1=X_2'=29.15\Omega$，$R_m=3040\Omega$，$X_m=32\ 200\Omega$，负载阻抗 $Z_L=4.6+j3.45\Omega$。试求当变压器一次侧施加额定电压时，二次侧的电流、电压和负载的功率因数。

解：用"T"形等效电路求解。为便于计算，采用标幺值。

变比

$$k=\frac{U_{1N}}{U_{2N}}=\frac{220/\sqrt{3}}{11}=11.547$$

一次侧和二次侧的额定电流

$$I_{1N}=\frac{S_N}{U_{1N}}=\frac{20\ 000\times10^3}{220\times10^3/\sqrt{3}}=157.46(\text{A})$$

$$I_{2N} = \frac{S_N}{U_{2N}} = \frac{20\ 000 \times 10^3}{11 \times 10^3} = 1818.2\ (A)$$

各参数的标幺值

$$R_1^* = R_2'^* = \frac{I_{1N}R_1}{U_{1N}} = \frac{157.46 \times 3.22}{220 \times 10^3 / \sqrt{3}} = 0.004$$

$$X_1^* = X_2'^* = \frac{I_{1N}X_1}{U_{1N}} = \frac{157.46 \times 29.15}{220 \times 10^3 / \sqrt{3}} = 0.036$$

$$R_m^* = \frac{I_{1N}R_m}{U_{1N}} = \frac{157.46 \times 3040}{220 \times 10^3 / \sqrt{3}} = 3.77$$

$$X_m^* = \frac{I_{1N}X_m}{U_{1N}} = \frac{157.46 \times 32\ 200}{220 \times 10^3 / \sqrt{3}} = 39.9$$

$$R_L^* = \frac{I_{2N}R_L}{U_{2N}} = \frac{1818.2 \times 4.6}{11 \times 10^3} = 0.76$$

$$X_L^* = \frac{I_{2N}X_L}{U_{2N}} = \frac{1818.2 \times 3.45}{11 \times 10^3} = 0.57$$

根据"T"形等效电路，可求出一次侧电流

$$\dot{I}_1^* = \frac{U_1^*}{Z_1^* + \dfrac{1}{\dfrac{1}{Z_m^*} + \dfrac{1}{Z_2^* + Z_L^*}}} = \frac{\dot{U}_1^*}{Z_d^*}$$

其中

$$Z_d^* = Z_1^* + \frac{1}{\dfrac{1}{Z_m^*} + \dfrac{1}{Z_2^* + Z_L^*}} = Z_1^* + \frac{Z_m^*(Z_2^* + Z_L^*)}{Z_m^* + Z_2^* + Z_L^*}$$

$$= 0.004 + j0.036 + \frac{(3.77 + j39.9) \times (0.764 + j0.606)}{(3.77 + j39.9) + (0.004 + j0.036) + (0.76 + j0.57)}$$

$$= 0.985 \angle 40.88°$$

令 U_1^* 为参考相量，即 $U_1^* = 1 \angle 0°$，故得

$$\dot{I}_1^* = \frac{U_1^*}{Z_d^*} = \frac{1 \angle 0°}{0.985 \angle 40.88°} = 1.015 \angle -40.88°$$

又因
$$U_1^* = -\dot{E}_1^* + \dot{I}_1^* Z_1^*$$

故得

$$-\dot{E}_1^* = \dot{U}_1^* - \dot{I}_1^* Z_1^* = 1 \angle 0° - 1.015 \angle -40.88° \times (0.004 + j0.036)$$

$$= 0.973 \angle -1.47°$$

$$\dot{E}_2^* = \dot{E}_1^* = 0.973 \angle -181.47°$$

又因 $I_2^* = \dfrac{\dot{E}_2^*}{Z_2^* + Z_L^*} = \dfrac{0.973 \angle -181.47°}{(0.004 + j0.036) + (0.76 + j0.57)} = 0.998 \angle -219.9°$

故得 $I_2 = 0.998 \times 1818.2 = 1814.6$ （A）

二次侧的电压

$$U_2^* = \dot{I}_2^* Z_L^* = 0.998 \angle -219.9° \times (0.76 + j0.57) = 0.948 \angle -183°$$
$$U_2 = 0.948 U_{2N} = 0.948 \times 11 = 10.43 (kV)$$

二次侧电压 $\dot{U}_2$ 和电流 $\dot{I}_2$ 的相角差为

$$\varphi_2 = (-183°) - (-219.9°) = 36.9°$$

故负载的功率因数为 $\cos\varphi_2 = \cos 36.9° = 0.80$

例 2-5 已知一台三相变压器的额定容量为 250kVA，额定电压为 6/0.4kV，Dyn11 连接，额定频率为 50Hz。做空载试验和短路试验测得的数据见表 2-2。

表 2-2　　　　　　　　　　　　做空载试验和短路试验测得的数据

试验项目	电压（标幺值）	电流（标幺值）	功率（kW）	备　注
空载试验	1	0.02	0.5	低压侧加电压
短路试验	0.05	1	7.5	高压侧加电压

试求：（1）励磁参数和短路参数的标幺值。（不需进行温度换算）

（2）变压器带 $\cos\varphi_2 = 0.6$（滞后）的额定负载且低压侧线电压为 380V 时，求高压侧线电压的实际值、电压变化率以及效率。

解： 采用标幺值体系计算，会使计算非常简单。

（1）$P_0^* = \dfrac{P_0}{S_N} = \dfrac{0.5}{250} = 0.002$，$P_{kN}^* = \dfrac{P_{kN}}{S_N} = \dfrac{7.5}{250} = 0.03$

励磁参数标幺值 $Z_m^* = \dfrac{U_0^*}{I_0^*} = \dfrac{1}{0.02} = 50$，$R_m^* = \dfrac{P_0^*}{I_0^{*2}} = \dfrac{0.002}{0.02^2} = 5$，

$$X_m^* = \sqrt{Z_m^{*2} - R_m^{*2}} = \sqrt{50^2 - 5^2} = 49.75$$

短路参数标幺值 $Z_k^* = \dfrac{U_k^*}{I_k^*} = \dfrac{0.05}{1} = 0.05$，$R_k^* = \dfrac{P_k^*}{I_k^{*2}} = \dfrac{0.03}{1^2} = 0.03$，

$$X_k^* = \sqrt{Z_k^{*2} - R_k^{*2}} = \sqrt{0.05^2 - 0.03^2} = 0.04$$

（2）所以 $U_1^* = -U_2^* - I_2^* Z_k^* = -\dfrac{380}{400} \angle 0° - 1 \times (0.6 - j0.8) \times (0.03 + j0.04) = -1$

所以高压侧线电压的实际值为 $U_{1l} = U_{1N} = 6kV$

额定负载时，$\beta = 1$

电压变化率为

$$\Delta U = \beta(u_{kr}\cos\varphi_2 + u_{kx}\sin\varphi_2)$$
$$= \beta(R_k^* \cos\varphi_2 + X_k^* \sin\varphi_2)$$
$$= 1 \times (0.03 \times 0.6 + 0.04 \times 0.8) = 0.05$$

或者

$$\Delta U = \dfrac{U_{20} - U_2}{U_{20}} = \dfrac{400 - 380}{400} = 0.05$$

效率

$$\eta = \dfrac{\beta S_N \cos\varphi_2}{\beta S_N \cos\varphi_2 + P_0 + \beta^2 P_{kN}} \times 100\% = \dfrac{\beta\cos\varphi_2}{\beta\cos\varphi_2 + P_0^* + \beta^2 P_{kN}^*} \times 100\%$$
$$= \dfrac{1 \times 0.6}{1 \times 0.6 + 0.002 + 1 \times 0.03} \times 100\% = 94.94\%$$

小　结

本章讨论了变压器运行的基本理论，是深入分析变压器运行的基础。通过空载运行和负载运行两种情况分析了变压器内部的电磁感应过程、变压原理以及能量传递关系；给出了变压器的运行性能指标。

根据变压器内部磁场的实际分布情况和所起的作用不同，把磁通分成主磁通和漏磁通两部分。主磁通沿铁芯闭合，在一次侧和二次侧线圈内感应电动势 E_1 和 E_2，起传递电磁功率的媒介作用；漏磁通通过非磁性材料闭合，只起电抗压降作用，而不直接参与能量传递。在变压器中主要存在电动势平衡和磁动势平衡两个基本电磁关系，负载变化对一次侧的影响就是通过二次侧磁动势 F_2 起作用的。

在变压器中，既有电路问题，又有磁路问题，而且磁路和电路之间以及一次侧电路和二次侧电路之间又有磁的联系。为了把磁场的问题转化成电路问题，引入了电路参数——励磁阻抗 Z_m、漏电抗 X_1 和 X_2，再经过归算，变压器中的电磁关系就可以用一个一次侧和二次侧之间有电流联系的等效电路来代替。

分析变压器内部的电磁关系可采用基本方程式、等效电路图和相量图三种方法。基本方程式是电磁关系的一种数学表达形式，相量图是基本方程式的一种图形表示法，而等效电路是从基本方程式出发来模拟实际变压器，因此，三者完全一致，知道了其中一种就可以推导出其他两种。由于解基本方程式组比较复杂，因此在实际工作中，如作定性分析可采用相量图，如作定量计算，则采用等效电路，特别是简化等效电路比较方便。

励磁电抗 X_m、漏电抗 X_1 和 X_2 是变压器的重要参数，电路中的每一个电抗都与磁场中的一个磁通相对应。X_m 对应于主磁通，X_1 和 X_2 则分别对应于一次侧和二次侧绕组的漏磁通，由于主磁通沿铁芯闭合，受磁路饱和的影响，故参数 X_m 不是常数。漏磁通主要通过非磁性物质闭合，基本上不受铁芯饱和的影响，所以 X_1 和 X_2 基本上是常数。

电压调整率 ΔU 和效率 η 是变压器的主要性能指标。电压调整率 ΔU 的大小表明了变压器运行时二次侧电压的稳定性，效率 η 则表明了变压器运行的经济性。参数对 ΔU 和 η 有很大的影响，对已制成的变压器，参数可以通过空载试验和短路试验测出。从电压调整率的观点看，希望短路阻抗 Z_k^* 小些，但 Z_k^* 过小，变压器短路电流过大，短路电磁力也大，因此国家标准对各种容量变压器的 Z_k^* 都作了规定。一般讲，容量越大，电压越高，短路阻抗 Z_k^* 也越大。

标幺值体系是电机、变压器以及电力系统中常用的一种计算手段，采用标幺值体系可使计算变得简单。

本章阐述的原理，对三相变压器对称运行同样适用，只是研究其中的一相而已。

第三章 三相变压器

本章学习目标：

（1）了解三相变压器两种磁路系统的特点。

（2）掌握三相变压器联结组别的判别方法。

（3）掌握三相变压器相电动势、空载电流和磁通的波形与绕组的联结方式和三相磁路系统的关系。

第一节 三相变压器的磁路系统

各国电力系统均采用三相制，故使用最广的是三相变压器。从运行原理上看，三相变压器在对称负载下运行时，各相的电压、电流幅值相等，相位互差120°，故可以取三相中的任一相来研究，即三相问题可以简化成单相问题，因此，第二章中所列的基本方程式、等效电路、相量图和性能计算公式等，对于三相变压器仍然适用。本章将研究三相变压器的几个特殊问题，即磁路系统、联结组、电动势和空载电流及磁通波形。

三相变压器的磁路系统可以分成各相磁路彼此无关和彼此有关两类。

一、三相变压器组（bank type three phase transformer）

三相变压器组是由三台单相变压器组成的，如图3-1所示。因为各相的磁通沿各自的磁路闭合，彼此毫无联系，所以三相变压器组的磁路系统属于彼此无关的一种，当一次（侧）加上三相对称电压时，三相主磁通 $\dot{\Phi}_A$、$\dot{\Phi}_B$、$\dot{\Phi}_C$ 也是对称的，因此三相空载电流也是对称的。

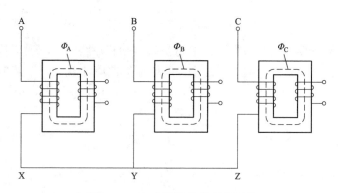

图 3-1　三相变压器组的磁路系统

二、三相心式变压器（core type three phase transformer）

三相心式变压器的各相磁路彼此相关，如图3-2（d）所示，这种铁芯结构是从三台单相变压器 ［见图3-2（a）］ 演变过来的。如果把三台单相变压器的铁芯按图3-2（b）的样子靠在一起，当三相绕组外施对称三相电压时，由于三相主磁通是对称的，中间铁芯柱内的磁通

应为

$$\dot{\Phi}_A + \dot{\Phi}_B + \dot{\Phi}_C = 0$$

这和负载对称时三相电路中线电流等于零一样，因此可将中间铁芯柱省掉，变为图 3-2（c）的样子，这样对三相磁路不会产生任何影响。

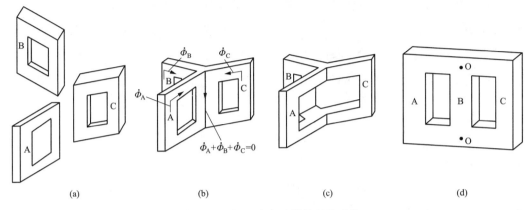

图 3-2 三相心式变压器的磁路系统

为了使结构简单和节省硅钢片，将三相铁芯布置在同一平面内，如图 3-2（d）所示，这就是现在常用的三相心式变压器的铁芯，在这种磁路系统中，由于每相主磁通都要借另外两相的磁路闭合，故属于各相磁路彼此相关的一种，在这种磁路结构中，三相磁路长度不相等，中间 B 相最短，两边 A、C 相较长，所以三相磁阻不相等。当外施三相对称电压时，三相空载电流不相等，B 相最小，A、C 两相大些，但由于变压器的空载电流很小，它的不对称对变压器负载运行影响极小，可略去不计。

现在用得较多的是三相心式变压器，它具有消耗材料少、价格便宜、占地面积小、维护简单等优点。但在大容量的巨型变压器中以及运输条件受限制的地方，为了便于运输及减少备用容量，往往采用三相变压器组。

第二节　三相变压器的电路系统——绕组的联结和联结组

三相变压器的电路系统是由三相绕组联结组成的。不同的联结方式，以及绕组的绕向和标记不同，会影响到一次、二次（侧）线电动势的相位，根据变压器一次、二次（侧）线电动势的相位关系，把变压器绕组的不同联结和标号分成不同的组合，称为联结组（connection symbol）。

一、单相变压器的联结组

单相变压器的一次、二次绕组交链着同一个主磁通 Φ_m，当主磁通交变时，在两个绕组所感应的电动势之间会有对应的极性关系，即任一瞬间，一个绕组的某一端的电位为正时，另一绕组必有一个端点的电位也为正，这两个对应的端点称为同极性端或同名端。一般在对应的两端点旁加一黑点"•"来表示。同名端可以这样来确定，即当电流都从同名端流入时，它们产生的磁通应该是方向一致的。

同名端确定以后，首、末端的标志就有两种不同的标法：一种是同名端标为首端；另一种是非同名端（或异名端）标为首端（或末端），单相变压器用 AX 代表高压绕组，ax 代表低压绕组，其中 A、a 分别代表对应绕组的首端，X、x 代表对应绕组的末端。

为了比较两个绕组感应电动势的相位，我们规定电动势的正方向为由末端指向首端。

若把高、低压绕组的同名端都标为首端（或末端），如图 3-3（a）所示，这时一次、二次（侧）感应电动势 $\dot{E}_{XA}$、$\dot{E}_{xa}$ 同相位，为了形象地表示一次、二次（侧）电动势的相位关系，采用所谓时钟表示法，就是把高压绕组的电动势相量看成时钟的长针，低压绕组的电动势相量看成短针，把长针指到 0 点不动，短针所指的时数作为联结组的标号。当 $\dot{E}_{XA}$、$\dot{E}_{xa}$ 同相位时将高压边电动势 $\dot{E}_{XA}$ 作为长针指向 0 点，则低压边电动势 $\dot{E}_{xa}$ 作为短针也指向 0 点，使用 I，I0 表示，其中 I，I 表示高、低压边都是单相绕组，0 表示互 $\dot{E}_{xa}$ 与 $\dot{E}_{XA}$ 之间为同相位（时钟序数为 0）。

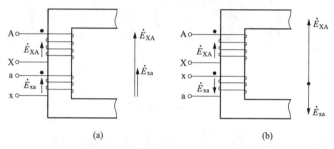

图 3-3 首、末端的两种标法
（a）绕向相同、标记相同；（b）绕向相同、标记相反

另一种标法是把非同名端标为首端，如图 3-3（b）所示。采用这种标法时，$\dot{E}_{XA}$ 与 $\dot{E}_{xa}$ 反相位，当 $\dot{E}_{XA}$ 作为长针指向 0 点时，$\dot{E}_{xa}$ 作为短针指向 6 点，所以联结组号是 6，用 I，I6（时钟序数为 6）表示，说明一次、二次（侧）感应电动势相位差为 $30° \times 6 = 180°$。图 3-4 是一次、二次（侧）绕组绕向相反的情况。图 3-4（a）标志为 I，I6，图 3-4（b）标志为 I，I0。

根据 GB/T 1094《电力变压器》规定，单相变压器以 I，I0 作为标准联结组。

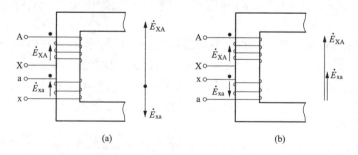

图 3-4 不同绕向的两种标志法
（a）绕向相反、标记相同；（b）绕向相反、标记相反

结论如下：

（1）单相变压器的联结组与标记、绕向有关。

（2）凡同名端标为首端（或末端）的为 I，I0；凡异名端标为首端（或末端）的为 I，I6。

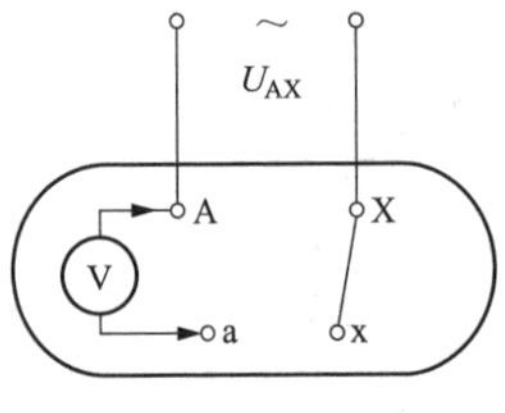

对于一台已制好的单相变压器，可以用试验方法找出它的联结组别。按图 3-5 接线，联结 Xx，在 AX 端加一低电压，测出 U_{Aa}、U_{AX} 和 U_{ax}，若 $U_{Aa} = U_{AX} - U_{ax}$，则为 I，I0，称为减极性，若 $U_{Aa} = U_{AX} + U_{ax}$，则为 I，I6，称为加极性。

实际上，减极性和加极性是可以改变的。如一台加极性变压器只要改变二次（侧）标记即变为减极性变压器。

图 3-5　单相变压器极性试验

二、三相变压器的联结组

1. 三相变压器绕组的联结

三相变压器绕组的首、末端标志如下：

A、B、C 代表高压绕组的三相首端，X、Y、Z 代表高压绕组的三相末端。

a、b、c 代表低压绕组的三相首端，x、y、z 代表低压绕组的三相末端。

O、o 分别是代表 Y（y）形接法高压绕组和低压绕组的中性点。

在三相变压器中，无论高压绕组还是低压绕组，我国主要采用星形联结和三角形联结两种。

把三相绕组的三个末端 X、Y、Z 联结在一起，而把它们的首端 A、B、C 引出来，便是星形联结（star connection），如图 3-6（a）所示。按图中电动势规定正方向，其三相电动势相量位形图如图 3-6（b）所示。星形联结的高压绕组用符号 Y 表示，低压绕组用符号 y 表示，如果要求把中线引出来则分别用 YN 或 yn 表示。

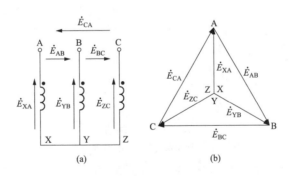

图 3-6　星形联结

把一相绕组的末端和另一相绕组的首端连接在一起，顺次连成一闭合回路，便是三角形联结（delta connection）。三角形接法有两种连接法：一种是按 A—Y、B—Z、C—X 顺序联结，由 A、B、C 引出；另一种按 A—Z、B—X、C—Y 逆序联结，由 A、B、C 引出，如图 3-7（b）所示，旁边是它们的电动势相量位形图。三角形联结的高压绕组用符号 D 表示，低压绕组用符号 d 表示。

在对称三相系统中，当绕组为星形联结时，线电流等于相电流，而线电动势为相电动势的 $\sqrt{3}$ 倍。当绕组为三角形联结时，线电动势等于相电动势，而线电流为相电流的 $\sqrt{3}$ 倍。

如果把每一相绕组都分成两半，将一相绕组的上一半和另一相绕组的下一半反接串联，组成新的一相，再把 A1、B1、C1 引出，将 A2、B2、C2 联结在一起作为中点，如图 3-8 所示，称为 Z 形联结或曲折联结（zigzag connection）。由它的相电动势位形图可见，每相电动

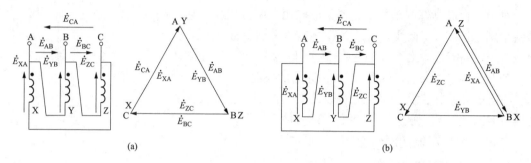

图 3-7　三角形联结

(a) 顺序联结；(b) 逆序联结

势是半个绕组电动势的 $\sqrt{3}$ 倍，而用星形联结时相电动势是半个绕组电动势的 2 倍，所以在相同材料消耗下，Z 形联结的相电动势和额定容量都减少到只有星形联结时的 $\dfrac{\sqrt{3}}{2} = 0.866$ 倍。因此除特殊情况外，不采用 Z 形联结。

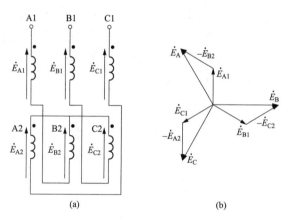

图 3-8　Z 形联结

(a) 绕组接线图；(b) 位形图

2. 三相变压器的联结组

三相变压器一次、二次绕组都可采用星形联结或三角形联结。用星形联结时，中点可以出线，也可以不出线。这样一来，一次、二次绕组接法就有各种组合，如 Yy 或 Yyn，Yd 或 YNd，Dy 或 Dyn，Dd 等。

不同的联结方式以及不同的标志影响一次、二次（侧）的线电动势相位，而两台或多台变压器并联运行时，各台变压器对应线电动势是否同相位是变压器能否并联运行的条件之一，因此，必须研究各种联结和标志时绕组间的相位问题，即联结组问题。

绕组间的相位移可用"线电动势三角形重心重合法"来确定。其方法是将低压边三相线电动势位形图平移到高压边三相线电动势位形图内，并使两个三角形的重心重合，然后以重心 O 到端点 A 的线段 $\overline{OA}$ 作为时钟的长针，并指向 0 点。线段 $\overline{oa}$ 所指钟时序数即为联结组的标号，该标号即表示了绕组间的相对相位移。

（1）Yy 联结。

1）每相按 I，10 标志（即同名端都标为首端），如图 3-9（a）所示。确定其联结组的步骤如下［见图 3-9（b）］：

a）作出高压边的三相对称电动势相量 $\dot{E}_{XA}$、$\dot{E}_{YB}$、$\dot{E}_{ZC}$ 和线电动势相量位形图，并使 $\overline{OA}$ 指向 o 点。

b）按 I，10 作出低压边电动势相量 $\dot{E}_{xa}$、$\dot{E}_{yb}$、$\dot{E}_{zc}$，然后按低压边联结方式作出低压边电动势相量和线电动势相量位形图。

c）将低压边电动势位形图平移到高压边电动势位形图内，并使其重心重合。

d）确定 $\overline{oa}$ 所指钟时序数为 0，这种接法和标志称为 Yy0 联结组。

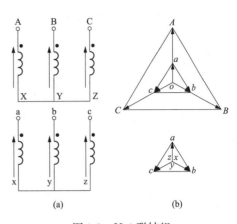

图 3-9　Yy0 联结组
（a）绕组连接图；（b）位形图

2）每相按 I，I6 标志（即异名端标为首端），如图 3-10（a）所示。按以上步骤作出电动势相量位形图，可知 $\overline{oa}$ 指向钟时序数为 6，所以称为 Yy6 联结组。

还可得到其他的联结组别。例如，把 Yy0 标志的二次（侧）标号顺移一个铁芯柱，即把原来的 b 相，现标为 a 相；把 c 相作为 b 相；把 a 相作为 c 相。如图 3-11 所示，一次（侧）的 A 相绕组实际上和二次（侧）的 c 相绕组同套在一个铁芯柱上，按判断联结组的步骤作出相量图，可知 $\overline{oa}$ 指向钟面的 4 点，所以为 Yy4 联结组。

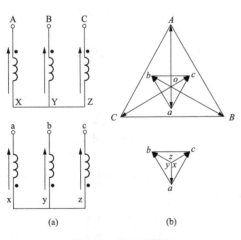

图 3-10　Yy6 联结组
（a）绕组连接图；（b）位形图

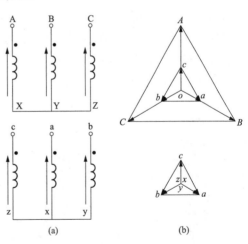

图 3-11　Yy4 联结组
（a）绕组连接图；（b）位形图

用类似的方法，可以得到 Yy8、Yy10 和 Yy2 联结组，总之 Yy 联结方式包括 0、2、4、6、8 和 10 偶数组号的六种联结组。

（2）Yd 联结。如图 3-12 所示，将高压边接成星形，低压边接成三角形。若每相按 I，I0 标志，用同样的方法作出电动势位形图。低压边电动势相量应按连接情况作成电动势三角形，如图 3-12 中低压边按 a—y，b—z，c—x 联结，因此端子 a 和 y，b 和 z，c 和 x 分别等电位。然后把低压边电动势位形图平移到高压边电动势位形图内，并使其重心重合；线段$\overline{oa}$指在钟面的 11 点上，因此是 Yd11 联结组。

若每相按 I，I6 标志，用同样的方法可得 Yd5 联结组，如图 3-13 所示。

同理，用改变标号的方法，还可以得到 Yd1、Yd3、Yd7 和 Yd9 联结组，总之 Yd 联结包括 1、3、5、7、9、11 六种奇数联结组。

此外 Dd 联结可以得到与 Yy 联结相同的联结组别，Dy 联结可以得到与 Yd 联结相同的联结组别。

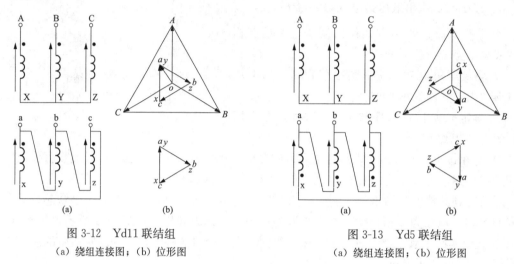

图 3-12 Yd11 联结组   图 3-13 Yd5 联结组
(a) 绕组连接图；(b) 位形图   (a) 绕组连接图；(b) 位形图

以上是已知三相绕组的联结，用电动势位形图判断它的联结组别。反过来，也可根据电动势位形图来作出三相绕组的联结，以例说明如下：

已知一变压器的三相绕组如图 3-14（a）所示，试画出 Yd3 的绕组连接图。其步骤为［参见图 3-14（b）、（c）］：

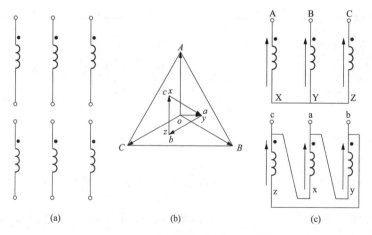

图 3-14 已知联结组作绕组的联结
(a) 三相绕组；(b) 位形图；(c) 绕组连接图

1）作出高压边三相对称电动势相量和线电动势相量位形图［见图 3-14（b）］，并把高压边绕组连成星形，标出首端（A、B、C）、末端（X、Y、Z）［见图 3-14（c）］。

2）由 Yd3 可知，低压边电动势位形图中 $\overline{oa}$ 应指向 3 点，于是可作出 a 点。

3）按一次、二次（侧）相序一致，在图 3-14（b）中作出二次（侧）的 b、c 点，且 a、b、c 构成一等边三角形。

4）假设低压边按 ay、bz、cx 连接成三角形，则 a、y，b、z，c、x 点分别等电位，故可在图 3-14（b）中 a、b、c 点旁分别标出 y、z、x。

5）作出低压边相电动势 $\dot{E}_{xa}$、$\dot{E}_{yb}$、$\dot{E}_{zc}$。

6）因为 $\dot{E}_{xa}$ 与 $\dot{E}_{YB}$，$\dot{E}_{yb}$ 与 $\dot{E}_{ZC}$，$\dot{E}_{zc}$ 与 $\dot{E}_{XA}$ 分别同相位，所以二次（侧）的 a、b、c 相分别与一次（侧）的 B、C、A 相处于同一铁芯柱上，而且按 I，I0 标志，据此可在图 3-14（c）中标出低压边的首端（a、b、c）、末端（x、y、z）。

7）二次（侧）按 ay、bz、cx 连接成三角形。图 3-14（c）变压器绕组的联结组即为 Yd3。

联结组的数目很多，为了制造和并联运行方便，GB/T 1094.1—2013《电力变压器 第 1 部分：总则》规定只生产 Yyn0、Yd11、YNd11、YNy0、Yy0 五种，其中前三种最常用。Yyn0 联结组二次（侧）可以引出中线成为三相四线制，用作配电变压器时可兼带照明负载和动力负载。Yd11 联结组用在二次（侧）电压超过 400V 的线路中。这时变压器的一边接成三角形，对运行有利（详见本章第三节）。YNd11 联结组主要用于高压输电线路中，使电力系统的高压边有可能接地。

以上联结组标志方法是按电力变压器 GB/T 1094.1—2013 标志的，它与旧国标标志方法不同，为了便于读者查对，特将新旧标准的变压器主要联结组别对照列于表 3-1 中。

表 3-1　　　　　　　　　　　　　　　　联结组别新旧标准对照

现行国标（GB/T 1094.1—2013）	旧国标（GB 1094—1996）
II0	I/I-12
II6	I/I-6
Yyn0	Y/Y$_0$-12
Yd11	Y/△-11
YNd11	Y$_0$/△-11
Yy0	Y/Y-12
YNyn0d11	Y$_0$/Y$_0$/△-12-11
YNyn0y0	Y$_0$/Y$_0$/ Y-12-12
YNa0d11	0-Y$_0$/△-12-11
YNa0y0	0-Y$_0$/ Y$_0$-12-12

注　"a" 代表自耦变压器中电压较低的公共绕组。

3. 三相变压器的极性和联结组的测定

三相变压器，除了各相一次、二次（侧）要测定极性外，对于心式变压器，各相绕组首端应有相同的极性。所谓相同的极性端，是指当分别单独从每一个相的绕组通入电流，它们在自己的铁芯柱上产生的磁通方向完全一样。图 3-15（a）中 A、B、C 三个端点就是三个相的同极性端。图 3-15（b）中 A、B、C 三个端点就不是同极性端。若按非同极性端联结，空载时，励磁电流就非常大，并且二次（侧）三相电压也不对称，根本无法运行。对于三相变压器组，一次（侧）各相间标志没有以上要求，但是对二次（侧）来说，如果各相间标志错误，也能发生不正常现象，电压严重不对称或过电流等。例如把三相变压器二次（侧）连成三角形时，如果 a 相极性弄反了，如图 3-16（a）所示，若一次（侧）加上额定电压则在三角形内出现两倍的额定相电动势［见图 3-16（b）］，它要在三角形内形成很大的环流，时间一长，就会损坏变压器。当然，对心式变压器也存在这个问题。

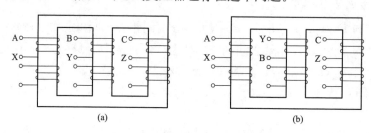

图 3-15　三铁芯柱变压器各相间的标志
（a）同极性端；（b）非同极性端

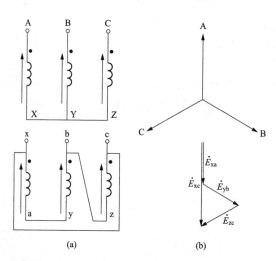

图 3-16　变压器二次（侧）为 d 接法时，a 相极性接反的联结和相量图
（a）绕组联结图；（b）相量图

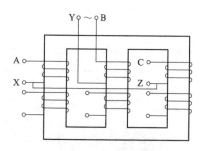

图 3-17　测定三相心式
变压器各相间极性

已经制造好的变压器，用试验的办法，能够把三相心式变压器一次（侧）各相之间的极性端测出来，在图 3-17 中，把所假定的 X、Z 两端用导线相接，在 B 相加上合适的电压，测量 U_{AC}、U_{AX} 和 U_{CZ}。如果 $U_{AC}=U_{AX}-U_{CZ}$，说明所假定的标号正确，如果 $U_{AC}=U_{AX}+U_{CZ}$，说明所假定的标号不对应，只要把 A、C 相中任一相的出线端标号互换即可（例如，把 A 端换成 X 端、X 端换成 A 端），用同样的道理和方法，可以测定 A、B；B、C 相之间的极性端，从而可测出一次（侧）三相之间的极性端，

至于每一相一次、二次绕组之间的极性端与单相变压器的测法一样。

确定了各相绕组的标志，以及知道了它们的极性端，就可连出所需要的各种联结组别。当变压器的绕组已联结好时，其联结组别可用试验的办法测出来。做实验时，把高压和低压的两个相同的出线端，如 A，a 联结起来，如图 3-18 所示，在高压边加上降低了的三相电压，用电压表测量其他几个端点的电压，如 U_{AB}、U_{ab}、U_{Bb}、U_{Cc} 和 U_{Bc}。从测出这些电压的大小，能判断出是属于什么联结组别。这是因为 A、a 点连接在一起，因而等电位。其他各点之间的电位关系也就确定了。以 Yy0 为例，图 3-19 是一次、二次（侧）电压之间的关系，由于 A、a 点等电位，其他各点之间的电压就可根据相量图求出。

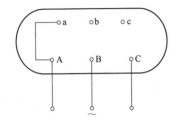

图 3-18　测定三相联结组接线

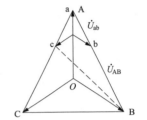

图 3-19　Yy0 当 A，a 端接在
一起时，各电压之间关系

$$U_{Bb}=U_{Cc}=(K-1)U_{ab}$$

$$U_{Bc}=\sqrt{K^2-K+1}\,U_{ab}$$

且
$$\frac{U_{Bc}}{U_{Bb}}>1$$

其中
$$K=\frac{U_{AB}}{U_{ab}}$$

若实测电压 U_{Bb}、U_{Cc}、U_{Bc} 和用以上两式计算所得数值相同，则表示绕组联结正确，属于 Yy0 联结组。

其他联结组的校核公式见表 3-2。

表 3-2　　　　　　　　　变压器联结组校核公式（$U_{ab}=1$，$U_{AB}=K$）

组　号	电　压		
	$U_{Bb}=U_{Cc}$	U_{Bc}	U_{Bc}/U_{Bb}
0	$K-1$	$\sqrt{K^2-K+1}$	>1
1	$\sqrt{K^2-\sqrt{3}K+1}$	$\sqrt{K^2+1}$	>1
2	$\sqrt{K^2-K+1}$	$\sqrt{K^2+K+1}$	>1
3	$\sqrt{K^2+1}$	$\sqrt{K^2+\sqrt{3}K+1}$	>1
4	$\sqrt{K^2+K+1}$	$K+1$	>1
5	$\sqrt{K^2+\sqrt{3}K+1}$	$\sqrt{K^2+\sqrt{3}K+1}$	$=1$

续表

组　号	电压		
	$U_{Bb}=U_{Cc}$	U_{Bc}	U_{Bc}/U_{Bb}
6	$K+1$	$\sqrt{K^2+K+1}$	<1
7	$\sqrt{K^2+\sqrt{3}K+1}$	$\sqrt{K^2+1}$	<1
8	$\sqrt{K^2+K+1}$	$\sqrt{K^2-K+1}$	<1
9	$\sqrt{K^2+1}$	$\sqrt{K^2-\sqrt{3}K+1}$	<1
10	$\sqrt{K^2-K+1}$	$K-1$	<1
11	$\sqrt{K^2-\sqrt{3}K+1}$	$\sqrt{K^2-\sqrt{3}K+1}$	$=1$

第三节　三相变压器空载运行时的电动势波形

在分析单相变压器的空载电流时，曾经指出：当外施电压 u_1 为正弦波时，和它平衡的电动势 e_1 以及主磁通 Φ 也为正弦波，但由于变压器铁芯的饱和关系，空载电流 i_0 为尖顶波，其中除基波外，还有较强的三次谐波电流 i_{03}。而在三相变压器中，由于一次（侧）三相绕组的联结方式不同，空载电流中的三次谐波分量不一定能流通，这将影响主磁通与相电动势的波形，并且这种影响不仅与绕组的联结方式有关，还与三相变压器的磁路系统有关，以下分别予以说明。分析中，我们只考虑三次谐波的影响，其他高次谐波由于幅值很小，不予考虑。

一、Yy 联结的三相变压器

图 3-20 是 Yy 联结的三相变压器绕组的接线图。因为三次谐波电流的频率为基波频率的三倍，故三相三次谐波电流的表达式为

$$i_{03A}=I_{03m}\sin3\omega t$$
$$i_{03B}=I_{03m}\sin3(\omega t-120°)=I_{03m}\sin3\omega t$$
$$i_{03C}=I_{03m}\sin3(\omega t-240°)=I_{03m}\sin3\omega t$$

可见，三相空载电流的三次谐波是同相位、同大小的。因为变压器一次（侧）采用星形联结又无中线，故三次谐波电流不能流通，于是空载电流就接近于正弦形。这时，利用变压器铁芯的磁化曲线作出的磁通为一平顶波，如图 3-21 所示。平顶波的主磁通中除基波磁通 Φ_1 外，还有一定分量的三次谐波磁通 Φ_3。

在三相变压器组中，三相磁路彼此无关，三次谐波磁通 Φ_3 和基波磁通 Φ_1 沿同一磁路闭合，由于磁路的磁阻小，故三次谐波磁通较大，加上三次谐波的频率 f_3 为基波频率 f 的三倍，所以由它所感应的三次谐波相电动势就相当大，其幅值可达基波幅值的 45%～60%，甚至更大，如图 3-22 所示，结果使相电动势的波形畸变，最大值升高很多，可能将线圈绝缘击穿。但在三相的线电动势中，三次谐波电动势互相抵消，因此线电动势的波形仍为正弦波。

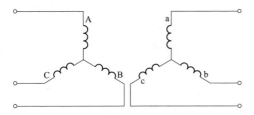

图 3-20　Yy 联结的三相变压器绕组

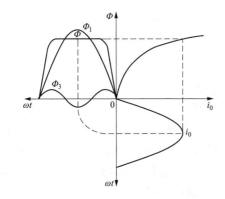

图 3-21　正弦励磁电流产生的磁通波形

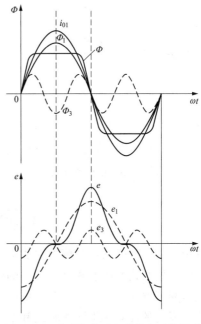

图 3-22　平顶波磁通产生的电动势波形

在三相心式变压器中，由于三相磁路彼此互相联系，三相的三次谐波磁通又彼此同相位、同大小，不能沿铁芯闭合，只能借油、油箱壁等形成闭路，如图 3-23 所示。因为这些磁路的磁阻很大，故三次谐波磁通很小，因此主磁通仍接近于正弦波，相电动势波形也接近于正弦波，但由于三次谐波磁通沿油箱壁闭合，引起附加的涡流损耗，使变压器效率降低和引起局部发热。

通过以上分析可以看出，三相变压器组不能采用 Yy 联结，而三相心式变压器可以采用 Yy 联结。

但对于容量大、电压较高的三相心式变压器，也不宜采用 Yy 联结。

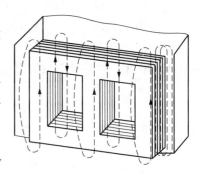

图 3-23　三相心式变压器
三次谐波磁通路径

二、Dy 和 Yd 联结的三相变压器

当三相变压器采用 Dy 联结时，一次（侧）相电势中的三次谐波电动势在三角形内产生三次谐波电流，最终使主磁通接近正弦形，由它感应的一次、二次（侧）电动势 e_1 和 e_2 也接近正弦形。

当三相变压器采用 Yd 联结时，如图 3-24 所示。这时一次（侧）空载电流中的三次谐波分量不能流通，因此主磁通和一次、二次（侧）相电动势都出现三次谐波。但因二次（侧）为三角形联结，三次谐波相电动势（三相同相位、同大小）便在二次（侧）三角形的闭合回路内产生三次谐波电流。由于一次（侧）没有三次谐波电流和二次（侧）的相平衡，因此二次（侧）的三次谐波电流起着励磁电流的作用。这时，变压器的主磁通就由一次（侧）正弦

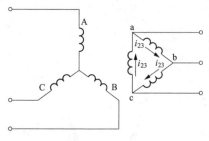

图 3-24　Yd 联结中的三次谐波电流

形的空载电流和二次（侧）的三次谐波电流共同建立，其效果与 Dy 联结一样，因此主磁通可以接近正弦形。顺便指出，为了建立正弦形主磁通所需的三次谐波电流是很小的，对变压器的运行并无很大影响。

从以上分析可知，在三相变压器中，常将一次、二次绕组中一边接成三角形，以保证相电动势接近于正弦形。在大容量的电力变压器中，当需要在一次、二次（侧）都接成星形接法时，这时可以在铁芯柱上再加上一个接成三角形的绕组。这个三角形联结的第三绕组不带负载，主要为了提供三次谐波电流的通路，以保证主磁通接近于正弦形，改善电动势波形。

小　结

三相变压器的磁路系统可以分成各相磁路彼此没有关系的三相变压器组和三相磁路彼此有关系的三相心式变压器两种。不同的磁路系统和联结方法对空载电动势波形有很大影响。

根据变压器一次、二次（侧）线电动势的相位差，把变压器的绕组联结分成各种不同的联结组。不同的绕向、不同的联结和不同的标志有不同的联结组别。

三相变压器相电动势的波形与三相绕组的联结方法和三相磁路系统有关，为了得到正弦波相电动势，三相变压器组不能采用 Yy 联结，而三相心式变压器可以采用 Yy 联结。当三相绕组采用 Yd 联结时，一次（侧）空载电流中的三次谐波电流分量不能流通，主磁通和相电动势中都含有三次谐波，但因二次（侧）接成三角形，二次（侧）流过的三次谐波电流同样起励磁作用，结果相电动势也近于正弦形。

第四章　三相变压器的不对称运行

本章学习目标：

(1) 掌握三相变压器正序、负序和零序阻抗的意义。

(2) 了解用对称分量法分析计算三相变压器的不对称问题。

第一节　对 称 分 量 法

变压器实际运行时，三相负载可能出现不对称的情况，例如变压器二次（侧）接有单相电炉或电焊机等单相负载，或者照明负载三相分配不平衡。此外，当线路一相检修，另外两相继续供电，都可能出现变压器不对称运行情况。

当三相负载电流不对称时，变压器内部的阻抗压降也不对称，造成二次（侧）三相电压不对称。一般情况下，因为变压器内部阻抗压降较小，造成的二次（侧）电压不对称程度不大，因此分析中不予考虑。本节主要讨论 Yyn 联结的三相变压器组能否带单相负载的问题。

分析电机和变压器的不对称运行情况常采用"对称分量法"。以下先介绍对称分量法，然后利用它分析 Yyn 联结的三相变压器组的不对称运行问题。

1. 三相对称制

所谓三相对称制是指三个同单位的物理量大小相等，彼此的相位差相同。以前分析的对称运行，其物理量就是三相对称系统，它们的大小相等，相位彼此相差 $120°$，达到最大值的先后次序是 A→B→C。实际上，三相对称制不止一种，因为一般情况下，三相彼此的相位差可为 $\dfrac{k \cdot 2\pi}{3}$。

当 $k=1$ 时，$\dfrac{1\times 2\pi}{3}=120°$，即三相互差 $120°$，其相序为 A→B→C，相量图如图 4-1 （a）（以电流为例）所示，这种相序称为正序（positive sequence），以 $\dot{I}_A^+$、$\dot{I}_B^+$、$\dot{I}_C^+$ 表示。

当 $k=2$ 时，$\dfrac{2\times 2\pi}{3}=240°$，即三相互差 $240°$，其相序为 A→C→B，相量图如图 4-1 （b）所示，这种相序称为负序（negative sequence），以 $\dot{I}_A^-$、$\dot{I}_B^-$、$\dot{I}_C^-$ 表示。

当 $k=0$ 时，$\dfrac{0\times 2\pi}{3}=0°$，即三相互差 $0°$，也就是三相同相位，如图 4-1 （c）所示，这种相序称为零序（zero sequence），以 $\dot{I}_A^0$、$\dot{I}_B^0$、$\dot{I}_C^0$ 表示。

当 $k=3$、4、5……时，又重复以上三种情况，由此可见，三相对称制有正序、负序和零序三种。

2. 一组不对称的三相正弦量可以分解成三组对称的量

对称分量法是一种线性变换，它是把不对称的系统分解成三组对称的系统。例如有一组

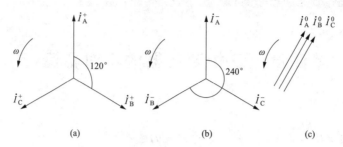

图 4-1 三相对称制

（a）正序电流；（b）负序电流；（c）零序电流

不对称电流 $\dot{I}_A$、$\dot{I}_B$、$\dot{I}_C$，可分解成：

$$
\begin{aligned}
\dot{I}_A &= \dot{I}_A^+ + \dot{I}_A^- + \dot{I}_A^0 \\
\dot{I}_B &= \dot{I}_B^+ + \dot{I}_B^- + \dot{I}_B^0 \\
\dot{I}_C &= \dot{I}_C^+ + \dot{I}_C^- + \dot{I}_C^0
\end{aligned} \Biggr\}
\tag{4-1}
$$

$$\text{正序}\quad\text{负序}\quad\text{零序}$$

实际上，假如已知正序、负序和零序系统，如图 4-2（a）、（b）、（c）所示，只要把它们加起来，就可得到图 4-2（d）不对称系统了。显然，反过来，图 4-2（d）的三相不对称系统也一定能分成图 4-2（a）、（b）、（c）所示的三组对称系统。

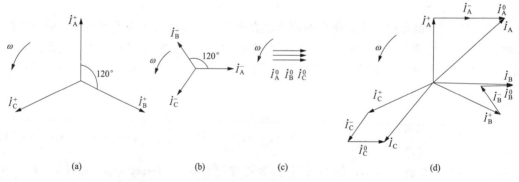

图 4-2 正序、负序和零序电流及其合成的三相不对称电流相量图

（a）正序电流；（b）负序电流；（c）零序电流；（d）合成电流

分解出来的量与已知的不对称的量之间有什么关系呢？由三个方程式求解九个未知数是不可能的，因此必须利用各序系统的三相相量之间的关系，为此引入一个算子（operator）a，即

$$a = e^{j120°} = -\frac{1}{2} + j\frac{\sqrt{3}}{2}$$

$$a^2 = e^{j240°} = -\frac{1}{2} - j\frac{\sqrt{3}}{2}$$

$$a^3 = 1$$

若某一相量乘以算子 a 则表示该相量的相位正向旋转 $120°$；若乘以 a^2，则表示该相量正向旋转 $240°$（或反向旋转 $120°$）。显然，$1+a+a^2=0$（见图 4-3）。因此根据正序、负序、零序各相之间的关系可得

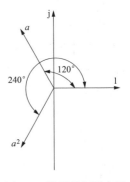

图 4-3 算子的相量表示

$$
\left.\begin{aligned}
\dot{I}_B^+ &= a^2\dot{I}_A^+ \\
\dot{I}_C^+ &= a\dot{I}_A^+ \\
\dot{I}_B^- &= a\dot{I}_A^- \\
\dot{I}_C^- &= a^2\dot{I}_A^- \\
\dot{I}_B^0 &= \dot{I}_A^0 \\
\dot{I}_C^0 &= \dot{I}_A^0
\end{aligned}\right\} \tag{4-2}
$$

于是，三相不对称的量可写成

$$
\dot{I}_A = \dot{I}_A^+ + \dot{I}_A^- + \dot{I}_A^0
$$

$$
\dot{I}_B = a^2\dot{I}_A^+ + a\dot{I}_A^- + \dot{I}_A^0
$$

$$
\dot{I}_C = a\dot{I}_A^+ + a^2\dot{I}_A^- + \dot{I}_A^0
$$

写成矩阵形式为

$$
\begin{pmatrix} \dot{I}_A \\ \dot{I}_B \\ \dot{I}_C \end{pmatrix} = \begin{pmatrix} 1 & 1 & 1 \\ a^2 & a & 1 \\ a & a^2 & 1 \end{pmatrix} \begin{pmatrix} \dot{I}_A^+ \\ \dot{I}_A^- \\ \dot{I}_A^0 \end{pmatrix} \tag{4-3}
$$

求式（4-3）系数矩阵的逆，即得

$$
\begin{pmatrix} \dot{I}_A^+ \\ \dot{I}_A^- \\ \dot{I}_A^0 \end{pmatrix} = \frac{1}{3}\begin{pmatrix} 1 & a & a^2 \\ 1 & a^2 & a \\ 1 & 1 & 1 \end{pmatrix} \begin{pmatrix} \dot{I}_A \\ \dot{I}_B \\ \dot{I}_C \end{pmatrix} \tag{4-4}
$$

以上是以电流为例，它同样适用于不对称的三相电压、电动势、磁动势和磁通等物理量。考虑到对称分量法一般均用相量运算，因此通常只用来计算基波；又由于它是一种线性变换，它只能用在线性参数系统中，对于非线性电路，必须采用近似的线性化假设，才能得出近似的结果。变压器只有励磁回路是非线性的，考虑到变压器励磁电流很小，把励磁回路按额定电压点做线性化处理，不会带来很大误差。

第二节 三相变压器的各序等效电路

将三相不对称的电流、电压分解成三组对称分量后，对于正序、负序和零序分量，分别有正序、负序和零序等效电路。

1. 正序、负序等效电路

当三相变压器内通过正序电流时，变压器所表现的阻抗和等效电路，就称为正序阻抗和

正序等效电路。正序的情况与第二章中所分析的三相对称情况完全相同，因为三相正序电流也是相位上彼此互差120°的对称系统，其等效电路如图4-4（a）所示。

所谓负序等效电路是在变压器一次（侧）加上负序电压所对应的等效电路，由于负序电流在相位上仍然彼此相差120°，至于是B相越前还是C相越前，对变压器三相磁路结构引起的阻抗没有影响，因此，变压器的负序阻抗和等效电路与正序相同，如图4-4（b）所示。

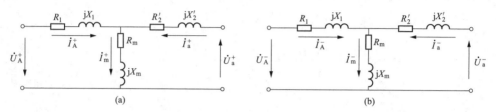

图 4-4　变压器的正序和负序等效电路

(a) 正序等效电路；(b) 负序等效电路

2. 零序等效电路

当三相变压器通入零序电流时，变压器所表现的阻抗称为零序阻抗。由于三个零序电流大小相等、相位相同（注意三相零序电流与三相三次谐波电流，虽然都是各相大小相等、相位相同，但它们有本质的区别，即零序电流的频率是基频，而三次谐波电流的变化频率为基频的三倍），因此变压器对于零序电流所表现的阻抗与正序和负序有所不同。变压器的零序阻抗与绕组的联结和磁路系统密切相关，现分别讨论如下：

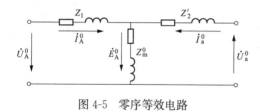

图 4-5　零序等效电路

（1）磁路系统的影响。变压器的零序等效电路仍可用T形等效电路来表示，如图4-5所示。由于各相绕组的电阻与漏电抗和电流的相序没有关系，因此等效电路中的一次、二次绕组的电阻与漏阻抗与正序的电阻与漏阻抗 Z_1、Z_2' 完全相同，但零序励磁阻抗却可能与正序的不同，故用 Z_m^0 表示。

对于三相变压器组，三相磁路互相独立，由零序电流激励的主磁通，其磁路与正序电流激励的主磁通的磁路相同，因此零序励磁阻抗与正序励磁阻抗相等，即

$$Z_m^0 = Z_m$$

对于三相心式变压器，由零序励磁电流所激励的三个同相的零序主磁通不能在铁芯内形成闭合磁路，如图3-23所示三次谐波磁通的磁路那样，通过铁芯外部的油道、箱壁等部件形成闭合磁路，这个磁路的磁阻比正序主磁通通过铁芯闭合时大得多，因此零序励磁阻抗 Z_m^0 要比正序励磁阻抗小得多，即

$$Z_m^0 \ll Z_m$$

此时零序阻抗的标幺值 Z_m^0 为 0.3～1.0，平均约为 0.6。

（2）绕组联结的影响。不同的绕组联结对零序电流是否能流通有明显的限制。当绕组为星形联结时，零序电流不能流通，此时等效电路在这一边应断开；如果绕组接成三角形联结，则零序电流仅能在三角形内部形成环流，而不能流到外电路去，即在零序等效电路里，相当于变压器内部短接，但从外部看进去，应该是开路的。因此接法不同，对外电路表现的

零序阻抗是不同的。

　　图 4-6 表示不同联结的变压器的零序等效电路。图中左边为零序电流流通情况，右边为

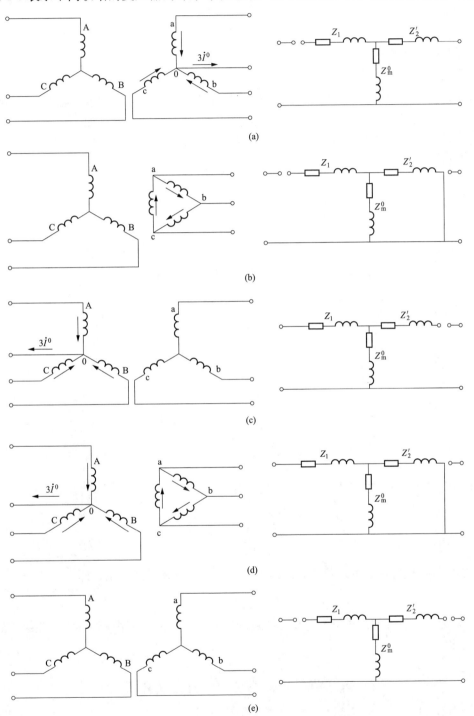

图 4-6　不同绕组联结的变压器零序等效电路

（a）Yyn 联结的变压器的零序等效电路；（b）Yd 联结的变压器的零序等效电路；（c）YNy 联结的变压器的零序等效电路；
（d）YNd 联结的变压器的零序等效电路；（e）Yy 联结的变压器的零序等效电路

零序等效电路。由图可见，从一次（侧）和从二次（侧）看，零序阻抗可以不相同。例如YNd联结时，从 YN 方面看，零序阻抗为

$$Z^0 = Z_1 + \frac{Z_\mathrm{m}^0 Z_2'}{Z_\mathrm{m}^0 + Z_2'}$$

而从三角形接法方面看，零序电流为零，零序阻抗 $Z^0 = \infty$。

3. 零序励磁阻抗的测定

变压器的零序励磁阻抗可以利用简单的试验来测定。试验时，将变压器二次（侧）［或一次（侧）］三相绕组串联起来，加上单相电源，另一边绕组开路，如图 4-7 所示，这时通入三相绕组的电流，其大小和相位均相同，相当于通入零序电流。测出 I^0、U^0 及 P^0 即可算出零序阻抗。

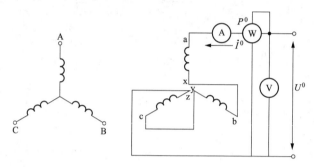

图 4-7　测定 Z_m^0 的接线图

$$\left.\begin{aligned} Z^0 &= \frac{U^0}{3I^0} \\ R^0 &= \frac{P^0}{3\,(I^0)^2} \\ X^0 &= \sqrt{(Z^0)^2 - (R^0)^2} \end{aligned}\right\} \tag{4-5}$$

由于另一边开路，根据图 4-7 测出的零序励磁阻抗为

$$\left.\begin{aligned} R_\mathrm{m}^0 &= R^0 - R_2 \\ X_\mathrm{m}^0 &= X^0 - X_2 \\ Z_\mathrm{m}^0 &= R_\mathrm{m}^0 + \mathrm{j}X_\mathrm{m}^0 \end{aligned}\right\} \tag{4-6}$$

在零序等效电路中，电动势和励磁电流与正序情况有相同的关系，即

$$\dot{E}^0 = -\dot{I}_\mathrm{m}^0 Z_\mathrm{m}^0 \tag{4-7}$$

式中：$\dot{I}_\mathrm{m}^0$ 为零序系统的励磁电流；$\dot{E}^0$ 为零序励磁电流产生的零序磁通 $\dot{\Phi}_\mathrm{m}^0$ 在绕组中感应的零序电动势。

第三节　几种不对称运行方式分析

一、Yyn 联结的单相负载运行

图 4-8 表示 Yyn 联结 a 相带单相负载，b、c 两相开路时的情况。

已知：

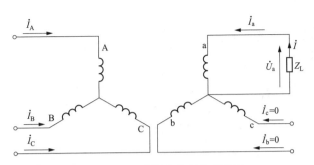

图 4-8　Yyn 联结带单相负载运行

（1）电源电压为三相对称（正序）电压，当二次（侧）空载时，一次绕组各相电压为 U_A^+、U_B^+、U_C^+。

（2）变压器的所有参数已通过试验求出。

假设：

（1）略去正、负序励磁电流的影响。

（2）所有的量都已归算到一次（侧）。为简便起见，除 Z_2' 外，二次（侧）的其他量都不加一撇了。

求解：计算负载电流及一次（侧）各相电流和电压，并作出相量图。

第一步：作出各序等效电路。

图 4-9（a）是正序分量的简化等效电路；图 4-9（b）是负序分量的简化等效电路，由于电源是对称的，没有负序电压，而负序电流可以流通，所以 $\dot{U}_A^-$ 等于零；图 4-9（c）是零序等效电路，因一次（侧）是星形联结，零序电流在一次（侧）不能流通。图中的 $\dot{U}_a^+$、$\dot{U}_a^-$、$\dot{U}_a^0$ 是负载 Z_L 上的电压 $\dot{U}_a$ 分解出的对称分量。

第二步：列出边界条件，计算各序等效电路中电流的各序分量。

边界条件：

$$\begin{cases} \dot{U}_a = \dot{I} Z_L \\ \dot{I}_a = \dot{I} \\ \dot{I}_b = \dot{I}_c = 0 \end{cases}$$

用对称分量法求出二次（侧）电流的各序分量为

$$\begin{pmatrix} \dot{I}_a^+ \\ \dot{I}_a^- \\ \dot{I}_a^0 \end{pmatrix} = \frac{1}{3} \begin{pmatrix} 1 & a & a^2 \\ 1 & a^2 & a \\ 1 & 1 & 1 \end{pmatrix} \begin{pmatrix} \dot{I}_a \\ \dot{I}_b \\ \dot{I}_c \end{pmatrix} = \frac{1}{3} \begin{pmatrix} 1 & a & a^2 \\ 1 & a^2 & a \\ 1 & 1 & 1 \end{pmatrix} \begin{pmatrix} \dot{I}_a \\ 0 \\ 0 \end{pmatrix} = \frac{1}{3} \begin{pmatrix} \dot{I}_a \\ \dot{I}_a \\ \dot{I}_a \end{pmatrix} = \frac{1}{3} \begin{pmatrix} \dot{I} \\ \dot{I} \\ \dot{I} \end{pmatrix} \tag{4-8}$$

即二次（侧）正序、负序和零序电流是相等的。

又　　　　　　　　$\dot{U}_a = \dot{U}_a^+ + \dot{U}_a^- + \dot{U}_a^0 = \dot{I} Z_L = 3 \dot{I}_a^+ Z_L = \dot{I}_a^+ (3 Z_L)$ 　　　　　（4-9）

第三步：根据式（4-8）、式（4-9）和各序等效电路作出 Yyn 联结带单相负载时的等效电路。

由于 $\dot{I}_a^+ = \dot{I}_a^- = \dot{I}_a^0 = \dfrac{1}{3} \dot{I}$，而且 $\dot{U}_a = \dot{U}_a^+ + \dot{U}_a^- + \dot{U}_a^0$，因此可以把各序等效电路串联起来，

如图 4-10 所示。

第四步：根据等效电路求负载电流。

由等效电路可得

$$\dot{I}_a^+ = \dot{I}_a^- = \dot{I}_a^0 = \frac{-\dot{U}_A^+}{2Z_k + Z_2' + Z_m^0 + 3Z_L}$$

而

$$\dot{I} = \dot{I}_a = \dot{I}_a^+ + \dot{I}_a^- + \dot{I}_a^0 = 3\dot{I}_a^+$$

所以

$$\dot{I} = \frac{-3\dot{U}_A^+}{2Z_k + Z_2' + Z_m^0 + 3Z_L} = \frac{-\dot{U}_A^+}{\frac{2}{3}Z_k + \frac{1}{3}Z_2' + \frac{1}{3}Z_m^0 + Z_L} \tag{4-10}$$

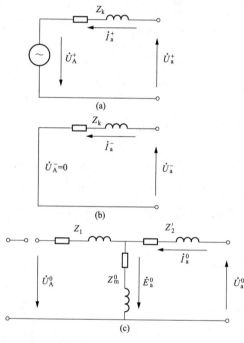

图 4-9　各序等效电路

（a）正序等效电路；（b）负序等效电路；（c）零序等效电路

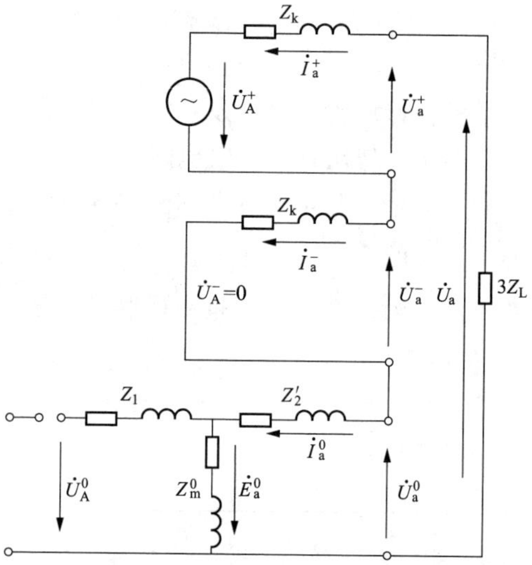

图 4-10　Yyn 联结带单相负载的等效电路

若忽略漏阻抗

$$\dot{I} = \frac{-\dot{U}_A^+}{\frac{1}{3}Z_m^0 + Z_L} \tag{4-11}$$

由上式看出：

（1）对于三相变压器组，$Z_m^0 = Z_m$，因此负载电流 $\dot{I}$ 主要受 Z_m^0 的限制，即使负载阻抗 Z_L 很小，负载电流也大不起来，在极端情况下，$Z_L = 0$，即单相稳态短路时

$$I_k \approx \frac{3U_A^+}{Z_m^0} = 3\left(\frac{U_A^+}{Z_m}\right) \approx 3I_m$$

由此可见，单相稳态短路电流只有正序励磁电流的三倍，所以这种联结的三相变压器组不能带单相到中线的不对称负载。

（2）对于三相心式变压器，$Z_m^0 \ll Z_m$，因此负载电流 $\dot{I}$ 主要由负载阻抗 Z_L 来决定，所以这种联结的三相心式变压器可以带单相到中线的不对称负载。

第五步：根据磁动势平衡关系求一次（侧）电流。

$$\begin{pmatrix} \dot{I}_A^+ \\ \dot{I}_A^- \\ \dot{I}_A^0 \end{pmatrix} = \begin{pmatrix} -\dot{I}_a^+ \\ -\dot{I}_a^- \\ 0 \end{pmatrix} = \begin{pmatrix} -\dfrac{1}{3}\dot{I} \\ -\dfrac{1}{3}\dot{I} \\ 0 \end{pmatrix} \tag{4-12}$$

由于一次（侧）为星形联结，零序电流不能流通，所以 $\dot{I}_A^0 = \dot{I}_B^0 = \dot{I}_C^0 = 0$。

$$\begin{pmatrix} \dot{I}_B^+ \\ \dot{I}_B^- \\ \dot{I}_B^0 \end{pmatrix} = \begin{pmatrix} a^2 \dot{I}_A^+ \\ a \dot{I}_A^- \\ 0 \end{pmatrix} = \begin{pmatrix} -a^2 \dfrac{1}{3}\dot{I} \\ -a \dfrac{1}{3}\dot{I} \\ 0 \end{pmatrix} \tag{4-13}$$

$$\begin{pmatrix} \dot{I}_C^+ \\ \dot{I}_C^- \\ \dot{I}_C^0 \end{pmatrix} = \begin{pmatrix} a \dot{I}_A^+ \\ a^2 \dot{I}_A^- \\ 0 \end{pmatrix} = \begin{pmatrix} -a \dfrac{1}{3}\dot{I} \\ -a^2 \dfrac{1}{3}\dot{I} \\ 0 \end{pmatrix} \tag{4-14}$$

$$\begin{pmatrix} \dot{I}_A \\ \dot{I}_B \\ \dot{I}_C \end{pmatrix} = \begin{pmatrix} \dot{I}_A^+ + \dot{I}_A^- + \dot{I}_A^0 \\ \dot{I}_B^+ + \dot{I}_B^- + \dot{I}_B^0 \\ \dot{I}_C^+ + \dot{I}_C^- + \dot{I}_C^0 \end{pmatrix} = \begin{pmatrix} -\dfrac{1}{3}\dot{I} - \dfrac{1}{3}\dot{I} \\ -a^2 \dfrac{1}{3}\dot{I} - a \dfrac{1}{3}\dot{I} \\ -a \dfrac{1}{3}\dot{I} - a^2 \dfrac{1}{3}\dot{I} \end{pmatrix} = \begin{pmatrix} -\dfrac{2}{3}\dot{I} \\ \dfrac{1}{3}\dot{I} \\ \dfrac{1}{3}\dot{I} \end{pmatrix} \tag{4-15}$$

把式（4-10）代入式（4-15），即可求出一次（侧）三相电流 $\dot{I}_A$、$\dot{I}_B$ 和 $\dot{I}_C$，如

$$\dot{I}_A = -\frac{2}{3}\dot{I} = \frac{\dot{U}_A^+}{Z_k + \dfrac{1}{2}Z_2' + \dfrac{1}{2}Z_m^0 + \dfrac{3}{2}Z_L}$$

第六步：根据等效电路求一次、二次（侧）电压。

一次（侧）电压为

$$\dot{U}_A = \dot{U}_A^+ + \dot{U}_A^- + \dot{U}_A^0 = \dot{U}_A^+ + 0 + \dot{I}_a^0 Z_m^0$$
$$= \dot{U}_A^+ + \frac{1}{3}\dot{I} Z_m^0 = \dot{U}_A^+ \left[1 - \frac{Z_m^0}{2Z_k + Z_2' + Z_m^0 + 3Z_L} \right]$$

同理可求 $\dot{U}_B^+$、$\dot{U}_C^+$。

二次（侧）电压可根据各序等效电路求出

$$\dot{U}_a^+ = -\dot{U}_A^+ - \dot{I}_a^+ Z_k$$

$$\dot{U}_a^- = -\dot{I}_a^- Z_k$$

$$\dot{U}_a^0 = -\dot{I}_a^0 (Z_2' + Z_m^0)$$

若忽略漏阻抗压降，则

$$\dot{U}_a^+ = -\dot{U}_A^+$$

$$\dot{U}_a^- = 0$$

$$\dot{U}_a^0 = -\dot{I}_a^0 Z_m^0 = \dot{E}_a^0$$

所以　　　　　$\dot{U}_a = \dot{U}_a^+ + \dot{U}_a^- + \dot{U}_a^0 = -\dot{U}_A^+ - \dot{I}_a^0 Z_m^0 = -(\dot{U}_A^+ + \dot{I}_a^0 Z_m^0) = -\dot{U}_A$

同理可求出

$$\dot{U}_b = -\dot{U}_B$$

$$\dot{U}_c = -\dot{U}_C$$

第七步：作出相量图（见图 4-11）。

（1）作出一次（侧）三相正序电压 $-\dot{U}_A^+$、$-\dot{U}_B^+$、$-\dot{U}_C^+$。

（2）根据式（4-10）作出负载电流相量 $\dot{I}$。设 Z_L 为感性负载，则 $\dot{I}$ 落后于 $-\dot{U}_A^+$ 一角度。

（3）根据式（4-8）$\dot{I}_a^0 = \dfrac{1}{3}\dot{I}$ 作出 $\dot{I}_a^0$ 相量。

（4）作零序电流产生的零序磁通 $\dot{\Phi}^0$，若考虑铁耗，$\dot{\Phi}^0$ 落后于 $\dot{I}_a^0$ 一铁耗角。

（5）作零序电动势 $\dot{E}_a^0 = \dot{E}_b^0 = \dot{E}_c^0$，它们落后于 $\dot{\Phi}^0$ 以 90°。

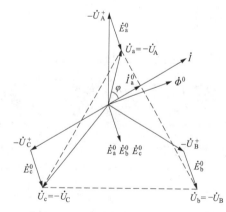

图 4-11　Yyn 联结带单相负载的相量图

（6）根据第六步可知：

$$\dot{U}_a = -\dot{U}_A^+ - \dot{I}_a^0 Z_m^0 = -\dot{U}_A^+ + \dot{E}_a^0$$

$$\dot{U}_b = -\dot{U}_B^+ + \dot{E}_b^0$$

$$\dot{U}_c = -\dot{U}_C^+ + \dot{E}_c^0$$

从而可作出二次（侧）电压 $\dot{U}_a$、$\dot{U}_b$ 和 $\dot{U}_c$。

（7）根据第六步得出的 $\dot{U}_a = -\dot{U}_A$，$\dot{U}_b = -\dot{U}_B$，$\dot{U}_c = -\dot{U}_C$ 作出一次（侧）电压 $-\dot{U}_A$、$-\dot{U}_B$ 和 $-\dot{U}_C$。

各相电压的变化如图 4-11 所示，这种联结由于一次（侧）没有零序电流，因此二次（侧）的零序电流全部成为励磁性质的电流，从而在铁芯内产生零序主磁通 $\dot{\Phi}^0$，感应零序电动势 $\dot{E}_a^0$、$\dot{E}_b^0$、$\dot{E}_c^0$，$\dot{E}_a^0$ 迭加到正序电动势（$\dot{E}_A^+ = -\dot{U}_A^+$）上，使负载相 a 相的端电压下降。在三相变压器组中，零序主磁通可在主磁路内通过，$\dot{E}_a^0$ 较大，故 a 相端电压 U_a 急剧下降，以致加不上负载；另外两相的电压则将升高，以保持线电压不变，于是产生了严重的中性点位移（neutral point shift）现象。在三相心式变压器中，由于零序磁通被迫沿油和油箱壁闭合，零序磁通和零序电动势较小，因此中性点位移并不严重，可以正常运行。但为了尽量减小零序磁通在油箱壁中引起的涡流损耗，以及尽量减少电压的变化，Yyn 联结的三相心式变压器在不对称负载下运行时，中线中的电流（等于零序电流的三倍）不得超过额定电流的 25%。

二、其他的联结组和其他方式的不对称负载

从上面分析可以得出下列结论：三相变压器组 Yyn 联结不能带不对称负载的原因是一边有零序电流，而另一边没有，形成零序励磁电流，产生零序磁通。同时由于 Z_m^0 较大，产生较大的零序电动势 $\dot{E}^0$，从而产生严重的中性点偏移现象。

根据上面的结论可以看出，在其他联结组中都不会发生以上的严重的中性点偏移现象。例如 Dyn 联结中，当二次（侧）有零序电流时，在三角形绕组内部也将感应出零序电流来抵消二次（侧）的零序磁动势，因此 $\dot{\Phi}^0$ 是不大的，所以 $\dot{E}^0$ 不会大。在没有中线的绕组联结中，根本不存在零序电流，因此也没有零序电动势 $\dot{E}^0$。

各种联结的变压器在供给线和线之间的不对称负载时，也不产生零序电流，所以除了由于漏阻抗所产生的一些不对称电压降外，不会有太严重的电压不对称。

第四节 变压器的 Vv 联结

在 Dd 接线的组式变压器中，去掉一台变压器（例如去掉 C 相）时，便成为 Vv 联结，如图 4-12 所示。

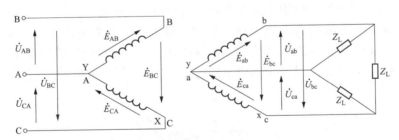

图 4-12 变压器的 Vv 联结

设一次（侧）线电压 $\dot{U}_{AB}$、$\dot{U}_{BC}$、$\dot{U}_{CA}$ 为三相对称电压。若略去变压器内部的阻抗压降，则二次（侧）线电压为

$$
\left.
\begin{aligned}
\dot{U}_{ab} &= \frac{\dot{U}_{AB}}{k} \\
\dot{U}_{ca} &= \frac{\dot{U}_{CA}}{k} \\
\dot{U}_{bc} &= -(\dot{U}_{ca} + \dot{U}_{ab}) = -\frac{1}{k}(\dot{U}_{CA} + \dot{U}_{AB}) = \frac{\dot{U}_{BC}}{k}
\end{aligned}
\right\}
\tag{4-16}
$$

式中：k 为变压器的变比。

其相量图如图 4-13 所示。

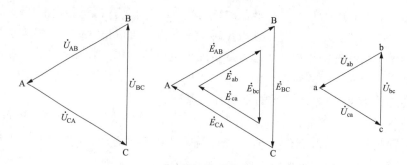

图 4-13 Vv 联结的电压、电动势相量图

由此可知，二次（侧）线电压仍为一组三相对称电压。若二次（侧）接上三相对称负载，则输出三相对称电流。因此两台单相变压器可接成 Vv 形接在三相线路上运行。

实际上，由于这种接法的变压器三相阻抗压降不对称，即使三相负载对称，变压器二次（侧）端电压也将略有不对称，但一般不对称度很小。

当将三台单相变压器接成 Dd 时，三相容量为 $3U_{N\varphi}I_{N\varphi}$（$U_{N\varphi}$、$I_{N\varphi}$ 分别为变压器额定相电压和相电流）。按 Vv 接线时，由于绕组电流等于线电流，故其最大输出线电流应不超过绕组相电流 $I_{N\varphi}$，则三相总容量为 $\sqrt{3}U_1I_1=\sqrt{3}U_{N\varphi}I_{N\varphi}$，两台单相变压器的总设备容量为 $2U_{N\varphi}I_{N\varphi}$，故最大输出容量为设备容量的 $\dfrac{\sqrt{3}U_{N\varphi}I_{N\varphi}}{2U_{N\varphi}I_{N\varphi}}=\dfrac{\sqrt{3}}{2}=0.866$。说明变压器作 Vv 接线时，其容量不能充分利用。

Vv 联结不是标准联结，仅用于特殊场合。例如用电单位初建时，因用电量较少，可以先用两台单相变压器接成 Vv 形，待以后负载增大时再添一台接成 Dd 联结，可减少第一次投资。此外，如使用 Dd 联结的三相变压器组，在其中一台单相变压器检修时，可将其他两台单相变压器接成 Vv 联结，作供电的应急措施。其次，为了节省设备，仪用互感器常用 Vv 形接法。

小　结

分析三相变压器不对称运行时，常采用对称分量法。对称分量法是将一组不对称的电流（或电压、电动势、磁通）分解成正序、负序和零序三相对称分量。对于每一组对称分量都有相应的等效电路。计算时，先分别对各组对称分量进行计算，然后把三组对称分量计算的结果叠加起来。

Yyn 联结的三相变压器带不对称负载时，出现中性点偏移现象，这是由于二次（侧）有零序电流，而一次（侧）没有零序电流相平衡，因此二次（侧）零序电流成为励磁电流，产生了零序主磁通，在各绕组中感应零序电动势，使相电压中性点发生偏移。中性点偏移的大小与零序磁通大小有关，而零序磁通的大小与三相变压器的磁路系统有关。

第五章　三绕组变压器、自耦变压器和互感器

本章学习目标：

（1）掌握三绕组变压器的电磁关系并推导其等效电路。

（2）掌握自耦变压器的电磁关系、容量关系及其特点。

（3）了解互感器的特点。

第一节　三绕组变压器

一、概述

1. 三绕组变压器的原理

在同一铁芯柱上绕上一个一次绕组、两个二次绕组或两个一次绕组、一个二次绕组。具有 $U_1/U_2/U_3$ 三种电压的变压器叫作三绕组变压器（three-winding transformer）。

三绕组变压器一般采用同心式绕组，铁芯为心式结构。每个铁芯柱上都套着高压、中压和低压三个绕组，为了绝缘方便，高压绕组放在最外边，对于降压变压器，中压绕组放在中间，低压绕组靠近铁芯柱，如图 5-1（a）所示。对于升压变压器，为了使磁场分布均匀，漏电抗分配合理，以保证较好的电压调整率和提高运行性能，把中压绕组放在靠近铁芯柱，低压绕组放在中间，如图 5-1（b）所示，这时如果采用图 5-1（a）所示的方法布置，则低压和高压绕组之间的漏磁通较大，同时附加损耗也显著增加，使变压器可能发生局部过热和降低效率。

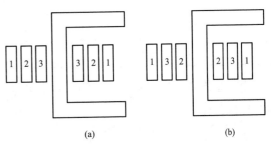

图 5-1　三绕组变压器绕组的布置

（a）降压分布；（b）升压分布

1—高压绕组；2—中压绕组；3—低压绕组

三绕组变压器可以是单相的，也可以是三相的。

2. 三绕组变压器的用途

三绕组变压器的用途如下：

（1）变电站中利用三绕组变压器由两个系统向一个负载供电，如图 5-2（a）所示。

（2）发电厂利用三绕组变压器把发出的电能用两种电压输送到不同的电网，如图 5-2（b）所示。

采用三绕组变压器后，用一台具有三种电压 $U_1/U_2/U_3$ 的变压器代替电压分别为 U_1/U_2，U_1/U_3 的两台变压器，使发电厂和变电站的设备简单、经济、维修管理方便。因此，三绕组变压器得到了广泛的应用。

3. 三绕组变压器的容量

在三绕组变压器中，由于两个二次绕组一般不同时达到满载，根据供电实际需要，三个

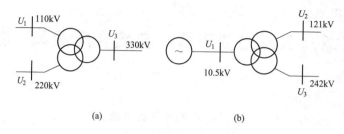

图 5-2 三绕组变压器的用途

（a）两个系统向一个负载供电；（b）电能输送到不同的电网

绕组的容量可以设计成不相等，这时，三绕组变压器的额定容量是指三个绕组中容量最大的一个绕组的容量。为了使产品标准化起见，一般三个绕组的容量配合有以下三种，供使用单位选择。

表 5-1 　　　　　　　　　　　　　　高、中、低压三个绕组的容量配合

高压绕组容量	中压绕组容量	低压绕组容量
S_N	S_N	S_N
S_N	$0.5S_N$	S_N
S_N	S_N	$0.5S_N$

由于三绕组变压器各绕组的额定容量可能不相等，用标幺值计算时，各绕组必须采用相同的容量基值。

4. 三绕组变压器的标准联结组

三相三绕组电力变压器的标准联结组有 YNyn0d11、YNyn0y0。

单相三绕组变压器的标准联结组为 I，I0，I0。

二、三绕组变压器的基本方程式和等效电路

1. 三绕组变压器的变比

当三绕组变压器的 1 绕组接到电压为 U_1 的电源上，2、3 绕组开路，这是空载运行状态。空载时，与双绕组变压器没有什么差别，只是多了两个变比。让 N_1、N_2、N_3 分别代表 1、2、3 绕组的匝数，k_{12}、k_{13}、k_{23} 分别为三个绕组之间的变比，则

$$k_{12}=\frac{N_1}{N_2}\approx\frac{U_1}{U_{20}}$$

$$k_{13}=\frac{N_1}{N_3}\approx\frac{U_1}{U_{30}}$$

$$k_{23}=\frac{N_2}{N_3}\approx\frac{U_{20}}{U_{30}}=\frac{U_1/k_{12}}{U_1/k_{13}}=\frac{k_{13}}{k_{12}}$$

（5-1）

式中：U_{20}、U_{30} 分别为 2、3 绕组的开路电压。

2. 三绕组变压器的磁动势方程式

三绕组变压器各电磁量规定的正方向与双绕组变压器一样，如图 5-3 所示。

根据全电流定律和规定的正方向可列出磁动势方程式：

$$\dot{F}_1 + \dot{F}_2 + \dot{F}_3 = \dot{F}_\mathrm{m} \tag{5-2}$$

或

$$N_1 \dot{I}_1 + N_2 \dot{I}_2 + N_3 \dot{I}_3 = N_1 \dot{I}_\mathrm{m}$$

$$\dot{I}_1 + \frac{N_2}{N_1} \dot{I}_2 + \frac{N_3}{N_1} \dot{I}_3 = \dot{I}_\mathrm{m}$$

$$\dot{I}_1 + \dot{I}'_2 + \dot{I}'_3 = \dot{I}_\mathrm{m}$$

忽略励磁电流后，得

$$\dot{I}_1 + \dot{I}'_2 + \dot{I}'_3 = 0 \tag{5-3}$$

其中，$\dot{I}'_2 = \dfrac{\dot{I}_2}{k_{12}}$，$\dot{I}'_3 = \dfrac{\dot{I}_3}{k_{13}}$ 分别为 2、3 绕组的电流归算到 1 绕组的值。

3. 三绕组变压器的电动势平衡方程式

在三绕组变压器中，磁场的分布比较复杂，就主磁通 Φ_m 来说，它是由三个磁动势 $\dot{F}_1$、$\dot{F}_2$ 和 $\dot{F}_3$ 联合产生的，并与三个线圈同时相交链，就漏磁通来说，有自漏磁通和互漏磁通两种。凡是仅与一个绕组相交链而与其他两个绕组不交链的磁通，称为自漏磁通（self leakage flux）；如果只与两个绕组相交链而不与第三个绕组相交链的磁通，称为互漏磁通（mutual leakage flux）。如图 5-4 所示，其中 Φ_m 为主磁通，$\Phi_{\sigma1}$、$\Phi_{\sigma2}$、$\Phi_{\sigma3}$ 为自漏磁通，$\Phi_{\sigma12}$、$\Phi_{\sigma13}$、$\Phi_{\sigma23}$ 为互漏磁通（$\Phi_{\sigma12}$、$\Phi_{\sigma13}$ 应分别为与 1、2 绕组和 1、3 绕组的全部匝数相链，图 5-4 中仅为示意图）。由图 5-4 可见，主磁通经铁芯闭合，相应的励磁阻抗随铁芯的饱和程度而变化；自漏磁通和互漏磁通均主要通过空气或变压器油闭合，相应的漏抗为常数。

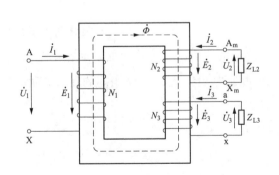

图 5-3 三绕组变压器的规定正方向

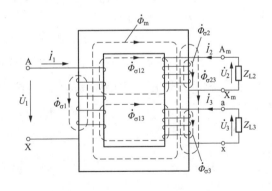

图 5-4 三绕组变压器磁通示意图

为了清楚起见，把各部分磁通和它们所经磁路的磁导及对应的电感列入表 5-2。

运用以上主磁通和漏磁通的概念，可以按照两绕组变压器的分析方法，推导出三绕组变压器的电动势方程式，但分析过程繁琐，因为它有交链两个绕组的互漏磁通。为了简化分析过程，可以采用各绕组的自感和两绕组之间的互感的概念来进行分析，此时，无论自感或互感都是与各绕组或绕组之间的全部磁通相对应，而不去分什么主磁通和漏磁通。

表 5-2 磁通所经磁路的磁导及对应电感

名称	符号	交链匝数	磁路磁导		电感（归算至1绕组）	
主磁通	Φ_m	N_1、N_2、N_3	Λ_m	变数	$L_m = L'_{m2} = L'_{m3}$	变数
自漏磁通	$\Phi_{\sigma 1}$	N_1	$\Lambda_{\sigma 1}$		$L_{\sigma 1}$	
自漏磁通	$\Phi_{\sigma 2}$	N_2	$\Lambda_{\sigma 2}$		$L'_{\sigma 2}$	
自漏磁通	$\Phi_{\sigma 3}$	N_3	$\Lambda_{\sigma 3}$	常数	$L'_{\sigma 3}$	常数
互漏磁通	$\Phi_{\sigma 12}$	N_1、N_2	$\Lambda_{\sigma 12}$		$L'_{\sigma 12}$	
互漏磁通	$\Phi_{\sigma 13}$	N_1、N_3	$\Lambda_{\sigma 13}$		$L'_{\sigma 13}$	
互漏磁通	$\Phi_{\sigma 23}$	N_2、N_3	$\Lambda_{\sigma 23}$		$L'_{\sigma 23}$	

（1）自感电动势。由 $\dot{I}_1$ 产生的与1绕组交链的全部磁通所经磁路的磁导为 $(\Lambda_m + \Lambda_{\sigma 1} + \Lambda_{\sigma 12} + \Lambda_{\sigma 13})$，所以1绕组的全自感为

$$L_1 = L_m + L_{\sigma 1} + L'_{\sigma 12} + L'_{\sigma 13} \qquad \text{（归算到1绕组）}$$

因此可得 $\dot{I}_1$ 产生的自感电动势。同理，可得 $\dot{I}'_2$、$\dot{I}'_3$ 产生的折合到1绕组的自感电动势。

$$\left.\begin{aligned}
\dot{E}_1 &= -\mathrm{j}\omega L_1 \dot{I}_1 \\
\dot{E}'_2 &= -\mathrm{j}\omega L'_2 \dot{I}'_2 \\
\dot{E}'_3 &= -\mathrm{j}\omega L'_3 \dot{I}'_3
\end{aligned}\right\} \qquad (5\text{-}4)$$

其中
$$L'_2 = L'_{m2} + L'_{\sigma 2} + L'_{\sigma 12} + L'_{\sigma 23}$$
$$L'_3 = L'_{m3} + L'_{\sigma 3} + L'_{\sigma 13} + L'_{\sigma 23}$$

L'_2、L'_3 分别为2、3绕组归算到1绕组的全自感。

（2）互感电动势。$\dot{I}_1$ 或 $\dot{I}'_2$ 产生的与1、2绕组交链的全部磁通所经磁路的磁导为 $(\Lambda_m + \Lambda_{\sigma 12})$，所以1、2绕组的互感为

$$M'_{12} = L_m + L'_{\sigma 12} \qquad \text{（归算到1绕组）}$$

因此可得 $\dot{I}_1$ 产生的磁通在2绕组中感应的互感电动势 $\dot{E}'_{21}$，$\dot{I}'_2$ 产生的磁通在1绕组中感应的互感电动势 $\dot{E}_{12}$。同理，可得1、3绕组间的互感电动势及2、3绕组间的互感电动势。

$$\left.\begin{aligned}
\dot{E}'_{21} &= -\mathrm{j}\omega M'_{12} \dot{I}_1 \\
\dot{E}_{12} &= -\mathrm{j}\omega M'_{12} \dot{I}'_2 \\
\dot{E}'_{31} &= -\mathrm{j}\omega M'_{13} \dot{I}_1 \\
\dot{E}_{13} &= -\mathrm{j}\omega M'_{13} \dot{I}'_3 \\
\dot{E}'_{32} &= -\mathrm{j}\omega M'_{23} \dot{I}'_2 \\
\dot{E}_{23} &= -\mathrm{j}\omega M'_{23} \dot{I}'_3
\end{aligned}\right\} \qquad (5\text{-}5)$$

其中，$M'_{13} = L_m + L'_{\sigma 13}$，$M'_{23} = L_m + L'_{\sigma 23}$ 分别为1、3绕组和2、3绕组归算到1绕组的互感。

以上参数 L_1、L'_2、L'_3、M'_{12}、M'_{13}、M'_{23} 所对应的磁导都包含有主磁路的磁导 Λ_m，因此，这些自感系数和互感系数均为非线性参数，它们都随铁芯的饱和程度而变化。

根据规定正方向（见图 5-5）和式（5-4）、式（5-5），可列出归算到1绕组的电动势方程式。

$$\dot{U}_1 = \dot{I}_1 R_1 - \dot{E}_1 - \dot{E}_{12} - \dot{E}_{13}$$

$$= \dot{I}_1 R_1 + j\omega L_1 \dot{I}_1 + j\omega M'_{12} \dot{I}'_2 + j\omega M'_{13} \dot{I}'_3$$

$$-\dot{U}'_2 = \dot{I}'_2 R'_2 - \dot{E}'_2 - \dot{E}'_{21} - \dot{E}'_{23}$$

$$= \dot{I}'_2 R'_2 + j\omega L'_2 \dot{I}'_2 + j\omega M'_{12} \dot{I}'_1 + j\omega M'_{23} \dot{I}'_3$$

$$-\dot{U}'_3 = \dot{I}'_3 R'_3 - \dot{E}'_3 - \dot{E}'_{31} - \dot{E}'_{32}$$

$$= \dot{I}'_3 R'_3 + j\omega L'_3 \dot{I}'_1 + j\omega M'_{13} \dot{I}'_1 + j\omega M'_{23} \dot{I}'_2$$

写成矩阵形式为

$$\begin{bmatrix} \dot{U}_1 \\ -\dot{U}'_2 \\ -\dot{U}'_3 \end{bmatrix} = \begin{bmatrix} R_1 + j\omega L_1 & j\omega M'_{12} & j\omega M'_{13} \\ j\omega M'_{12} & R'_2 + j\omega L'_2 & j\omega M'_{23} \\ j\omega M'_{13} & j\omega M'_{23} & R'_3 + j\omega L'_3 \end{bmatrix} \begin{bmatrix} \dot{I}_1 \\ \dot{I}'_2 \\ \dot{I}'_3 \end{bmatrix} \tag{5-6}$$

其中电流、电压、电阻的归算与双绕组变压器完全一样，即

$$\dot{U}'_2 = k_{12} \dot{U}_2 \quad \dot{I}'_2 = \frac{\dot{I}_2}{k_{12}} \quad R'_2 = k_{12}^2 R_2$$

$$\dot{U}'_3 = k_{13} \dot{U}_3 \quad \dot{I}'_3 = \frac{\dot{I}_3}{k_{13}} \quad R'_3 = k_{13}^2 R_3$$

关于自感系数和互感系数的归算，可根据自感系数和匝数的平方成正比。互感系数和两绕组匝数之乘积成正比推出，如

$$\frac{L'_2}{L_2} = \frac{N_1^2}{N_2^2} = k_{12}^2$$

$$L'_2 = k_{12}^2 L_2$$

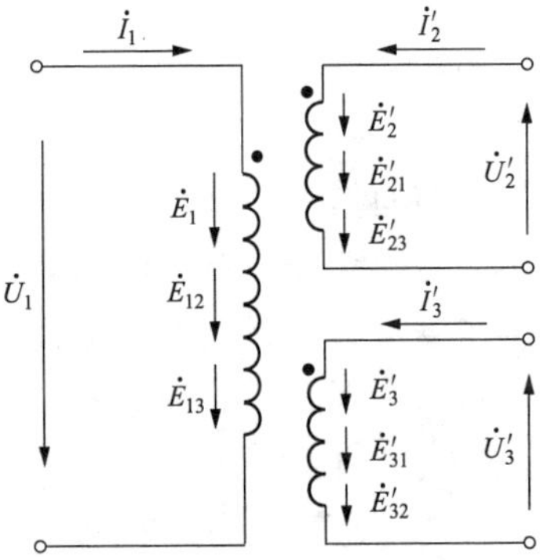

同理

$$L'_3 = k_{13}^2 L_3$$

$$\frac{M'_{12}}{M_{12}} = \frac{N_1 N_1}{N_1 N_2} = k_{12}$$

$$M'_{12} = k_{12} M_{12}$$

同理

$$M'_{13} = k_{13} M_{13}$$

$$\frac{M'_{23}}{M_{23}} = \frac{N_1 N_1}{N_3 N_2} = k_{12} k_{13}$$

$$M'_{23} = k_{12} k_{13} M_{23}$$

图 5-5 各绕组中的感应
电动势及规定正方向

方程式（5-6）是非线性方程组，可以通过初等变换消去主磁通所对应的电感 L_m，最后可得

$$\begin{bmatrix} \dot{U}_1 - (-\dot{U}'_2) \\ -\dot{U}'_2 - (-\dot{U}'_3) \\ \dot{U}_1 - (-\dot{U}'_3) \end{bmatrix}$$

$$= \begin{bmatrix} R_1 + j\omega(L_1 - M'_{12}) & -[R'_2 + j\omega(L'_2 - M'_{12})] & -j\omega(M'_{23} - M'_{13}) \\ -j\omega(M'_{13} - M'_{12}) & R'_2 + j\omega(L'_2 - M'_{23}) & -[R'_3 + j\omega(L'_3 - M'_{23})] \\ R_1 + j\omega(L_1 - M'_{13}) & -j\omega(M'_{23} - M'_{12}) & -[R'_3 + j\omega(L'_3 - M'_{13})] \end{bmatrix} \begin{bmatrix} \dot{I}_1 \\ \dot{I}'_2 \\ \dot{I}'_3 \end{bmatrix}$$

$$\tag{5-7}$$

式（5-7）中只含自感与互感或互感与互感之间的差，故式（5-7）已把非线性问题线性化了。从式中还可见，任两个绕组之间的压降都有第三个绕组电流产生的互感影响。利用电流关系 $\dot{I}_1 + \dot{I}'_2 + \dot{I}'_3 = 0$，式（5-7）可写成

$$\begin{bmatrix} \dot{U}_1 - (-\dot{U}'_2) \\ -\dot{U}'_2 - (-\dot{U}'_3) \\ \dot{U}_1 - (-\dot{U}'_3) \end{bmatrix} = \begin{bmatrix} R_1 + jX_1 & -(R'_2 + jX'_2) & 0 \\ 0 & R'_2 + jX'_2 & -(R'_3 + jX'_3) \\ R_1 + jX_1 & 0 & -(R'_3 + jX'_3) \end{bmatrix} \begin{bmatrix} \dot{I}_1 \\ \dot{I}'_2 \\ \dot{I}'_3 \end{bmatrix} \tag{5-8}$$

式中

$$\left. \begin{array}{l} X_1 = \omega(L_1 - M'_{12} - M'_{13} + M'_{23}) \\ X'_2 = \omega(L'_2 - M'_{12} - M'_{23} + M'_{13}) \\ X'_3 = \omega(L'_3 - M'_{13} - M'_{23} + M'_{12}) \end{array} \right\} \tag{5-9}$$

从前面指出的自感和互感的意义可知，式（5-9）中等号右边每一项所对应的磁导都包括了主磁导和漏磁导，随之每一自感或互感都可看成由一个大家都共同的励磁电感 L_m 加上一个自身特有的漏电感，这样，从式（5-9）可见，每个电抗的表达式中，都是两个正的和两个负的，因此，励磁电感 L_m 便彼此消掉了，剩下的全是漏电感。由此可见，X_1、X'_2、X'_3 具有漏抗的性质，它们是不变的常数。由于 X_1、X'_2、X'_3 是对应于各绕组的自感和两绕组之间的互感组合而成的电抗，它们并不是漏电抗，所以称为各绕组的等效电抗。既然 X_1、X'_2、X'_3 是常数，方程式（5-8）就是一个常系数矩阵。根据方程式即可作出等效电路。

4. 三绕组变压器的等效电路和相量图

方程式（5-8）可写成　　$\dot{U}_1 + \dot{U}'_2 = \dot{I}_1(R_1 + jX_1) - \dot{I}'_2(R_2 + jX'_2) = \dot{I}_1 Z_1 - \dot{I}'_2 Z'_2$

$$\dot{U}_1 + \dot{U}'_3 = \dot{I}_1(R_1 + jX_1) - \dot{I}'_3(R_3 + jX'_3) = \dot{I}_1 Z_1 - \dot{I}'_3 Z'_3$$

式中：Z_1、Z'_2、Z'_3 分别为 1、2、3 绕组的等效阻抗。

再根据方程式（5-3）可作出简化等效电路，如图5-6（a）所示，与之对应的相量如图5-6（b）所示。

三、三绕组变压器的电压调整率和效率

和双绕组变压器一样，三绕组变压器的负载变化时，第二绕组和第三绕组的端电压也会发生变化，此电压的变化可用简化等效电路求出，电压调整率用下式进行计算。

$$\left. \begin{array}{l} \Delta U_{12} = \dfrac{U_{1N} - U'_2}{U_{1N}} \times 100\% \\ \Delta U_{13} = \dfrac{U_{1N} - U'_3}{U_{1N}} \times 100\% \end{array} \right\} \tag{5-10}$$

第2绕组的电压调整率 ΔU_{12} 由 $\dot{I}'_2$ 和 $\dot{I}'_3$ 同时引起。可以近似地认为

$$\Delta U_{12} \approx \Delta U_{12(I_2)} + \Delta U_{12(I_3)} \tag{5-11}$$

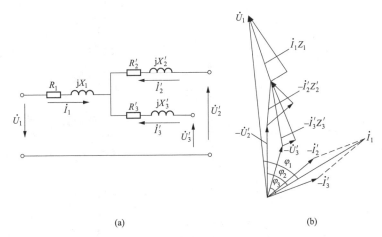

图 5-6 三绕组变压器的简化等效电路和相量图

(a) 等效电路图；(b) 相量图

仿照双绕组变压器计算电压调整率的式 (2-29)，由 $\dot{I}'_2$ 所引起的电压调整率 $\Delta U_{12(I_2)}$ 应为

$$\Delta U_{12(I_2)} = \beta_2 R^*_{k12} \cos\phi_2 + \beta_2 X^*_{k12} \sin\phi_2 \tag{5-12}$$

其中

$$R^*_{k12} = R^*_1 + R, \quad X^*_{k12} = X^*_1 + X^*_2$$

由 $\dot{I}'_3$ 所引起的电压调整率 $\Delta U_{12(I_3)}$ 应为

$$\Delta U_{12(I_3)} = \beta_3 R^*_1 \cos\phi_3 + \beta_3 X^*_1 \sin\phi_3 \tag{5-13}$$

同理可得 ΔU_{13}，此时只要把式 (5-11)、式 (5-12) 和式 (5-13) 中的下标 2 换为 3，3 换为 2 即可。

三绕组变压器的效率可用下式进行计算

$$\eta = \left(1 - \frac{P_{Cu1} + P_{Cu2} + P_{Cu3} + P_{Fe}}{P_2 + P_3 + P_{Cu1} + P_{Cu2} + P_{Cu3} + P_{Fe}}\right) \times 100\% \tag{5-14}$$

式中：P_{Cu1}、P_{Cu2}、P_{Cu3} 分别为 1、2、3 绕组的铜耗；P_{Fe} 为铁耗；P_2、P_3 分别为 2、3 绕组输出的有功功率。

四、三绕组变压器的参数测定

三绕组变压器简化等效电路中的参数可通过三个稳定短路试验测定，线路如图 5-7 所示。

(1) 在 1 绕组上加低电压，2 绕组短路，3 绕组开路，如图 5-7 (a) 所示，测出 U_{k12}、I_{k12} 和 P_{k12}，则归算到 1 绕组的短路阻抗为

$$\left.\begin{aligned} Z_{k12} &= \frac{U_{k12}}{I_{k12}} \\ R_{k12} &= \frac{P_{k12}}{I^2_{k12}} \\ X_{k12} &= \sqrt{Z^2_{k12} - R^2_{k12}} \end{aligned}\right\} \tag{5-15}$$

其中 R_{k12} 应换算到工作温度。

(2) 在 1 绕组加低电压，3 绕组短路，2 绕组开路，如图 5-7 (b) 所示，测出 U_{k13}、I_{k13}、P_{k13}，同时可算出 Z_{k13}、R_{k13} 和 X_{k13}。

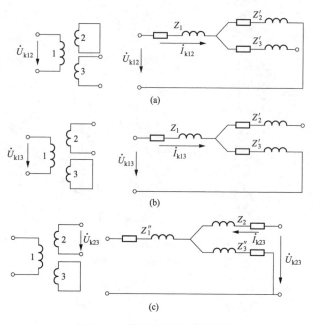

图 5-7 三绕组变压器短路试验

(a) 1绕组上加低电压，2绕组短路，3绕组开路；(b) 1绕组加低电压，3绕组短路，2绕组开路；

(c) 2绕组加低电压，3绕组短路，1绕组开路

（3）在2绕组加低电压，3绕组短路，1绕组开路，如图5-7（c）所示，测出 U_{k23}、I_{k23}、P_{k23}，同样可算出 Z_{k23}、R_{k23} 和 X_{k23}。所测的参数是归算到2绕组，还要把测出的参数归算到1绕组，即乘以 k_{12}^2。

$$Z'_{k23} = k_{12}^2 Z_{k23} = k_{12}^2 (Z_2 + k_{23}^2 Z_3) = k_{12}^2 Z_2 + k_{12}^2 \left(\frac{k_{13}}{k_{12}}\right)^2 Z_3 = Z'_2 + Z'_3$$

测出了 Z_{k12}、Z_{k13} 和 Z'_{k23} 后，可算出等效电路中的 Z_1、Z'_2、Z'_3。

$$R_{k12} = R_1 + R'_2 \qquad X_{k12} = X_1 + X'_2$$

已知 $R_{k13} = R_1 + R'_3 \qquad X_{k13} = X_1 + X'_3$

$$R'_{k23} = R'_2 + R'_3 \qquad X'_{k23} = X'_2 + X'_3$$

于是可求出

$$\left.\begin{aligned}
R_1 &= \frac{1}{2}(R_{k12} + R_{k13} - R'_{k23}) \\
R'_2 &= \frac{1}{2}(R_{k12} + R'_{k23} - R_{k13}) \\
R'_3 &= \frac{1}{2}(R_{k13} + R'_{k23} - R_{k12})
\end{aligned}\right\} \tag{5-16}$$

$$\left.\begin{aligned}
X_1 &= \frac{1}{2}(X_{k12} + X_{k13} - X'_{k23}) \\
X'_2 &= \frac{1}{2}(X_{k12} + X'_{k23} - X_{k13}) \\
X'_3 &= \frac{1}{2}(X_{k13} + X'_{k23} - X_{k12})
\end{aligned}\right\} \tag{5-17}$$

稳态短路试验测出的短路电抗 X_{k12}、X_{k13}、X'_{k23} 三者的大小与三绕组的安排位置有关。如图 5-1 (a) 的安排 1、3 绕组之间漏磁最大，其次是 1、2 绕组间漏磁，最小的是 2、3 绕组之间的，所以 $X_{k13} > X_{k12} > X'_{k23}$。把试验测得的电抗值代入式 (5-17)。有可能出现 X'_2、X'_3 接近于零或者略微变负，由于是等效电抗，接近于零以至变负值都是可能的。做稳态短路试验测出的短路电抗 X_{k12}、X_{k13}、X'_{k23} 的确是相应两个绕组之间真实的漏电抗，它不会变负。

第二节 自 耦 变 压 器

一、自耦变压器（autotransformer）的结构特点

普通变压器的一次、二次绕组之间只有磁的联系而没有电路上的联系。自耦变压器的特点在于一次、二次绕组之间不仅有磁的联系而且还有电路上的直接联系。

自耦变压器可以由一台双绕组变压器演变过来。设有一台双绕组变压器，一次、二次绕组匝数分别为 N_1 和 N_2，额定电压为 U_{1N} 和 U_{2N}，额定电流为 I_{1N} 和 I_{2N}，其变比为

$$k = \frac{N_1}{N_2} \approx \frac{U_{1N}}{U_{2N}}$$

如果保持两个绕组的额定电压和额定电流不变，把一次绕组和二次绕组顺极性串联起来作为新的一次（侧），而二次绕组还同时作为二次（侧），它的两个端点接到负载阻抗 Z_L，便演变成了一台降压自耦变压器，如图 5-8 所示。

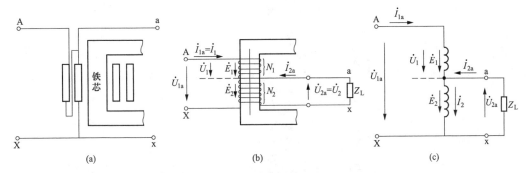

图 5-8 自耦变压器原理图

(a) 接线图；(b) 简化电路图；(c) 等效电路图

从绕组的作用看，绕组 ax 供高、低压两侧共用，叫作公共绕组（common winding）；绕组 Aa 则与公共绕组串联后供高压侧使用，叫作串联绕组（series winding）。

自耦变压器可作为降压变压器，也可作为升压变压器，而且也有单相和三相之分。

自耦变压器的变比为

$$k_a = \frac{E_1 + E_2}{E_2} = \frac{N_1 + N_2}{N_2} = k + 1 \tag{5-18}$$

其中，$k = N_1/N_2$ 为双绕组变压器的变比。

二、自耦变压器的基本方程式和等效电路

1. 基本方程式

(1) 电流关系。按照全电流定律，自耦变压器的励磁磁动势 $\dot{F}_m$ 应等于串联绕组的磁动

势 $\dot{I}_{1a}N_1$ 与公共绕组的磁动势 $\dot{I}_2N_2$ 之和。考虑励磁电流是由电源供给的，它流经的匝数为 (N_1+N_2)，所以

$$\dot{F}_{\mathrm{m}}=\dot{I}_{1a}N_1+\dot{I}_2N_2=\dot{I}_{\mathrm{m}}(N_1+N_2)$$

由节点 a 可列出电流方程

$$\dot{I}_{1a}+\dot{I}_{2a}=\dot{I}_2 \tag{5-19}$$

把式 (5-19) 代入磁动势方程式：

$$\dot{I}_{1a}N_1+(\dot{I}_{1a}+\dot{I}_{2a})N_2=\dot{I}_{\mathrm{m}}(N_1+N_2)$$

$$\dot{I}_{1a}(N_1+N_2)+\dot{I}_{2a}N_2=\dot{I}_{\mathrm{m}}(N_1+N_2)$$

两边都除以 (N_1+N_2)，得

$$\dot{I}_{1a}+\frac{N_2}{N_1+N_2}\dot{I}_{2a}=\dot{I}_{\mathrm{m}}$$

$$\dot{I}_{1a}+\dot{I}'_{2a}=\dot{I}_{\mathrm{m}} \tag{5-20}$$

其中，$\dot{I}'_{2a}=\dfrac{N_2}{N_1+N_2}\dot{I}_{2a}=\dfrac{1}{k_{\mathrm{a}}}\dot{I}_{2a}$ 为自耦变压器二次（侧）电流的归算值。若忽略 $\dot{I}_{\mathrm{m}}$，则

$$\dot{I}_{1a}+\dot{I}'_{2a}=0 \tag{5-21}$$

$$\dot{I}_{1a}=-\dot{I}'_{2a}=-\frac{\dot{I}_{2a}}{k_{\mathrm{a}}}$$

代入式 (5-19) 可得 $\dot{I}_2$、$\dot{I}_{1a}$ 与 $\dot{I}_{2a}$ 的关系为

$$\dot{I}_2=\dot{I}_{1a}+\dot{I}_{2a}=\dot{I}_{1a}+(-k_{\mathrm{a}}\dot{I}_{1a})=\dot{I}_{1a}(1-k_{\mathrm{a}})$$

$$=-\frac{\dot{I}_{2a}}{k_{\mathrm{a}}}+\dot{I}_{2a}=\dot{I}_{2a}\Big(1-\frac{1}{k_{\mathrm{a}}}\Big) \tag{5-22}$$

(2) 电压关系。二次（侧）回路电压方程式为

$$\dot{U}_{2a}=\dot{E}_2-\dot{I}_2Z_{\mathrm{ax}}=\dot{E}_2-\Big(1-\frac{1}{k_{\mathrm{a}}}\Big)\dot{I}_{2a}Z_{\mathrm{ax}} \tag{5-23}$$

式中：Z_{ax} 为未经归算的 ax 部分绕组漏阻抗。

若变压器二次（侧）接到负载阻抗 Z_{L}，则

$$\dot{U}_{2a}=\dot{I}_{2a}Z_{\mathrm{L}}$$

若归算到一次（侧），则

$$\dot{U}'_{2a}=\dot{I}'_{2a}Z'_{\mathrm{L}} \tag{5-24}$$

其中

$$Z'_{\mathrm{L}}=k_{\mathrm{a}}^2Z_{\mathrm{L}}$$

一次（侧）回路电压方程式为

$$\dot{U}_{1a}=-(\dot{E}_1+\dot{E}_2)+\dot{I}_{1a}Z_{\mathrm{Aa}}+\dot{I}_2Z_{\mathrm{ax}}$$

$$=-(\dot{E}_1+\dot{E}_2)+\dot{I}_{1a}Z_{\mathrm{Aa}}+(1-k_{\mathrm{a}})\dot{I}_{1a}Z_{\mathrm{ax}}$$

而

$$\dot{E}_1+\dot{E}_2=k_{\mathrm{a}}\dot{E}_2=k_{\mathrm{a}}[\dot{U}_{2a}+\dot{I}_2Z_{\mathrm{ax}}]=k_{\mathrm{a}}[\dot{U}_{2a}+(1-k_{\mathrm{a}})\dot{I}_{1a}Z_{\mathrm{ax}}]$$

代入 $\dot{U}_{1a}$ 式得

$$\dot{U}_{1a} = -k_a[\dot{U}_{2a} + (1-k_a)\dot{I}_{1a}Z_{ax}] + \dot{I}_{1a}Z_{Aa} + (1-k_a)\dot{I}_{1a}Z_{ax}$$

$$= -k_a\dot{U}_{2a} + \dot{I}_{1a}[Z_{Aa} + (k_a-1)^2Z_{ax}] = -\dot{U}'_{2a} + \dot{I}_{1a}Z_{ka} \tag{5-25}$$

其中，$\dot{U}'_{2a} = k_a\dot{U}_{2a}$ 为自耦变压器二次（侧）电压的归算值；$Z_{ka} = Z_{Aa} + (k_a-1)^2Z_{ax}$ 称为自耦变压器从高压边看的短路阻抗。

最后可得如下基本方程式：

$$\left.\begin{aligned}
&\dot{U}_{1a} = -k_a\dot{U}_{2a} + \dot{I}_{1a}Z_{ka} \\[4pt]
&\dot{U}_{2a} = \dot{E}_2 - \left(1-\frac{1}{k_a}\right)\dot{I}_{2a}Z_{ax} \\[4pt]
&\dot{U}_{2a} = \dot{I}_{2a}Z_L \\[4pt]
&\dot{I}_2 = (1-k_a)\dot{I}_{1a} = \left(1-\frac{1}{k_a}\right)\dot{I}_{2a} \\[4pt]
&\dot{I}_{1a} = -\frac{\dot{I}_{2a}}{k_a}\,(忽略\ \dot{I}_m) \\[4pt]
&\dot{E}_1 = \frac{N_1}{N_2}\dot{E}_2 = \frac{N_1 + N_2 - N_2}{N_2}\dot{E}_2 = (k_a-1)\dot{E}_2 \\[4pt]
&\dot{E}_1 = -j4.44fN_1\dot{\Phi}_m
\end{aligned}\right\} \tag{5-26}$$

2. 等效电路和相量图

根据基本方程式可绘制出自耦变压器的简化等效电路，如图 5-9（a）所示，$k_a=1.5$ 带感性负载时的相量图如图 5-9（b）所示。

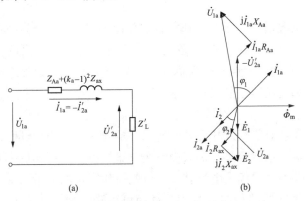

图 5-9　自耦变压器的简化等效电路和相量图

（a）简化等效电路；（b）带感性负载时的相量图

三、自耦变压器的容量关系

自耦变压器的额定容量（又叫通过容量）和绕组容量（又叫电磁容量）二者是不相等的。通过容量用 S_{aN} 表示，指的是自耦变压器总的输入容量或输出容量，即

$$S_{aN} = U_{1aN}I_{1aN} = U_{2aN}I_{2aN} \tag{5-27}$$

电磁容量指的是绕组上的电压与电流的乘积，串联绕组 Aa 的电磁容量为

$$S_{Aa} = U_{Aa}I_{1aN} \approx \frac{N_1}{N_1 + N_2}U_{1aN}I_{1aN} = \left(1-\frac{1}{k_a}\right)S_{aN} = k_{xy}S_{aN} \tag{5-28}$$

公共绕组的电磁容量为

$$S_{ax} = U_{ax}I_{2N} = \left(1 - \frac{1}{k_a}\right)U_{2aN}I_{2aN} = k_{xy}S_{aN} \tag{5-29}$$

其中，$k_{xy} = 1 - \dfrac{1}{k_a}$ 称为自耦变压器的效益系数。

由于 $k_a > 1$，故 $k_{xy} < 1$。因此，自耦变压器电磁容量总是小于通过容量。而一般双绕组变压器的电磁容量是等于额定容量的。

为什么会出现这种情况呢？根据磁动势关系，当忽略励磁电流时，有

$$\dot{I}_{1a}N_1 + \dot{I}_2 N_2 = 0$$

或

$$\dot{I}_2 = -\frac{N_1}{N_2}\dot{I}_{1a}$$

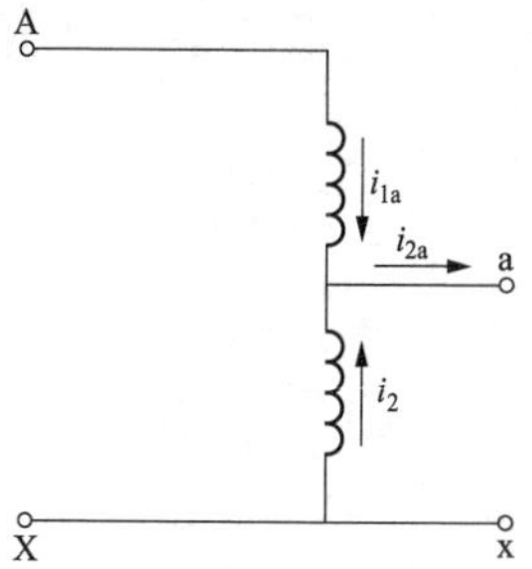

由上式和式（5-21）可见，当电流 $\dot{I}_{1a}$ 为正时，$\dot{I}_2$ 和 $\dot{I}_{2a}$ 为负值，因此电流 i_{1a}、i_2 和 i_{2a} 的瞬时值关系，实际上是如图 5-10 所示，即 $i_{2a} = i_{1a} + i_2$ 或 $I_{2a} = I_{1a} + I_2$，因此二次（侧）输出功率有以下关系：

$$S_{2a} = U_{2a}I_{2a} = U_{2a}(I_{1a} + I_2) = U_{2a}I_{1a} + U_{2a}I_2 = S_c + S_e \tag{5-30}$$

图 5-10 自耦变压器电流瞬时值之间关系

其中，$S_c = U_{2a}I_{1a} = \dfrac{1}{k_a}U_{2a}I_{2a} = \dfrac{1}{k_a}S_{2a}$ 称为传导容量。

$$S_e = U_{2a}I_2 = \left(1 - \frac{1}{k_a}\right)U_{2a}I_{2a} = \left(1 - \frac{1}{k_a}\right)S_{2a} \text{ 称为电磁容量。}$$

由上式看出，由电源通过变压器传到负载的输出容量 S_{2a} 可分为两部分：一部分是绕组的电磁容量，它是通过 Aa 段绕组和 ax 段绕组之间电磁感应传过去的；另一部分为传导容量，可以看作电流 I_{1a} 通过传导直接达到负载。传导容量不需要增加绕组容量，也是双绕组变压器所没有的。自耦变压器之所以有一系列优点，就在于它的二次（侧）可以直接向电源吸收传导功率。

下面把自耦变压器和双绕组变压器作一比较，在变压器额定容量（通过容量）相同时，自耦变压器的绕组容量（电磁容量）比双绕组变压器的小。变压器硅钢片和铜线的用量与绕组的额定感应电动势和通过的额定电流有关，也就是和绕组的容量有关，现在自耦变压器的绕组容量减小了，当然所用的材料也少了，从而可以降低成本。由于铜线和硅钢片用量减少，在同样的电流密度和磁通密度下，自耦变压器的铜耗和铁耗以及励磁电流都比较小，从而提高了效率。另外，由于铜线和硅钢片用量减少，自耦变压器的质量及外形尺寸都比双绕组变压器小，即减小了变电站的厂房面积和减少了运输和安装的困难；反过来说，在运输条件有一定限制的条件下，即变压器的外形尺寸有一定限制的条件下，自耦变压器的容量可以比双绕组变压器的大，即提高了变压器的极限容量。

还可以看出，效益系数 $k_{xy} = 1 - \dfrac{1}{k_a}$ 越小，以上优点就越显著。为此，自耦变压器的变比 k_a 越接近 1 就越好，一般以不超过 3 为宜。此外，如果变比太大，高、低压相差悬殊，由于自耦变压器一次、二次（侧）有电路上的连接，会给低压边的绝缘及安全用电带来一定的困

难，所以自耦变压器适用于一次、二次（侧）电压变比不大的场合。

以上的分析是针对降压变压器进行的，同样适用于升压变压器。

四、自耦变压器的短路阻抗

自耦变压器的短路阻抗 Z_{ka} 也可以像双绕组变压器一样做稳态短路试验求得。图 5-11（a）表示在高压边测 Z_{ka} 的接法，二次（侧）a 端和 x 端短接，一次（侧）Ax 间加电压。因为 a 端与 x 端已短接，所以实际上就等于将电压 U_k 加在绕组 Aa 段上，如图 5-11（b）所示。因此，由高压边测得的 Z_{ka} 等于把绕组 Aa 段作为一次（侧）、ax 段作为二次（侧）的双绕组变压器时所测得的阻抗，根据第二章中的归算关系，可得

$$Z_{ka} = Z_{Aa} + \left(\frac{N_1}{N_2}\right)^2 Z_{ax} = Z_k \tag{5-31}$$

式中：Z_{Aa} 和 Z_{ax} 分别为绕组 Aa 段和 ax 段的漏阻抗；Z_k 为将两段分开作为双绕组变压器时所测得的短路阻抗。

Z_{ka} 和 Z_k 这两个阻抗的欧姆值虽然相等，但由于阻抗的基值不同，它们的标幺值是不相等的，即

$$Z_{ka}^* = \frac{I_{1aN} Z_{ka}}{U_{1aN}} = \frac{I_{1N} Z_{ka}}{U_{Ax}}$$

$$Z_k^* = \frac{I_{1N} Z_k}{U_{Aa}}$$

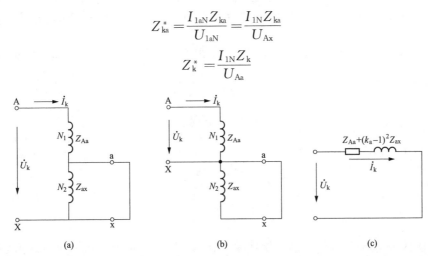

图 5-11 自耦变压器在高压边做稳态短路试验的原理图及其等效电路

（a）原理接线图；（b）作为双绕组变压器在高压边进行稳态短路实验原理图；（c）等效电路图

比较以上两式，可以看出

$$\frac{Z_{ka}^*}{Z_k^*} = \frac{U_{Aa}}{U_{Ax}} = \frac{N_1}{N_1 + N_2} = 1 - \frac{N_2}{N_1 + N_2} = \left(1 - \frac{1}{k_a}\right) = k_{xy}$$

$$Z_{ka}^* = \left(1 - \frac{1}{k_a}\right) Z_k^* = k_{xy} Z_k^* \tag{5-32}$$

一台短路阻抗标幺值为 Z_k^* 的双绕组变压器改为自耦变压器后，其短路阻抗标幺值减小至原来的 $\left(1 - \frac{1}{k_a}\right)$ 倍。

应该指出，只有在高压边做稳态短路试验求归算到高压边的短路阻抗时可以得如式（5-31）所示的简单关系。如果在低压边做试验求归算到低压边的短路阻抗时，就没有这个关系。

根据图 5-12（a）连线进行稳态短路试验，测得的短路阻抗 Z'_{ka}，从图 5-12（b）对应的等效电路看出应为

$$Z'_{ka}=\frac{\dot{U}_k}{\dot{I}_k}=\frac{1}{k_a^2}[Z_{Aa}+(k_a-1)^2 Z_{ax}]$$

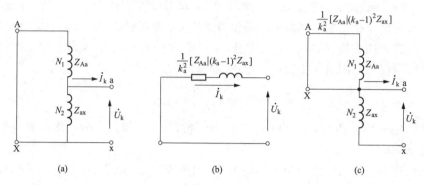

图 5-12 自耦变压器在低压边做稳态短路试验的原理图及其等效电路

（a）原理接线图；（b）等效电路图；（c）作为双绕组变压器在低压边进行稳态短路实验原理图

如果按图 5-12（c）进行相应的双绕组变压器稳态短路试验，求得的短路阻抗 Z'_k 应为

$$Z'_k=Z_{ax}+\left(\frac{N_2}{N_1}\right)^2 Z_{Aa}=Z_{ax}+\left(\frac{N_2}{N_1+N_2-N_2}\right)^2 Z_{Aa}=Z_{ax}+\left(\frac{1}{k_a-1}\right)^2 Z_{Aa}$$

$$=\left(\frac{1}{k_a-1}\right)^2[Z_{Aa}+(k_a-1)^2 Z_{ax}]$$

Z'_{ka} 和 Z'_k 的比值为

$$\frac{Z'_{ka}}{Z'_k}=\frac{(k_a-1)^2}{k_a^2}=\left(1-\frac{1}{k_a}\right)^2=k_{xy}^2$$

即

$$Z'_{ka}=\left(1-\frac{1}{k_a}\right)^2 Z'_k=k_{xy}^2 Z'_k \tag{5-33}$$

显然它们的欧姆值是不相等的，这从图 5-12（a）、（c）的对比中也可以看出。两个稳态短路试验的接线圈就完全不一样。

再看看 Z'_{ka} 和 Z'_k 的标幺值，即

$$Z'^*_{ka}=\frac{I_{2aN}Z'_{ka}}{U_{2aN}}=\frac{k_a I_{1aN}Z'_{ka}}{U_{2aN}}$$

$$Z'^*_k=\frac{I_{2N}Z'_k}{U_{2N}}=\frac{k I_{1N}Z'_k}{U_{2N}}=\frac{k I_{1aN}Z'_k}{U_{2aN}}$$

Z'_{ka} 和 Z'_k 的标幺值之比为

$$\frac{Z'^*_{ka}}{Z'^*_k}=\frac{k_a I_{1aN}Z'_{ka}}{k I_{1aN}Z'_k}=\frac{k_a Z'_{ka}}{k Z'_k}=\frac{1}{\left(1-\dfrac{1}{k_a}\right)}\cdot\frac{\left(1-\dfrac{1}{k_a}\right)^2 Z'_k}{Z'_k}=k_{xy}$$

即

$$Z'^*_{ka}=\left(1-\frac{1}{k_a}\right)Z'^*_k=k_{xy}Z'^*_k \tag{5-34}$$

因此自耦变压器的短路阻抗标幺值不论从低压边或高压边看都是一样的，在这一点上和

双绕组变压器比较是一样的。

由于自耦变压器的短路阻抗标幺值 Z'^*_{ka} 是该变压器改作双绕组变压器时的短路阻抗标幺值 Z'^*_k 的 k_{xy} 倍。因此自耦变压器在负载时的电压调整率也较小，约为双绕组变压器的 k_{xy} 倍，这是由于 ΔU 近似地与 Z'^*_{ka} 成正比的缘故。

相反，自耦变压器的短路电流大约是双绕组变压器的 $1/k_{xy}$ 倍，这是因为短路电流与 Z'^*_{ka} 成反比的缘故，这点对自耦变压器来说是不利的。因此，必须加固自耦变压器的机械结构，来防止短路电流产生的机械力引起的破坏作用。

五、三绕组自耦变压器

现代电力系统中，三相自耦变压器用得较多，由于一般均采用星形自耦的接线方式，这时为了消除三次谐波磁通的影响，往往在变压器中加入一个独立的三角形联结的第三绕组，如图 5-13（a）所示，图 5-13（b）是一相的联结情况。

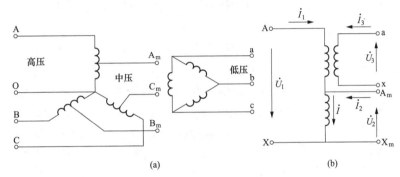

图 5-13 三绕组自耦变压器的联结 YNa0d11

(a) 简化电路；(b) 等效电路

第三绕组还可以作为地区性电源或接同步调相机以提高电网的功率因数。第三绕组的容量通常小于电磁容量的 35%。

因为高压电力系统一般要求中性点接地，所以它们的标准联结组是 YNa0d11（三相三绕组自耦变压器）、YNa0y0（三相三绕组全星形自耦变压器）、YNa0（三相双绕组自耦变压器），其中 a 代表自耦变压器。对于 220kV 电压等级的三绕组自耦变压器，规定其容量百分比为 100%：100%：50%。

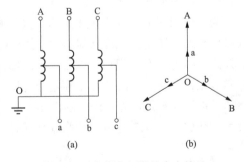

图 5-14 自耦变压器的中点接地

(a) 简化电路；(b) 相量图

六、自耦变压器的运行问题

（1）由于自耦变压器的一次、二次（侧）有电路上的联系，为了防止由高压边单相接地故障而引起低压边的过电压，用在电网中的三相自耦变压器的中点必须可靠地接地，如图 5-14 所示。

（2）由于一次、二次（侧）有电路上的联系，高压边遭受到过电压时，也会传到低压边。为了避免发生危险，须在一次、二次（侧）都装避雷器。为了安全起见，配电变压器都不采用自耦变压器。

（3）由于自耦变压器的短路电流比双绕组变压器的大，为此，运行中必须采取限制短路电流的措施。

第三节 电流互感器和电压互感器

互感器是一种测量用的设备，分为电流互感器和电压互感器两种，它们的作用原理和变压器相同。

使用互感器有两个目的：①为了工作人员的安全，使测量回路与高压电网隔离；②可以使用小量程的电流表测量大电流，用低量程电压表测量高电压。通常，电流互感器的二次（侧）电流为 5A 或 1A，电压互感器的二次侧电压为 100V。

互感器除了用于测量电流外，还用于各种继电保护装置的测量系统，因此它的应用十分广泛。

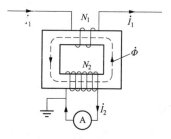

图 5-15　电流互感器原理图

一、电流互感器（current transformer）

图 5-15 是电流互感器（TA）的原理图。它的一次绕组由一匝或几匝截面较大的导线构成，并串入需要测量电流的电路。二次（侧）匝数较多，导线截面积较小，并与阻抗很小的仪表（如电流表、功率表的电流线圈等）接成闭路。

因为电流互感器要求误差较小，所以励磁电流越小越好，因此铁芯磁密较低，一般为 $0.08\sim0.10\mathrm{Wb/m^2}$。如果忽略励磁电流，由磁动势平衡关系得 $I_1/I_2=N_2/N_1$。这样，利用一次、二次绕组不同的匝数关系，可将线路上的大电流变为小电流来测量。由于互感器内总有一定的励磁电流，因此测量出来的电流总是有一定误差，按照误差的大小，分为 0.2、0.5、1.0、3.0 和 10 五个标准等级。例如，0.5 级准确度就表示在额定电流时，一次、二次（侧）电流变比的误差不超过 0.5%。

为了使用安全，电流互感器的二次（侧）必须可靠地接地，以防止由于绝缘损坏后，一次（侧）的高压传到二次（侧），发生人身事故。另外，电流互感器的二次（侧）绝对不容许开路。因为二次（侧）开路时，互感器成为空载运行，此时一次（侧）被测线路电流成了励磁电流，使铁芯内的磁密比额定情况增加许多倍。它一方面将使二次（侧）感应出很高的电压，可能使绝缘击穿，同时对测量人员也很危险；另一方面，铁芯内磁密增大以后，铁耗会大大增加，使铁芯过热，影响电流互感器的性能，甚至把它烧坏。

二、电压互感器（potential transformer）

图 5-16 是电压互感器（TV）的原理图。一次（侧）直接接到被测高压电路，二次（侧）接电压表或功率表的电压线圈。因为电压表和功率表的电压线圈内阻抗很大，所以电压互感器的运行情况相当于变压器的空载情况。如果忽略漏阻抗压降，则有 $U_1/U_2=N_1/N_2$。因此，利用一次、二次（侧）不

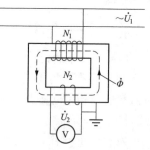

图 5-16　电压互感器原理图

同的匝数比可将线路上的高电压变为低电压来测量。为了提高电压互感器的准确度，必须减小励磁电流和一次、二次（侧）的漏阻抗，所以电压互感器一般采用性能较好的硅钢片制成，并使铁芯不饱和（磁密为 $0.6\sim0.8\mathrm{Wb/m^2}$）。使用时，电压互感器二次（侧）不能短路，否则会产生很大的短路电流。为安全起见，电压互感器的二次绕组连同铁芯一起，必须可靠地接地。另外，电压互感器有一定的额定容量。使用时二次（侧）不宜接过多的仪表，以免电流过大引起较大的漏抗压降，而影响互感器的准确度。我国目前生产的电力系统用电压互感器，按准确度分为 0.5、1.0 和 3.0 三级。

小　结

三绕组变压器的工作原理和两绕组变压器一样，同样可以利用基本方程式、相量图、等效电路分析变压器的内部电磁过程。三绕组变压器内部磁场分布比两绕组变压器更为复杂，但仍可划分为主磁通和漏磁通两类，不过漏磁通包括自漏磁通和互漏磁通两种。三绕组变压器的等效电抗是这两种漏磁通相对应的电抗。三绕组变压器负载运行时，一个二次绕组负载的变化对另一个二次绕组端电压有影响。

自耦变压器的特点在于一次、二次绕组之间不仅有磁的联系，而且还有电路上的直接联系，故从一次（侧）传递给二次（侧）的功率 S_{aN} 中，$\left(1-\dfrac{1}{k_{\mathrm{a}}}\right)S_{\mathrm{aN}}$ 是通过电磁感应关系传递的，而 $\dfrac{1}{k_{\mathrm{a}}}S_{\mathrm{aN}}$ 是通过电路上的联系直接传递的。因为通过电磁感应关系传递的功率小于变压器的额定容量，故与同容量的两绕组变压器相比，电磁容量小了，从而可节省材料、降低损耗，提高效率和缩小尺寸，但自耦变压器短路阻抗的标幺值较小，短路电流较大。

电流互感器和电压互感器的工作原理与变压器的相同，使用时应注意将它们接地，并注意电流互感器在一次（侧）接到电源时，二次（侧）绝对不能开路，电压互感器在一次（侧）接到电源时，二次（侧）绝对不能短路。

第六章 变压器的并联运行

本章学习目标：

（1）掌握变压器并联运行的条件。

（2）掌握变压器并联运行的负荷分配关系。

第一节 变压器的理想并联条件

由于现代发电厂和变电站的容量很大，一台变压器往往不能担负起全部容量的升压或降压任务，于是要采用多台变压器并联运行。

把变压器的一次、二次绕组相同标号的出线端连在一起，直接或者经过一段线路分别接到公共母线上，这种运行方式叫作变压器的并联运行（parallel operation），如图 6-1 所示。

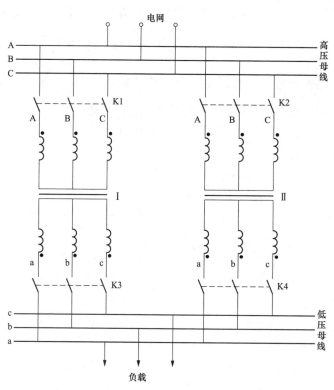

图 6-1 两台变压器并联运行的接线图

变压器采用并联运行，具有如下优点：

（1）可提高供电的可靠性。并联运行的变压器如有某台变压器发生故障，可以把它从电网切除进行检修，而电网仍能继续供电。

（2）可根据负荷大小调整投入并联变压器的台数，以提高变压器运行的效率。当负荷随着昼夜或者季节发生变化时，采用并联运行可以降低损耗，节约电能。负荷小时，可以退出一部分变压器，使保留供电的变压器接近满载运行，这样，不仅提高了系统的运行效率，还可以改善电网的功率因数。

（3）可以减少总的备用容量。由于并联运行的每台变压器的容量都小于总容量，故可减少变压器的备用容量。

（4）可以随着用电量的增加，分批安装新的变压器，以减少第一次投资。

当变电站的供电负荷一定时，并联运行的变压器台数过多也是不适宜的，因为一台大容量变压器的造价要比总容量相同的几台小变压器的造价低，而且占地面积小。

变压器并联运行的最理想情况如下：

（1）并联运行的各变压器二次（侧）之间没有循环电流。因为循环电流会引起额外损耗，使变压器的运行效率下降，温升增加。

（2）负载后，各变压器所承担的负载电流按它们的额定容量成比例分配。这样，各并联变压器的装机容量均能得到充分利用。

（3）负载后各变压器二次（侧）电流同相位。这样总负载电流等于各台变压器负载电流的算术和，也就是说，在总的负载电流一定时各变压器所分担的电流最小；如果各变压器二次（侧）电流一定时，则共同承担的总电流最大。

为了达到以上理想并联情况，并联运行的各变压器必须满足下列三个条件：

（1）各变压器高压边和低压边的额定电压应分别相等，即各变压器的变比应相等。

（2）各变压器的联结组相同，这样就能保证并联运行的变压器二次（侧）电压同相位。

（3）各变压器的短路阻抗标幺值（或短路电压）应相等，而且短路电抗和短路电阻之比也应相等。

以上三个条件中，第二个条件必须严格保证。因为如果联结组不同，当各变压器的一次（侧）接到同一电网时，它们二次（侧）线电压的相位则不同，其相位差为 30° 的倍数，也就是说，至少相差 30°，使得各变压器二次（侧）之间产生很大的电压差。例如 Yy0 和 Yd11 并联时，二次（侧）线电动势的相位差就是 30°，在此情况下，如果两变压器的变比相等，可得图 6-2 所示的相量图。图中 $E_{ab}=E_{abI}=E_{abII}$ 是两变压器二次（侧）的线电动势。从图可见，二次（侧）有电动势差 $\Delta E = |\dot{E}_{abI} - \dot{E}_{abII}| = 2E_{ab}\sin15° = 0.518E_{ab}$ 作用在两变压器二次绕组构成的闭合回路中。由于变压器本身的漏阻抗很小，这样大的电动势差将在两变压器的二次绕组中产生很大的循环电流，可能使变压器的线圈烧坏，故联结组不同的变压器绝对禁止并联运行。

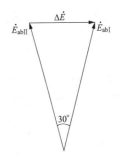

图 6-2 Yy0 与 Yd11 两台
变压器并联运行时，
二次（侧）线电动势相量图

第二节 短路阻抗标幺值不相等的变压器并联运行时的负载分配

设有两台变压器并联运行，而且已满足一次、二次（侧）额定电压相等，变比相同 $(k_I=k_{II}=k)$ 和联结组相同两个条件。为了分析方便，我们忽略励磁电流，采用简化等效电路，而且把一次（侧）归算到二次（侧）。两台变压器并联时的简化等效电路如图 6-3

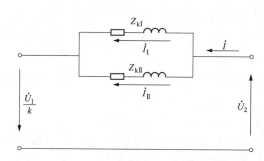

图 6-3　变比和联结组相同时两台变压器
并联时的简化等效电路

所示。

由等效电路可得

$$\dot{I}_{\mathrm{I}} Z_{\mathrm{kI}} = \dot{I}_{\mathrm{II}} Z_{\mathrm{kII}} \tag{6-1}$$

式中：Z_{kI}、Z_{kII} 分别为归算到二次（侧）的两台变压器的短路阻抗。

由式（6-1）可知，为了使各并联运行的变压器二次（侧）电流同相位，各变压器的短路阻抗 Z_{k} 的阻抗角应相等，即短路电抗和短路电阻之比应相等，此时总负载电流是各变压器二次（侧）电流的算术和。因为一般变压器中，X_{k} 和 R_{k} 的比值很接近，即 Z_{k} 的阻抗角相差不大，所以并联运行的变压器二次（侧）电流可近似认为同相位。因此在实际计算时，可进一步将 Z_{k} 的复数值用其模值来代替，电流相量用其数值代替，这样简化不会引起太大的误差。为了书写简单，Z_{k} 的模值仍用 Z_{k} 表示。此时，式（6-1）可写成如下形式：

$$I_{\mathrm{I}} Z_{\mathrm{kI}} = I_{\mathrm{II}} Z_{\mathrm{kII}} \tag{6-2}$$

将式（6-2）进行变换，同时考虑到额定电压 $U_{\mathrm{NI}} = U_{\mathrm{NII}} = U_{\mathrm{N}}$，则有

$$\frac{I_{\mathrm{I}}}{I_{\mathrm{NI}}} \frac{I_{\mathrm{NI}} Z_{\mathrm{kI}}}{U_{\mathrm{NI}}} = \frac{I_{\mathrm{II}}}{I_{\mathrm{NII}}} \frac{I_{\mathrm{NII}} Z_{\mathrm{kII}}}{U_{\mathrm{NII}}} \tag{6-3}$$

第一台变压器的负荷系数 β_{I} 为

$$\beta_{\mathrm{I}} = \frac{I_{\mathrm{I}}}{I_{\mathrm{NI}}} = \frac{S_{\mathrm{I}}}{S_{\mathrm{NI}}} = I_{\mathrm{I}}^{*} = S_{\mathrm{I}}^{*} \tag{6-4}$$

第二台变压器的负荷系数 β_{II} 为

$$\beta_{\mathrm{II}} = \frac{I_{\mathrm{II}}}{I_{\mathrm{NII}}} = \frac{S_{\mathrm{II}}}{S_{\mathrm{NII}}} = I_{\mathrm{II}}^{*} = S_{\mathrm{II}}^{*} \tag{6-5}$$

其中，S_{I}^{*}、S_{II}^{*} 分别为两变压器输出容量的标幺值。

所以式（6-3）可表示为

$$\beta_{\mathrm{I}} Z_{\mathrm{kI}}^{*} = \beta_{\mathrm{II}} Z_{\mathrm{kII}}^{*} \quad \text{或者} \quad \frac{\beta_{\mathrm{I}}}{\beta_{\mathrm{II}}} = \frac{I_{\mathrm{I}}^{*}}{I_{\mathrm{II}}^{*}} = \frac{S_{\mathrm{I}}^{*}}{S_{\mathrm{II}}^{*}} = \frac{Z_{\mathrm{kII}}^{*}}{Z_{\mathrm{kI}}^{*}} = \frac{u_{\mathrm{kII}}}{u_{\mathrm{kI}}} \tag{6-6}$$

即

$$\beta_{\mathrm{I}} : \beta_{\mathrm{II}} = \frac{1}{Z_{\mathrm{kI}}^{*}} : \frac{1}{Z_{\mathrm{kII}}^{*}}$$

由此可知，负荷系数和短路阻抗标幺值（或短路电压）成反比。若为多台变压器并联，则

$$\beta_{\mathrm{I}} : \beta_{\mathrm{II}} : \beta_{\mathrm{III}} : \cdots\cdots = \frac{1}{Z_{\mathrm{kI}}^{*}} : \frac{1}{Z_{\mathrm{kII}}^{*}} : \frac{1}{Z_{\mathrm{kIII}}^{*}} : \cdots\cdots \tag{6-7}$$

通过上面分析可知：

（1）当并联运行的各变压器的短路阻抗标幺值相等时，即 $Z_{\mathrm{kI}}^{*} = Z_{\mathrm{kII}}^{*} = Z_{\mathrm{kIII}}^{*} = \cdots\cdots$
则 $\beta_{\mathrm{I}} = \beta_{\mathrm{II}} = \beta_{\mathrm{III}} = \cdots\cdots$，所以有 $S_{\mathrm{I}}^{*} = S_{\mathrm{II}}^{*} = S_{\mathrm{III}}^{*} = \cdots\cdots$

当 $S_{\mathrm{I}}^{*} = 1$ 时，$S_{\mathrm{II}}^{*} = S_{\mathrm{III}}^{*} = \cdots\cdots = 1$，也就是说，当一台变压器达到满载时，与它并联的其他变压器也同时达到满载，这是理想的负载分配情况。

（2）若并联运行的各变压器短路阻抗标幺值不相等，则各变压器的负荷系数与其短路阻

抗的标幺值（或短路电压）成反比例，使得短路阻抗标幺值较大的变压器，其负荷系数小，其容量得不到充分利用。实际运行时，为了使并联运行时不浪费设备容量，要求各变压器的短路阻抗标幺值不超过平均值的 10%。

例 6-1 两台变压器并联运行，具体数据如下：

$$S_{NI}=1250\text{kVA}，\text{Yd11 联结}，U_{1N}/U_{2N}=35\text{kV}/10.5\text{kV}，Z_{kI}^*=0.065$$

$$S_{NII}=2000\text{kVA}，\text{Yd11 联结}，U_{1N}/U_{2N}=35\text{kV}/10.5\text{kV}，Z_{kII}^*=0.06$$

试求：（1）两台变压器所带负载为 3250kVA 时，每台变压器分担的负载各为多少 kVA？

（2）不使任何一台变压器过载时，两台变压器能供给的最大负载为多少 kVA？并联变压器的容量利用率为多少?

解：（1）

$$\frac{S_I^*}{S_{II}^*}=\frac{Z_{kII}^*}{Z_{kI}^*}=\frac{0.06}{0.065}$$

$$\frac{S_I}{1250}=\frac{0.06}{0.065}\times\frac{S_{II}}{2000}$$

得

$$\begin{cases}\dfrac{S_I}{S_{II}}=\dfrac{0.06}{0.065}\times\dfrac{1250}{2000}=0.576\ 9 \\ S_I+S_{II}=3250\end{cases}$$

联立解上式得

$$S_I=1189\text{kVA}$$

$$S_{II}=2061\text{kVA}$$

由结果可知，第一台变压器短路阻抗标幺值大，欠载；第二台变压器短路阻抗标幺值小，过载。

（2）由于短路阻抗标幺值小的变压器，其负荷系数大，因此为了使任何一台变压器不过载，应取 $S_{II}^*=1$，所以

$$\frac{S_I^*}{S_{II}^*}=\frac{Z_{kII}^*}{Z_{kI}^*}=\frac{0.06}{0.065}$$

$$S_I^*=\frac{0.06}{0.065}S_{II}^*=\frac{0.06}{0.065}\times1=0.923$$

$$\frac{S_I}{S_{NI}}=0.923$$

$$S_I=0.923\times S_{NI}=0.923\times1250=1154(\text{kVA})$$

总的输出容量为

$$S=S_I+S_{II}=1154+2000=3154（\text{kVA}）$$

容量利用率为

$$\frac{S}{S_{NI}+S_{NII}}\times100\%=\frac{3154}{1250+2000}\times100\%=97\%$$

第三节　变比不相等的变压器并联运行时的负载分配

以两台变压器并联运行为例，且并联运行的变压器联结组相同。设第一台变压器的变比为 k_I，第二台变压器的变比为 k_{II}，且 $k_I < k_{II}$。变比不相等的变压器并联运行时，在各变

压器的二次（侧）绕组之间将产生环流，故各台变压器的电流分配不仅取决于短路阻抗，而且还受到环流的影响。

为了便于计算，我们将变压器一次（侧）各物理量归算到二次（侧），并且忽略励磁电流，采用简化等效电路。其等效电路如图 6-4 所示。因为 $k_I < k_{II}$，所以一次（侧）电压归算到二次（侧）数值 $U_1/k_I > U_1/k_{II}$。从图 6-4 可以看出，空载时（$I=0$）变压器内部便有环流 $\dot{I}_c$ 存在，其大小为

$$\dot{I}_c = \frac{\dot{U}_1/k_I - \dot{U}_1/k_{II}}{Z_{kI} + Z_{kII}} \tag{6-8}$$

此环流同时存在于两台变压器的一次、二次（侧）中。对于二次（侧）来说，环流就是上式所计算得出的 $\dot{I}_c$。对于一次（侧）来说，因为图 6-4 是一次（侧）归算到二次（侧）的简化等效电路，因此第一台变压器一次（侧）环流为 $\dfrac{\dot{I}_c}{k_I}$，第二台变压器则为 $\dfrac{\dot{I}_c}{k_{II}}$。显然，由于 $k_I < k_{II}$，两变压器一次（侧）的环流大小是不相等的。

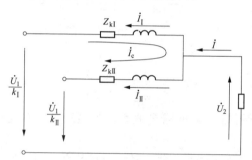

图 6-4　联结组相同但变比不相等的两台变压器并联运行

从式（6-8）可以看出，当一次（侧）电压 U_1 一定时，空载环流的大小正比于变比倒数的差值，反比于两变压器归算到二次（侧）的短路阻抗之和。因为一般电力变压器的短路阻抗很小，故即使变比相差不大也能引起相当大的环流。

当变压器带负载运行时，利用图 6-4 的等效电路可列出方程式

$$\dot{I}_I = \frac{-\dot{U}_1/k_I - \dot{U}_2}{Z_{kI}}$$

$$\dot{I}_{II} = \frac{-\dot{U}_1/k_{II} - \dot{U}_2}{Z_{kII}} \tag{6-9}$$

$$\dot{I} = \dot{I}_I + \dot{I}_{II}$$

联立求解以上三个方程式，可得两变压器的二次（侧）电流为

$$\dot{I}_I = \frac{Z_{kII}}{Z_{kI} + Z_{kII}}\dot{I} - \frac{\dot{U}_1/k_I - \dot{U}_1/k_{II}}{Z_{kI} + Z_{kII}} = \dot{I}_{IL} - \dot{I}_c \tag{6-10}$$

$$\dot{I}_{II} = \frac{Z_{kI}}{Z_{kI} + Z_{kII}}\dot{I} + \frac{\dot{U}_1/k_I - \dot{U}_1/k_{II}}{Z_{kI} + Z_{kII}} = \dot{I}_{IIL} + \dot{I}_c \tag{6-11}$$

从上式可见，负载运行时，每一变压器的电流都由负载分量和环流组成，其中环流等于空载

时环流 i_c，它是由变比不等而引起的。对第一台变压器为 $-i_c$，对第二台变压器为 $+i_c$，二者大小相等而符号相反，说明两变压器二次（侧）环流由一台变压器流到另一台变压器。至于两变压器的负载分量 i_{IL} 和 i_{IIL} 则按变压器的短路阻抗成反比分配，它们都与总负载电流 i 成正比变化。

由于各负载分量相位基本相同，再叠加上环流后，势必造成一台变压器电流大于负载分量，另一台变压器电流小于负载分量，这是变压器并联运行所不希望的，因此为了保证变压器并联运行时环流不超过额定电流的 10%，通常规定并联运行的变压器变比差值 $\Delta k = \dfrac{k_I - k_{II}}{\sqrt{k_I k_{II}}} \times 100\%$ 不应大于 1%。

必须指出，只要联结组相同，无论两变压器的短路阻抗是否相等，式（6-10）和式（6-11）都是正确的。

小　结

为了提高供电的可靠性以及使设备容量得到充分利用，发电厂和变电站一般采用多台变压器并联运行，为了得到理想的并联运行情况，要求各变压器满足联结组相同、变比相等，以及短路阻抗标幺值相等。变比相等和联结组相同保证空载时不产生环流，是变压器能否并联的前提。短路阻抗标幺值相等则保证了负载按变压器额定容量成比例分配。若短路阻抗标幺值不相等，则负荷系数与短路阻抗标幺值成反比。

第二篇

交 流 绕 组

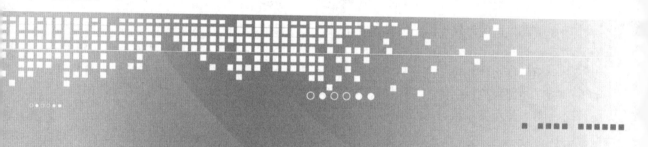

第七章　交流电机的绕组和电动势

本章学习目标:

(1) 掌握交流绕组的排列方法。

(2) 掌握交流绕组电动势的计算及绕组因数的意义。

第一节　交流绕组的基本概念

交流电机中所发生的电磁过程,无一不与绕组有关。同步电机的电枢绕组构成了电机的电枢电路,而电枢电路是感应电动势、流通电流、进行机电能量转换的部分,因此电枢绕组是电机的一个重要部件,可称为电机的心脏。由于同步电机电枢绕组和异步电机定子绕组结构相同,因此统称为"交流电机绕组",简称为交流绕组。

对于交流绕组除了要求它有较好的导电性能外,还应有如下要求:

(1) 在一定导体数下,获得较大的基波电动势和基波磁动势。

(2) 在三相绕组中,对于基波电动势而言,三相必须对称,即三相的幅值相等且相位互差120°电角度,并且三相的阻抗也要求相等。

(3) 电动势和磁动势波形力求接近正弦波,为此要求电动势和磁动势中的谐波分量尽量小。

(4) 用铜量少,绝缘性能和机械强度可靠,散热条件好。

(5) 制造工艺简单,检修方便。

实用的交流绕组是由分布地嵌在定子槽内的许多线圈(coil)组成,一个线圈有 N_c 匝,每匝有两根导体。线圈的直线部分放在槽里,因它切割气隙磁场产生感应电动势,故称有效边。露在槽外的前后端连接线,称为端部,它不切割气隙磁场,仅起连接有效边的作用。如图 7-1 所示,为了作图简便,以后以单匝线圈绘制绕组连接图,但应理解成有 N_c 匝。为了说明绕组的具体连接,有必要先介绍几个有关的名词。

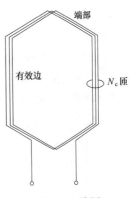

图 7-1　线圈

1. 电角度 (electric angle)

因磁场每转过一对磁极时,导体的基波电动势变化一个周期,在电路理论中,定义一个周期为 360°时间电角度或 2π 电弧度,所以把一对极所张的空间角度称为 360°空间电角度或 2π 空间电弧度。若电机有 p 对极,则整个定子内圆有 $p \times 360°$电角度,而在几何学中把一个圆周的空间角度称为 360°机械角度,所以电角度 α_{el} 和机械角度 α_{mcc} 的关系应为

$$\alpha_{el} = p\alpha_{mcc}$$

(7-1)

此后在分析绕组和电机原理时,都用电角度,而不用机械角度,只有在计算电机转子的角速度时才用机械角度。

2. 每极每相槽数

三相电机中，为了保持电气上的对称，每相绕组所占的槽数应该相等，并且均匀分布，因此，要形成 $2p$ 个极的电机，应将定子总槽数 Z 分为 $2p$ 个等分，每极下的槽数为 $Z/2p$，每极下的槽数再按 m 相分（一般 $m=3$），所以每极每相槽数为

$$q = \frac{Z}{2pm} \tag{7-2}$$

q 是排列绕组的一个重要数据，如 $q=1$，排列绕组称为集中绕组（concentrated winding or lumped winding）；$q>1$，排列绕组称为分布绕组（distributed winding）；q 为整数，排列绕组称为整数槽绕组（integral slot winding）；$q=$ 分数，排列绕组称为分数槽绕组（fractional slot winding）。

3. 槽间角

相邻两槽相隔的空间电角度称为槽间角，用 α_1 表示。当总槽数为 Z，极对数为 p 时，槽间角为

$$\alpha_1 = \frac{p \times 360°}{Z} \tag{7-3}$$

4. 相带（phase belt）

每极下一相绕组所占的宽度称为相带，相带用电角度表示。由于每极每相所占的槽数为 q，而槽间角为 α_1，对于三相绕组，一个相带所占的电角度为

$$q\alpha_1 = \frac{Z}{2pm} \times \frac{p \times 360°}{Z} = \frac{360°}{2 \times 3} = 60°$$

因此这种绕组称为 60°相带绕组。

一对极下有六个相带。为了获得三相对称电动势，各绕组在空间相隔 120°电角度。因此六个相带可依次命名为 A、Z、B、X、C、Y，图 7-2（a）为一对极电机的相带排列情况，图 7-2（b）为两对极电机的相带排列情况。

图 7-2 中 A 与 X，B 与 Y，C 与 Z 相带的导体，处于不同极性的磁极下，相隔 180°电角度，故电动势方向相反。还有一种划分相带的方法是把一对极下的槽数分为三等分，每一相带占 120°电角度，这种排列的绕组称为 120°相带绕组，由于这种绕组的每相合成电动势较 60°相带绕组的为小，实用中仅在单绕组多速电机中采用。

5. 极距（pole pitch）

沿电枢表面相邻两个磁极轴线之间的距离称为极距。极距有以下三种表示法：

（1）用电枢圆周长表示，单位为米或厘米。

$$\tau = \frac{\pi D}{2p} \tag{7-4}$$

式中：D 为电枢内径。

（2）用电枢槽数表示，单位为槽/极。

$$\tau = \frac{Z}{2p} \tag{7-5}$$

（3）用空间电角度表示。

$$\tau = 180°\text{电角度或} \pi \text{电弧度}$$

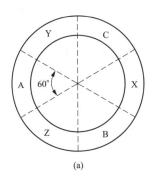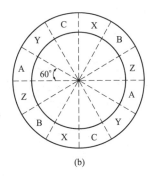

图 7-2 60°相带的划分

（a）一对极相带排列；（b）两对极相带排列

若计算每极磁通，则按式（7-4）计算极区面积；若研究绕组排列，则用式（7-5）更为方便。

6. 节距（pitch）

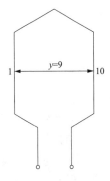

一个线圈两有效边之间的距离称为节距，一般用槽数表示。如图 7-3 所示线圈，若它的一个边放在第 1 槽，另一个边放在第 10 个槽，则节距 $y=9$。为了使线圈电动势最大或接近最大，线圈的节距应等于或近于极距。当节距 $y=\tau$ 时称为整距绕组（full pitch winding）；当 $y<\tau$ 时称为短距绕组（short pitch winding）；若 $y>\tau$ 称为长距绕组。长距绕组端接较长，较少采用。

图 7-3 线圈的节距

第二节 三相单层绕组

单层绕组（single layer winding）的每个槽内只有一个线圈边，因此，每一线圈需占用两个槽，整个绕组的线圈数等于总槽数的一半。由于每槽内仅放置一个线圈边，不需要层间绝缘，这就提高了槽的利用率，同时也没有层间绝缘击穿的问题，增加了电机工作的可靠性。此外单层绕组嵌线也比较方便，但由于节距受到一定的限制，不能利用它来改善电动势和磁动势波形，因此单层绕组一般用在 10kW 以下的异步电动机中。

一、三相单层集中整距绕组

三相绕组是由三个单相绕组组成的。为了使三相绕组感应的电动势幅值相等，相位互差 120°电角度，要求三个单相绕组的匝数必须相等，而且每相绕组的轴线应彼此互差 120°空间电角度。例如一台 $p=1$ 的电机，电枢槽数 $Z=6$，则每极每相槽数 $q=\dfrac{Z}{2pm}=\dfrac{6}{2\times3}=1$（集中绕组），取节距 $y=\dfrac{Z}{2p}=\dfrac{6}{2}=3$（整距），若连成单层绕组，其绕组排列如图 7-4（a）所示。

为了能清楚表示各线圈的位置和连接，通常采用所谓绕组展开图。把定子沿轴向剖开后展开，每一槽用一直线表示，槽上编以号码，按照节距连成线圈，如图 7-4（b）所示，这就是最简单的三相单层集中整距绕组展开图。

按照需要，三相绕组可以连成星形或三角形，图 7-4（b）为星形联结。若接成三角形，

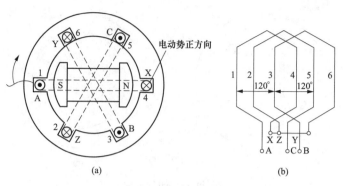

图 7-4 三相单层集中整距绕组

(a) 单层绕组排列；(b) 绕组展开图

则按 A—Z、B—X、C—Y 或 A—Y、B—Z、C—X 连接，然后由 A、B、C 引出。

连成的绕组能否得到三相对称电动势呢？可以用三相绕组电动势相量的方法来说明。因槽间角 $\alpha_1 = \dfrac{p \times 360°}{Z} = \dfrac{1 \times 360°}{6} = 60°$，若规定导体电动势穿进纸面为正，则图 7-4 (a) 所示瞬间 1 槽导体电动势为正的最大，当转子转过 α_1 角后，2 槽导体电动势才最大，因此 2 槽导体电动势落后于 1 槽导体电动势 α_1(60°) 电角度，这样依次作出相差 α_1 电角度的所有槽导体基波电动势相量，所得的相量图称为槽电动势星形图，如图 7-5 (a) 所示。

1 槽导体与 4 槽导体串联组成的整距绕组构成 A 相绕组，由于 1 槽导体与 4 槽导体处于不同的极性下，因此 A 相电动势应为 1 槽导体电动势与 4 槽导体电动势的相量差。同理，B 相电动势应为 3 槽导体电动势与 6 槽导体电动势的相量差；C 相电动势应为 5 槽导体电动势与 2 槽导体电动势的相量差，如图 7-5 (b) 所示。由图 7-5 可知三相绕组的基波电动势为三相对称电动势。

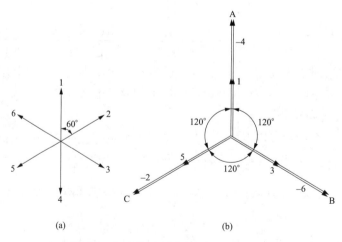

图 7-5 电动势星形图和三相对称电动势

(a) 槽电动势星形图；(b) 三相对称电动势

以上单层集中整距绕组虽然简单，但感应的电动势波形不好，而且由于绕组集中，运行时发热集中，散热不良，再加上电枢表面空间利用率低，所以一般采用分布绕组。

二、三相单层分布绕组

为了研究绕组的连接与对称，仍用绕组展开图和槽电动势星形图来分析，下面以例说明绕组槽电动势星形图及展开图的作法。

例 7-1 一交流电机定子的槽数 $Z=24$，极数 $2p=4$，绘制三相单层分布绕组的电动势星形图及绕组展开图。其作图步骤如下：

1. 作槽电动势星形图

首先计算出槽间角，$\alpha_1 = \dfrac{p \times 360°}{Z} = \dfrac{2 \times 360°}{24} = 30°$ 电角度。仍规定电动势穿进纸面为正，则在图 7-6（a）所示位置，1 槽导体电动势为正的最大，以"1"表示 1 槽导体电动势相量，用"2"表示 2 槽导体电动势相量，由于 2 槽在 1 槽前（顺转向）α_1（30°）电角度，因此电动势"2"落后于电动势"1" α_1（30°）电角度。仿此可作出其他槽导体的电动势相量，如图 7-6（b）所示，由于是两对极，电动势星形重复两圈。一般地说，p 对极电机，电动势星形重复 p 圈。

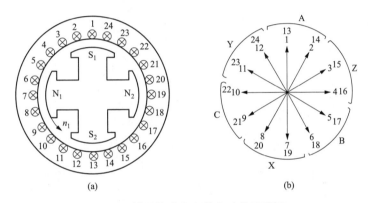

图 7-6 槽导体分布和槽电动势星形图

(a) 槽导体分布图；(b) 槽电动势星形图

2. 分相

首先计算出每极每相槽数，即

$$q = \frac{Z}{2pm} = \frac{24}{4 \times 3} = 2$$

所谓分相，就是按每极每相槽数，把各槽电动势相量所属的槽号具体分配到各个相。分相的原则是应使每相电动势最大，且三相电动势对称。

以 A 相为例：由于 $q=2$，故每个极下 A 相有 2 槽，整个电机 A 相共有 8 槽，若在第一个 S 极下取 1、2 槽作为 A 相带，为使合成电动势最大。应将第一个 N 极下的 7、8 槽也划归 A 相，作为 X 相带，这是因为 7、8 槽与 1、2 槽相隔一个极距，它们可分别构成整距线圈。第二对极下 13、14 槽为 A 相带，19、20 槽则为 X 相带。

同理，在相距 A 相 120° 电角度处的 5、6、17、18 槽为 B 相，属于 B 相带。与它们分别相隔 180° 电角度的 11、12、23、24 槽则属于 B 相的 Y 相带；在距 A 相 240° 电角度处的 9、10、21、22 槽为 C 相，属于 C 相带，与它们分别相隔 180° 电角度的 3、4、15、16 槽则属于 C 相的 Z 相带。因此，把电动势星形图按顺时针方向分成 A、Z、B、X、C、Y 六个相带，如图 7-6（b）所示。每个相带宽为 60°电角度，所以构成 60°相带绕组。

在划分相带和确定各相槽号时，也可用表 7-1 确定。

表 7-1　　　　　　　　　　　　　　　　划分相带和确定各相槽号

槽号	相　带					
	A	Z	B	X	C	Y
第一对极	1, 2	3, 4	5, 6	7, 8	9, 10	11, 12
第二对极	13, 14	15, 16	17, 18	19, 20	21, 22	23, 24

3. 绘制绕组展开图

第一步：画出槽展开图，即以 24 根等距直线表示 24 槽，并在旁边标以槽号，如图 7-7 所示。

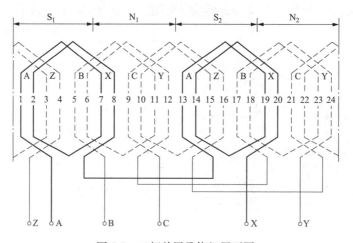

图 7-7　三相单层叠绕组展开图

第二步：根据槽电动势星形图，把每对极下的槽分成 A、Z、B、X、C、Y 六个相带，每个相带有 $q(2)$ 个槽。

第三步：把槽中导体连成线圈，单层绕组只能将不同极性下同一相的槽导体组成线圈。如 A 相只能把 A 相带与 X 相带的槽内导体连成线圈。在连接时，导体间连接的先后次序对合成电动势并无影响，因此连接方法有好几种。图 7-7～图 7-9 是三种不同的连接方式。图 7-7 中，A 相带中的 1 槽和 2 槽导体分别与 X 相带的 7 槽和 8 槽导体组成两个整距绕组 $\left(y=\tau=\dfrac{Z}{2p}=\dfrac{24}{4}=6\right)$，它们串联后形成一个线圈组（也称极相组）。一般说，这种连接，一个线圈组由 q 个线圈组成，一对极每相有一个线圈组，p 对极电机一相有 p 个线圈组，由于一个线圈组的 q 个线圈端部相叠，故称单层叠绕组（single layer lap winding），这种连接的端接长，费铜线，一般不用。图 7-8 中线圈的节距 $y=5$，即节距为 1～6，端接较短，可节省铜线，常用于 4 极、6 极及部分 8 极的小型电机。由于各线圈的排列形如长链，故称链式绕组（chain winding）。图 7-9 中两个线圈的节距不相等，它的特点是同一相线圈端部不交叠，布置和嵌线方便，常用于小型两极异步电机。由于是一个线圈套着一个线圈，同一组的几个线圈是"同心"的，故称同心式绕组（concentric winding）。

第四步：根据电压和电流的要求，把一相的各个线圈组连成一相绕组。连接的原则是应使串联的线圈组电动势相加，而且各条支路的电动势应相等。一相的各线圈组可以串联，也可以并联，或一半线圈组串联后再并联。图7-7～图7-9均为串联，支路数 $a=1$。为使线圈组的电动势相加，图7-7和图7-9为顺向串联，即按"尾接头"连线，而图7-8为反向串联，即按"尾接尾"或"头接头"接线。

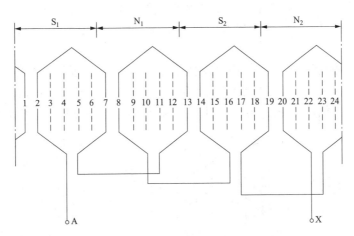

图7-8 三相单层链式绕组展开图（A相）

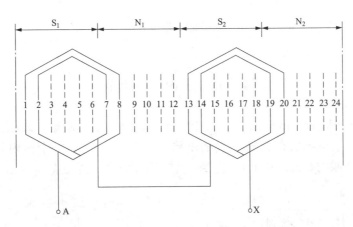

图7-9 三相单层同心式绕组展开图（A相）

同一绕组，如用串联，则每相感应电动势可较大，允许通过的相电流小；如用并联，每相感应电动势减小，允许通过的相电流则增大。

图7-8、图7-9只画出了A相绕组，B、C相绕组可用和A相同样的方法画出来。

上例中，因 $q=2$ 可把每个相带的槽分成两半，连成链式绕组。如果 q 为奇数，则每个相带的槽不能均分，出现一边多、一边少的情况。例如 $Z=36$，$2p=4$，$m=3$，每极每相槽数 $q=\dfrac{Z}{2pm}=\dfrac{36}{4\times 3}=3$，电机的各相槽号可由表7-2确定。

表 7-2　　　　　　　　　　　　　　　　电机的各相槽号

槽号	相　带					
	A	Z	B	X	C	Y
第一对极	1, 2, 3	4, 5, 6	7, 8, 9	10, 11, 12	13, 14, 15	16, 17, 18
第二对极	19, 20, 21	22, 23, 24	25, 26, 27	28, 29, 30	31, 32, 33	34, 35, 36

把 2～10 相连，3～11 相连组成两个节距为 8 的"大圈"，12～19 相连，组成一个节距为 7 的"小圈"。每对极下依次按"二大一小"交叉排列，如图 7-10 所示，这种绕组称为单层交叉式绕组。

交叉式绕组一相相邻的大圈与小圈之间应反向串联，以保证线圈组串联后电动势相加。链式、同心式和交叉式绕组，虽然线圈节距不等于整距。但由于各种连接形式只改变了同一相中各线圈边电动势相加的先后次序，所以它不影响相电动势的大小，仍算整距绕组。

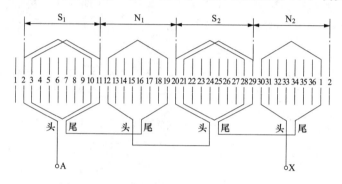

图 7-10　三相单层交叉式绕组展开图（A 相）

第三节　三相双层绕组

双层绕组（two-layer winding）的每个槽内有上、下两层线圈边。线圈的一条边放在某一槽的上层，另一条边则放在相隔 y 槽的下层。图 7-11（a）为一个槽内的两线圈边，图 7-11（b）为一个线圈的布置。对于双层绕组，整个电机的线圈数正好等于槽数。

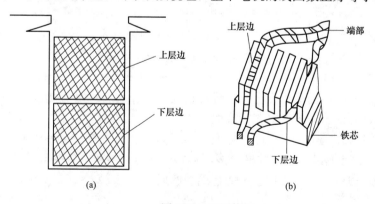

图 7-11　双层绕组
（a）槽内布置；（b）线圈布置

双层绕组的主要优点如下：

（1）可以选择较有利的节距，并可同时采用分布的办法来改善电动势和磁动势波形。

（2）所有线圈具有同样的尺寸，便于制造。

（3）可以组成较多的并联支路。

（4）端部形状排列整齐，有利于散热和增强机械强度，所以现代 10kW 以上的三相交流电机，其定子绕组均采用双层绕组。

三相双层绕组有叠绕组（lap winding）和波绕组（wave winding）两种，这里主要说明叠绕组的排列方法，波绕组只介绍其特点和连接规律。

一、双层叠绕组

以下举例说明双层叠绕组展开图的作法。

例 7-2　某交流电机定子绕组的 $Z=24$，$2p=4$，$m=3$，采用短距，且 $y=5$（节距为 $1\sim6$），试作出线圈电动势的星形图及绕组展开图。

先计算每极每相槽数 q，槽间角 α_1 和极矩 τ。

$$q=\frac{Z}{2pm}=\frac{24}{4\times3}=2$$

$$\alpha_1=\frac{p\times360°}{Z}=\frac{2\times360°}{24}=30°$$

$$\tau=\frac{Z}{2p}=\frac{24}{4}=6\text{（极距为 }1\sim7\text{）}$$

1. 绘制线圈电动势相量图

对于双层绕组，其线圈数等于槽数，因为每个线圈两个边放在相距节距 y 的两个槽内，所以线圈电动势就是槽电动势星形图中相距 y 槽的两个相量的合成，所得线圈电动势相量图仍为相差 α_1 电角度的星形图，仅仅是相量长短不同以及因选择的节距不同，相量图移动了一个不同的角度。由于例 7-2 与例 7-1 有相同的槽数和极数，所以图 7-6（b）的槽电动势星形图也可看作线圈电动势星形图，只是每一相量的编号是该线圈上层边所在槽的号码。例如相量 1 是其上层边嵌于槽 1 的线圈的电动势相量。

2. 分相

按照 $q=2$ 把电动势星形图分成 A、Z、B、X、C、Y 六个相带。由图可知，1、2、7、8、13、14、19、20 槽的上层边属于 A 相。

3. 画绕组展开图

第一步：把电枢展开，每槽以一实线表示线圈的上层边，一虚线表示线圈的下层边，并在实线旁标以槽号，然后把槽按极数等分成 4 份，如图 7-12（a）所示。

第二步：按电动势星形图把每对极下的槽分成 A、Z、B、X、C、Y 六个相带，注意这些相带只表示该相线圈上层边所在的槽。

第三步：根据线圈的节距 $y=5$（节距为 $1\sim6$），把上、下层连成线圈，例如 A 相带第 1 槽的上层边和第 6 槽的下层边构成一个线圈，第 2 槽上层边与第 7 槽下层边构成一个线圈，这两个线圈串联形成一个线圈组。同样可作出 A 相其他相带的线圈组，一相共有 $2p$ 个线圈组，例 7-2 中一相有 4 个线圈组。

同理可作出 B、C 相的线圈组（图中未画出）。

第四步：根据电压和电流的要求，把一相的线圈组串联或并联组成一相绕组。为了使线圈组的电动势相加，一相两相邻线圈组之间应反向串联，即采用"尾接尾，头接头"的连接规律。图 7-12（a）为串联连接，支路数 $a=1$。图 7-12（b）为一半线圈组串联后再并联的连接示意图，其支路数 $a=2$。对于双层叠绕组，最大并联支路数等于线圈组数，而一相的线圈组数等于极数，所以最大可能的并联支路数等于极数。

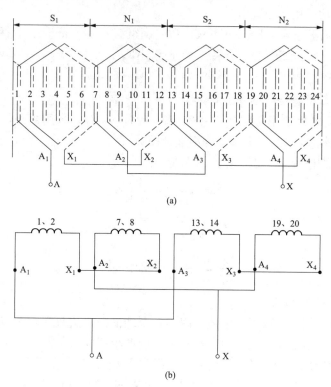

图 7-12　三相双层叠绕组展开图（A 相）

（a）绕组展开图；（b）线圈连接图

二、双层波绕组

对于多极、支路导线截面较大的交流电机，为节约极间连线用铜，常采用波绕组。

波绕组的连接特点是把所有同一极性下（如 N_1、N_2…）属于同一相的线圈按照一定的次序串联组成一组，再把所有另一极性下（如 S_1、S_2…）属于同一相的线圈按照一定的次序串联组成另一组，最后把这两大组线圈根据需要接成串联或并联，构成一相绕组。由于相连线圈形似波浪，故称为波绕组。

与叠绕组一样，线圈的节距为 y，它等于或近于一个极距。互相串联的两个线圈对应边之间的距离叫合成节距，用 y' 表示，如图 7-13 所示，它表示每连一个线圈在空间前进了多少槽距。由于波绕组是依次把 N_1、N_2…极下的线圈相连接，每次前进近一对极的距离，故对于整数槽波绕组而言，合成节距常选为一对极距，即

$$y' = \frac{Z}{p} = 2mq \tag{7-6}$$

这样，波绕组在连接 p 个线圈，即沿定子绕行一周后，绕组将回到出发的槽号而形成闭路，

为了使绕组能连续地绕下去，每绕完一周，就需要人为地前移或后退一个槽，不让它形成闭路。这样连续绕 q 周后，就可以把所有同极性下的属于同一相的 pq 个线圈连接成一组，同样，把另一极性下的属于同一相的 pq 个线圈连成另一组，最后再用组间连线把两组线圈串联或并联形成一相绕组。

若把前述例子 $Z=24$，$2p=4$，$y=5$ 连成 $a=1$ 的波绕组，其合成节距 $y'=\dfrac{Z}{p}=\dfrac{24}{2}=12$，即第 1 线圈应与第 13 线圈串联起来。整个 A 相绕组的连接次序如图 7-14 所示。绕组展开图如图 7-15 所示。

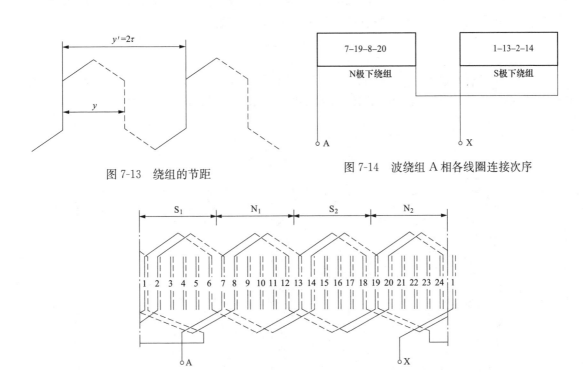

图 7-13　绕组的节距

图 7-14　波绕组 A 相各线圈连接次序

图 7-15　三相双层波绕组展开图（A 相）

由以上分析可知，在整数槽波绕组中，无论多少极数，每相每条支路只需一根组间连线。并联支路最多只有两条。另外，波绕组中采用短距，可以改善电动势和磁动势波形，但不能节约端部用铜。因为合成节距总是差不多等于一对极距不变，线圈节距缩短，虽使一边端部连线缩短，但另一边却加长了，故用铜量基本不变。

由于波绕组的组间连接线少，绑扎固定比较简单，同时使质量分布易于平衡，故波绕组多用于大、中型水轮发电机定子绕组和绕线转子异步电机的转子绕组中。

第四节　交流绕组的感应电动势

为由简入繁研究绕组电动势，首先研究一根导体的电动势，然后再研究线圈电动势、线圈组电动势以及每相绕组电动势。

一、导体电动势

交流绕组的感应电动势由电动势的频率、电动势的波形、电动势的大小三个基本要素决定。

1. 感应电动势的频率

图 7-16 是一台两极凸极同步发电机模型。假设用原动机拖动磁极以恒定转速 n 相对于定子逆时针旋转，则定子导体切割主磁通而感应电动势。因 N 极磁通和 S 极磁通在导体中感应的电动势方向相反，因此每当转子转过一对磁极时，定子导体感应电动势交变一次，若电机为 p 对极，则转子旋转一周，导体感应电动势即交变 p 次，转子每分钟旋转 n 转，所以导体电动势每分钟交变 pn 次，每秒钟交变 $pn/60$ 次，这就是频率，即

$$f = \frac{pn}{60}(\text{Hz}) \tag{7-7}$$

我国电网的标准频率是 $f=50\text{Hz}$，所以磁极对数与转子转速之间有一固定的关系。例如当 $p=1$ 时，$n=3000\text{r/min}$；$p=2$ 时，$n=1500\text{r/min}$，这些转速称为同步速。

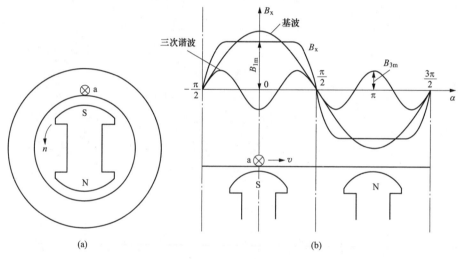

(a)　　　　　　　　　　　　　　　(b)

图 7-16　同步发电机模型及气隙磁密分布

（a）同步发电机模型；（b）气隙磁密分布

2. 感应电动势的波形和谐波分析

根据电磁感应定律，定子导体 a 中感应电动势的瞬时值为

$$e_a = B_x l v \tag{7-8}$$

式中：B_x 为导体所在处气隙空间的径向磁通密度（简称磁密）；l 为导体在磁场中的有效长度；v 为导体相对于磁场的线速度。

在已经制成的电机中，导体有效长度 l 及线速度 v 均为定值，所以导体的感应电动势正比于气隙磁密 B_x，因而气隙磁密在空间的分布波形便决定了导体感应电动势随时间变化的波形。

为了作出气隙磁密分布曲线，可把电机沿轴向剖开，并展开成一直线，如图 7-16（b）所示。把纵坐标取在磁极中心线上，表示气隙磁密；横坐标放在转子表面，表示极面各点距

坐标原点的距离，以电角度 α 量度。整个坐标系统随转子旋转。

　　由于在一个磁极范围内励磁磁动势大小不变，在不考虑定子齿槽影响的情况下，主磁极表面与定子铁芯气隙较小，因而磁阻较小，气隙磁密较大；相邻两主磁极之间气隙较大，磁阻也大，因而气隙磁密就小。气隙磁密的分布如图 7-16（b）所示。图 7-16 中是按气隙磁通由定子指向转子为正，即转子 S 极的磁密为正，N 极的磁密为负。

　　由图可知，气隙磁密在气隙空间的分布实际上是一个周期变化的非正弦波形，每经过一对磁极，波形重复一次，因此可应用谐波分析法。磁密曲线的波形对纵坐标和横坐标对称，按傅里叶级数分解出来的波形中没有直流分量、偶次谐波和正弦分量，于是

$$B_x = B_{1m}\cos\alpha - B_{3m}\cos3\alpha + B_{5m}\cos5\alpha + \cdots + B_{vm}\cos\nu\alpha\sin\nu\frac{\pi}{2} + \cdots \tag{7-9}$$

式中：ν 为谐波次数。$\sin\nu\frac{\pi}{2}$ 表示傅里叶级数各项的正负。

　　已知 B_x 的分布，根据式（7-8）即可求出 e_a，为了方便，可以认为转子不转动，而定子导体以和转子相同速度向相反的方向转动。选取导体处于磁极中心线作为计算时间的起点，但规定电动势穿进纸面为正，则当导体经过 t 秒后，以速度 v 转过的电角度为

$$\alpha = \frac{\pi}{\tau}(vt)$$

而

$$v = \frac{\pi Dn}{60} = 2 \cdot \frac{\pi D}{2p} \cdot \frac{pn}{60} = 2\tau f \tag{7-10}$$

所以

$$\alpha = \frac{\pi}{\tau}2\tau ft = 2\pi ft = \omega t \tag{7-11}$$

式中：τ 为极矩，m；n 为转子转速，r/min；p 为极对数；f 为频率，Hz；ω 为角频率，rad/s。

所以 t 秒后，导体所在处的磁密为

$$B_x = B_{1m}\cos\omega t - B_{3m}\cos3\omega t + B_{5m}\cos5\omega t + \cdots + B_{vm}\cos\nu\omega t\sin\nu\frac{\pi}{2} + \cdots$$

导体的感应电动势为

$$e_a = B_x l v$$

$$= B_{1m}lv\cos\omega t - B_{3m}lv\cos3\omega t + B_{5m}lv\cos5\omega t + \cdots + B_{vm}lv\cos\nu\omega t\sin\nu\frac{\pi}{2} + \cdots$$

$$= E_{1m}\cos\omega t - E_{3m}\cos3\omega t + E_{5m}\cos5\omega t + \cdots + E_{vm}\cos\nu\omega t\sin\nu\frac{\pi}{2} + \cdots \tag{7-12}$$

式中：E_{1m}、E_{3m}、E_{5m}、$\cdots E_{vm}$ 分别为导体的基波和 3、5、$\cdots\nu$ 次谐波电动势的幅值。

　　图 7-17 代表了只考虑基波和三次谐波的导体电动势随时间变化的波形。

　　因 ν 次谐波磁场的极对数 $p_\nu = \nu p$，并且都随转子一同旋转，其转速均为 n，各次谐波磁场所感应的电动势频率因而不等。ν 次谐波电动势频率为

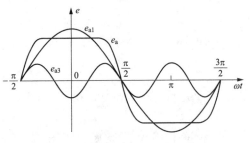

图 7-17　导体感应电动势的波形

$$f_v = \frac{p_v n}{60} = \frac{\nu p n}{60} = \nu f \tag{7-13}$$

3. 导体感应电动势的大小

由式（7-12）可知导体基波电动势的最大值为

$$E_{1m} = B_{1m} l v$$

其中，$v = 2\tau f$，$B_{1m} = \frac{\pi}{2} B_{1av}$ 表示正弦分布时最大值与平均值的关系。

因此，导体基波电动势的有效值为

$$E_{a1} = \frac{E_{1m}}{\sqrt{2}} = \frac{B_{1m} l v}{\sqrt{2}} = \frac{1}{\sqrt{2}} \left(\frac{\pi}{2} B_{1av} \right) l (2\tau f)$$

$$= \frac{\pi}{\sqrt{2}} f (B_{1av} l \tau) = 2.22 f \Phi_1 \tag{7-14}$$

其中，$\Phi_1 = B_{1av} l \tau$ 为基波每极磁通量，单位为 Wb；E_{a1} 的单位为 V。

同理，导体 ν 次谐波电动势的有效值为

$$E_{av} = \frac{E_{vm}}{\sqrt{2}} = \frac{B_{vm} l v}{\sqrt{2}} = \frac{1}{\sqrt{2}} \left(\frac{\pi}{2} B_{vav} \right) l (2\tau f)$$

$$= \frac{\pi}{\sqrt{2}} \nu f \left(B_{vav} l \frac{\tau}{\nu} \right) = 2.22 \nu f \Phi_v \tag{7-15}$$

其中，$\Phi_v = B_{vav} l \frac{\tau}{\nu} = B_{vav} l \tau_v$ 为 ν 次谐波每极磁通量；$\tau_v = \frac{\tau}{\nu}$ 为 ν 次谐波磁场的极距。

二、线圈电动势与节距因数

先分析节距为 y 的两根导体所组成的一匝线圈电动势，然后再扩展到一个 N_c 匝线圈的电动势。分析中着重研究组成一匝的两导体由于相隔距离不同，对电动势大小和波形的影响。

1. 整距绕组和线圈电动势

图 7-18（a）表示一整距线匝，如磁场分布为非正弦空间波，线匝电动势仍含谐波，可将基波及谐波电动势分别讨论。

基波及谐波电动势都是随时间按正弦变化，都可以用相量表示，图 7-18（b）表示了基波电动势关系。在整距情况下线匝的一根导体 a 若处于 S 极下，则另一根导体 a' 正好处于 N 极下，此时两导体感应电动势的瞬时值大小相等，而方向相反。如果规定导体电动势方向如图中自下而上为正，则由于两导体在空间相差一个极距 τ，即相当于基波磁场的 180°电角度，所以导体电动势 $\dot{E}_{a1}$ 与 $\dot{E}'_{a1}$ 在时间上也差 180°电角度，如图 7-18（b）所示。若按图 7-18（a）规定线匝电动势正方向，则

$$\dot{E}_{T1} = \dot{E}_{a1} - \dot{E}'_{a1} \tag{7-16}$$

因 $\dot{E}_{a1}$ 与 $\dot{E}'_{a1}$ 反相位，故线匝电动势有效值为

$$E_{T1} = 2E_{a1} = 2 \times 2.22 f \Phi_1 = 4.44 f \Phi_1 \tag{7-17}$$

若线圈的匝数为 N_c，则整距绕组基波电动势为

$$E_{c1} = N_c E_{T1} = 4.44 f N_c \Phi_1 \tag{7-18}$$

对于 ν 次谐波电动势 $\dot{E}_{a_\nu}$ 与 $\dot{E}'_{a_\nu}$ 间的相位差为 $\nu \times 180°$ 电角度，但 ν 为奇数（$\nu=1$、3、5 …），电动势相位仍为反相位，因此 ν 次谐波电动势有效值为

$$E_{c\nu} = 4.44\nu f N_c \Phi_\nu \tag{7-19}$$

由此可见，无论基波和谐波，整距线匝电动势有效值都是一根导体电动势的两倍，且线匝电动势波形与单根导体电动势波形相同。整距绕组电动势是整距线匝电动势的 N_c 倍，其波形不变。

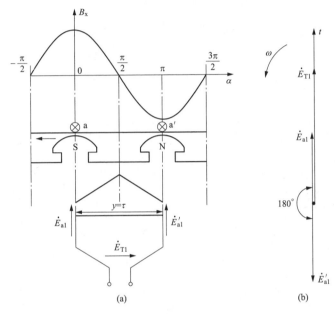

图 7-18　整距线匝电动势

2. 短距线匝和线圈电动势

短距线匝两导体间的节距 y 小于极距，即 $y<\tau$，如图 7-19（a）所示。此时两导体在空间位置相差小于 $180°$ 电角度，即 $\gamma = \dfrac{y}{\tau} \times 180°$ 电角度。

由于导体中感应电动势有效值的大小与导体所处磁场位置无关，仍可按式（7-14）、式（7-15）计算，但两导体电动势间的相位与它们所处磁场位置有关。根据整距线匝电动势分析可知，两根导体基波电动势在时间相位上相差的电角度应等于它们在空间位置相差的电角度。所以在图示转向下，$\dot{E}'_{a1}$ 应超前于 $\dot{E}_{a1}$ 以 γ 电角度。在图 7-19（a）规定的正向下，可作出短距线圈基波电动势相量如图 7-19（b）所示。其短距线匝基波电动势为

$$\dot{E}_{T1} = \dot{E}_{a1} - \dot{E}'_{a1}$$

基波电动势有效值为

$$E_{T1} = 2E_{a1}\cos\left(\frac{180°-\gamma}{2}\right) = 2E_{a1}\sin\left(\frac{y}{\tau}\cdot 90°\right) = 2E_{a1}k_{y1} = 4.44 f k_{y1}\Phi_1 \tag{7-20}$$

其中，$k_{y1} = \sin\left(\dfrac{y}{\tau}\cdot 90°\right)$ 称为绕组的基波节距因数（pitch factor）。比较式（7-17）及式（7-20）可见，由于采用了短距，线匝电动势减小到整距时的 k_{y1} 倍。

同样可得 N_c 匝的短距线圈基波电动势为

$$E_{c1} = 4.44 f N_c k_{y1} \Phi_1 \tag{7-21}$$

对于 ν 次谐波而言，短距线匝两导体间相隔的电角度为 $\nu\left(\dfrac{y}{\tau} \times 180°\right) = \nu\gamma$，因而短距线匝两导体 ν 次谐波电动势的相位差也为 $\nu\gamma$ 电角度。同样可得短距线圈 ν 次谐波电动势的有效值为

$$E_{c\nu} = 4.44 \nu f N_c k_{y\nu} \Phi_\nu \tag{7-22}$$

其中，$k_{y\nu} = \sin\nu\left(\dfrac{y}{\tau} \cdot 90°\right)$ 为 ν 次谐波的节距因数。

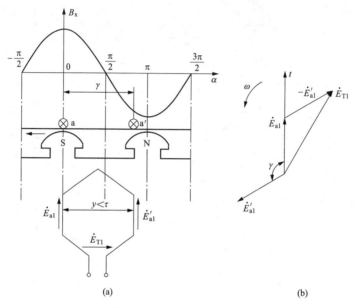

图 7-19　短距线匝电动势

例 7-3　一台交流电机的极数 $2p = 4$，定子总槽数 $Z = 36$，节距 $y = 7$，试求节距因数 k_{y1}、k_{y3}、k_{y5} 和 k_{y7}。

解： 首先求出极距 $\tau = \dfrac{Z}{2p} = \dfrac{36}{4} = 9$

所以

$$k_{y1} = \sin\left(\frac{y}{\tau} \cdot 90°\right) = \sin\frac{7}{9} \times 90° = 0.940$$

$$k_{y3} = \sin 3\left(\frac{y}{\tau} \cdot 90°\right) = \sin 3 \times \frac{7}{9} \times 90° = -0.500$$

$$k_{y5} = \sin 5\left(\frac{y}{\tau} \cdot 90°\right) = \sin 5 \times \frac{7}{9} \times 90° = -0.174$$

$$k_{y7} = \sin 7\left(\frac{y}{\tau} \cdot 90°\right) = \sin 7 \times \frac{7}{9} \times 90° = 0.766$$

例 7-3 表明，短距后基波电动势减小的不多，而其谐波电动势有较大削弱，故适当的短距可以改善绕组电动势的波形。而且采取适当的短距可以消除某一次谐波电动势，这只要使

它的节距因数 $k_{y\nu}=0$ 即可。例如，把节距设计成 $y=\dfrac{4}{5}\tau$，则

$$k_{y5}=\sin5\times\dfrac{\dfrac{4}{5}\tau}{\tau}\times90°=0$$

即可完全消除五次谐波电动势，这是因为线匝节距比极距缩短了五分之一，两根导体处在五次谐波磁场的同极性的对应位置，两导体感应的五次谐波电动势在线匝里互相抵消了（见图7-20）。如果要消除 ν 次谐波电动势，只要使线圈节距缩短 ν 次谐波磁场的一个极距 $\dfrac{\tau}{\nu}$，即 $y=\dfrac{\nu-1}{\nu}\tau$ 就可达到。为了同时削弱五次和七次谐波电动势，通常选用 $y=\dfrac{5}{6}\tau$。

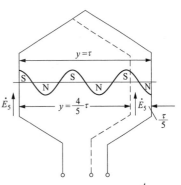

图 7-20　采用短距 $y=\dfrac{4}{5}\tau$
消除五次谐波电动势

三、线圈组电动势与分布因数

每个极（双层绕组）或每对极（单层绕组）下每相有 q 个线圈串联，组成一个线圈组，所以线圈组的电动势等于 q 个串联线圈电动势的相量和，如有一个三相四极36槽的绕组，每极每相槽数 $q=3$，槽间角 $\alpha_1=20°$ 电角度。

因为每个线圈的匝数及节距都一样，所以每个线圈感应电动势大小皆相等，只是由于在空间所处的位置不同，各线圈电动势间有相位差，显然，这一相位差就等于相应槽在空间相隔的电角度。因为基波磁场相邻槽间角为 α_1 电角度，所以相邻线圈基波电动势相位也相差 α_1 电角度，其相量图如图7-21（b）所示，故线圈组基波电动势应为

$$\dot{E}_{q1}=\dot{E}_{c1}\angle0°+\dot{E}_{c1}\angle-\alpha_1+\dot{E}_{c1}\angle-2\alpha_1$$

q 个相量合成后构成一正多边形的一部分，如图7-21（c）所示。设 R 为正多边形外接圆的半径，根据几何关系，正多边形的每个边所对应的圆心角等于两个相量之间的夹角 α_1，因此从图7-21（c）可求得线圈组的基波电动势为

$$E_{q1}=2R\sin\dfrac{q\alpha_1}{2}$$

而外接圆半径与线圈电动势 E_{c1} 之间的关系为

$$R=\dfrac{E_{c1}}{2\sin\dfrac{\alpha_1}{2}}$$

将 R 代入前式，整理后可得

$$E_{q1}=qE_{c1}\dfrac{\sin\dfrac{q\alpha_1}{2}}{q\sin\dfrac{\alpha_1}{2}}=qE_{c1}k_{q1}\tag{7-23}$$

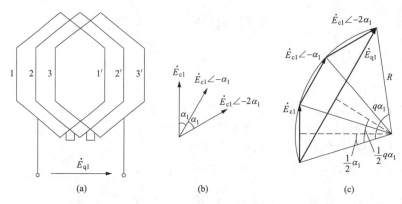

图 7-21　线圈组的电动势

(a) 线圈组的线圈；(b) 各线圈的电动势相量；(c) 线圈组的电动势相量和

其中
$$k_{q1} = \frac{\sin \dfrac{q\alpha_1}{2}}{q \sin \dfrac{\alpha_1}{2}} \tag{7-24}$$

称为绕组的基波分布因数（distribution factor），它表示 q 个分布线圈合成电动势与这 q 个线圈集中在同一槽中时合成电动势的比值。由于 q 个分布线圈的合成电动势为相量和，而 q 个集中线圈的合成电动势为算术和，故分布因数恒小于 1。

把式（7-21）代入式（7-23），可得线圈组的基波电动势为
$$E_{q1} = 4.44 fqN_c k_{y1} k_{q1} \Phi_1 = 4.44 fqN_c k_{N1} \Phi_1 \tag{7-25}$$
其中，qN_c 为 q 个线圈的总匝数。

$k_{N1} = k_{y1} \cdot k_{q1}$，称为基波绕组因数（winding factor）。它表示短距、分布绕组的基波电动势与该绕组为整距、集中绕组时的基波电动势的比值。

同理可求出线圈组的谐波电动势。由于对于高次谐波而言，相邻两槽在空间相差 $\nu\alpha_1$ 电角度，故线圈组各线圈的谐波电动势相位依次相差 $\nu\alpha_1$ 电角度。和求线圈组的基波电动势一样，线圈组的 ν 次谐波电动势有效值可表示为
$$E_{q\nu} = qE_c k_{q\nu} = 4.44 \nu fqN_c k_{y\nu} k_{q\nu} \Phi_\nu = 4.44 \nu fqN_c k_{N\nu} \Phi_\nu \tag{7-26}$$

其中，$k_{q\nu} = \dfrac{\sin \dfrac{\nu q\alpha_1}{2}}{q \sin \dfrac{\nu\alpha_1}{2}}$ 称为绕组的 ν 次谐波分布因数；$k_{N\nu} = k_{y\nu} \cdot k_{q\nu}$ 称为 ν 次谐波绕组因数。

例 7-4　一台三相交流电机，定子总槽数 $Z = 36$，$2p = 4$，试求分布因数 k_{q1}、k_{q3}、k_{q5}、k_{q7}。

解： 每极每相槽数和槽间角为
$$q = \frac{Z}{2pm} = \frac{36}{4 \times 3} = 3$$
$$\alpha_1 = \frac{p \times 360°}{Z} = \frac{2 \times 360°}{36} = 20°$$

因而基波和 3、5、7 次谐波的分布因数为

$$k_{q1} = \frac{\sin\dfrac{q\alpha_1}{2}}{q\sin\dfrac{\alpha_1}{2}} = \frac{\sin\dfrac{3\times 20°}{2}}{3\sin\dfrac{20°}{2}} = 0.96$$

$$k_{q3} = \frac{\sin 3\times\dfrac{q\alpha_1}{2}}{q\sin 3\times\dfrac{\alpha_1}{2}} = \frac{\sin 3\times\dfrac{3\times 20°}{2}}{3\sin 3\times\dfrac{20°}{2}} = 0.667$$

$$k_{q5} = \frac{\sin 5\times\dfrac{q\alpha_1}{2}}{q\sin 5\times\dfrac{\alpha_1}{2}} = \frac{\sin 5\times\dfrac{3\times 20°}{2}}{3\sin 5\times\dfrac{20°}{2}} = 0.217$$

$$k_{q7} = \frac{\sin 7\times\dfrac{q\alpha_1}{2}}{q\sin 7\times\dfrac{\alpha_1}{2}} = \frac{\sin 7\times\dfrac{3\times 20°}{2}}{3\sin 7\times\dfrac{20°}{2}} = -0.177$$

从上例可以看出，采用分布绕组也能削弱电动势中的高次谐波以改善绕组电动势波形。其原因主要是线圈分布后其电动势的合成为相量相加，合成电动势要减小，由于基波和谐波各电动势相差的相位角不同，因之对合成电动势削弱的程度也不同，基波电动势削弱得少，而谐波电动势削弱得多。

四、绕组的相电动势和线电动势

各相的若干线圈组按串联或并联组成一定数目的支路，相绕组电动势的大小则决定于一条支路电动势的大小，而支路电动势决定于该支路所串联的线圈组电动势的和。由于支路内各线圈组的电动势同大小、同相位，所以绕组的相电动势实际上等于一条支路的线圈组数乘以一个线圈组的电动势。

对于双层绕组，一相有 $2p$ 个线圈组，若连成 a 条支路，则每条支路的线圈组数为 $\dfrac{2p}{a}$，因此一相的基波电动势为

$$\begin{aligned}
E_{\varphi 1} &= \frac{2p}{a}E_{q1} = 4.44f\frac{2pqN_c}{a}k_{N1}\Phi_1\\
&= 4.44fNk_{N1}\Phi_1
\end{aligned} \tag{7-27}$$

其中，$N = \dfrac{2pqN_c}{a}$ 为双层绕组一相的串联匝数（即一条支路的匝数）。

对于单层绕组，一相有 p 个线圈组，若连成 a 条支路，则每条支路有 $\dfrac{p}{a}$ 个线圈组，因此一相的基波电动势为

$$E_{\varphi 1} = \frac{p}{a}E_{q1} = 4.44\frac{pqfN_c}{a}k_{N1}\Phi_1 = 4.44fNk_{N1}\Phi_1$$

其中，$N = \dfrac{pqN_c}{a}$ 为单层绕组一相的串联匝数。

因此交流绕组的基波相电动势有效值可以统一用式（7-27）表示，只是其一相串联匝数

N 的表达式不同而已。

同理，一相绕组的谐波电动势有效值为

$$E_{\varphi\nu} = 4.44\nu f N k_{N\nu}\Phi_\nu \tag{7-28}$$

考虑高次谐波电动势后，相电动势的有效值为

$$E_\varphi = \sqrt{E_{\varphi1}^2 + E_{\varphi3}^2 + E_{\varphi5}^2 + \cdots + E_{\varphi\nu}^2 + \cdots}$$

$$= E_{\varphi1}\sqrt{1 + \left(\frac{E_{\varphi3}}{E_{\varphi1}}\right)^2 + \left(\frac{E_{\varphi5}}{E_{\varphi1}}\right)^2 + \cdots + \left(\frac{E_{\varphi\nu}}{E_{\varphi1}}\right)^2 + \cdots} \tag{7-29}$$

因 $\left(\frac{E_{\varphi3}}{E_{\varphi1}}\right)^2 \ll 1$，…，$\left(\frac{E_{\varphi\nu}}{E_{\varphi1}}\right)^2 \ll 1$，故可认为 $E_\varphi \approx E_{\varphi1}$，这说明高次谐波电动势对相电动势的数值影响很小，但对电动势的波形影响较大。

三相绕组可以接成星形，也可接成三角形，由于相电动势中的三次谐波电动势在三相之间的相位差为 $3 \times 120° = 360°$，是同相位的。因此当连接成星形时，线电动势中的三次谐波电动势抵消了，例如 $\dot{E}_{AB3} = \dot{E}_{\varphi A3} - \dot{E}_{\varphi B3} = 0$。同理，三的倍数的各奇次谐波电动势也不可能出现在线电动势中。其余各奇次谐波的线电动势为相应相电动势的 $\sqrt{3}$ 倍。因此，线电动势的有效值为

$$E_l = \sqrt{3}\sqrt{E_{\varphi1}^2 + E_{\varphi5}^2 + E_{\varphi7}^2 + \cdots} \tag{7-30}$$

当连接成三角形时，三次谐波电动势和三的倍数的各奇次谐波电动势在闭合的三角形内形成环流，该环流在三相绕组的三次谐波及三的倍数的奇次谐波阻抗上的压降与其电动势相平衡，因而在线电压中也不会出现三次和三的倍数次谐波。因为环流将引起附加损耗，导致温升增加和效率降低，所以现代交流发电机多采用星形联结而不采用三角形联结。

例 7-5 一台三相交流发电机，定子采用双层分布短距绕组，星形接法。已知定子总槽数 $Z = 36$，极数 $2p = 4$，节距 $y = 7$，每个线圈的匝数 $N_c = 20$，并联支路数 $a = 1$，转子速度 $n = 1500\text{r/min}$，若每极磁通的基波及 3、5、7 次谐波分量分别为 $\Phi_1 = 0.003\,98\text{Wb}$，$\Phi_3 = 0.000\,1\text{Wb}$，$\Phi_5 = 0.000\,04\text{Wb}$，$\Phi_7 = 0.000\,01\text{Wb}$。试求绕组的相电动势和线电动势。

解： 先求基波和 3、5、7 次谐波的绕组因数。根据例 7-3 和例 7-4 得：

$$k_{N1} = k_{y1} \cdot k_{q1} = 0.94 \times 0.96 \approx 0.902$$

$$k_{N3} = k_{y3} \cdot k_{q3} = -0.5 \times 0.667 \approx -0.334$$

$$k_{N5} = k_{y5} \cdot k_{q5} = -0.174 \times 0.217 \approx -0.038$$

$$k_{N7} = k_{y7} \cdot k_{q7} = 0.766 \times (-0.177) \approx -0.136$$

绕组因数为负，说明该次谐波电动势在基波电动势幅值为正时，其幅值为负值。计算电动势有效值时，不必考虑其符号。

每相绕组的串联匝数为

$$N = \frac{2pqN_c}{a} = \frac{4 \times 3 \times 20}{1} = 240 \text{（匝）}$$

发电机的电动势频率为

$$f = \frac{pn}{60} = \frac{2 \times 1500}{60} = 50 \text{（Hz）}$$

一相绕组的基波和 3、5、7 次谐波电动势有效值为

$$E_{\varphi1} = 4.44 f N k_{N1} \Phi_1$$

$$= 4.44 \times 50 \times 240 \times 0.902 \times 0.003\,98 = 191.3\,(\mathrm{V})$$

$$E_{\varphi3} = 4.44 \times 3fNk_{N3}\Phi_3$$

$$= 4.44 \times 3 \times 50 \times 240 \times 0.334 \times 0.000\,1 = 5.3\,(\mathrm{V})$$

$$E_{\varphi5} = 4.44 \times 5fNk_{N5}\Phi_5$$

$$= 4.44 \times 5 \times 50 \times 240 \times 0.038 \times 0.000\,04 = 0.4\,(\mathrm{V})$$

$$E_{\varphi7} = 4.44 \times 7fNk_{N7}\Phi_7$$

$$= 4.44 \times 7 \times 50 \times 240 \times 0.136 \times 0.000\,01 = 0.5\,(\mathrm{V})$$

因此绕组的相电动势有效值为

$$E_\varphi = \sqrt{E_{\varphi1}^2 + E_{\varphi3}^2 + E_{\varphi5}^2 + E_{\varphi7}^2} = \sqrt{191.3^2 + 5.3^2 + 0.4^2 + 0.5^2}$$

$$= 191.37\,(\mathrm{V}) \approx E_{\varphi1}$$

线电动势有效值为

$$E_1 = \sqrt{3} \times \sqrt{E_{\varphi1}^2 + E_{\varphi5}^2 + E_{\varphi7}^2} = \sqrt{3} \times \sqrt{191.3^2 + 0.4^2 + 0.5^2} = 331\,(\mathrm{V})$$

第五节　齿谐波电动势及其削弱的方法

前面的分析是认为定子铁芯表面光滑无齿，谐波电动势是由于气隙磁场的空间分布为非正弦所产生的，这种谐波电动势可以通过改善气隙磁场分布，采用分布、短距绕组以及连接成星形绕组来削弱。

实际上电机的定子上开有槽，尤其是大型电机多用开口槽，气隙磁阻实际是不均匀的。槽口处气隙磁阻大，磁力线集中于齿部，转子旋转时，磁场的分布形状就不再保持不变，而有周期性的变化，变化频率决定于槽数，这部分磁场在定子绕组中要感应出相应的电动势。此外，齿槽的存在也改变每极下气隙总磁导，使每极磁通量也发生周期性变化，这也会在定子绕组中感应电动势，这些电动势的频率都与定子每极的齿槽数有关。所有由于齿槽影响而产生的电动势统称为齿谐波电动势。

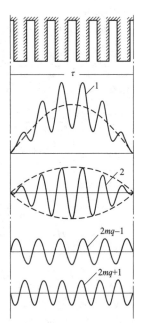

图 7-22 中曲线 1 是每极槽数 $Z/(2p) = 6$ 时，含有齿谐波电动势的波形。如果把齿谐波分出来，就如图中曲线 2 所示。其频率是基波的 $\dfrac{Z}{p} = 2mq$ 倍，又因为各个齿面下的磁密的大小不等，所以齿谐波电动势的幅值不是定值，通过分析可知，齿谐波电动势可以看成是由 $(2mq+1)$ 及 $(2mq-1)$ 两种不同谐波频率的等幅正弦电动势的合成，故一般齿谐波电动势的次数为 $(2mq \pm 1)$。实际齿谐波本身还不是正弦形，除了上面两个基本齿谐波以外，尚有更高次的齿谐波电动势，但其幅值已不大，较为次要，一般可略去不计。

图 7-22　齿谐波电动势

对于 $\nu = 2mq \pm 1$ 次的齿谐波电动势，其分布因数和节距因数分别为

$$k_{qv} = \frac{\sin v \dfrac{q\alpha_1}{2}}{q\sin v \dfrac{\alpha_1}{2}} = \frac{\sin(2mq \pm 1)\dfrac{q\alpha_1}{2}}{q\sin \dfrac{(2mq \pm 1)\alpha_1}{2}}$$

$$= \frac{\sin\left[(2mq \pm 1)\dfrac{\pi}{2m}\right]}{q\sin\left[(2mq \pm 1)\dfrac{\pi}{2mq}\right]} = \frac{\sin\left(q\pi \pm \dfrac{\pi}{2m}\right)}{q\sin\left(\pi \pm \dfrac{\pi}{2mq}\right)}$$

$$= \pm \frac{\sin \dfrac{q\alpha_1}{2}}{q\sin \dfrac{\alpha_1}{2}} = \pm k_{q1}$$

$$k_{yv} = \sin v \frac{y}{\tau} \cdot 90° = \sin\left[(2mq \pm 1)\frac{y}{\tau} \times 90°\right]$$

$$= \sin\left(\frac{mqy}{\tau} \times 180° \pm \frac{y}{\tau} \times 90°\right)$$

$$= \pm \sin \frac{y}{\tau} \times 90° = \pm k_{y1}$$

即齿谐波的分布因数和节距因数与基波的相等。如果采用分布和短距绕组来削弱齿谐波电动势，则基波电动势将按同样的比例被削弱，这显然是不行的，为此应采用其他措施来削弱齿谐波电动势。

削弱电机中齿谐波电动势的办法主要有以下几种：

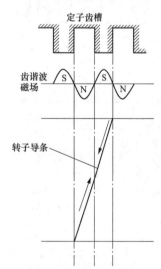

（1）采用磁性槽楔或半闭口槽，以减小由槽口气隙磁导变化较大引起的齿谐波。半闭口槽一般用于小型电机，磁性槽楔一般用于大中型电机中。

（2）采用斜槽。这种方法用在中小型异步电机及小型同步电机中，通常是斜槽一个定子齿距。图 7-23 是异步电机转子斜槽一个定子齿距的情况，当转子导体切割齿谐波磁场时，由于它的一半处于齿谐波磁场的 S 极下，另一半处于齿谐波磁场的 N 极下，因此两段所感应的齿谐波电动势大小相等而方向相反，从而使整个转子导体中的合成齿谐波电动势为零。显然，由于斜槽使基波和其他谐波电动势也都相应地有所减小。

对于大型电机，由于叠装铁芯和线圈成型时都有一定困难，常不用斜槽。对于凸极同步电机，可把转子做成斜极或把极靴分成几段，各段错开一个位置来削弱齿谐波。

图 7-23　转子斜槽消除齿谐波　　（3）增大每极每相槽数 q。q 值越大，定子铁芯内表面越接近于光滑，齿谐波的次数就越高，其影响就较小。在汽轮发电机里，由于极数少（一般 $2p = 2$），q 值较大，所以齿谐波电动势影响不大；而水轮发电机，极数多，q 值较小，齿谐波电动势影响较大，这时常采用分数槽绕组来削弱齿谐波电动势。

小 结

在构成三相交流绕组中，要掌握好如何分相来保证电动势的对称；如何连接来保证电动势最大；如何选择节距因数和分布因数来保证电动势波形接近正弦波。电动势星形图不仅说明了导体在气隙空间上的位置与导体电动势在时间上的相位关系，而且为分相提供了依据。

交流绕组的基本电动势公式是分析、计算以及设计交流电机的重要公式，它与变压器电动势公式在本质上并无不同，这是因为交流绕组电动势和变压器绕组电动势都是与线圈交链的磁通发生变化而产生的，但二者又有如下区别：

（1）变压器绕组的电动势是脉振磁场产生的，这种电动势称为变压器电动势；交流绕组电动势是旋转的恒幅磁场产生的，这种电动势称为运动电动势。

（2）变压器电动势公式中的 Φ_m 是磁通随时间变化的最大值，而交流绕组电动势公式中的 Φ_1 为在空间分布的基波每极磁通量。

（3）变压器的绕组是集中绕组，每匝交链同样的主磁通，所以不存在绕组因数的问题。而交流短距绕组每一线匝不可能匝链全部的每极磁通量，分布的各线圈之间又存在着相位差，所以要打一折扣，即要乘以绕组因数。

电动势中的谐波分量主要由气隙磁场在空间作非正弦分布和定子开槽引起，前者可以采用改善气隙磁场分布、短距和分布绕组等措施来削弱，后者可以采用斜槽、半闭口槽或磁性槽楔，以及分数槽绕组等措施来减小。

第八章　交流绕组的磁动势

本章学习目标：
(1) 掌握分析交流绕组磁动势的一般方法。
(2) 掌握单相交流绕组的磁动势性质、幅值及波形。
(3) 掌握三相交流绕组的磁动势性质、幅值及波形。

第一节　一相绕组的磁动势

一、整距绕组的磁动势

交流电机的电枢绕组流过电流产生的磁动势称为电枢磁动势，电枢磁动势产生的磁通对励磁磁通必然会产生影响，进而对电枢绕组的电动势产生影响，并在很大程度上决定了交流电机的运行特性。因此，我们必须研究电枢电流流过电枢绕组产生的磁动势问题。所得结论同样适用于异步电机定子绕组及转子绕组的磁动势，因此统称为交流绕组的磁动势。

交流绕组的磁动势不像变压器的磁动势那样简单，因为交流电机的各相绕组安放的空间不同位置，它产生的磁动势在空间按一定规律分布，因此它是空间的函数，又因为绕组中流过的电流是随时间变化的交流，所以绕组磁动势还要随时间而变化，它还是时间的函数。为了分析上的方便，作出如下假定：

(1) 以隐极电机进行分析，即电机的气隙均匀。
(2) 铁芯不饱和，因而铁芯磁压降可忽略不计，磁动势全部消耗在气隙里。
(3) 把电流集中于定子内圆表面，即不考虑齿槽效应。
(4) 绕组中的电流随时间按余弦规律变化。
(5) 以一对极进行分析，结论同样适用于多对极电机。

分析交流绕组的磁动势，也是从分析一匝或一个线圈的磁动势着手，然后分析一相绕组的磁动势，最后分析三相绕组的磁动势。

图 8-1 (a) 表示一台两极电机的定子铁芯，并有一个整距绕组 AX，当线圈通以电流时，便产生一两极磁场，若规定线圈电流正方向为 X 流入，A 流出，按右手螺旋定则，磁场方向如图中箭头所示，对于定子而言，下边为 N 极，上边为 S 极。

设线圈电流为 i_c，线圈匝数为 N_c，根据全电流定律，任一闭合磁力线回路的磁动势，等于它所包围的全部电流数。由图 8-1 (a) 可以看出，沿任意一根磁力线环绕一周所包围的全电流为 $i_c N_c$。因为磁力线经过 N、S 两个极，所以总磁动势的单位为安/对极。按照前面的假设，定、转子铁芯间的气隙均匀，且忽略铁芯磁压降，则全部磁动势消耗在两个气隙上，每个气隙消耗的磁动势为 $\frac{1}{2} i_c N_c$，称为气隙磁动势或每极安匝数。

1. 磁动势分布图

为了研究磁动势的空间分布，把气隙圆周展开成一直线，横坐标放在定子内圆表面上，且表示沿气隙圆周方向的空间距离，用电角度 α 量度；选线圈 AX 的轴线作为纵坐标，纵坐标表示线圈磁动势的大小，用 f_c 表示，如图 8-1（b）所示。

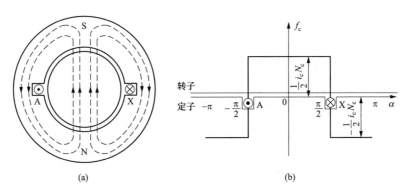

图 8-1 整距绕组的磁动势

（a）示意图；（b）磁动势的空间分布

因为无论离开线圈边 A 或 X 是远还是近，磁力线所包围的全电流都是 $i_c N_c$，所以气隙中磁动势处处相等，若仍规定磁动势方向由定子到转子为正，则整距绕组磁动势可表示为

$$f_c(\alpha) = \begin{cases} \dfrac{1}{2} i_c N_c \left(-\dfrac{\pi}{2} \leqslant \alpha \leqslant \dfrac{\pi}{2}\right) \\[3mm] -\dfrac{1}{2} i_c N_c \left(-\pi \leqslant \alpha \leqslant -\dfrac{\pi}{2},\ \dfrac{\pi}{2} \leqslant \alpha \leqslant \pi\right) \end{cases}$$

作出 $f_c(\alpha)$ 的分布曲线为一矩形波，如图 8-1（b）所示。

若线圈中电流随时间按余弦规律变化，即 $i_c = \sqrt{2} I_c \cos\omega t$ 时，则线圈磁动势为

$$f_c(\alpha, t) = \pm \frac{1}{2} \sqrt{2} I_c N_c \cos\omega t = F_{cm}(\alpha) \cos\omega t \tag{8-1}$$

其中
$$F_{cm}(\alpha) = \frac{\sqrt{2}}{2} I_c N_c = F_{cm} \quad \left(-\frac{\pi}{2} \leqslant \alpha \leqslant \frac{\pi}{2}\right)$$

$$F_{cm}(\alpha) = -\frac{\sqrt{2}}{2} I_c N_c = -F_{cm} \quad \left(-\pi \leqslant \alpha \leqslant -\frac{\pi}{2},\ \frac{\pi}{2} \leqslant \alpha \leqslant \pi\right)$$

为矩形波磁动势的最大幅值。

由图 8-2 可知当 $\omega t = 0$、$\pi/3$、$\pi/2$、$2\pi/3$、π 等几个瞬间线圈磁动势 $f_c(\alpha,\ t)$ 的变化情况，从图可以看出，在不同时间里，线圈磁动势 $f_c(\alpha,\ t)$ 在气隙空间的分布都呈矩形波，但其幅值在时间上却按余弦规律变化。这种空间位置固定、幅值随时间变化的波在物理学中称为驻波或称脉振波，故这种磁动势可称为脉振磁动势。由于当 $\omega t = 0$ 时，电流达最大值，矩形波磁动势的幅值也达最大；当 $\omega t = \pi/2$ 时，电流为零，矩形波磁动势也为零；当电流为负时，磁动势也随着改变方向，所以脉振磁动势的脉振频率与电流交变的频率相同。

2. 磁动势的谐波分析

由于整距绕组的磁动势在空间呈周期性的矩形分布，由此可以按傅里叶级数分解成基波和一系列高次谐波磁动势。由图 8-1（b）可知，磁动势波依纵坐标和横坐标对称，级数只含

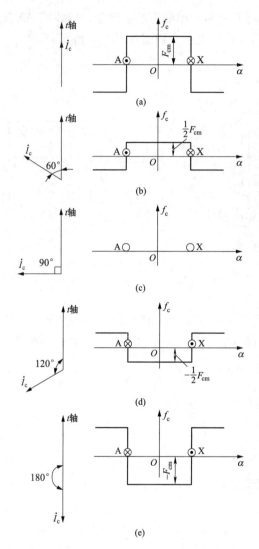

图 8-2　线圈磁动势随电流脉振情况

(a) $\omega t = 0$；(b) $\omega t = \pi/3$；(c) $\omega t = \pi/2$；(d) $\omega t = 2\pi/3$；(e) $\omega t = \pi$

余弦项和奇数项，且无常数项，于是矩形波磁动势用傅里叶级数可表示为

$$F_{cm}(\alpha) = F_{cm1}\cos\alpha + F_{cm3}\cos3\alpha + F_{cm5}\cos5\alpha + \cdots + F_{cm\nu}\cos\nu\alpha + \cdots \tag{8-2}$$

ν 次谐波磁动势的最大幅值 $F_{cm\nu}$ 可按傅里叶级数确定系数的方法求得。

$$F_{cm\nu} = \frac{1}{\pi}\int_0^{2\pi} F_{cm}(\alpha)\cos\nu\alpha\, d\alpha$$

$$= \frac{4}{\pi}F_{cm}\frac{1}{\nu}\sin\nu\frac{\pi}{2} = \frac{4}{\pi}\frac{\sqrt{2}}{2}\frac{1}{\nu}I_cN_c\sin\nu\frac{\pi}{2} \tag{8-3}$$

式中：$\sin\nu\dfrac{\pi}{2}$ 是表示傅里叶级数各项的正负，当 $\nu=1$，5，9，13…时，其磁动势为正，而当 $\nu=3$、7、11、15…时，其磁动势为负。

将式（8-3）代入式（8-2）和式（8-1）中，则整距绕组的脉振磁动势为

$$f_c(\alpha, t) = \frac{4}{\pi} \frac{\sqrt{2}}{2} I_c N_c \left[\cos\alpha - \frac{1}{3}\cos3\alpha + \frac{1}{5}\cos5\alpha + \cdots + \frac{1}{\nu}\cos\nu\alpha \sin\nu \frac{\pi}{2} + \cdots \right] \cos\omega t \qquad (8\text{-}4)$$

其中基波磁动势为

$$f_{c1} = \frac{4}{\pi} \frac{\sqrt{2}}{2} I_c N_c \cos\omega t \cos\alpha = F_{cm1}\cos\omega t \cos\alpha = F_{c1}\cos\alpha \qquad (8\text{-}5)$$

其中

$$F_{cm1} = \frac{4}{\pi} \frac{\sqrt{2}}{2} I_c N_c = 0.9 I_c N_c \qquad (8\text{-}6)$$

F_{cm1} 为基波磁动势最大幅值。

$$F_{c1} = F_{cm1}\cos\omega t = \frac{4}{\pi} \frac{\sqrt{2}}{2} I_c N_c \cos\omega t = 0.9 I_c N_c \cos\omega t \qquad (8\text{-}7)$$

F_{c1} 为基波磁动势的幅值。

ν 次谐波基波磁动势为

$$\begin{aligned}
f_{c\nu} &= \left(\frac{4}{\pi} \frac{\sqrt{2}}{2} \frac{1}{\nu} I_c N_c \sin\nu \frac{\pi}{2} \right) \cos\omega t \cos\nu\alpha \\
&= F_{cm\nu}\cos\omega t \cos\nu\alpha \\
&= F_{c\nu}\cos\nu\alpha \qquad (8\text{-}8)
\end{aligned}$$

其中

$$F_{cm\nu} = \frac{4}{\pi} \frac{\sqrt{2}}{2} \frac{1}{\nu} I_c N_c \sin\nu \frac{\pi}{2} = \frac{0.9}{\nu} I_c N_c \sin\nu \frac{\pi}{2} \qquad (8\text{-}9)$$

$F_{cm\nu}$ 为 ν 次谐波基波磁动势的最大幅值，它的大小为基波磁动势最大幅值的 $1/\nu$ 倍。

$$\begin{aligned}
F_{c\nu} &= F_{cm\nu}\cos\omega t \\
&= \frac{4}{\pi} \frac{\sqrt{2}}{2} \frac{1}{\nu} I_c N_c \sin\nu \frac{\pi}{2}\cos\omega t \\
&= \frac{0.9}{\nu} I_c N_c \sin\nu \frac{\pi}{2}\cos\omega t \qquad (8\text{-}10)
\end{aligned}$$

$F_{c\nu}$ 为 ν 次谐波磁动势的幅值。

由此可知，一整距绕组的磁动势沿气隙空间的分布为一矩形波，它可分解成基波和一系列奇数次高次谐波。基波和各次谐波都是空间电角度 α 的不同函数，它们的幅值都随时间 t 以相同的频率脉振，因此它们又是时间 t 的函数。ν 次谐波磁动势与基波磁动势相比较，其幅值为基波的 $1/\nu$，其极距也是基波的 $1/\nu$，而极对数则为基波的 ν 倍。图 8-3 表示了基波及三次、五次谐波磁动势的分布图形。

由式（8-5）可知，基波磁动势在空间按余弦规律分布，可用空间矢量 $\overline{F}_{c1}$ 来表示（F_{c1} 上加一横表示空间矢量，以区别于时间相量）。矢量的长度代表基波磁动势的幅值，它随时间而变化，矢量的位置位于线圈的轴线＋A 上，矢量的指向与线圈中电流的方向符合右手螺

旋定则，如图 8-4 所示。

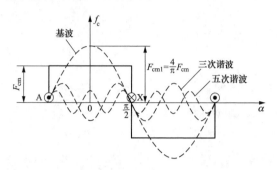

图 8-3　矩形波磁动势的基波及三次、五次谐波分量

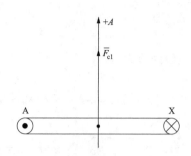

图 8-4　基波磁动势的矢量表示法

二、整距线圈组的磁动势

每极下属于同一相的线圈串联构成一个线圈组，一个线圈组有 q 个线圈，它们在空间相距 α_1 电角度。图 8-5（a）表示了 $q=3$ 的一个整距线圈组。

对于每个整距绕组而言，都要产生一个矩形波磁动势。因为每个线圈的匝数相等而且流过的电流也相同，所以各线圈的磁动势具有相同的幅值。因为相邻线圈在空间彼此错开一个槽间角 α_1，所以各矩形波磁动势在空间也相隔 α_1 电角度。把 3 个矩形波磁动势逐点相加，即得 $q=3$ 的整距线圈组的磁动势空间分布，如图 8-5（b）中粗线所示，它为一阶梯形波。

可将各个线圈的矩形波磁动势分解为基波和一系列高次谐波磁动势。图 8-5（b）中曲线 1、2、3 分别表示三个整距绕组的基波磁动势，其幅值相等，但在空间依次相差 α_1 电角度。把三个线圈的基波磁动势逐点相加，便可得到基波合成磁动势，如曲线 4 所示。

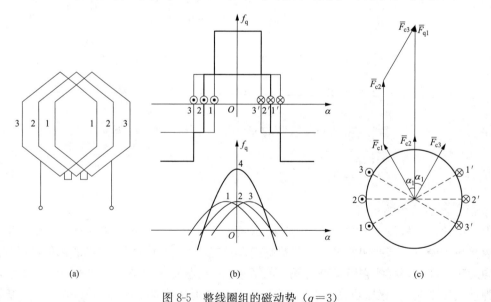

图 8-5　整线圈组的磁动势（$q=3$）

（a）绕组展开图；（b）合成的阶梯波磁动势；（c）基波磁动势矢量合成

基波磁动势可用空间矢量表示，矢量长度代表基波磁动势幅值，矢量位于线圈轴线上，而且 q 个基波磁动势矢量依次相差 α_1 空间电角度。把 q 个基波磁动势矢量相加，即得线圈

组的基波合成磁动势矢量 $\overline{F}_{q1}$，如图 8-5（c）所示。不难看出，用磁动势矢量求线圈组合成磁动势的方法与用电动势相量求线圈组电动势的方法相同。因而沿用求线圈组电动势的方法，可得线圈组的基波合成磁动势幅值 $\dot{F}_{q1}$ 为

$$F_{q1} = qF_{c1}\frac{\sin\dfrac{q\alpha_1}{2}}{q\sin\dfrac{\alpha_1}{2}} = qF_{c1}k_{q1} \tag{8-11}$$

其中 $k_{q1} = \dfrac{\sin\dfrac{q\alpha_1}{2}}{q\sin\dfrac{\alpha_1}{2}}$ 称为基波磁动势的分布因数，它和计算基波电动势的分布因数公式一样，只是磁动势分布因数公式中的 α_1 为空间角，电动势分布因数公式中的 α_1 为时间角，其意义是表示 q 个分布线圈的基波合成磁动势与这 q 个线圈集中在同一槽中时基波合成磁动势的比值。

同理，可求得整距绕组 ν 次谐波合成磁动势的幅值及其分布因数为

$$F_{q\nu} = qF_{c\nu}k_{q\nu} \tag{8-12}$$

$$k_{q\nu} = \frac{\sin\dfrac{\nu q\alpha_1}{2}}{q\sin\dfrac{\nu\alpha_1}{2}}$$

把式（8-7）代入式（8-11）即得一个整距线圈组的基波磁动势幅值，即

$$F_{q1} = \frac{4}{\pi}\frac{\sqrt{2}}{2}I_c qN_c k_{q1}\cos\omega t$$
$$= 0.9 I_c qN_c k_{q1}\cos\omega t = F_{qm1}\cos\omega t \tag{8-13}$$

其中
$$F_{qm1} = \frac{4}{\pi}\frac{\sqrt{2}}{2}I_c qN_c k_{q1} = 0.9 I_c qN_c k_{q1} \tag{8-14}$$

F_{qm1} 为一个整距线圈组的磁动势基波最大幅值。qN_c 为一个线圈组的匝数。于是一个整距线圈组的基波磁动势表达式为

$$f_{q1} = F_{q1}\cos\alpha = F_{qm1}\cos\omega t\cos\alpha$$
$$= \frac{4}{\pi}\frac{\sqrt{2}}{2}I_c(qN_c)k_{q1}\cos\omega t\cos\alpha \tag{8-15}$$

同理，可求得一个整距线圈组的 ν 次谐波磁动势表达式为

$$f_{q\nu} = \frac{4}{\pi}\frac{\sqrt{2}}{2}\frac{1}{\nu}I_c(qN_c)k_{q\nu}\sin\nu\frac{\pi}{2}\cos\omega t\cos\nu\alpha$$
$$= F_{qm\nu}\cos\omega t\cos\nu\alpha$$
$$= F_{q\nu}\cos\nu\alpha \tag{8-16}$$

其中
$$F_{qm\nu} = \frac{4}{\pi}\frac{\sqrt{2}}{2}\frac{1}{\nu}I_c(qN_c)k_{q\nu}\sin\nu\frac{\pi}{2} \tag{8-17}$$

$F_{qm\nu}$ 为一个整距线圈组 ν 次谐波磁动势的最大幅值。

$$F_{q\nu} = \frac{4}{\pi} \frac{\sqrt{2}}{2} \frac{1}{\nu} I_c (qN_c) k_{q\nu} \sin\nu \frac{\pi}{2} \cos\omega t \qquad (8-18)$$

$F_{q\nu}$ 为一个整距线圈组 ν 次谐波磁动势幅值。

由以上分析可知，采用分布绕组后，其合成磁动势要比集中绕组时为小，需乘上一个小于 1 的分布因数，和分析电动势时一样，分布绕组也可削弱磁动势中的高次谐波以改善磁动势的空间分布波形。

三、双层短距线圈组的磁动势

图 8-6（a）表示 $p=1$，$q=3$，$\tau=9$，$y=8$ 的双层短距绕组中属于同一相的两个线圈组，由于绕组所产生的磁动势波形只与槽中导体电流大小和方向以及导体在槽内的分布有关，而与导体间连接的先后次序无关。因此，原来由 $1\sim9'$、$2\sim10'$、$3\sim11'$ 和 $10\sim18'$、$11\sim1'$、$12\sim2'$ 所组成的两个短距线圈组，就其磁动势来说，可以把它们的上层边看作一个 $q=3$ 的整距线圈组，再把它们的下层边看作另一个 $q=3$ 的整距线圈组，如图 8-6（b）所示。这两个整距线圈组在空间错开 β 电角度，这 β 角恰好等于线圈节距缩短的电角度，即 $\beta = (180° - \gamma) = \frac{\tau - y}{\tau} \times 180°$，从而这两个整距线圈组产生的基波磁动势在空间相位上也应错开 β 电角度。图 8-6（c）中，曲线 1、2 分别表示上层和下层线圈组的基波磁动势波形。将这两条曲线相加，即得双层短距线圈组的基波磁动势，如图 8-6（c）曲线 3 所示。

两个整距线圈组的基波磁动势可用空间矢量表示。上层线圈组的基波磁动势 $\overline{F}_{q1(\text{上})}$ 与下层线圈组的基波磁动势 $\overline{F}_{q1(\text{下})}$ 之间相隔 β 电角度，由矢量相加即可得到一对极下两短距线圈组的基波合成磁动势幅值 F_{q1}，如图 8-6（d）所示。由矢量图可知

$$F_{q1} = 2F_{q1(\text{上})} \cos\frac{\beta}{2} = 2F_{q1(\text{上})} k_{y1} \qquad (8-19)$$

其中 $k_{y1} = \cos\frac{\beta}{2} = \cos\left[\left(1 - \frac{y}{\tau}\right)90°\right] = \sin\left(\frac{y}{\tau}90°\right)$ 为基波磁动势的节距因数，它和计算基波电动势的节距因数公式一样。$F_{q1(\text{上})}$ 为整距线圈组磁动势，把式（8-13）代入式（8-19）即得

$$F_{q1} = \frac{4}{\pi} \frac{\sqrt{2}}{2} I_c (2qN_c) k_{y1} k_{q1} \cos\omega t$$
$$= 0.9 I_c (2qN_c) k_{N1} \cos\omega t = F_{qm1} \cos\omega t \qquad (8-20)$$

其中，$k_{N1} = k_{y1} k_{q1}$ 为基波磁动势的绕组因数。

$F_{qm1} = 0.9 I_c (2qN_c) k_{N1}$ 为一对极下两短距线圈组的基波合成磁动势最大幅值。

同理可得 ν 次谐波磁动势的幅值为

$$F_{q\nu} = \frac{4}{\pi} \frac{\sqrt{2}}{2} \frac{1}{\nu} I_c (2qN_c) k_{y\nu} k_{q\nu} \cos\omega t$$
$$= \frac{0.9}{\nu} I_c (2qN_c) k_{N\nu} \cos\omega t$$
$$= F_{qm\nu} \cos\omega t \qquad (8-21)$$

其中 $k_{y\nu} = \sin\nu\left(\frac{y}{\tau}90°\right)$ 为 ν 次谐波磁动势的节距因数。当 $y=\tau$ 时，$k_{y\nu} = \sin\nu\frac{\pi}{2}$ 即为式（8-18）中用来确定磁动势正负的因数。

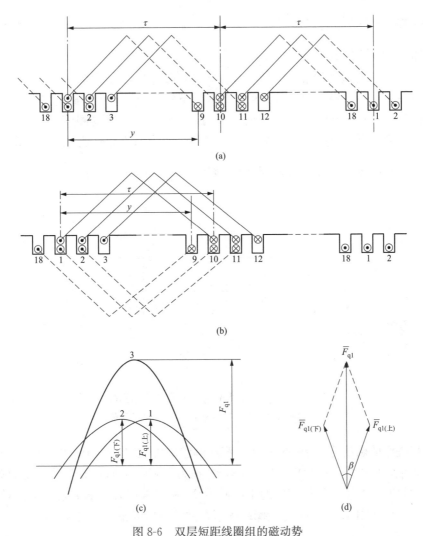

图 8-6 双层短距线圈组的磁动势

（a）单层整距线圈组；（b）等效的单层整距线圈组；（c）上下层基波磁动势的合成；

（d）用矢量求基波合成磁动势

$k_{N\nu} = k_{y\nu} \cdot k_{q\nu}$ 为 ν 次谐波磁动势的绕组因数。

$F_{qm\nu} = \dfrac{0.9}{\nu} I_c (2qN_c) k_{N\nu}$ 为一对极下两短距线圈组的 ν 次谐波合成磁动势最大幅值。

于是，一对极下双层短距线圈组的基波和 ν 次谐波磁动势表达式为

$$f_{q1} = F_{q1} \cos\alpha = F_{qm1} \cos\omega t \cos\alpha$$

$$= \frac{4}{\pi} \frac{\sqrt{2}}{2} I_c (2qN_c) k_{N1} \cos\omega t \cos\alpha \tag{8-22}$$

$$f_{q\nu} = F_{q\nu} \cos\nu\alpha = F_{qm\nu} \cos\omega t \cos\nu\alpha$$

$$= \frac{4}{\pi} \frac{\sqrt{2}}{2} \frac{1}{\nu} I_c (2qN_c) k_{N\nu} \cos\omega t \cos\nu\alpha \tag{8-23}$$

和分析电动势时一样，短距绕组也可削弱磁动势中的高次谐波。若要消除 ν 次谐波磁动

势，只要取节距 $y = \dfrac{\nu-1}{\nu}\tau$ 就可达到。

四、一相绕组的磁动势

以上讨论的是一对极下的磁动势情况。对于多对极电机，由于各对极下的磁动势和磁阻组成一个个对称的分支磁路，每相绕组处在各对极下的部分所产生的磁动势不作用在同一磁路上不能相加，所以一相绕组的磁动势就等于一对极下一相线圈组的磁动势。例如图 8-7 （a）表示 4 极整距绕组产生的磁场，由图可见，若线圈匝数仍为 N_c，线圈中电流仍为 i_c，则气隙磁动势仍为 $\dfrac{1}{2}i_c N_c$，其磁动势分布如图 8-7 （b）所示。

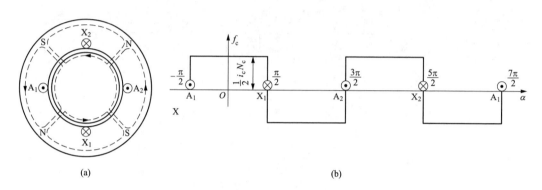

图 8-7　四极整距绕组的磁场及磁动势分布
(a) 四极整距绕组的磁场分布；(b) 磁动势分布

由于一相绕组的磁动势等于一对极下一相线圈组的磁动势，对于双层绕组，一对极下一相有两个线圈组，所以式（8-22）、式（8-23）分别为一相绕组的基波和谐波磁动势表达式。但在计算磁动势时，习惯用每相绕组的串联匝数 N 和相电流有效值 I 来表示。对于双层绕组，一相共有 $2p$ 个线圈组，而一个线圈组有 qN_c 匝，所以一相总匝数为 $2pqN_c$。设并联支路数为 a，则每相绕组一条支路串联匝数为 $N = \dfrac{2pqN_c}{a}$ （或称一相串联匝数），将 $2qN_c = \dfrac{a}{p}N$ 和线圈电流 $I_c = \dfrac{I}{a}$ 代入式（8-22）和式（8-23），即得一相绕组基波和谐波磁动势表达式。

其基波磁动势表达式为

$$f_{\varphi 1} = \frac{4}{\pi}\frac{\sqrt{2}}{2}\frac{IN}{p}k_{N1}\cos\omega t\cos\alpha$$

$$= 0.9\frac{IN}{p}k_{N1}\cos\omega t\cos\alpha$$

$$= F_{\varphi m1}\cos\omega t\cos\alpha = F_{\varphi 1}\cos\alpha \qquad (8\text{-}24)$$

其中
$$F_{\varphi m1} = 0.9\frac{IN}{p}k_{N1}\ （安/极） \qquad (8\text{-}25)$$

$F_{\varphi m1}$ 为一相绕组磁动势的最大幅值。

$$F_{\varphi 1} = 0.9\frac{IN}{p}k_{N1}\cos\omega t\ （安/极） \qquad (8\text{-}26)$$

$F_{\varphi 1}$ 为一相绕组基波磁动势的幅值。

其 ν 次谐波磁动势表达式为

$$
\begin{aligned}
f_{\varphi\nu} &= \frac{4}{\pi} \frac{\sqrt{2}}{2} \frac{1}{\nu} \frac{IN}{p} k_{N\nu} \cos\omega t \cos\nu\alpha \\
&= \frac{0.9}{\nu} \frac{IN}{p} k_{N\nu} \cos\omega t \cos\nu\alpha \\
&= F_{\varphi m\nu} \cos\omega t \cos\nu\alpha = F_{\varphi\nu} \cos\nu\alpha
\end{aligned}
\tag{8-27}
$$

其中

$$
F_{\varphi m\nu} = \frac{0.9}{\nu} \frac{IN}{p} k_{N\nu} \text{（安/极）}
\tag{8-28}
$$

$F_{\varphi m\nu}$ 为一相绕组 ν 次谐波磁动势的最大幅值。

$$
F_{\varphi\nu} = \frac{0.9}{\nu} \frac{IN}{p} k_{N\nu} \cos\omega t \text{（安/极）}
\tag{8-29}
$$

$F_{\varphi\nu}$ 为一绕组 ν 次谐波磁动势的幅值。

对于单层绕组，一对极下一相只有一个整距线圈组，一相共有 p 个整距线圈组，一相总匝数为 pqN_c，所以每相绕组一条支路串联匝数为 $N = \dfrac{pqN_c}{a}$，以 $qN_c = \dfrac{a}{p}N$ 和 $I_c = \dfrac{I}{a}$ 代入式 (8-15)、式 (8-16)，可得和式 (8-24)、式 (8-27) 相同的一相基波和谐波磁动势表达式。

最后，可以写出一相绕组磁动势表达式为

$$
\begin{aligned}
f_{\varphi} = 0.9 \frac{IN}{p} \Big[& k_{N1} \cos\alpha + \frac{1}{3} k_{N3} \cos3\alpha + \frac{1}{5} k_{N5} \cos5\alpha + \cdots \\
& + \frac{1}{\nu} k_{N\nu} \cos\nu\alpha + \cdots \Big] \cos\omega t
\end{aligned}
\tag{8-30}
$$

五、脉振磁动势的分解

如上所述，一相绕组的磁动势为在空间按一定波形分布的脉振磁动势，它可分解为基波和一系列高次谐波，通常把这些谐波分别单独处理，但有时为了便于说明问题，也常将在空间按余弦（或正弦）分布，在时间上作余弦（或正弦）脉振的磁动势分解为两个幅值相等、转速相同、转向相反的旋转磁动势。现以基波脉振磁动势说明。

把式 (8-24) 按三角函数公式进行分解，可写成

$$
\begin{aligned}
f_{\varphi 1} &= F_{\varphi m1} \cos\omega t \cos\alpha = \frac{1}{2} F_{\varphi m1} \cos(\omega t - \alpha) + \frac{1}{2} F_{\varphi m1} \cos(\omega t + \alpha) \\
&= f_{\varphi 1}' + f_{\varphi 1}''
\end{aligned}
$$

上式表明，一个脉振磁动势可以分解为两个幅值为 $\dfrac{1}{2} F_{\varphi m1}$ 的磁动势，它们也是时间 t 和空间 α 的函数。先分析第一项：

$$
f_{\varphi 1}' = \frac{1}{2} F_{\varphi m1} \cos(\omega t - \alpha)
\tag{8-31}
$$

可以看出，若时间 t 一定，则 $f_{\varphi 1}'$ 是一个空间按余弦分布的波；当空间位置 α 一定，则 $f_{\varphi 1}'$ 是

一个随时间按余弦变化的波，其幅值都是 $\dfrac{1}{2}F_{\varphi m1}$。假如取幅值 $\dfrac{1}{2}F_{\varphi m1}$ 这一点来研究，该值所对应的 t 和 α 必须满足 $\omega t - \alpha = 0°$。从这个条件看，如果时间 t 变化，则出现幅值的空间位置 α 也要变化，即随着时间的推移，波的幅值也在移动，磁动势波上某一点的移动情况也是整个磁动势 $f'_{\varphi 1}$ 的移动情况。图 8-8 表示了 $\omega t = 0$、$\dfrac{\pi}{2}$、π 三个瞬间磁动势波移动的位置。

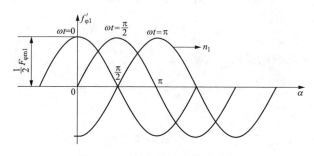

图 8-8 正转的基波旋转磁动势

由此可知，随着时间的增长，这个磁动势波往 α 正方向移动，物理学中称为行波。因为该磁动势在电机气隙里的移动实际上为旋转，所以这种磁动势称为正向旋转磁动势。

旋转磁动势波上任何点的移动方向和转速就代表了整个旋转波的方向和转速。因此，可选取最大幅值那一点来研究，出现该点的条件是 $\omega t - \alpha = 0°$ 或 $\alpha = \omega t$。把 α 对 t 求导，即可求得对应于波幅这一点（也就是旋转磁动势波）的角速度。

$$\frac{\mathrm{d}\alpha}{\mathrm{d}t} = \frac{\mathrm{d}\omega t}{\mathrm{d}t} = \omega = 2\pi f（电弧度／秒） \tag{8-32}$$

即该旋转磁动势的角速度等于电流的角频率，且朝 $+\alpha$ 方向旋转。在电机里，习惯用每分钟转数来表示旋转速度。由于该旋转磁动势每秒钟转 ω 电弧度，每分钟转 60ω 电弧度，而旋转一周为 $p \cdot 2\pi$ 电弧度，所以旋转磁动势的转速为

$$n_1 = \frac{60\omega}{p \cdot 2\pi} = \frac{60 \cdot 2\pi f}{p \cdot 2\pi} = \frac{60f}{p} \tag{8-33}$$

该转速与同步电机转子转速一样，称为同步速。

同理，可推断出第二项 $f''_{\varphi 1} = \dfrac{1}{2}F_{\varphi m1}\cos(\omega t + \alpha)$ 也是一幅值不变的旋转磁动势。由于出现最大幅值的条件是 $\omega t + \alpha = 0°$，所以其转速为

$$\frac{\mathrm{d}\alpha}{\mathrm{d}t} = -\omega = -2\pi f$$

$$n_1 = -\frac{60f}{p}$$

即转速与 $f'_{\varphi 1}$ 的相同，但转向相反（往 $-\alpha$ 方向旋转）。

基波脉振磁动势可以分解成两个幅值相等、转速相同、转向相反的旋转磁动势，也可用图 8-9 中的波形分解和矢量分解来说明。

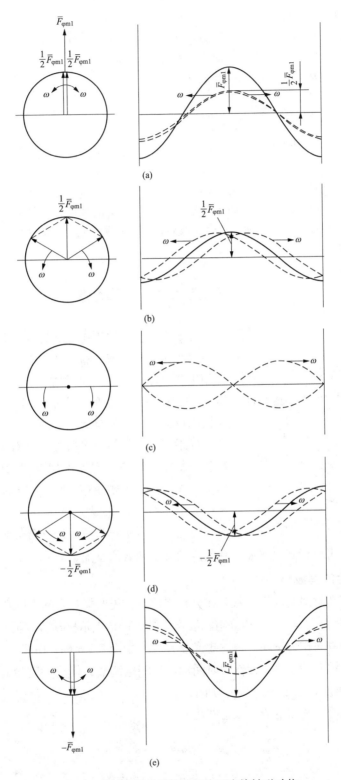

图 8-9 基波脉振磁动势分解为两个旋转磁动势

(a) $\omega t = 0$；(b) $\omega t = \pi/3$；(c) $\omega t = \pi/2$；(d) $\omega t = 2\pi/3$；(e) $\omega t = \pi$

综上所述，可得如下结论：

（1）一相绕组的磁动势为一空间位置固定、幅值随时间变化的脉振磁动势，脉振的频率等于电流的频率，脉振磁动势的幅值位于相绕组的轴线上。

（2）一相绕组的基波和谐波磁动势表达式为

$$f_{\varphi 1} = 0.9 \frac{IN}{p} k_{N1} \cos\omega t \cos\alpha = F_{\varphi m1} \cos\omega t \cos\alpha = F_{\varphi 1} \cos\alpha$$

$$f_{\varphi\nu} = \frac{0.9}{\nu} \frac{IN}{p} k_{N\nu} \cos\omega t \cos\nu\alpha = F_{\varphi m\nu} \cos\omega t \cos\nu\alpha = F_{\varphi\nu} \cos\nu\alpha$$

式中：$F_{\varphi m1}$、$F_{\varphi m\nu}$ 分别为基波和谐波脉振磁动势的最大幅值，它与电流的最大值成正比；$F_{\varphi 1}$、$F_{\varphi\nu}$ 分别为基波和谐波脉振磁动势的幅值，它与电流的瞬时值成正比。

（3）一相绕组的基波（或谐波）脉振磁动势可以分解成两个幅值相等、转速相同、转向相反的旋转磁动势。

第二节　三相绕组的磁动势

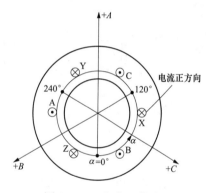

图 8-10　三相绕组等效图

为研究方便，这里把三相绕组的每一相用一等效的单层整距集中绕组来代替，该等效绕组的匝数等于实际一相串联匝数 N 乘以绕组因数 k_{N1}，Nk_{N1} 称为一相有效匝数。三相绕组在空间互差 120° 电角度，图 8-10 为一对极电机的三相等效绕组示意图。

如果三相等效绕组里通过三相对称电流，则每相均产生一脉振磁动势，把三个相绕组的磁动势进行合成，即得三相绕组的合成磁动势。合成的方法有数学分析法、波形合成法、矢量合成法等。逐一用这些方法分析，可进一步揭示三相绕组磁动势的规律。

先分析基波，再分析高次谐波，总的磁动势是两者的叠加。

一、三相绕组的基波磁动势

磁动势是空间和时间的双重函数，在分析之前，首先要规定它的空间和时间参考坐标。

空间坐标（相轴）——以 A 相绕组轴线作为纵坐标，表示磁动势。横坐标放在定子内圆表面，且以逆时针方向作为正向，以 α 电角度量度，如图 8-11（a）所示。

时间坐标（时轴）——以 t 轴作为时间轴，A 相电流最大作为时间的起点，以逆时针方向为正向，用 ωt 量度，如图 8-11（b）所示。

选定时间坐标后，三相电流的表达式为

$$\left. \begin{array}{l} i_A = \sqrt{2}\, I \cos\omega t \\[4pt] i_B = \sqrt{2}\, I \cos(\omega t - 120°) \\[4pt] i_C = \sqrt{2}\, I \cos(\omega t - 240°) \end{array} \right\} \tag{8-34}$$

电流仍规定由末端流向首端为正，如图 8-10 所示。

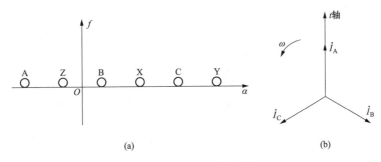

图 8-11 空间和时间坐标
(a) 空间坐标；(b) 时间坐标

1. 数学分析法

根据图 8-11 中的坐标，A 相绕组的基波磁动势 f_{A1} 可表示为

$$f_{A1} = F_{\varphi m1} \cos\omega t \cos\alpha$$

滞后 A 相 120°时间电角度的 B 相电流 i_B，通过位于 A 相绕组前面 120°空间电角度的 B 相绕组产生的基波磁动势 f_{B1} 可表示为

$$f_{B1} = F_{\varphi m1} \cos(\omega t - 120°)\cos(\alpha - 120°)$$

电流 i_c 通过 C 相绕组产生的基波磁动势 f_{C1} 可表示为

$$f_{C1} = F_{\varphi m1} \cos(\omega t - 240°)\cos(\alpha - 240°)$$

其中 $F_{\varphi m1} = \dfrac{4\sqrt{2}}{\pi}\dfrac{IN}{2p}k_{N1} = 0.9\dfrac{IN}{p}k_{N1}$ （安/极）为每相绕组基波磁动势的最大幅值。

显然，各相绕组产生的基波磁动势都是脉振磁动势，但它们脉振在时间上有先后，在空间上有相位移。合成时，可把每相的基波脉振磁动势分解成两个旋转磁动势，它们分别为

$$f_{A1} = F_{\varphi m1}\cos\omega t \cos\alpha$$
$$= \frac{1}{2}F_{\varphi m1}\cos(\omega t - \alpha) + \frac{1}{2}F_{\varphi m1}\cos(\omega t + \alpha)$$
$$f_{B1} = F_{\varphi m1}\cos(\omega t - 120°)\cos(\alpha - 120°)$$
$$= \frac{1}{2}F_{\varphi m1}\cos(\omega t - \alpha) + \frac{1}{2}F_{\varphi m1}\cos(\omega t + \alpha - 240°)$$
$$f_{C1} = F_{\varphi m1}\cos(\omega t - 240°)\cos(\alpha - 240°)$$
$$= \frac{1}{2}F_{\varphi m1}\cos(\omega t - \alpha) + \frac{1}{2}F_{\varphi m1}\cos(\omega t + \alpha - 120°)$$

三个式中的后面一项是互差120°的余弦函数，加起来等于零，所以三相基波合成磁动势为

$$f_1 = f_{A1} + f_{B1} + f_{C1} = \frac{3}{2}F_{\varphi m1}\cos(\omega t - \alpha) = F_1\cos(\omega t - \alpha) \tag{8-35}$$

其中
$$F_1 = \frac{3}{2}F_{\varphi m1} = \frac{3}{2}\frac{4}{\pi}\frac{\sqrt{2}}{2}\frac{IN}{p}k_{N1} = 1.35\frac{IN}{p}k_{N1}(\text{安／极}) \tag{8-36}$$

F_1 为三相基波合成磁动势的幅值。

式（8-35）与式（8-31）随时间的变化规律一样，由此可知，三相基波合成磁动势为一旋转磁动势，其幅值为一相基波脉振磁动势最大幅值的 3/2 倍，旋转方向为 $+\alpha$ 方向，角速度为 ω，或每分钟转数为 $n_1 = \dfrac{60f}{p}$。

2. 波形合成和矢量合成法

以上结论也可以由波形合成和矢量合成得到。图 8-12 表示了五个不同时刻基波合成磁动势的情况。$+A$、$+B$、$+C$ 表示三相绕组的轴线，各相磁动势的幅值分别位于这三条轴线上，且与该相电流的瞬时值成正比。按照电流的规定正方向由末端流向首端和磁动势方向与电流方向符合右手螺旋定则，即可作出各相基波磁动势的波形图和矢量图。然后将三相磁动势逐点相加，可得三相基波合成磁动势波形；把三相基波磁动势矢量进行合成，即得三相基波合成磁动势的幅值和位置。例如 $\omega t = 0°$ 这一瞬间，此时各相电流瞬时值为 $i_A = \sqrt{2}I$，$i_B = -\dfrac{\sqrt{2}}{2}I$，$i_C = -\dfrac{\sqrt{2}}{2}I$。A 相电流为正的最大，电流由 X 端流入，A 端流出，因此按右手螺旋定则，A 相基波磁动势幅值位于 $+A$ 轴上，其磁动势幅值为 $F_{\varphi m1}$。由于 B、C 相电流为最大值的一半，且为负值，所以都从首端 B、C 流入，末端 Y、Z 流出，它们的基波磁动势幅值位于 $+B$、$+C$ 轴的反方向上，其磁动势幅值为 $\dfrac{1}{2}F_{\varphi m1}$。合成后的幅值刚好位于 A 相绕组轴线上，其大小等于 $F_{\varphi m1}$ 的 3/2 倍，如图 8-12（a）所示。

如果时间转过 60°，即 $\omega t = \dfrac{\pi}{3}$，$i_A = \dfrac{\sqrt{2}}{2}I$，$i_B = \dfrac{\sqrt{2}}{2}I$，$i_C = -\sqrt{2}I$。A、B 相电流为正值，且为最大值的一半，所以磁动势幅值等于 $\dfrac{1}{2}F_{\varphi m1}$，且位于 $+A$、$+B$ 轴上。C 相电流为负的最大值，磁动势幅值等于 $F_{\varphi m1}$，且位于 $+C$ 轴的反方向上。合成后的磁动势幅值刚好位于 $+C$ 轴的反方向上，其大小仍等于 $F_{\varphi m1}$ 的 3/2 倍，如图 8-12（b）所示。依此类推，即可作出其他瞬间的磁动势波形图和矢量图。

由此可知，基波合成磁动势幅值不变，为 $\dfrac{3}{2}F_{\varphi m1}$，随着时间的推移，合成磁动势往 $+\alpha$ 方向移动，当电流变化 60° 时间电角度时，合成磁动势波往 $+\alpha$ 方向移动 60° 空间电角度，也就是说合成基波磁动势的角速度等于电流的角频率，其次还发现，当某相电流最大时，合成磁动势幅值刚好位于某相绕组的轴线上，根据这一点可以确定任意瞬间合成磁动势的位置。

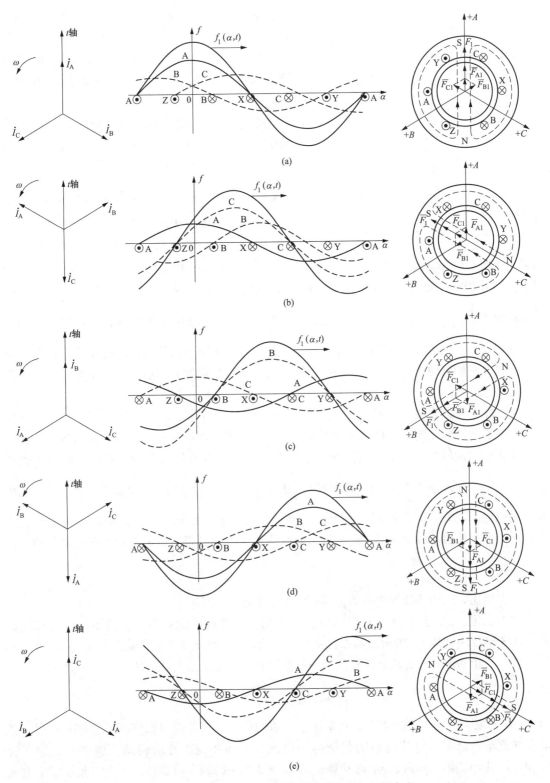

图 8-12　三相绕组基波磁动势的波形合成和矢量合成

(a) $\omega t = 0$；(b) $\omega t = \pi/3$；(c) $\omega t = \pi/2$；(d) $\omega t = 2\pi/3$；(e) $\omega t = \pi$

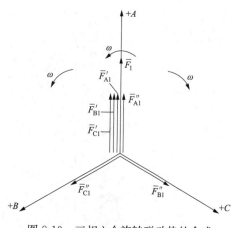

图 8-13　三相六个旋转磁动势的合成

每一相的基波脉振磁动势用两个旋转矢量来表示，也可求出三相基波合成磁动势。例如取 $\omega t = 0$ 瞬间，A 相电流为正的最大值，此时 A 相绕组的磁动势位于 $+A$ 轴，其幅值为最大值 $F_{\varphi m1}$，如把它分解为两个旋转磁动势，$\overline{F}'_{A1}$ 朝 $+\alpha$ 方向旋转，为正转磁动势；$\overline{F}''_{A1}$ 朝 $-\alpha$ 方向旋转，为反转磁动势。由于 A 相电流为正的最大值，故 $\overline{F}'_{A1}$、$\overline{F}''_{A1}$ 都位于 $\alpha = 0°$ 的地方，即 $+A$ 轴处，其大小等于 $\frac{1}{2}F_{\varphi m1}$，如图 8-13 所示。$\overline{F}'_{B1}$、$\overline{F}''_{B1}$ 分别为 B 相的正转磁动势和反转磁动势，为确定 $\omega t = 0°$ 时这两个旋转磁动势的位置，可以这样设想，如果 $\omega t = 120°$ 电角度时，那时 B 相电流达到正的最大值，B 相脉振磁动势幅值也为正的最大值 $F_{\varphi m1}$ 且位于 $+B$ 轴线上（$\alpha = 120°$ 电角度），此时分解出的 $\overline{F}'_{B1}$、$\overline{F}''_{B1}$ 也都位于 $+B$ 轴上，其大小等于 $\frac{1}{2}F_{\varphi m1}$。显然，当 $\omega t = 0°$ 这一瞬间，$\overline{F}'_{B1}$、$\overline{F}''_{B1}$ 都应按各自的转向退回 120° 电角度，如图 8-13 所示位置。同样 $\overline{F}'_{C1}$、$\overline{F}''_{C1}$ 分别为 C 相的正转磁动势和反转磁动势。当 C 相电流最大时，它们都位于 $+C$ 轴上，$\omega t = 0°$ 时，它们应按各自的转向后退 240° 电角度，如图 8-13 所示位置。

从此图中可以看出，三相的六个旋转磁动势矢量中，$\overline{F}''_{A1}$、$\overline{F}''_{B1}$、$\overline{F}''_{C1}$ 为三个反转的旋转矢量，它们的转速相同，而且彼此相距 120° 空间电角度，幅值又相等，故合成后等于零。另外三个正转的旋转矢量 $\overline{F}'_{A1}$、$\overline{F}'_{B1}$、$\overline{F}'_{C1}$ 它们在空间是同方向的，当 $\omega t = 0°$ 时，幅值都处于 $\alpha = 0°$ 的位置，它们的转速相同，幅值都为 $\frac{1}{2}F_{\varphi m1}$，合成后为 $\frac{3}{2}F_{\varphi m1}$，这就是三相基波合成磁动势的幅值。随着时间的推移，由于三个反转磁动势的转速相同，任何瞬间，合成后总为零，而三个正转磁动势总是同方向，任何瞬间的合成磁动势幅值总为一相脉振磁动势最大幅值的 $\frac{3}{2}$ 倍。

综上所述，三相基波合成磁动势具有以下主要性质：

（1）三相对称绕组通入三相对称电流产生的基波合成磁动势为一幅值不变的旋转磁动势。由于基波磁动势 $\overline{F}_1$ 矢量的端点轨迹是一个圆，故又称为圆形旋转磁动势。

（2）三相基波合成磁动势的幅值为一相基波脉振磁动势最大幅值的 3/2 倍，即

$$F_1 = \frac{3}{2}F_{\varphi m1} = 1.35\frac{IN}{p}k_{N1}（安／极）$$

（3）三相基波合成磁动势的转向取决于电流的相序和三相绕组在空间上的排列次序。基波合成磁动势总是从电流超前的相绕组向电流滞后的相绕组方向转动。例如电流相序为 A 相→B 相→C 相，则基波合成磁动势按 A 轴→B 轴→C 轴方向旋转。改变三相绕组中电流相序可以改变旋转磁动势的转向。

（4）三相基波合成磁动势的转速与电流频率保持如下严格不变的关系，即

$$n = \frac{60f}{p} \ (\text{r/min})$$

该转速即为同步速。

（5）当某相电流达到最大时，基波合成磁动势的波幅刚好转到该相绕组的轴线上，磁动势的方向与绕组中电流方向符合右手螺旋定则。

二、三相绕组的谐波磁动势

三相绕组通入三相对称电流时，在每相中除产生基波磁动势外，还产生一系列奇次谐波磁动势。仍可用分析基波的方法来分析谐波磁动势的合成，但要注意的是三相绕组中电流的相位仍为互差120°，而三相绕组的轴线，对于 ν 次谐波而言，却互差 $\nu \times 120°$ 电角度。以下主要分析3、5、7次谐波合成磁动势，由此可以推出各次谐波情况。

1. 三相三次谐波磁动势

对于三次谐波而言，空间角为基波时的3倍，因此仿照各相基波磁动势的表达式可以写出

$$f_{A3} = F_{\varphi m3} \cos\omega t \cos 3\alpha$$
$$f_{B3} = F_{\varphi m3} \cos(\omega t - 120°)\cos 3(\alpha - 120°)$$
$$= F_{\varphi m3} \cos(\omega t - 120°)\cos 3\alpha$$
$$f_{C3} = F_{\varphi m3} \cos(\omega t - 240°)\cos 3(\alpha - 240°)$$
$$= F_{\varphi m3} \cos(\omega t - 240°)\cos 3\alpha$$

故得三次谐波合成磁动势为

$$f_3 = f_{A3} + f_{B3} + f_{C3}$$
$$= F_{\varphi m3}[\cos\omega t + \cos(\omega t - 120°) + \cos(\omega t - 240°)]\cos 3\alpha$$
$$= 0 \tag{8-37}$$

式（8-37）表明，由于 f_{A3}、f_{B3}、f_{C3} 在空间上同相位，而在脉振时间上互差120°，故三相绕组的三次谐波合成磁动势为零。

类似的分析可以得出：三相绕组的三的倍数次谐波合成磁动势也等于零，即三相对称绕组通入三相对称电流时，不存在3、9、15、……次谐波合成磁动势。

2. 三相五次谐波磁动势

各相五次谐波磁动势表达式为

$$f_{A5} = F_{\varphi m5} \cos\omega t \cos 5\alpha$$
$$f_{B5} = F_{\varphi m5} \cos(\omega t - 120°)\cos 5(\alpha - 120°)$$
$$f_{C5} = F_{\varphi m5} \cos(\omega t - 240°)\cos 5(\alpha - 240°)$$

把每相的脉振磁动势分解为两个旋转磁动势，然后相加即得

$$f_5 = f_{A5} + f_{B5} + f_{C5} = \frac{3}{2}F_{\varphi m5}\cos(\omega t + 5\alpha)$$
$$= F_5\cos(\omega t + 5\alpha) \tag{8-38}$$

其中　　　　$$F_5 = \frac{3}{2}F_{\varphi m5} = \frac{3}{2} \times \frac{0.9}{5} \times \frac{IN}{p}k_{N5} = \frac{1}{5} \times 1.35 \times \frac{IN}{p}k_{N5}(\text{安／极}) \tag{8-39}$$

F_5 为三相五次谐波合成磁动势的幅值。

以上两式表明，三相五次谐波合成磁动势的特点如下：

（1）三相五次谐波合成磁动势是一幅值恒定的旋转磁动势。

（2）旋转磁动势的幅值等于一相脉振磁动势五次谐波最大幅值的 3/2 倍，如用基波磁动势表示，则 $F_5 = F_1 \dfrac{k_{N5}}{5k_{N1}}$。

（3）旋转磁动势的转速可由 $\omega t + 5\alpha = 0$ 这一条件求出，即

$$\frac{\mathrm{d}\alpha}{\mathrm{d}t} = -\frac{1}{5}\omega$$

或

$$n_5 = -\frac{1}{5}n_1 \tag{8-40}$$

即五次谐波合成磁动势的转速为基波的 $\dfrac{1}{5}$，转向与基波的相反。

类似的分析可以得出，$\nu = 6k - 1$（k 为正整数）次谐波合成磁动势都为旋转磁动势，旋转方向与基波的相反，转速为基波的 $\dfrac{1}{6k-1}$。

3. 三相七次谐波磁动势

按照同样的分析方法，将三相的三个七次谐波脉振磁动势相加，可得三相七次谐波合成磁动势为

$$f_7 = \frac{3}{2}F_{\varphi m7}\cos(\omega t - 7\alpha) = F_7\cos(\omega t - 7\alpha) \tag{8-41}$$

其中

$$F_7 = \frac{3}{2}F_{\varphi m7} = \frac{1}{7} \times 1.35 \times \frac{IN}{p}k_{N7}（安／极） \tag{8-42}$$

F_7 为三相七次谐波合成磁动势的幅值。

以上两式表明，三相七次谐波合成磁动势的特点如下：

（1）三相七次谐波合成磁动势是一幅值恒定的旋转磁动势。

（2）旋转磁动势的幅值等于一相脉振磁动势七次谐波最大幅值的 3/2 倍，同样有关系，即

$$F_7 = F_1 \frac{k_{N7}}{7k_{N1}}$$

（3）旋转磁动势的转速可按 $\omega t - 7\alpha = 0$ 求出为

$$\frac{\mathrm{d}\alpha}{\mathrm{d}t} = \frac{1}{7}\omega$$

或

$$n_7 = \frac{1}{7}n_1 \tag{8-43}$$

即七次谐波合成磁动转速为基波的 $\dfrac{1}{7}$，转向与基波的一致。

类似的分析可以得出，$\nu = 6k + 1$ 次谐波合成磁动势也为旋转磁动势，旋转方向与基波的一致，转速为基波的 $\dfrac{1}{6k+1}$。

谐波磁动势（或相应的谐波磁场）的存在，在交流电机中引起附加损耗、振动和噪声等不良影响，对异步电动机还引起附加转矩，使电动机性能变坏，因此设计电机时应尽量削弱磁动势中的高次谐波，采用短距和分布绕组是达到这个目的的重要方法。

例 8-1 一台三相交流电机，$2p=6$，定子槽数 $Z=36$，双层短距绕组，$y=\dfrac{5}{6}\tau$，每相串联匝数 $N=72$，当通入频率为 50Hz 三相对称电流，每相电流有效值 $I=20\text{A}$ 时，试分别求出基波和 3、5、7 次谐波合成磁动势的幅值、转速及转向，并写出忽略其他谐波时的三相合成磁动势表达式。

解： 每极每相槽数和槽间角分别为

$$q=\frac{Z}{2pm}=\frac{36}{6\times3}=2$$

$$\alpha_1=\frac{p\times360°}{Z}=\frac{3\times360°}{36}=30°$$

基波和各次谐波分布因数为

$$k_{q1}=\frac{\sin\dfrac{q\alpha_1}{2}}{q\sin\dfrac{\alpha_1}{2}}=\frac{\sin\dfrac{2\times30°}{2}}{2\sin\dfrac{30°}{2}}=0.966$$

$$k_{q3}=\frac{\sin3\dfrac{q\alpha_1}{2}}{q\sin3\dfrac{\alpha_1}{2}}=\frac{\sin3\dfrac{2\times30°}{2}}{2\sin3\times\dfrac{30°}{2}}=0.707$$

$$k_{q5}=\frac{\sin5\dfrac{q\alpha_1}{2}}{q\sin5\dfrac{\alpha_1}{2}}=\frac{\sin5\dfrac{2\times30°}{2}}{2\sin5\dfrac{30°}{2}}=0.259$$

$$k_{q7}=\frac{\sin7\dfrac{q\alpha_1}{2}}{q\sin7\dfrac{\alpha_1}{2}}=\frac{\sin7\dfrac{2\times30°}{2}}{2\sin7\dfrac{30°}{2}}=-0.259$$

基波和各次谐波节距因数分别为

$$k_{y1}=\sin\frac{y}{\tau}90°=\sin\frac{5}{6}\times90°=0.966$$

$$k_{y3}=\sin3\frac{y}{\tau}90°=\sin3\times\frac{5}{6}\times90°=-0.707$$

$$k_{y5}=\sin5\frac{y}{\tau}90°=\sin5\times\frac{5}{6}\times90°=0.259$$

$$k_{y7}=\sin7\frac{y}{\tau}90°=\sin7\times\frac{5}{6}\times90°=0.259$$

基波和各次谐波绕组因数分别为

$$k_{N1}=k_{q1}k_{y1}=0.966\times0.966=0.933$$

$$k_{N3}=k_{q3}k_{y3}=0.707\times(-0.707)=-0.5$$

$$k_{N5}=k_{q5}k_{y5}=0.259\times0.259=0.067$$

$$k_{N7}=k_{q7}k_{y7}=(-0.259)\times0.259=-0.067$$

基波合成磁动势幅值为

$$F_1 = 1.35 \frac{IN}{p} k_{N1} = 1.35 \times \frac{20 \times 72}{3} \times 0.933 = 604.6 (安／极)$$

各次基波合成磁动势幅值分别为

$$F_3 = 0$$

$$F_5 = \frac{1}{5} \times 1.35 \frac{IN}{p} k_{N5} = \frac{1}{5} \times 1.35 \times \frac{20 \times 72}{3} \times 0.067 = 8.68 (安／极)$$

$$F_7 = \frac{1}{7} \times 1.35 \frac{IN}{p} k_{N7} = \frac{1}{7} \times 1.35 \times \frac{20 \times 72}{3} \times (-0.067) = -6.20 (安／极)$$

基波及各次谐波转速和转向分别为

$$n_1 = \frac{60f}{p} = \frac{60 \times 50}{3} = 1000 (r/min)$$

$$n_5 = \frac{-n_1}{5} = \frac{-1000}{5} = -200 (r/min)（转向与 n_1 相反）$$

$$n_7 = \frac{n_1}{7} = \frac{1000}{7} = 143 (r/min)（转向与 n_1 相同）$$

合成磁动势表达式为

$$f_1 = F_1 \cos(\omega t - \alpha) + F_5 \cos(\omega t + 5\alpha) + F_7 \cos(\omega t - 7\alpha)$$
$$= 604.6\cos(\omega t - \alpha) + 8.68\cos(\omega t + 5\alpha) - 6.20\cos(\omega t - 7\alpha)（安／极）$$

第三节　椭圆形旋转磁动势

　　三相对称绕组通过三相对称电流时，所产生的合成基波磁动势为圆形旋转磁动势。从图 8-13 中知道，三相反转的磁动势 $\overline{F''_{A1}} + \overline{F''_{B1}} + \overline{F''_{C1}} = 0$。如果三相绕组或者三相电流不对称，则三个反转的基波磁动势互相不能抵消，这时在电机气隙空间，既有合成的正转磁动势 $\overline{F_1^+}$，又有合成的反转磁动势 $\overline{F_1^-}$，在各瞬间把正、反转的合成基波磁动势加起来，即 $\overline{F_1} = \overline{F_1^+} + \overline{F_1^-}$ 就是总磁动势。这时随着时间的变化总磁动势的幅值和位置都发生改变，其轨迹不再是圆形，而是椭圆形。现以例说明之。

　　已知一三相对称交流绕组中的电流为

$$i_A = \sqrt{2} I_A \cos\omega t$$
$$i_B = \sqrt{2} I_B \cos(\omega t - 120°)$$
$$i_C = 0$$

并且 $I_A > I_B$，求产生的基波合成磁动势。

　　采用把每相基波脉振磁动势分解为两个旋转磁动势的方法求解，图 8-14 中的 +A、+B、+C 轴表示 A、B、C 三相绕组的轴线，它们互差 120°电角度。我们研究 $\omega t = 0°$ 这一瞬间的情况，此时 A 相电流为正的最大，其磁动势被分解成正转和反转的旋转磁动势 $\overline{F'_{A1}}$、$\overline{F''_{A1}}$ 都位于 +A 轴上。如果 $\omega t = 120°$，那时 B 相电流为正的最大值，其磁动势被分解成正转和反转的磁动势 $\overline{F'_{B1}}$、$\overline{F''_{B1}}$ 应位于 +B 轴上，显然，当 $\omega t = 0°$ 这一瞬间，$\overline{F'_{B1}}$、$\overline{F''_{B1}}$ 都应按各自旋转方向退回 120°电角度，其位置如图 8-14 所示。C 相电流为零，其磁动势也等于零。由此可知，电机气隙空间存在两个正转磁动势 $\overline{F'_{A1}}$、$\overline{F'_{B1}}$ 和两个反转磁动势 $\overline{F''_{A1}}$、$\overline{F''_{B1}}$。把图 8-14 中的正转磁动势相加，即得正转合成基波磁动势 $\overline{F_1^+}$。

$$\overline{F_1^+} = \overline{F_{A1}'} + \overline{F_{B1}'} \tag{8-44}$$

显然，$\overline{F_1^+}$ 是一个圆形旋转磁动势，它的矢量轨迹为一个圆，如图 8-14 中 1 所示。把图 8-14 中的反转磁动势相加，即得反转合成磁动势 $\overline{F_1^-}$。

$$\overline{F_1^-} = \overline{F_{A1}''} + \overline{F_{B1}''} \tag{8-45}$$

$\overline{F_1^-}$ 也是一个圆形旋转磁动势，如图 8-14 中 2 所示。

既然在电机里同时存在着正、反转的合成磁动势 $\overline{F_1^+}$、$\overline{F_1^-}$，因此总磁动势应为这两个磁动势的合成，由于 $\overline{F_1^+}$、$\overline{F_1^-}$ 的转向相反，合成时，只能在某个固定瞬间，找到 $\overline{F_1^+}$ 和 $\overline{F_1^-}$ 的大小及位置，再进行合成，即得该瞬间的总磁动势 $\overline{F_1}$，其幅值为

$$F_1 = \sqrt{F_1^{+2} + F_1^{-2} + 2F_1^+ F_1^- \cos\beta}$$

β 为 $\overline{F_1^+}$ 与 $\overline{F_1^-}$ 之间的空间角度。

当 $\overline{F_1^+}$ 与 $\overline{F_1^-}$ 转至同方向时（$\beta = 0°$），合成后得 $\overline{F_1}$ 为最大，当 $\overline{F_1^+}$ 与 $\overline{F_1^-}$ 转至反方向时 $\beta = 180°$，合成后的 $\overline{F_1}$ 为最小，其他瞬间 $\overline{F_1^+}$ 和 $\overline{F_1^-}$ 的合成介于以上两种情况之间。从图 8-14 可见，总磁动势 $\overline{F_1}$ 的轨迹是一个椭圆，因此称为椭圆形旋转磁动势。当 $\overline{F_1^+}$、$\overline{F_1^-}$ 同方向时，为椭圆的长轴，其幅值为 $F_1^+ + F_1^-$；反方向时，为椭圆的短轴，其幅值为 $F_1^+ - F_1^-$。

椭圆形旋转磁动势的转向，视正转磁动势 $\overline{F_1^+}$ 和反转磁动势 $\overline{F_1^-}$ 哪一个强而定，其转向与磁动势强的转向一致。可以推出，椭圆形旋转磁动势的转速 $n' = \dfrac{F_1^{+2} - F_1^{-2}}{F_1^2} n_1$，可见，它的转速是不均匀的，而是与合成磁动势幅值的平方成反比，故

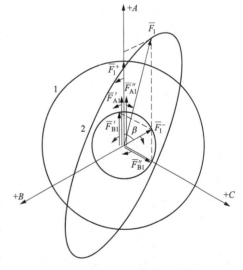

图 8-14　椭圆形旋转磁动势

短轴处转速最高，长轴处转速最低，其平均转速为 $n_1 = \dfrac{60 f_1}{p} (\text{r/min})$，$f_1$ 是电流的频率。

实际上，只要两相以上绕组在空间上有相位差，通入时间上有相位差的电流，就能产生旋转磁动势。一般地说，$\overline{F_1^+}$、$\overline{F_1^-}$ 中有一个为零，即为圆形旋转磁动势；$\overline{F_1^+}$、$\overline{F_1^-}$ 都不为零，且彼此不相等，即为椭圆形旋转磁动势；只有当 $\overline{F_1^+}$、$\overline{F_1^-}$ 不为零，但二者相等时，才为脉振磁动势。

例 8-2　某四极交流电机定子三相双层绕组的每极每相槽数 $q = 3$，每线圈匝数 $N_c = 2$，线圈节距 $y = 7$，并联支路数 $a = 1$。由于接线错误，把 B 相绕组接反，现把三相绕组接到一每相单独可调的三相电源上，并使三相电流对称，其值为

$$i_A = 100\sin\omega t \ (\text{A})$$
$$i_B = 100\sin(\omega t - 120°) \ (\text{A})$$
$$i_C = 100\sin(\omega t - 240°) \ (\text{A})$$

试求出基波合成磁动势的最大和最小幅值及它们在空间上的位置。

解：首先求出绕组因数和一相串联匝数

$$Z = 2mpq = 2 \times 3 \times 2 \times 3 = 36 \text{（槽）}$$

$$\alpha_1 = \frac{p \times 360°}{Z} = \frac{2 \times 360°}{36} = 20°$$

$$k_{q1} = \frac{\sin \dfrac{q\alpha_1}{2}}{q \sin \dfrac{\alpha_1}{2}} = \frac{\sin \dfrac{3 \times 20°}{2}}{3 \sin \dfrac{20°}{2}} = 0.96$$

$$k_{y1} = \sin\left(\frac{y}{\tau} 90°\right) = \sin\left(\frac{7}{9} \times 90°\right) = 0.94$$

$$k_{N1} = k_{q1} k_{y1} = 0.96 \times 0.94 = 0.902\,4$$

$$N = \frac{2pqN_c}{a} = \frac{4 \times 3 \times 2}{1} = 24$$

一相脉振磁动势的最大幅值为

$$F_{\varphi m1} = 0.9 \frac{IN}{p} k_{N1} = 0.9 \times \frac{\dfrac{100}{\sqrt{2}} \times 24}{2} \times 0.902\,4 = 689.14 \text{（安／极）}$$

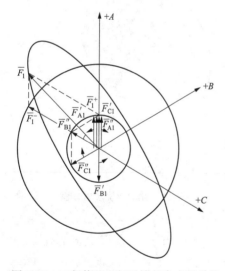

因为绕组不对称，所以其基波合成磁动势为椭圆形旋转磁动势。采用将各相脉振磁动势分解成两个旋转磁动势的方法求出其正转和反转基波合成磁动势。

规定电流正方向均由末端流向首端，三相绕组的轴线 $+A$、$+B$、$+C$ 如图 8-15 所示。因为 B 相绕组接反，所以 $+B$ 轴处于 $\alpha = -60°$ 处。（以 $+A$ 轴位置为 $\alpha = 0°$）

设 $\omega t = 90°$，A 相电流最大，两个旋转磁动势 $\overline{F}'_{A1}$、$\overline{F}''_{A1}$ 矢量处于 $+A$ 轴上。如果 $\omega t = 210°$，则 B 相电流最大，那时 $\overline{F}'_{B1}$、$\overline{F}''_{B1}$ 处于 $+B$ 轴上，所以当 $\omega t = 90°$ 时，$\overline{F}'_{B1}$、$\overline{F}''_{B1}$ 应按各自旋转方向退回 $120°$，如图 8-15 中所示位置。同理可作出 C 相的两个旋转磁动势 $\overline{F}'_{C1}$、$\overline{F}''_{C1}$ 矢量。此瞬间各旋转磁动势分别为

图 8-15　三相绕组一相反接的合成磁动势

$$\overline{F}'_{A1} = \frac{F_{\varphi m1}}{2} \angle 0° = \frac{689.14}{2} \angle 0° = 344.57 \angle 0° \text{（安/极）}$$

$$\overline{F}''_{A1} = \frac{F_{\varphi m1}}{2} \angle 0° = 344.57 \angle 0° \text{（安/极）}$$

$$\overline{F}'_{B1} = \frac{F_{\varphi m1}}{2} \angle 180° = 344.57 \angle 180° \text{（安/极）}$$

$$\overline{F}''_{B1} = \frac{F_{\varphi m1}}{2} \angle 60° = 344.57 \angle 60° \text{（安/极）}$$

$$\overline{F}'_{C1} = \frac{F_{\varphi m1}}{2} \angle 0° = 344.57 \angle 0° \text{（安/极）}$$

$$\overline{F}''_{C1} = \frac{F_{\varphi m1}}{2} \angle 120° = 344.57 \angle 120° \text{（安/极）}$$

所以正向旋转磁动势为

$$\overline{F}_1^+ = \overline{F}'_{A1} + \overline{F}'_{B1} + \overline{F}'_{C1}$$
$$= 344.57 \angle 0° + 344.57 \angle 180° + 344.57 \angle 0°$$
$$= 344.57 \angle 0° \text{（安/极）}$$

反向旋转磁动势为

$$\overline{F}_1^- = \overline{F}''_{A1} + \overline{F}''_{B1} + \overline{F}''_{C1}$$
$$= 344.57 \angle 0° + 344.57 \angle 60° + 344.57 \angle 120°$$
$$= 344.57 + j596.81$$
$$= 689.14 \angle 60° \text{（安/极）}$$

合成旋转磁动势最大幅值为

$$F_{1max} = F_1^+ + F_1^- = 344.57 + 689.14 = 1033.71 \text{（安/极）}$$

最大幅值位于 $\frac{1}{2} \times (0° + 60°) = 30°$ 空间电角度处。

合成磁动势的最小幅值为

$$F_{1min} = F_1^- - F_1^+ = 689.14 - 344.57 = 344.57 \text{（安/极）}$$

最小幅值位于 $30° + 90° = 120°$ 空间电角度处。

因为反向旋转磁动势幅值大于正向旋转磁动势幅值，所以合成磁动势的转向与反向旋转磁动势转向一致。

第四节　三相绕组合成磁动势波形图

在分析磁动势波形时，有时希望直接从三相合成磁动势曲线观察磁动势的极数、波形和旋转方向。

在图 8-16（a）所示瞬间，三相合成磁动势曲线如图 8-16（b）所示。图中 A 相的脉振磁动势用细实线的矩形波表示，B 相的脉振磁动势用点划线表示。C 相的脉振磁动势用虚线表示。把三相的三个脉振磁动势逐点相加，便得三相合成磁动势曲线，如图 8-16（b）中的粗实线所示。这种用磁动势曲线迭加绘制三相合成磁动势分布曲线的方法比较复杂。为了简化绘图手续，通常采用"磁动势积分法"绘制合成磁动势曲线。它的根据是全电流定律，即磁动势的大小和波形只与"线圈边"沿电枢表面分布情况以及电流的大小和方向有关。据此可得如下作图方法：

（1）首先根据每极每相槽数确定各槽应属于哪一相。

（2）根据各相瞬时电流的大小和方向，确定各槽内总安匝数和槽电流方向。

（3）根据磁动势只在有槽的地方发生变化，而在两槽之间保持不变的原则作磁动势分布图。方法是从左向右画起，凡是遇到槽电流为 ⊙ 时，就上升一高度，凡是遇到槽电流为 ⊕ 时，就下降一高度，上升或下降的高度与这个槽里的电流大小成正比，槽与槽之间或槽电流等于零处，全电流值没有变化，磁动势曲线应画成水平线。

（4）根据 N 极和 S 极下的磁通量相等的原则，作出横坐标，使横坐标轴上下磁动势曲线包围的面积相等。

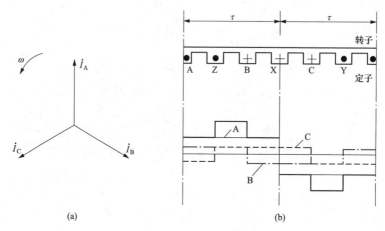

图 8-16　用磁动势迭加法求三相合成磁动势曲线
（a）三相电流；（b）合成磁动势曲线

图 8-17 就是用磁动势积分法绘制的三相合成磁动势。作图时，以线段 $\overline{ab}$ 表示槽 A 磁动势的大小，在槽 A 与槽 Z 之间，磁动势不变，画一段水平线 $\overline{bc}$。由于槽 Z 内电流等于 $\frac{1}{2}I_m$ 且为 $\odot$，因此，在原来磁动势曲线上上升一段高度 $\overline{cd}=\frac{1}{2}\overline{ab}$，在槽 Z 和槽 B 之间再作水平线 $\overline{de}$，由于槽 B 中电流为 $-\frac{1}{2}I_m$，方向为 $\oplus$，因此在槽 B 的中心线上要将磁动势降低一段高度 $\overline{ef}=\frac{1}{2}\overline{ab}$。这样继续画下去，便得图 8-17（b）所示的阶梯形曲线。最后利用 N 极和 S 极磁通相等的原则作出横坐标位置。

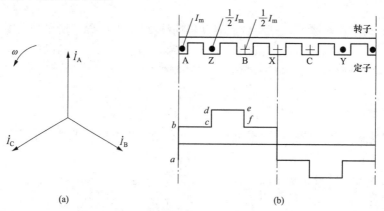

图 8-17　用磁动势迭加法绘制三相合成磁动势曲线
（a）三相电流；（b）合成磁动势曲线

第五节 交流绕组漏磁通和漏抗的概念

三相交流绕组通过三相交流电流时，要产生磁动势，而磁动势作用在磁路上要产生磁通。为了便于分析，我们把磁通分为两部分：一部分是基波旋转磁动势产生的通过空气气隙与定、转子绕组交链的磁通，该磁通是总磁通的主要部分，而且在电机中，通过这部分磁通实现定、转子之间的能量转换，故称为主磁通（main flux）；另一部分磁通是仅仅与定子绕组交链或即使进入转子，但不产生有用转矩的磁通统称为漏磁通（leakage flux）。定子漏磁通分为以下三部分：

（1）槽漏磁通。横穿定子槽的漏磁通称为槽漏磁通，如图 8-18（a）所示。

（2）端部漏磁通。交链定子绕组端部的漏磁通，如图 8-18（b）所示。

（3）谐波漏磁通。它是由定子高次谐波磁动势产生的磁通，这部分磁通虽然进入转子，但对转子不产生有用的转矩，然而这部分磁通也在交变，它要在定子绕组中感应电动势，由于谐波磁动势的极对数为 νp，转速为 n_1/ν，所以在定子绕组中感应的电动势频率为

$$f_\nu = \frac{p_\nu n_\nu}{60} = \frac{(\nu p)\left(\dfrac{n_1}{\nu}\right)}{60} = \frac{pn_1}{60} = f \tag{8-46}$$

即 f_ν 为基波频率。

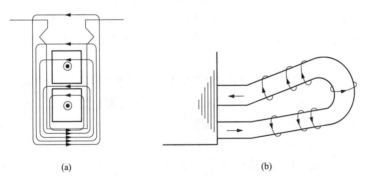

图 8-18 槽漏磁通和端部漏磁通

(a) 槽漏磁通；(b) 端部漏磁通

由于高次谐波磁通与槽部和端部漏磁通在定子绕组中感应的电动势频率相同，故把它也作为漏磁通处理，称为谐波漏磁通或差漏磁通。

不管是槽漏磁通、端部漏磁通还是谐波漏磁通，它们都要在定子绕组里感应电动势，这些电动势统称为漏磁电动势，在分析交流电机时和变压器一样常用负的漏抗压降的形式表示为

$$\dot{E}_\sigma = -j\dot{I}X_\sigma \tag{8-47}$$

式中：I 为定子电流的有效值；X_σ 为定子绕组的漏电抗（leakage reactance），包括槽漏抗、端部漏抗和谐波漏抗三部分。

漏电抗对电机的运行性能有重大的影响，在同步电机里，它影响到端电压随负载的变化，影响到励磁电流的大小，还影响到稳态短路电流，特别是暂态过程中电流的大小等。在

异步电机里，因转子绕组是短路的，漏电抗成为决定电机特性的主要参数，一般地说，它的重要性超过了电阻，特别是大、中型电机中，电机越大，X_σ/R 的值也越大。在许多大型电机的某些分析中，定子绕组的电阻往往是被忽略的。

小 结

交流电机的绕组磁动势是决定气隙磁通大小和分布的一个重要因素，而气隙中的磁通大小和分布情况又决定了电机中的感应电动势和电磁转矩，因此对交流绕组磁动势的性质、幅值、波形进行研究有着十分重要的意义。

一相绕组的磁动势为脉振磁动势，它的特点是磁动势轴线在空间固定不动，而各点磁动势的幅值又随时间变化。另一相绕组的磁动势可以分解成基波和一系列谐波。采用分布和短距绕组可以削弱高次谐波。一个在空间按正弦分布，振幅随时间作正弦变化的脉振磁动势，可以分解为两个幅值相等、转向相反、转速相等的旋转磁动势，这种"双旋转磁动势理论"对分析多相绕组的磁动势非常方便。

三相对称绕组通入三相对称电流产生的基波合成磁动势为圆形旋转磁动势，它的主要特点是其幅值不变，而且随时间在气隙空间旋转，旋转速度为同步速。由于当某相电流最大时，磁动势幅值刚好转到该相绕组的轴线上，因此旋转磁动势的转向总是从超前电流的相转向滞后电流的相。改变电流的相序，便可改变旋转磁动势的转向。

三相绕组的谐波合成磁动势中，$\nu=3k$（k 为正的奇整数）次谐波合成磁动势为零；$\nu=6k+1$ 次谐波合成磁动势为正向旋转磁动势；$\nu=6k-1$ 次谐波合成磁动势为反向旋转磁动势。

产生旋转磁动势的条件是多相绕组在空间上有相位差，绕组中的电流在时间上有相位差。对称绕组通过对称电流产生的基波合成磁动势为圆形旋转磁动势；如果电流不对称，则产生的磁动势为椭圆形旋转磁动势。椭圆形旋转磁动势表达式是磁动势的普遍形式，当正向旋转磁动势 $\overline{F_1^+}$ 和反向旋转磁动势 $\overline{F_1^-}$ 任何一个为零时便是圆形旋转磁动势；当 $\overline{F_1^+}=\overline{F_1^-}$ 时，便是脉振磁动势。圆形旋转磁动势和脉振磁动势是椭圆形旋转磁动势的两种特殊情况。

三相电流通过三相交流绕组产生的磁通综合如下：

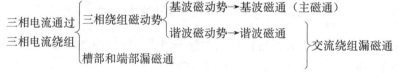

漏磁通所对应的漏电抗是交流电机的一个重要参数。

第三篇

同 步 电 机

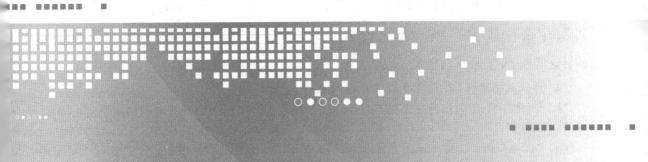

第九章　同步电机的基本知识

本章学习目标：

(1) 掌握同步电机的基本工作原理。

(2) 掌握同步电机的转子转速与电动势频率的关系。

(3) 了解同步电机的基本结构。

(4) 了解同步电机的额定值。

第一节　概　述

同步电机是一种常用的交流电机，其特点是：稳定运行时，转子转速 n 与电网频率 f 之间保持严格不变的关系，即 $n = n_1 = \dfrac{60f}{p}$，n_1 称为同步速。若电网的频率不变，则同步电机的转速恒为常数，而与负载大小无关。

1. 作为发电机运行——把机械能转换成电能

同步电机主要用来作为发电机运行。现代工农业生产中所用的交流电能，几乎全由同步发电机发出。

对于同步发电机，发出的电动势频率 f 满足

$$f = \frac{pn}{60} (\text{Hz}) \tag{9-1}$$

式中：p 为磁极对数；n 为转子转速，r/min。

同步发电机根据原动机的形式如下：

(1) 汽轮发电机，原动机为汽轮机。

(2) 水轮发电机，原动机为水轮机。

(3) 其他原动机带动的发电机，如柴油发电机、风力发电机等。

2. 作为电动机运行——把电能转换成机械能

同步电动机的转速总是恒速不变的，它只能适用于不要求调速的生产机械中，如驱动空气压缩机、鼓风机、矿山用球磨机等。同步电动机虽不如异步电动机用得普遍，但因为它可以提高电网功率因数，所以容量大于 50kW，速度不要求调节的设备常常采用同步电动机。

对于同步电动机，转子转速满足

$$n = \frac{60f}{p} (\text{r/min})$$

式中：f 为输入电流的频率，Hz。

3. 作为同步调相机（同步补偿机）运行——向电网发送无功功率

同步调相机基本上不进行有功功率的转换，它专门用来调节电网的无功功率，以改善电网的功率因数。

值得指出的是，从原理上讲，任何一台同步电机，既可以作为同步发电机运行，又可以作为电动机或调相机运行，这就是电机的可逆性原理。例如抽水蓄能水电站的同步电机，根据电网负荷需要，既可作为同步发电机运行，又可作为同步电动机运行。当然，同步发电机、同步电动机和同步调相机各有自己的特点，没有特殊情况，不互换使用。

第二节　同步电机的基本工作原理

机电能量转换都是在带电导体和磁场作相对运动中进行的，所以任何旋转电机从结构上看，都是由两大部分组成：一部分是静止的，称为定子；另一部分是旋转的，称为转子。定、转子都是由铁磁材料制成，它们和定、转子之间的气隙构成了同步电机的主磁路。同步电机的电路主要由两部分组成：一部分是励磁电路，组成该电路的线圈叫励磁绕组，励磁绕组通入直流产生主磁通形成极性相间的主磁极，励磁绕组一般安装在转子上；另一部分是感应电动势的电路，称为电枢电路，组成该电路的线圈称为电枢绕组。电枢绕组一般安装在定子上，而且一般做成三相。同步电机可分为凸极式和隐极式两种，其示意图如图 9-1 所示。

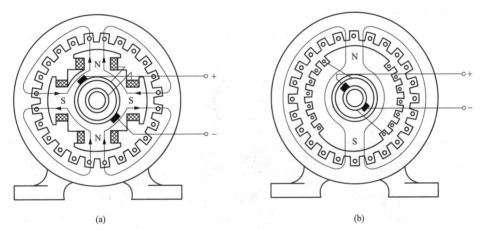

图 9-1　同步电机示意图
(a) 凸极式；(b) 隐极式

当同步电机作为发电机运行时，用一台原动机拖动转子旋转，转子励磁绕组中通入直流电，从而在气隙中产生一个旋转的磁场，该磁场切割定子上的电枢导体，电枢绕组便感应出交流电动势。设气隙磁密按正弦分布，则在定子三相绕组里感应出正弦变化的三相电动势。交流电动势的频率 f 取决于电机的极对数 p 和转子转速 n。若电机为一对极，当转子旋转一周时，导体中感应电动势变化一个周波；若电机为 p 对极，当转子旋转一周时，导体感应电动势变化 p 个周波。设转子每分钟旋转 n 转，则 p 对极电机，导体感应电动势每分钟变化 pn 个周波，每秒钟变化 $pn/60$ 个周波，这就是电动势的频率。

$$f = \frac{pn}{60}(\text{Hz})$$

我国电力系统，规定交流电的频率为 50Hz，因此极对数和转速有如下固定关系，即

$$n = \frac{60 \times 50}{p} = \frac{3000}{p}(\text{r/min})$$

例如：当 $p=1$ 时，$n=3000\text{r/min}$；当 $p=2$ 时，$n=1500\text{r/min}$；当 $p=3$ 时，$n=1000\text{r/min}$，这些转速称为同步速。

如果同步电机作为电动机运行，则必须在定子三相绕组上加上三相对称交流电压。三相交流电流流过定子绕组，会在电机里产生旋转磁场，当励磁绕组加上直流励磁电流时，转子是一个电磁铁，于是旋转磁场带动这个电磁铁，按旋转磁场的转向和转速旋转，从而实现把电能转换成机械能的目的，这时转子的转速 n 为

$$n=\frac{60f}{p}(\text{r/min})$$

式中：f 为输入电流的频率。

由此可见，同步电机无论作为发电机还是电动机运行，当极数一定时，它的转速 n 和频率 f 之间保持严格不变的关系，用电机专业术语说，叫作"同步"，所以这种电机叫作同步电机。

第三节　同步电机的基本结构

一、汽轮发电机

图 9-2 是一台汽轮发电机结构图，它是由定子、转子等部分组成的。

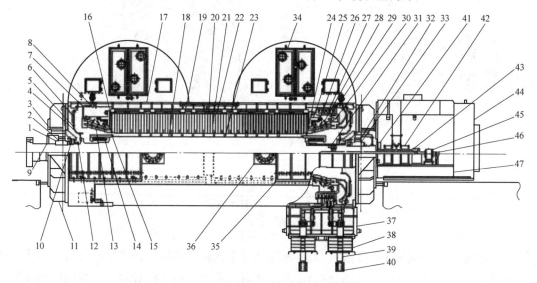

图 9-2　汽轮发电机总体结构图

1—轴瓦；2—轴承环；3—轴承盖；4—转子风叶；5—导风环；6—内端盖；7—绝缘引水管；8—汇流管；
9—外油挡；10—内油挡；11—外端盖；12—内油挡；13—定子线圈；14—转子线圈；15—护环；16—齿压片；
17—定子机座；18—转轴；19—定位筋；20—弹簧板；21—定子铁芯；22—通风隔板；23—风区隔板；24—气隙挡板；
25—压圈；26—铜屏蔽；27—并联环；28—绑环；29—绑环支架；30—支架环；31—转子引线；32—外轴承环；
33—内轴承环；34—氢气冷却器；35—底脚板；36—吊环；37—出线盒；38—电流互感器；39—出线套管；40—出线端子；
41—轴电压监测器；42—刷盒；43—集电环；44—隔音罩；45—稳定支撑；46—转速测量装置；47—刷架底座

1. 转子

图 9-3 是两极空气冷却汽轮发电机转子结构示意图。汽轮发电机由于转速高（一般都是 3000r/min），为了加强机械强度和很好地固定励磁绕组，大容量的电机几乎全做成隐极式转

子。隐极式转子从外形来看，没有明显的凸出磁极。在转子槽中嵌有励磁绕组，如果在它的励磁绕组里通入直流电流时，转子的周围会出现 N 极和 S 极的磁场。

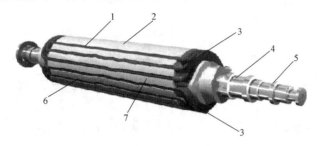

图 9-3　两极空气冷却汽轮发电机的转子

1—槽部励磁绕组；2—大齿；3—端部励磁绕组；4—大轴；5—集电环；6—转子铁芯；7—小齿

由于转速高，转子直径受离心力的限制，为了增大容量，只能增加转子长度，因此汽轮发电机的转子是一个细而长的圆柱体。

转子铁芯除了要求能固定励磁绕组外，还要求它的导磁性能好，一般由高机械强度和导磁性能较好的合金钢锻成，并且和转轴作成一个整体。转子铁芯上约有 2/3 部分开了槽，在槽里放入励磁绕组，不开槽的部分则形成一个"大齿"，大齿的中心线实际上就是磁极的中心线。图 9-4 为正在加工的汽轮发电机转子铁芯。图 9-5 为汽轮发电机转子槽的排列情况。

图 9-4　正在加工的汽轮发电机转子铁芯

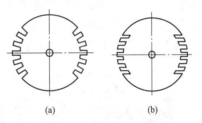

图 9-5　汽轮发电机的转子槽

（a）辐射形排列；（b）平行排列

励磁绕组是用扁铜线绕成的同心式线圈。在内冷电机里，铜线是空心的。

励磁绕组的固定是个很复杂的问题。在槽里的导体用槽楔固紧，端部的导体用护环来固定。

励磁绕组通过装在转子上的集电环（滑环）与电刷装置和外面的直流电源构成回路。

2. 定子

定子是由铁芯、绕组、机座以及固定这些部分的其他部件组成，如图 9-6 所示。

为了减少定子铁芯里的铁损耗，定子铁芯是由 0.5mm 或 0.35mm 厚的硅钢片叠装而成。当定子铁芯外径大于 1m 时，用扇形硅钢片拼成一个整圆。在叠装时，把每层的接缝错开，如图 9-7 所示。扇形片的表面涂上绝缘漆，以减少铁芯的涡流损耗。

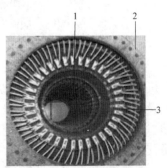

图 9-6　氢冷发电机定子

1—槽部；2—机座；3—端部

　　定子铁芯内圆开有槽，槽内放置定子绕组，定子槽形一般都做成开口槽，便于嵌线。定子铁芯结构如图 9-8 所示。

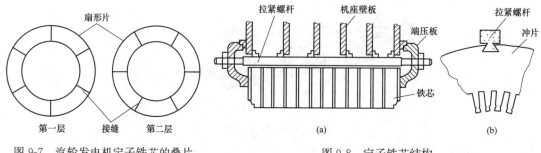

图 9-7　汽轮发电机定子铁芯的叠片

图 9-8　定子铁芯结构

（a）纵向截面图；（b）横向切面图

　　定子绕组是由许多线圈连接而成，每个线圈又是由多股铜线绕制成的（水内冷电机用空心导线）。放在定子槽里的导体靠槽楔来压紧固定，端部用支架固定。

　　机座是为了固定定子铁芯。要求它有足够的机械强度和钢度，以承受加工、运输以及运行过程中的各种作用力。一般汽轮发电机的机座是由钢板拼焊而成。

二、水轮发电机

　　由水轮机带动的同步发电机叫水轮发电机。图 9-9 是一台悬式水轮发电机结构图。由于水轮机的转速低（一般每分钟只有几十转到几百转），因此把发电机的转子做成凸极式。凸极式转子在结构上和加工工艺上都比隐极式的简单，图 9-10 为凸极同步发电机转子。

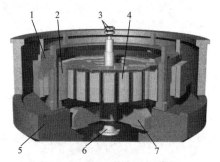

图 9-9　悬式水轮发电机结构图

1—机座；2—定子铁芯；3—集电环；

4—转子磁极；5—机墩；6—主轴；7—下机架

图 9-10　凸极同步发电机转子

　　由于水轮发电机是立式结构，转子部分必须支撑在一个推力轴承上，推力轴承要承担整个机组转动部分的重量和水的压力，这些向下的压力有时达到几百吨，甚至上千吨，因此大容量水轮发电机，必须很好地解决推力轴承的结构和工艺，以及推力轴承安放的位置等问题。从推力轴承安放的位置，立式水轮发电机可以分为悬式和伞式两种不同的结构，图 9-11 是其示意图。

　　悬式结构是把推力轴承放在转子的上部，整个转子都悬挂在推力轴承之上，如图 9-11（a）所示。伞式结构是把推力轴承放在转子的下部，如图 9-11（b）所示。目前，这两种结构都使用，悬式稳定性好，用于转速高的水轮发电机组；伞式轴向长度小，可以降低厂房高度，用于低速水轮发电机组。

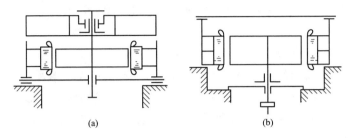

(a)　　　　　　　(b)

图 9-11　立式水轮发电机的基本结构形式
(a) 悬式；(b) 伞式

水轮发电机的转子是由磁轭、磁极、励磁线圈、转子支架、转轴等组成的，如图 9-12 所示。

磁极由 1～1.5mm 厚的钢板冲成磁极冲片，用铆钉装成一体。磁极上套有励磁线圈，而励磁线圈是由扁铜线绕制而成的。图 9-13 为一个磁极及磁极铁芯中的阻尼绕组。

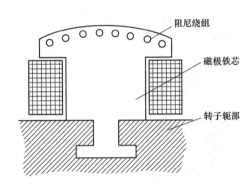

图 9-12　水轮发电机的转子　　　　图 9-13　磁极及磁极铁芯中的阻尼绕组

磁极的极靴上还有阻尼绕组（damping winding）。阻尼绕组是用裸铜条放入极靴的阻尼槽中，然后在两端用铜环焊接在一起，形成一个短接的回路，如图 9-13 所示。

大容量水轮发电机的定子直径很大（常超出十米），为了便于运输，通常把定子分成二、四或六瓣，分别制好后，再运到电站拼成一整体。机座为钢板焊接结构。

三、同步电机的励磁方式

同步电机工作时必须供给励磁绕组直流电流，以便建立励磁磁场。提供直流的电源及附属设备统称为励磁系统。获得励磁电流的方法称为励磁方式。励磁系统的性能直接影响同步电机的可靠性运行、经济性及主要特性，例如电压调整率和过载能力等。

励磁系统的形式很多，按照励磁系统和发电机的关系，可分为他励式和自励式两类。凡用直流或交流励磁机供给励磁的称为他励式励磁系统。凡是从发电机自身绕组（包括辅助绕组）取得电能作为励磁电源的则称为自励式励磁系统。随着电力电子技术的发展，多数大型同步发电机采用半导体整流供给励磁，并且做成自励式的，结构简单，使用方便。

第四节　同步电机的额定值

1. 额定容量 S_N 或额定功率 P_N

对于同步发电机来说，额定容量 S_N 是指出线端的额定视在功率，一般以千伏安（kVA）或兆伏安（MVA，即百万伏安）为单位；而额定功率 P_N 是指发电机输出的额定有功功率，一般以千瓦（kW）或兆瓦（MW，即百万瓦）为单位。对于电动机，P_N 是指轴上输出的有效机械功率，也用千瓦（kW）或兆瓦（MW）来表示。对于同步调相机，则用线端的额定无功功率来表示其容量，以千乏（kvar）或兆乏（Mvar）为单位。

2. 额定电压 U_N

额定电压 U_N 指电机在额定运行时电机定子三相线电压，单位为伏（V）或千伏（kV）。

3. 额定电流 I_N

额定电流 I_N 指电机在额定运行时流过定子绕组的线电流，单位为安（A）或千安（kA）。

4. 额定功率因数 $\cos\varphi_N$

额定功率因数 $\cos\varphi_N$ 指电机在额定运行时的功率因数。

5. 额定效率 η_N

额定效率 η_N 指电机额定运行时的效率。

综合以上定义，可以得出它们之间的基本关系，即对于三相交流发电机来说

$$P_N = S_N\cos\varphi_N = \sqrt{3}U_N I_N\cos\varphi_N \tag{9-2}$$

对于三相交流电动机来说，即为

$$P_N = \sqrt{3}U_N I_N\cos\varphi_N\eta_N \tag{9-3}$$

除以上额定值外，铭牌上还列出电机的额定频率 $f_N(\mathrm{Hz})$、额定转速 $n_N(\mathrm{r/min})$、额定励磁电流 I_{fN} 和额定励磁电压 U_{fN} 等。

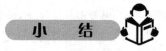

小　结

同步电机最基本的特点是电枢电流频率与电机转速之间有着严格的关系。同步电机的电枢磁场和转子磁场同步旋转并相互作用，实现机电能量转换。

同步电机可分为两大类，即隐极转子同步电机和凸极转子同步电机。汽轮发电机由于转速高和容量大，因此必须采用隐极结构，且转子直径不能太大，各零部件机械强度要求高。水轮发电机则因为水轮机多为立式且转速低，故一般采用立式凸极结构，且极数很多，体积较大。

同步电机的励磁系统分他励式和自励式两类。本章对几种典型的励磁方式做了概要介绍。此外，还介绍了同步电机的额定值。

第十章　同步发电机的基本电磁关系

本章学习目标：

（1）掌握电枢绕组磁动势对气隙磁场的影响。

（2）掌握隐极式和凸极式同步发电机的方程式、相量图和等效电路。

第一节　同步发电机的空载运行

当原动机把同步发电机拖动到同步转速，转子绕组通入直流励磁电流而电枢绕组开路，这种运行状态称为空载运行，此时电枢电流为零，电机气隙中只有转子励磁电流 i_f 产生的磁动势 F_f，称为励磁磁动势。图 10-1 表示一台凸极同步发电机的空载磁路，图中既交链转子，又通过气隙与电枢绕组交链的磁通，称为主磁通，用 Φ_0 表示，它就是空载时的气隙磁通，或称励磁磁通。$\Phi_{f\sigma}$ 表示只交链励磁绕组的主极漏磁通，它不参与电机的机电能量转换过程。

将发电机用原动机拖动，使转子以同步速旋转，则主磁通 Φ_0 将在气隙内形成一个旋转磁场。如果定子绕组是对称的，则主磁通切割电枢绕组感应出频率为 f 的三相对称电动势，称为励磁电动势。

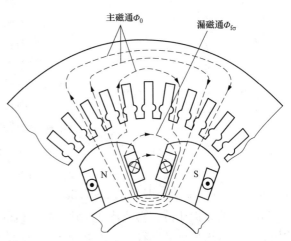

图 10-1　同步发电机的空载磁路图

隐极同步发电机励磁磁动势为一阶梯形波，如图 10-2 所示。可以通过傅里叶级数将其分解为基波和谐波。

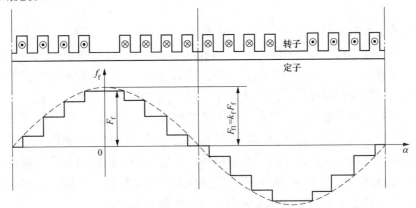

图 10-2　隐极同步发电机励磁磁动势

根据等效条件可知

$$F_{f1} = k_f F_f$$

k_f 为阶梯形波励磁磁动势分解出的基波的波形系数。它的意义是：一个阶梯形波励磁磁动势乘以 k_f，就换算成了一个等值的基波磁动势。

不计谐波，三相励磁电动势为

$$\dot{E}_A = E_0 \angle 0°; \dot{E}_B = E_0 \angle -120°; \dot{E}_C = E_0 \angle -240°;$$

$$\dot{E}_0 = 4.44 f N k_{N1} \Phi_0 \tag{10-1}$$

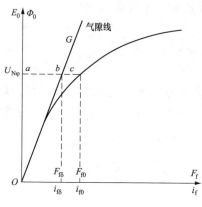

图 10-3　同步发电机的空载特性
（磁化曲线）

这样，改变励磁电流 i_f，就可得到不同的 Φ_0 和励磁电动势 E_0，曲线 $E_0 = f(i_f)$ 表示在同步转速下，空载电动势 E_0 与励磁电流 i_f 之间关系，称为发电机的空载特性，如图 10-3 所示。因为 $E_0 \propto \Phi_0$，$i_f \propto F_f$，所以空载曲线实质上就反映了电机的磁化曲线。

当主磁通 Φ_0 较小时，整个磁路处于不饱和状态，绝大部分磁动势消耗于气隙，所以空载特性的下部是一条直线，与空载曲线下部相切的线 OG，称为气隙线。随着 Φ_0 的增大，铁芯逐渐饱和，空载曲线逐渐变弯。空载特性是同步发电机的基本特性之一。

一般设计的电机，空载电动势等于额定电压的一点在曲线转弯处，电机的饱和因数为

$$k_\mu = \frac{\overline{ac}}{\overline{ab}} = \frac{i_{f0}}{i_{f\delta}} \tag{10-2}$$

普通同步电机的 k_μ 值一般为 $1.1 \sim 1.25$。

从以上的分析知道，空载特性反映了发电机的磁化特性，而磁化特性不管空载或负载都适用。所以从这个意义上看，励磁电动势与励磁电流的关系不仅适用于空载情况，负载情况也是适用的。

第二节　三相同步发电机的电枢反应

同步发电机空载时，电机中只有一个同步旋转的励磁磁动势，带上负载以后，由于电枢绕组有电流通过，就出现第二个磁动势——电枢磁动势。如果绕组对称，三相负载也对称，电枢磁动势的基波就将为一同步旋转的磁动势。励磁磁动势的基波和电枢磁动势基波二者之和，构成了负载时的合成磁动势，从而决定了气隙合成磁场。负载时电枢磁动势的基波对主极磁场基波的影响称为电枢反应。因此，电枢磁动势又称为电枢反应磁动势。

值得提出的是：同步电机的电枢磁动势的基波与励磁磁动势转速相同，转向一致，因此它们在空间保持相对静止。正由于这种相对静止，才使它们之间的相互关系保持不变，从而建立稳定的气隙磁场和产生平均电磁转矩，实现机、电能量转换。实际上，定、转子磁动势相对静止是一切电磁感应型旋转电机能够正常运行的基本条件。

分析电枢反应时采用时间相量和空间矢量统一图，这种图简称为"时空相矢图"。

一、时空相矢图

要作出时空相矢图，首先要知道哪些是时间相量，哪些是空间矢量，它们之间有什么关系。

1. 空间矢量

凡是沿空间按正弦分布的量都可表示为空间矢量。

基波励磁磁动势 $\overline{F}_{f1}$ 及其磁密 $\overline{B}_0$ 为一空间矢量，该矢量位于转子的磁极轴线上，方向为 N 极指向，以同步速旋转，如图 10-4（c）所示。

电枢磁动势 $\overline{F}_a$（在第八章交流绕组的磁动势中表示为 $\overline{F}_1$）也为空间矢量，它的位置可以这样来确定，即当某相电流达到最大时，电枢磁动势 $\overline{F}_a$ 刚好转到该相绕组的轴线上，它的指向与绕组中的电流方向符合右手螺旋定则，而且转向与转子的转向一致，并以同步速旋转，如图 10-4（a）、（b）所示。图中 A 相电流最大，所以 $\overline{F}_a$ 刚好转到 A 相轴线上（电流的规定正方向仍由末端流向首端）。

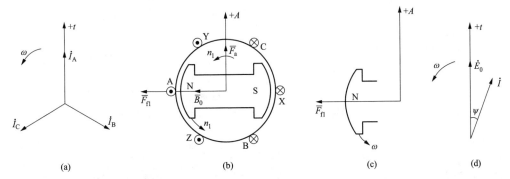

图 10-4　电枢磁动势、励磁磁动势空间矢量和空载电动势相位的确定

（a）三相电流；（b）空间矢量图；（c）励磁磁动势与转子磁极关系；（d）空载电动势相位关系图

2. 时间相量

凡是随时间按正弦规律变化的量都可表示为时间相量，正弦波磁通密度切割每相定子绕组产生的电动势大小随时间正弦变化作同步电机的电动势、电流等都是时间相量。空间矢量 $\overline{F}_{f1}$ 和 $\overline{F}_a$ 都是指整个电机的量，没有三相之分，而时间相量却有三相之分。因为是研究电机带三相对称负载运行，所以为了简便，在今后的相量图中，仅画 A 相，而且在相量符号中不加注脚 A。其他相的量可根据互差120°画出来。

同步电机的空载电动势（励磁电动势）$\dot{E}_0$ 是时间相量，该相量的相位由转子的位置决定。如转子处于图 10-4（b）位置，当电动势正方向与电流正方向一致时，A 相感应电动势为正的最大，所以 $\dot{E}_0$ 位于时间轴线上，如图 10-4（d）所示。电动势相量的角频率与转子旋转的角速度都是 ω。

同步电机的电枢电流也是时间相量，它的相位决定于电机内部的阻抗和负载的性质。电机内部的阻抗和负载的性质决定了电枢电流和空载电动势之间的相位差角 ψ，ψ 称为内功率因数角，如图 10-4（d）所示。

3. 时空相矢图

由于空间矢量和时间相量旋转的角速度都是 ω，为了分析上的方便，我们可以把空间轴线$+A$与时间轴线$+t$重合在一起，这样，空间矢量和时间相量就画在同一张图里，这种图称为时间相量和空间矢量统一图，简称为"时空相矢图"。例如转子位置如图10-5（b）所示，此时$\overline{F}_{f1}$在$+A$轴前$90°$，根据$e=b_\delta lv$可知，该瞬间A相电动势最大，所以$\dot{E}_0$与$+t$轴重合。设电枢电流$\dot{I}$落后于$\dot{E}_0$以ψ角，根据某相电流最大时，$\overline{F}_a$刚好转到该相绕组的轴线上，可知$\overline{F}_a$应落后于$+A$轴ψ角。因为当电流转过ψ角达到最大，此时$\overline{F}_a$也转过ψ角与$+A$轴重合。然后把空间矢量图和时间相量图重合，即得时空相矢图，如图10-5（c）所示。

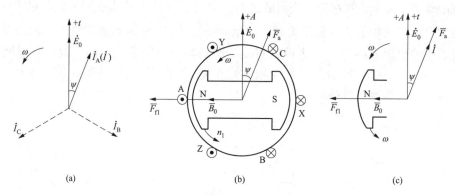

图 10-5　时空相矢图的画法
（a）时间相量图；（b）空间矢量图；（c）时空相矢图

综上所述，在时空相矢图上$\dot{E}_0$总是落后于$\overline{F}_{f1}$以$90°$；$\overline{F}_a$总是与$\dot{I}$重合。$\dot{E}_0$与$\dot{I}$之间的相位差ψ随着负载的性质不同而改变，而$\overline{F}_a$与$\overline{F}_{f1}$之间相对位置又完全取决于ψ角（它们之间的空间相位差为$90°+\psi$角），所以电枢反应的性质是由ψ角决定的，也就是说单机运行时，电枢反应的性质是由负载的性质决定的。

二、不同 ψ 角时的电枢反应

1. $\dot{I}$与$\dot{E}_0$同相位（$\psi=0°$）时的电枢反应

图10-6（a）表示这种情况的时空相矢图。在时空相矢图上，$\dot{E}_0$落后于$\overline{F}_{f1}$以$90°$，由于$\psi=0°$，$\dot{I}$与$\dot{E}_0$同相位。然后根据$\overline{F}_a$与$\dot{I}$重合，可作出$\overline{F}_a$矢量。由图可知，$\overline{F}_a$作用在与$\overline{F}_{f1}$相垂直的方向。因为通常把转子磁极轴线称为直轴（或纵轴，d轴），与它垂直的极间中心线称为交轴（或交轴，q轴）。当$\psi=0°$时，$\overline{F}_a$则位于交轴上，所以这种情况称为交轴电枢反应，此时的$\overline{F}_a$称为交轴电枢反应磁动势，常用$\overline{F}_{aq}$表示。其合成磁动势为

$$\overline{F}_\delta=\overline{F}_{f1}+\overline{F}_a \tag{10-3}$$

图10-6（b）表示了$\overline{F}_{f1}$、$\overline{F}_a$及$\overline{F}_\delta$的波形和相对位置。由图10-6（a）和图10-6（b）可以看出交轴电枢反应的作用如下：

（1）对于主磁场而言，交轴电枢反应磁动势在前极端（顺转向看，极靴的前部）起去磁作用，在后极端（顺转向看，极靴的后部）起加磁作用。定子合成磁动势$\overline{F}_\delta$较$\overline{F}_{f1}$扭斜了θ'角，幅值也有所增加，从而使气隙磁场的大小也有所增加。

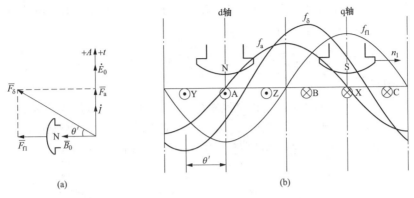

图 10-6　$\psi = 0°$ 时的电枢反应

（a）时空相矢图；（b）磁动势波形和相对位置

（2）同步电机的电磁转矩和能量转换与交轴电枢反应密切相关。只有具有交轴电枢反应，定子合成磁动势和主磁极之间才会形成一定的 θ' 角，从而才能实现机、电能量转换，所以交轴电枢反应是实现机、电能量转换的必要条件。

2. $\dot{I}$ 落后 $\dot{E}_0$ 以 90°（$\psi = 90°$）时的电枢反应

图 10-7（a）表示了这种情况的时空矢量图。图 10-7（b）表示了 $\overline{F}_{f1}$、$\overline{F}_a$ 及合成磁动势 $\overline{F}_\delta$ 的波形和相对位置。

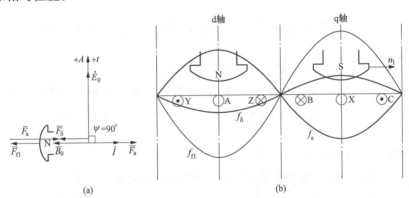

图 10-7　$\psi = 90°$ 时的电枢反应

（a）时空相矢图；（b）磁动势波形和相对位置

此时由于 $\dot{I}$ 落后于 $\dot{E}_0$ 以 90°，A 相电流要等 ωt 再经过 90°以后才能达到最大，所以在所研究的瞬间，电枢反应磁动势应位于图 10-8（b）中所示位置，该位置恰好满足当 A 相电流相量转过 90°达到最大时，电枢磁动势波幅刚好转过 90°达到 A 相绕组轴线上。由图可知，电枢反应磁动势的波幅恰好和磁极轴线（d 轴）重合，所以这种电枢反应称为直轴电枢反应，这种情况的 $\overline{F}_a$ 称为直轴电枢反应磁动势，常用 $\overline{F}_{ad}$ 表示。

由图可以看出 $\psi = 90°$ 时的直轴电枢反应的作用如下：

（1）对于主磁场而言，直轴电枢反应磁动势起去磁作用，使得气隙合成磁场减小。

（2）因为合成磁动势没有扭斜现象（$\theta' = 0°$），此时直轴电枢反应磁场与励磁磁场位于同一轴线上，不产生切向力，所以不产生电磁转矩，因而也不能进行机电能量转换。

3. $\dot{I}$ 超前于 $\dot{E}_0$ 以 $90°$（$\psi=-90°$）时的电枢反应

图 10-8（a）表示了这种情况的时空相矢图，图 10-8（b）表示了 $\overline{F}_{f1}$、$\overline{F}_a$ 及合成磁动势 $\overline{F}_\delta$ 的波形及相对位置。

此时由于 $\dot{I}$ 超前于 $\dot{E}_0$ 以 $90°$，A 相电流要等 ωt 再退回来 $90°$ 以后才达到最大，所以，在所研究的瞬间，电枢磁动势应位于图 10-8（b）所示位置，该位置恰好满足当 A 相电流相量后退 $90°$ 达到最大时，电枢磁动势波幅刚好后退 $90°$ 达到 A 相绕组轴线上。

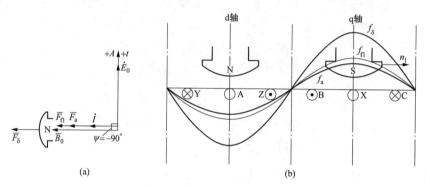

图 10-8　$\psi=-90°$时的电枢反应

（a）时空相矢图；（b）磁动势波形和相对位置

由图可知，电枢磁动势的波幅也恰好和磁极轴线重合，所以这种电枢磁动势也称为直轴电枢磁动势。

由图可以看出 $\psi=-90°$时直轴电枢反应的作用如下：

（1）对于主磁场而言，直轴电枢反应磁动势起加磁作用，使得气隙合成磁场增强。

（2）因为合成磁动势也没有扭斜现象（$\theta'=0°$），所以也不会产生电磁转矩，也不能进行机电能量转换。

4. 一般情况下的电枢反应

图 10-9（a）表示 ψ 既不等于 $0°$ 又不等于 $90°$时的时空相矢图。

设电枢电流落后于 $\dot{E}_0$ 以 ψ（$0°<\psi<90°$）角，在这种情况下，电枢磁动势落后于励磁磁动势（$90°+\psi$）电角度。电枢磁动势可以分解成直轴和交轴两个分量。

$$其中\qquad \left.\begin{array}{l} \overline{F}_a=\overline{F}_{ad}+\overline{F}_{aq} \\ F_{ad}=F_a\sin\psi \\ F_{aq}=F_a\cos\psi \end{array}\right\} \qquad (10\text{-}4)$$

$\overline{F}_{ad}$ 称为直轴电枢反应磁动势；$\overline{F}_{aq}$ 称为交轴电枢反应磁动势。

如果我们把电流 $\dot{I}$ 也分解成 $\dot{I}_d$ 和 $\dot{I}_q$ 两个分量，则

$$其中\qquad \left.\begin{array}{l} \dot{I}=\dot{I}_d+\dot{I}_q \\ I_d=I\sin\psi \\ I_q=I\cos\psi \end{array}\right\} \qquad (10\text{-}5)$$

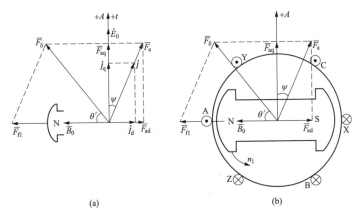

图 10-9　0°＜ψ＜90°时的电枢反应

(a) 时空相矢图；(b) 磁动势波形和相对位置

其中 $\dot{I}_q$ 与 $\dot{E}_0$ 同相位，三相电流的 q 轴分量（即 $\dot{I}_{Aq}$、$\dot{I}_{Bq}$、$\dot{I}_{Cq}$）产生交轴电枢反应磁动势 $\overline{F}_{aq}$；$\dot{I}_d$ 落后于 $\dot{E}_0$ 以 90°，三相电流的 d 轴分量（即 $\dot{I}_{Ad}$、$\dot{I}_{Bd}$、$\dot{I}_{Cd}$）产生直轴电枢反应磁动势 $\overline{F}_{ad}$。

由图可以看出，交轴电枢反应磁动势使气隙磁场扭斜，产生 θ' 角，从而进行机电能量转换；直轴电枢反应磁动势对励磁磁动势起去磁作用，使气隙磁场减小。

如果 $\dot{I}$ 超前于 $\dot{E}_0$ 以 ψ 角（$-90°＜ψ＜0°$），用同样的方法分析可知，交轴电枢反应磁动势使气隙磁场扭斜，而直轴电枢反应磁动势对励磁磁动势起加磁作用，使气隙磁场加强。

从以上分析中，我们可以看到：只有交轴电枢反应的存在，才能实现机械能与电能之间的转换，而直轴电枢反应的存在，将只引起气隙磁场的变化，进而引起电机端电压的变化。

第三节　隐极同步发电机的电动势方程式、同步电抗和相量图

本章第二节讨论了发电机负载时的电枢反应对气隙磁场的影响，这一影响要导致电枢绕组里感应电动势的变化。本节是在这一基础上讨论电动势、电压、电流、功率因数及励磁电流之间的关系。电动势方程式和相量图是分析这些关系的基本方法。

我们首先研究隐极同步发电机的方程式和相量图，然后分析凸极同步发电机的情况，而且按不考虑饱和磁场饱和来分析。

一、不考虑饱和时的电动势方程式、同步电抗和相量图

负载运行时，同步发电机内共有两个磁动势：励磁磁动势 $\overline{F}_{fl}$ 和电枢磁动势 $\overline{F}_a\left(F_a=1.35\dfrac{I_1N_1}{p}\cdot k_{N1}\right)$。不计饱和时，可用迭加原理，分别求出 $\overline{F}_{fl}$ 和 $\overline{F}_a$ 单独作用时产生的磁通量 Φ_0、Φ_a 和电动势 $\dot{E}_0$、$\dot{E}_a$，再考虑到电枢漏磁场在一相绕组中感应的漏磁电动势 $\dot{E}_\sigma$，可得如下电磁关系：

$$i_f\binom{\text{励磁}}{\text{电流}}\longrightarrow \overline{F}_{fl}\longrightarrow \Phi_0\longrightarrow \dot{E}_0\longrightarrow$$

$$i\,\text{系统}\binom{\text{定子三}}{\text{相电流}}\Big\langle\begin{array}{l}\longrightarrow \overline{F}_a\longrightarrow \Phi_a\longrightarrow \dot{E}_a\\[6pt]\longrightarrow \Phi_\sigma\longrightarrow \dot{E}_\sigma\end{array}$$

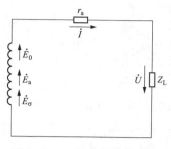

图 10-10 一相绕组中电动势、电压和电流规定正方向

按照图 10-10 一相绕组中的电动势、电压和电流规定正方向可列出一相的电动势平衡方程式。

$$\dot{E}_0 + \dot{E}_a + \dot{E}_\sigma = \dot{U} + \dot{I}R_a \tag{10-6}$$

式中：$\dot{U}$ 为电枢一相绕组的端电压，$\dot{I}R_a$ 为电枢一相绕组的电阻压降。

因为电机三相负载对称，所以只需列出一相的电动势方程式即可。

由于电枢反应电动势 E_a 正比于电枢反应磁通 Φ_a（$E_a = 4.44fN_1k_{N1}\Phi_a$），不考虑饱和及定子铁耗时，电枢反应磁通 Φ_a 又正比于电枢磁动势和电枢电流，即

$$E_a \propto \Phi_a \propto F_a \propto I$$

于是

$$E_a \propto I$$

在时间相位上，$\dot{E}_a$ 落后于 Φ_a 以 90°相角，而 $\dot{\Phi}_a$ 与 $\dot{I}$ 同相，所以 $\dot{E}_a$ 落后于 $\dot{I}$ 以 90°相角，因此 $\dot{E}_a$ 可写成负的电抗压降的形式，即

$$\dot{E}_a = -j\dot{I}X_a \tag{10-7}$$

式中：X_a 为电枢反应电抗（armature reaction reactance）。

就大小而言，X_a 就是"$\dot{E}_a$ 正比于 $\dot{I}$"的比例常数，即 $X_a = \dfrac{E_a}{I}$，因此 X_a 就是对称负载下每相电流为 1A 时所感应的电枢反应电动势。从式（10-7）的推导过程来看，虽然 $\dot{E}_a$、$\dot{I}$ 和 X_a 都是某一相的物理量，但 X_a 应理解为三相对称电流系统联合产生的电枢反应磁场所感应于一相中的电动势与相电流的比值，因此它实际上综合反映了三相对称电枢电流所产生的电枢反应磁场对于一相的影响，是一个等效的电抗。

同样，漏磁电动势 $\dot{E}_\sigma$ 也可写成负的漏抗压降的形式，即

$$\dot{E}_\sigma = -j\dot{I}X_\sigma \tag{10-8}$$

于是式（10-6）便可改写成

$$\dot{E}_0 = \dot{U} + \dot{I}R_a + j\dot{I}X_\sigma + j\dot{I}X_a = \dot{U} + \dot{I}[R_a + j(X_\sigma + X_a)]$$
$$= \dot{U} + \dot{I}(R_a + jX_s) \tag{10-9}$$

其中 $X_s = X_\sigma + X_a$，称为同步电机的同步电抗（synchronous reactance），它是表征对称稳态运行时电枢反应磁场和电枢漏磁场的一个综合参数，即三相对称电枢电流所产生的全部磁通在某一相中所感应的总电动势（$\dot{E}_a + \dot{E}_\sigma$）与相电流之间的比例常数。同步电抗是同步电机的基本参数之一。

根据式（10-9）可以画出隐极同步发电机的电动势相量图和等效电路（equivalent circuit），如图 10-11 所示。相量图是对应于感性负载的情况。

不计饱和时，把主磁通和电枢反应磁通感应的电动势相加，即得气隙电动势，以 $\dot{E}_\delta$ 表示，即

$$\dot{E}_\delta = \dot{E}_0 + \dot{E}_a = \dot{U} + \dot{I}R_a + jIX_\sigma \tag{10-10}$$

它们的相量关系也表示在图 10-11 中。

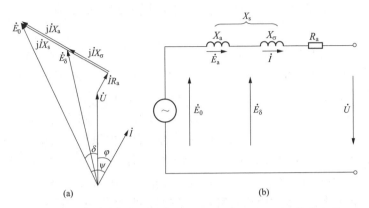

图 10-11 不考虑饱和时隐极同步发电机的相量图和等效电路

（a）相量图；（b）等效电路

方程式和相量图反映了电动势、电压、电流和参数之间的关系，因而它们是分析同步发电机运行状态的基础。

例 10-1 一台隐极式同步发电机，分别在 U、I、$\cos\varphi_1$（滞后）与 U、I、$\cos\varphi_2$（滞后）两种情况下运行。其中 U 和 I 保持不变，而 $\cos\varphi_1 > \cos\varphi_2$，问哪一种情况下所需的励磁电流大？为什么？

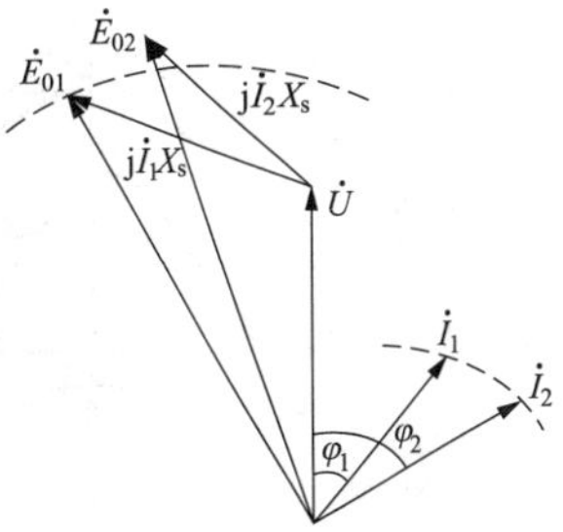

解：用隐极发电机的相量图说明之（见图 10-12）。以 $\dot{U}$ 为参考相量，略去电枢电阻 R_a，因为 $\cos\varphi_1 > \cos\varphi_2$，则 $\varphi_1 < \varphi_2$，即第二种运行状态电流滞后的更多，由相量图可以得出 $E_{02} > E_{01}$，于是 $i_{f2} > i_{f1}$，这是由于在滞后的功率因数时，$\cos\varphi$ 越小，电枢反应去磁作用越强，为了获得一样的端电压，必须增大励磁。在运行中，当 $\cos\varphi$ 变小所需励磁电流增大时，必须注意转子的温升不能超过额定温升值。

图 10-12 例 10-1 相量图

二、考虑饱和时的磁动势——电动势相矢图

在大多数情况下，同步电机都在接近于饱和的区域（磁化曲线的膝部）运行，这时由于磁路的非线性，迭加原理就不再适用，此时必须首先求出作用在主磁路上的合成磁动势，然后利用电机的磁化曲线（空载特性），才能找出负载时的气隙磁通和气隙电动势 $\dot{E}_\delta$，其电磁关系如下：

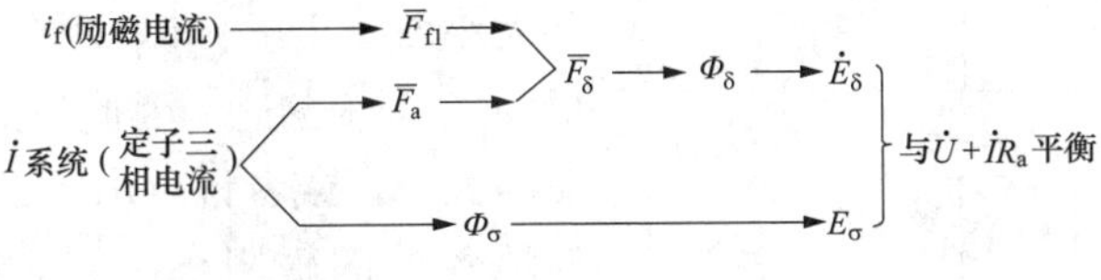

i_f（励磁电流）$\longrightarrow \overline{F}_{f1} \longrightarrow$
$\qquad\qquad\qquad\qquad \overline{F}_\delta \longrightarrow \Phi_\delta \longrightarrow \dot{E}_\delta$
$\qquad\qquad\quad \overline{F}_a \nearrow$
i 系统（定子三相电流）
$\qquad\qquad\quad \Phi_\sigma \longrightarrow E_\sigma$
$\qquad\qquad\qquad\qquad\qquad\qquad\Big\} 与 \dot{U} + \dot{I}R_a$ 平衡

此时气隙中基波合成磁动势（简称气隙磁动势）$\overline{F}_\delta$ 为

$$\overline{F}_\delta = \overline{F}_{f1} + \overline{F}_a \tag{10-11}$$

根据基尔霍夫第二定律，电枢回路的电动势方程式应为

$$\dot{E}_\delta = \dot{U} + \dot{I}R_a + j\dot{I}X_\sigma \tag{10-12}$$

第四节 凸极同步发电机的双反应理论

凸极同步发电机的气隙是不均匀的，极弧下气隙较小，极间部分气隙较大，因此同一电枢磁动势作用在不同的位置时，电枢反应将不一样，图 10-13（a）和图 10-13（b）表示同样大小的电枢磁动势分别作用在直轴和交轴位置时的电枢磁场分布图。

当正弦分布的电枢磁动势作用在直轴上时，若极弧下的气隙不均匀，则在极中心下，直轴电枢磁场较强，向两边逐渐减弱，而在极间区域由于电枢磁动势较小，气隙又较大，电枢磁场就很弱，如图 10-13（a）所示。当电枢磁动势作用在交轴位置时，由于极间区域气隙较大，故交轴电枢磁场比较弱；整个磁场呈马鞍形分布，如图 10-13（b）所示。因为电枢反应主要是指电枢磁动势对主极基波磁场的影响，所以在图 10-13 中，同时画出了直轴和交轴电枢磁场的基波。不难看出，若同样大小的电枢磁动势，则直轴电枢磁场基波的幅值 B_{ad1} 将比交轴电枢磁场基波幅值 B_{aq1} 大。

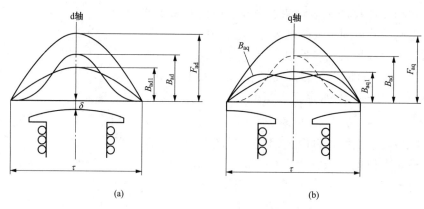

图 10-13 凸极电机的直轴和交轴磁场
（a）直轴磁场；（b）交轴磁场

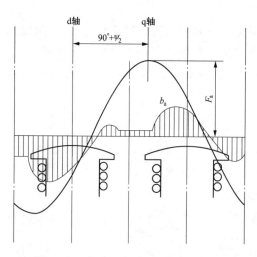

图 10-14 任意 ψ 角时的电枢磁场分布

当电枢磁动势恰好作用于直轴（$\psi = 90°$）或交轴（$\psi = 0°$）位置时，由图 10-14 可见，此时电枢磁场波形是对称的，电枢反应就不难确定。但在一般情况下 ψ 是任一角度，此时电枢磁场分布是不对称的，如图 10-14 所示。其形状和大小取决于 F_a 和 ψ 两个因素，而且无法用解析的式子来表达，因此就难于直接确定电枢反应的大小，或者说，由于凸极电机气隙不均匀，气隙各处的磁阻不一样，在不同的 ψ 情况下，电枢磁动势处于不同的位置时，则有不同的电枢反应磁通，因而对应的电枢反应电抗就不是一个定值，给分析带来一定的困难。再加上由于空载特性的励磁磁动势是处于直轴上，而凸极电机的合成磁动势不一定在直轴，因而也不能简单地利用空载特性来求气隙电动势。根据这些理由，我们就不能用隐极电机的分析方法来分析凸极电机的问题。

为了解决这一困难，勃朗特（Blondel）提出了双反应理论，其基本思想是：当电枢磁动势的轴线既不和直轴又不和交轴重合时，可以把电枢磁动势 $\overline{F}_a$ 分解成直轴分量 $\overline{F}_{ad}$ 和交轴分量 $\overline{F}_{aq}$，如图 10-15、图 10-16 所示，然后分别分析直轴和交轴电枢磁动势的电枢反应，最后再把它们的效果迭加起来。这种考虑凸极电机中气隙的不均匀性，把电枢反应分为直轴和交轴电枢反应的处理方法，叫作双反应理论。

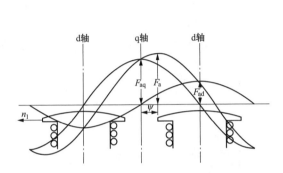

图 10-15　把凸极同步电机的电枢磁动
势分解为直轴分量和交轴分量

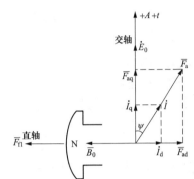

图 10-16　凸极发电机直轴、
交轴磁动势

如果 ψ 已知，则

$$\overline{F}_{ad} = \overline{F}_a \sin\psi$$
$$\overline{F}_{aq} = \overline{F}_a \cos\psi$$

直轴分量 $\overline{F}_{ad}$ 和交轴分量 $\overline{F}_{aq}$ 分别产生气隙磁通密度，并产生电枢反应电动势 $\dot{E}_{ad}$ 和 $\dot{E}_{aq}$。

实践证明，不计饱和时，采用这种办法来分析凸极电机，结果相当令人满意，因此双反应分析法已成为分析各类凸极电机（凸极同步电机、直流电机等）的基本方法之一。

第五节　凸极同步发电机的电动势方程式、同步电抗和相量图

不考虑饱和时，利用双反应理论和迭加原理，分别求出励磁磁动势、直轴和交柚电枢磁动势所产生的基波磁通及其感应电动势，其关系如下所示：

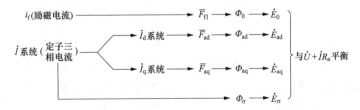

各物理量规定的正方向与图 10-10 相同，只是图中的 $\dot{E}_a$ 分解为两个电动势 $\dot{E}_{ad}$ 和 $\dot{E}_{aq}$，故电枢回路的电动势方程式为

$$\dot{E}_0 + \dot{E}_{ad} + \dot{E}_{aq} + \dot{E}_\sigma = \dot{U} + \dot{I}R_a \tag{10-13}$$

和隐极电机相似，不计饱和时

$$E_{ad} \propto \Phi_{ad} \propto F_{ad} \propto I_d$$

$$E_{aq} \propto \Phi_{aq} \propto F_{aq} \propto I_q$$

即直轴电枢反应电动势 E_{ad} 正比于直轴电流 I_d；交轴电枢反应电动势 E_{aq} 正比于交轴电流 I_q，从相位上来看 $\dot{E}_{ad}$ 和 $\dot{E}_{aq}$ 又分别滞后于 $\dot{I}_d$ 和 $\dot{I}_q$ 以 90°相角。因此直轴和交轴电枢反应电动势可用相应的负电抗压降表示为

$$\dot{E}_{ad} = -j\dot{I}_d X_{ad} \tag{10-14}$$

$$\dot{E}_{aq} = -j\dot{I}_q X_{aq} \tag{10-15}$$

式中：X_{ad}、X_{aq} 分别为直轴电枢反应电抗和交轴电枢反应电抗，分别表征当对称的三相直轴或交轴电枢电流每相为 1A 时，三相联合产生的基波电枢磁场在每一相绕组中感应的直轴或交轴电枢反应电动势。

由于电抗正比于匝数的平方和磁导的乘积，因此

$$X_{ad} \propto N^2 \Lambda_{ad}$$

$$X_{aq} \propto N^2 \Lambda_{aq}$$

式中：N 为定子每相串联匝数；Λ_{ad} 和 Λ_{aq} 分别为直轴和交轴电枢反应磁通所经磁路的磁导，其磁路如图 10-17（a）、（b）所示。

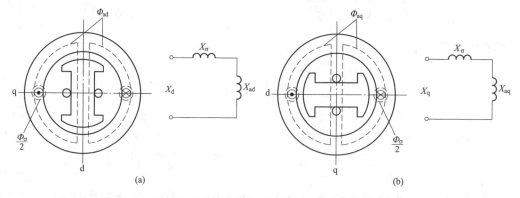

图 10-17　直轴和交轴电枢反应磁通对应的磁路及等效电路

（a）直轴电枢反应磁路及等效电路；（b）交轴电枢反应磁路及等效电路

由于直轴电枢反应磁通所经磁路的气隙小，磁导大，交轴电枢反应磁通所经磁路的气隙大，磁导小，即

$$\Lambda_{ad} > \Lambda_{aq}$$

所以

$$X_{ad} > X_{aq}$$

对于隐极机，由于气隙均匀，$\Lambda_{ad} = \Lambda_{aq}$，所以 $X_{ad} = X_{aq} = X_a$。

把式（10-14）和式（10-15）代入式（10-13），并考虑 $E_\sigma = -j\dot{I}X_\sigma$，则电动势方程式的形式变为

$$\dot{E}_0 - j\dot{I}_d X_{ad} - j\dot{I}_q X_{aq} - j\dot{I}X_\sigma = \dot{U} + \dot{I}R_a$$

或

$$\dot{E}_0 = \dot{U} + \dot{I}R_a + j\dot{I}X_\sigma + j\dot{I}_d X_{ad} + j\dot{I}_q X_{aq} \tag{10-16}$$

如果把漏抗压降也分解为直轴和交轴两个分量，则

$$\dot{E}_0 = \dot{U} + \dot{I}R_a + j(\dot{I}_d + \dot{I}_q)X_\sigma + j\dot{I}_d X_{ad} + j\dot{I}_q X_{aq}$$

$$= \dot{U} + \dot{I}R_a + j\dot{I}_d(X_{ad} + X_\sigma) + j\dot{I}_q(X_{aq} + X_\sigma) \tag{10-17}$$

$$= \dot{U} + \dot{I}R_a + j\dot{I}_d X_d + j\dot{I}_q X_q$$

其中

$$\left. \begin{array}{l} X_d = X_{ad} + X_\sigma \\ X_q = X_{aq} + X_\sigma \end{array} \right\}$$

分别称为凸极同步电机的直轴同步电抗和交轴同步电抗，其等效电路如图 10-17 所示，表征三相直轴或交轴电枢电流每相为 1A 时，三相联合产生的电枢总磁场（包括气隙中旋转的电枢反应磁场和漏磁场）在电枢每一相绕组中感应的电动势。因为 $X_{ad} > X_{aq}$，所以 $X_d > X_q$。

对于隐极机，因为 $X_{ad} = X_{aq} = X_a$，所以 $X_d = X_q = X_s$。

若已知 U、I、$\cos\varphi$、ψ 角及参数，则根据方程式（10-16）和式（10-17）可作出相量图，如图 10-18（a）、（b）所示。

实际上，由于 $\dot{E}_0$ 和 $\dot{I}$ 之间夹角 ψ 一般不是已知量，这样就无法把 $\dot{I}$ 分解成 $\dot{I}_d$ 和 $\dot{I}_q$，整个相量图就作不出来。为了解决这一困难，在已知凸极发电机的参数的情况下，我们可先对图 10-18（b）进行分析，由图可见，如果从 M 点作垂直于 $\dot{I}$ 的直线交 $\dot{E}_0$ 相量线于 Q 点，得到线段 $\overline{MQ}$，不难看出 $\overline{MQ}$ 与矢量 $j\dot{I}_q X_q$ 间夹角为 ψ，于是线段 $\overline{MQ}$ 的长应为

$$\overline{MQ} = \frac{I_q X_q}{\cos\psi} = I X_q$$

因此，我们只要引入电动势 $\dot{E}_Q$，使

$$\dot{E}_Q = \dot{U} + \dot{I}R_a + j\dot{I}X_q \tag{10-18}$$

则相量 $\dot{E}_Q$ 必然落在 $\dot{E}_0$ 线上，即 $\dot{E}_Q$ 与 $\dot{E}_0$ 同相位。

最后可得相量图的实际做法如下（见图 10-19）：

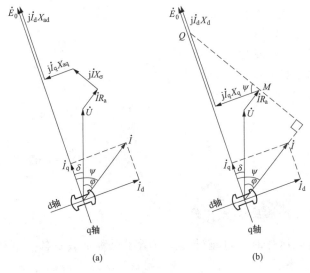

(a)　　　　　　(b)

图 10-18　不计饱和时凸极同步
发电机的相量图

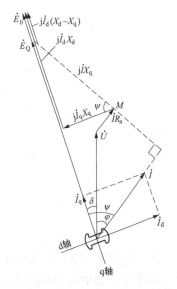

图 10-19　凸极同步发电机电动势
相量图的实际作法

（1）根据已知条件绘出 $\dot{U}$、$\dot{I}$ 相量。

（2）画出相量 $\dot{E}_Q = (\dot{U} + \dot{I}R_a + j\dot{I}X_q)$，$\dot{E}_Q$ 与 $\dot{I}$ 夹角即为 ψ 角。

（3）根据求出的 ψ 把 $\dot{I}$ 分解成 $\dot{I}_d$ 和 $\dot{I}_q$。

（4）从 M 点依次绘制 $j\dot{I}_qX_q$ 和 $j\dot{I}_dX_d$，即可求得 $\dot{E}_0$。ψ 角也可根据图 10-18（b）求出

$$\psi = \arctan \frac{IX_q + U\sin\phi}{IR_a + U\cos\phi} \tag{10-19}$$

为了绘制等效电路，从图 10-19 可见，励磁电动势 $\dot{E}_0$ 与电动势 $\dot{E}_Q$ 的关系为

$$\dot{E}_0 = \dot{E}_Q + [j\dot{I}_dX_d - j\dot{I}X_q\sin\psi] = \dot{E}_Q + [j\dot{I}_dX_d - j\dot{I}_dX_q]$$
$$= \dot{E}_Q + j\dot{I}_d(X_d - X_q) \tag{10-20}$$

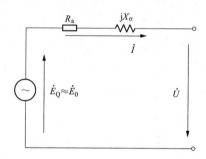

图 10-20　凸极同步发电机近似等效电路

值得提出的是：实际上并不存在电动势 $\dot{E}_Q$，但由于 $\dot{E}_Q$ 和 $\dot{E}_0$ 同相位，在数值上又接近 $\dot{E}_0$，有时可以近似地用 $\dot{E}_Q$ 代替 $\dot{E}_0$。根据式（10-18）可作出凸极同步发电机稳态运行时的近似等效电路图，如图 10-20 所示。这个等效电路是近似的，如果不是分析复杂电网，而是分析单机运行问题时，应尽量采用双反应法电动势向量图。

例 10-2　一台凸极同步发电机，其直轴和交轴同步电抗分别等于 $X_d^* = 1.0$，$X_q^* = 0.6$，电枢电阻略去不计。试计算发电机发出额定电压、额定功率，$\cos\varphi = 0.8$（滞后）时的励磁电动势 E_0^*（不计饱和）。

解：首先作出相量图如图 10-21 所示，然后由相量图求出内功率因数角 ψ。

因为　　　　　　　　$U^* = 1.0$，$I^* = 1.0$

所以

$$\psi = \arctan \frac{I^* X_q^* + U^* \sin\varphi}{U^* \cos\varphi} = \arctan \frac{1 \times 0.6 + 1 \times 0.6}{1 \times 0.8} = 56.3°$$

$$I_d^* = I^* \sin\psi = 1 \times \sin 56.3° = 0.832$$

$$\phi = \arccos 0.8 = 36.8°$$

$$\delta = \psi - \varphi = 56.3° - 36.8° = 19.5°$$

由相量图可知

$$E_0^* = U^* \cos\theta + I_d^* X_d^*$$
$$= 1.0 \times \cos 19.5° + 0.832 \times 1.0 = 1.77$$

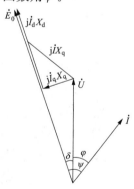

图 10-21　例 10-2 相量图

小 结

本章研究了三相同步发电机对称负载运行时的电磁过程，分析了对称负载下各个电动势、端电压、相电流和励磁电流之间的关系。

在分析同步电机内部的物理情况时，电枢反应占有重要的地位。电枢反应的性质是取决于负载的性质和电机内部的参数，明确地说，它取决于 $\dot{E}_0$ 与 $\dot{I}$ 的夹角 ψ 的数值。在同步电

机中，交轴电枢磁动势和主磁场相互作用，决定了电机内部的能量转换；直轴电枢磁动势对励磁磁动势起去磁或加磁作用，从而引起发电机端电压的变化。

对于隐极电机，因为气隙均匀，所以可用单一的同步电抗 X_s 来表征电枢反应和漏磁的效果。凸极电机气隙不均匀，同样大小的电枢磁动势作用在直轴或交轴时，电枢反应不一样大，所以分析和表征凸极同步电机时，要用双反应理论和 X_d、X_q 两个参数，以分别表征直轴和交轴电枢电流所产生的电枢反应和漏磁的效果。

参数 X_d、X_q 的大小对于同步电机具有重要的意义。同步发电机一般与电网并联运行，因此发电机的参数不但直接影响本身的运行性能，而且还会影响整个系统运行的稳定和可靠性。

第十一章　同步发电机的运行特性

本章学习目标：

(1) 掌握同步发电机的特性曲线。

(2) 了解发电机稳态参数的测定。

第一节　从空载特性、短路特性求同步电抗的不饱和值和短路比

同步发电机在转速保持恒定、负载功率因数不变的条件下，有定子端电压 U、负载电流 I、励磁电流 i_f 三个主要变量。三个量之中保持一个量为常数，求其他两个量之间的函数关系就是同步发电机的运行特性，通常有以下五种基本特性：

(1) 空载特性。当 $I=0$ 时，即发电机空载，空载电动势（即端电压）和励磁电流之间的关系曲线为 $U_0=f(i_f)$。

(2) 短路特性。当 $U=0$ 时，发电机短路电流与励磁电流之间的关系曲线为 $I_k=f(i_f)$。

(3) 零功率因数特性。当 $I=$ 常数，$\cos\varphi=0$ 时，端电压和励磁电流之间的关系曲线为 $U=f(i_f)$。

(4) 外特性。当 $i_f=$ 常数，$\cos\varphi=$ 常数时，端电压和负载电流之间的关系曲线为 $U=f(I)$。

(5) 调整特性。当 $U=$ 常数，$\cos\varphi=$ 常数时，励磁电流对负载电流的关系曲线为 $i_f=f(I)$。

这些特性可以用理论分析和实验方法求得，然后从特性曲线求出同步电机的主要参数。

在前几节中，我们对同步发电机的一些基本电磁关系进行了分析，其中涉及同步电机在对称稳态运行时的一些参数，这些参数可以通过实验的方法测得，这里主要介绍利用空载特性和短路特性求同步电抗的不饱和值和短路比的方法。

一、空载特性

空载特性在第十章中第一节介绍过，它是在发电机的转速保持为同步转速，电枢空载情况下，调节励磁电流时电枢空载端电压的变化曲线，即

$$n=n_1,I=0 \text{ 时},U_0=f(i_f)$$

因为空载特性本质上就是电机的磁化曲线，所以空载特性既可用实验法测出，也可用空载磁路计算的办法算出。

用试验法求测空载特性时，应在电枢空载（开路）的情况下，用原动机把发电机转子拖到同步速，然后调节励磁电流，使空载电枢电压达到额定值的 1.3 倍左右，然后单方向逐步减少励磁电流并记录不同励磁电流下对应的电枢端电压。

绘制空载曲线时，既可以采用励磁电流和端电压的实际值，也可以采用其标幺值，如图 11-1 所示。如果采用标幺值，则电枢电压应以额定电压作为基值，励磁电流通常以空载产生额定电压时的励磁电流作为基值。

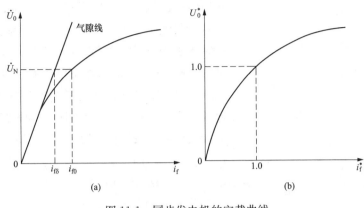

图 11-1 同步发电机的空载曲线

（a）空载特性曲线；（b）标幺值

空载特性虽然简单，但用处很大，是同步发电机的基本试验之一。通过空载试验，不仅可以检查励磁系统的工作情况，电枢绕组联结是否正确，还可了解电机磁路饱和的程度。另一方面把它和短路特性等其他特性配合在一起，还可以确定同步电机的基本参数。

二、短路特性（short circuit characteristic）

短路特性表示了电机在同步转速下，电枢端点三相短路时，电枢电流（短路电流）与励磁电流的关系，即

$$n = n, U = 0 时, I_k = f(i_f)$$

短路特性可由三相稳态短路试验测得，图 11-2 表示短路试验时的接线图。试验时，发电机的转速保持为同步速，调节励磁电流，使电枢电流约为 1.2 倍额定值，同时量取电枢电流和励磁电流，然后逐渐减小励磁电流，使励磁电流降低到零为止。试验表明，短路特性 $I_k = f(i_f)$ 是一条直线，I_k 和 i_f 成正比变化，如图 11-3 所示。

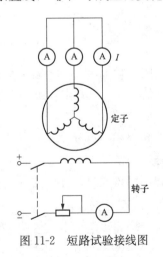

图 11-2 短路试验接线图

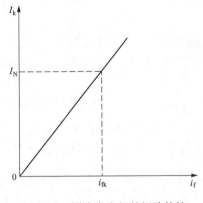

图 11-3 同步发电机的短路特性

为什么短路特性是一条直线？以下用图 11-4 所示的三相稳态短路时发电机的相矢图来说明。

短路时，发电机的端电压 $U = 0$，限制短路电流的仅是发电机的内部阻抗。因为一般同

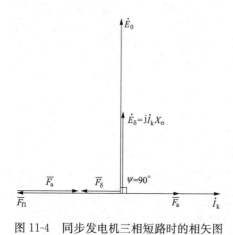

图 11-4　同步发电机三相短路时的相矢图

步发电机的电枢电阻远小于同步电抗，所以短路电流可认为是纯感性的，即 $\psi=90°$，于是电枢磁动势为一纯去磁磁动势，在图 11-4 的相矢图中，从励磁磁动势 $\overline{F}_{\mathrm{fl}}$ 减去电枢的去磁磁动势 $\overline{F}_{\mathrm{a}}$，即得合成磁动势 $\overline{F}_{\delta}$。合成磁动势 $\overline{F}_{\delta}$ 产生气隙磁通 Φ_{δ}，从而感生气隙电动势 E_{δ}。如不计定子电阻，则短路时气隙电动势等于定子内部的漏抗压降，即

$$\dot{E}_{\delta}=\dot{U}+\mathrm{j}\dot{I}X_{\sigma}=\mathrm{j}\dot{I}_{\mathrm{k}}X_{\sigma}（短路时 \dot{U}=0, \dot{I}=\dot{I}_{\mathrm{k}}）$$

对于一般同步电机，定子漏抗标幺值为 $0.10\sim0.20$，若平均取为 0.15，则短路电流等于额定电流（即 $I^{*}=1$）时，漏抗压降的标幺值应为 0.15，于是气隙电动势标幺值也等于 0.15，即气隙电动势仅为额定电压的 15%。由此可见，在短路情况下，电机的磁路通常处于不饱和状态。因此励磁电流变化时，气隙电动势和对应的短路电流将随之正比地变化，即

$$i_{\mathrm{f}}\propto E_{\delta}\propto I_{\mathrm{k}}$$

所以短路特性是一条直线。

三、利用空载特性和短路特性求同步电抗的不饱和值

为了便于查对，常把空载特性和短路特性画在同一张坐标纸上，如图 11-5 所示。

在短路情况下（$U=0$），由于电机处于不饱和状态，短路时电枢的电动势方程式为

$$\dot{E}_{0}=\dot{I}_{\mathrm{k}}R_{\mathrm{a}}+\mathrm{j}\dot{I}_{\mathrm{k}}X_{\mathrm{s}}\approx\mathrm{j}\dot{I}_{\mathrm{k}}X_{\mathrm{s}}$$

所以
$$X_{\mathrm{s}}=\frac{E_{0}}{I_{\mathrm{k}}} \tag{11-1}$$

式中：E_{0} 为在短路电流为 I_{k} 时的励磁电流所对应的空载电动势。

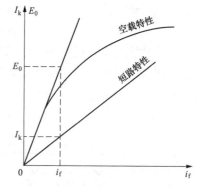

图 11-5　利用空载特性和短路特性求同步电抗不饱和值

考虑到短路时整个电机的磁路处于不饱和状态，所以 E_{0} 应该从气隙线上查出。相应地，由此确定的 X_{s} 值是不饱和值。

这里应该注意，式（11-1）中的 E_{0} 和 I_{k} 是电枢的相电动势和相电流，如果空载曲线的纵坐标用线电压，则应算出相应的相电压值（对星形接法应除以 $\sqrt{3}$），再代入式（11-1），如果空载特性和短路特性均用标幺值画出，则相、线之间不用再换算，算出的 X_{s} 即为标幺值。

如果被试电机是凸极电机，由于短路时 $\dot{I}_{\mathrm{k}}$ 落后 $\dot{E}_{0}$ 近 $90°$（即 $\psi\approx90°$），此时 $\dot{I}_{\mathrm{k}}$ 处于直轴，电枢反应为直轴电枢反应，因此求出的同步电抗为直轴同步电抗 X_{d} 的不饱和值。

四、短路比（short-circuit ratio）

从同步电机的空载特性和短路特性可以求得一个称为"短路比"的值，其大小与电机的尺寸、制造成本以及运行性能有密切的关系。

所谓"短路比"就是在相应于空载额定电压的励磁电流下，三相稳态短路时的短路电流

与额定电流之比值。由于短路特性为一直线，由图 11-6 可以看出，短路比等于产生空载额定电压（$U_0 = U_N$）所需励磁电流 i_{f0} 与产生短路电流等于额定电流（$I_k = I_N$）所需励磁电流 i_{fk} 之比值。

$$K = \frac{i_{f0}}{i_{fk}} = \frac{I_{kN}}{I_N} \qquad (11\text{-}2)$$

由式（11-1）可知

$$\dot{E}_0 = j\dot{I}_k X_d \qquad （隐极机 X_s = X_d）$$

当 $i_f = i_{f0}$ 时，短路电流 $I_k = I_{kN}$，由上式可得

$$I_{kN} = \frac{E_0}{X_d}$$

所以

$$
\begin{aligned}
K_c &= \frac{I_{kN}}{I_N} = \frac{E_0/X_d}{I_N} \\
&= \frac{E_0/U_{N\varphi}}{I_N X_d/U_{N\varphi}} = \frac{E_0}{U_{N\varphi}} \times \frac{1}{X_d^*} \qquad (11\text{-}3) \\
&= k_\mu \frac{1}{X_d^*}
\end{aligned}
$$

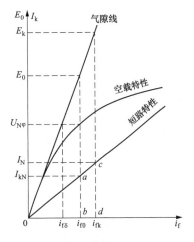

图 11-6 利用空载特性和短路特性求短路比

其中，$k_\mu = \dfrac{E_0}{U_{Nf}} = \dfrac{i_{f0}}{i_{f\delta}}$ 为电机的饱和因数；$X_d^* = \dfrac{I_N X_d}{U_{Nf}}$ 为同步电抗的标幺值。

不计饱和时，$k_\mu = 1$，此时 $K_c = \dfrac{1}{X_d^*}$

　　同步电机的短路比一般比 1 还小，短路比的数值对电机影响很大。短路比小，说明同步电抗大，这时短路电流小，但负载变化时发电机的电压变化较大，而且并联运行时发电机的稳定性较差，但电机的成本较低；反之，短路比大则电机性能较好，但成本高，这是因为短路比大表示 X_d^* 小，故气隙大，使励磁电流和转子用铜量增大，所以短路比的选择要合理地统筹兼顾运行性能和电机造价这两方面的要求。我国制造的汽轮发电机的 $K_c = 0.47 \sim 0.63$，水轮发电机的 $K_c = 1.0 \sim 1.4$。水轮发电机的短路比较大是由于水轮发电机为凸极结构，气隙大。

　　例 11-1 从国产 235MVA、200MW、15.75kV（Y 接）双水内冷汽轮发电机的试验数据中得知：

　　空载试验时，$U_0 = U_N = 15.75$kV 时，$i_{f0} = 630$A。

　　从气隙线上查出，$U_0 = 15.75$kV 时，$i_{f\delta} = 560$A。

　　短路试验时：

$I_k(A)$	4270	4810	8625($=I_N$)
$i_f(A)$	560	640	1130

试求发电机的同步电抗的不饱和值（欧姆值和标幺值）和短路比。

　　解： 先求同步电抗 X_s。从气隙线的数据可知，励磁电流 $i_{f\delta} = 560$A 时，气隙线上的电压为 15.75kV（线电压），相应的相电压为

$$U_\varphi = 15\ 750/\sqrt{3} = 9100(\text{V})$$

在同一励磁电流下，由短路试验求得短路电流为 $I_k = 4270\text{A}$，于是同步电抗的不饱和值为

$$X_s = \frac{9100}{4270} = 2.13(\Omega)$$

用标幺值计算时

$$U_\varphi^* = 1$$

$$I_k^* = \frac{I_k}{I_N} = \frac{4270}{8625} = 0.495$$

所以

$$X_s^* = \frac{U_\varphi^*}{I_k^*} = \frac{1}{0.495} = 2.02$$

发电机的短路比为

$$K_c = \frac{i_{f0}}{i_{fk}} = \frac{630}{1130} = 0.557$$

第二节　同步发电机的零功率因数负载特性及保梯电抗的测定

作相量图时，需要知道电枢漏电抗 X_σ，这一电抗可以通过空载特性和零功率因数负载特性求取。因此，零功率因数负载特性也是同步发电机基本特性之一。

一、零功率因数负载特性（简称零功率因数特性）（zero power-factor characteristic）

零功率因数特性是指同步发电机带上一个纯感性负载（$\cos\varphi = 0$），令转速为同步速，并保持负载电流 I 不变，发电机端电压随着励磁电流变化的特性曲线，测这条特性曲线的目的是求电枢绕组漏电抗，即

$$n = n_1, I = 常数, \cos\varphi = 0(滞后) 时, U = f(i_f)$$

按图 11-7 接线，电枢接一个可变的三相纯感性负载（例如三相可变电抗器 $\cos\varphi = 0$）。试验时，把同步发电机拖动到同步转速，然后调节发电机的励磁电流和负载的大小，使负载电流始终保持为常值（例如 $I = I_N$），记录不同励磁下发电机的电压，即可得到零功率因数曲线，如图 11-8 所示。

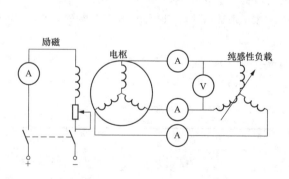

图 11-7　零功率因数负载试验接线图

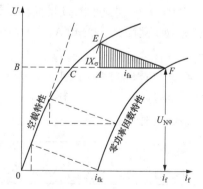

图 11-8　零功率因数负载特性

从图 11-8 可见，零功率因数特性在空载特性的右边，其形状与空载特性相似，这表明两条曲线之间具有某种联系。

图 11-9 表示零功率因数负载时发电机磁动势—电动势相矢图。因为 $\varphi = 90°$，而电机内部的电阻又远远小于同步电抗，所以此时 $\dot{E}_0$ 与 $\dot{I}$ 的夹角 $\psi \approx 90°$，换言之，零功率因数负载时的电枢磁动势是纯去磁的直轴磁动势。从图 11-9 可见，此时励磁磁动势 $\overline{F}_\mathrm{fl}$、$\overline{F}_\mathrm{a}$ 和合成磁动势 $\overline{F}_\delta$ 都在水平线上，气隙电动势 $\dot{E}_\delta$、定子漏抗压降 $\mathrm{j}\dot{I}X_\sigma$ 和端电压都在垂直线上，磁动势之间、电动势之间的关系均为代数加减关系，即

$$E_\delta \approx U + IX_\sigma$$
$$F_\delta \approx F_\mathrm{fl} - F_\mathrm{a}$$

这样，在图 11-8 中，若 $\overline{OB}$ 表示额定电压，$\overline{BC}$ 表示空载时产生额定电压所需的励磁电流，则在零功率因数负载时，由于需要克服定子漏抗压降和去磁的电枢反应，如仍要保持端电压为额定值，则励磁电流就应该比 $\overline{BC}$ 大。从空载曲线上作 $\overline{BC}$ 延长线的垂线 $\overline{EA}$，使其等于定子的漏抗压降，即 $\overline{EA} = IX_\sigma$，则 $\overline{CA}$ 即为克服定子漏抗压降所需增加的励磁电流值。再作线段 $\overline{AF}$，使其相当于抵消直轴电枢反应去磁磁动势所需增加的励磁电流 i_fa。因此为了保持发电机端电压为额定电压，在零功率因数负载时所需的励磁电流 i_f 应为 $\overline{BF} = \overline{BC} + \overline{CA} + \overline{AF}$，所得的 F 点为零功率因数负载特性上的一点。

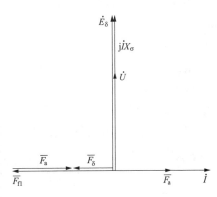

图 11-9　零功率因数负载磁动势-电动势相矢图

从以上的分析可见，零功率因数特性和空载特性之间相差一个直角三角形 $\triangle AEF$，该三角形称为同步电机的特性三角形或保梯三角形（potier triangle）。特性三角形的一条直角边（铅垂边）是定子漏抗压降 IX_σ，另一条直角边（水平边）是电枢反应磁动势的等效励磁电流 i_fa。由于测取零功率因数特性时，电流 I 保持不变，可见 IX_σ 和 i_fa 不变，即特性三角形的大小不变。因此只要把特性三角形的底边保持水平位置而使其顶点 E 沿空载特性上移动，则其右边顶点 F 的轨迹即为零功率因数特性。当特性三角形移到其水平边与横坐标重合时，可得 K 点，该点的端电压 $U = 0$，故实质上即为短路点。

二、由零功率因数特性和空载特性确定定子漏抗和电枢反应磁动势

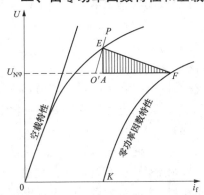

图 11-10　由空载特性和零功率因数特性求出特性三角形

以上研究了如何从空载特性和特性三角形求得零功率因数特性。反过来，如果已知零功率因数特性和空载特性，则可以确定特性三角形，从而可确定定子漏抗和电枢反应磁动势。

在零功率因数特性上取两点，一点在额定电压附近，如图 11-10 中的 F 点，另一点为短路点 K。通过 F 点作平行于横坐标的水平线 $\overline{O'F}$，使 $\overline{O'F} = \overline{OK}$，再从 O' 点作气隙线的平行线 $\overline{O'P}$，并和空载特性交于 E 点，由 E 点作 $\overline{O'F}$ 的垂线交 $\overline{O'F}$ 于 A 点，则 $\triangle AEF$ 即为要找的特性三角形。由此可见，电枢电流 I 所产生的电枢磁动势为

$$k_\mathrm{a}F_\mathrm{a} = \overline{AF}$$

若横坐标用励磁电流表示，则 $\overline{AF}=i_{\mathrm{fa}}$，$i_{\mathrm{fa}}$ 为直轴电枢去磁磁动势的等效励磁电流。

定子漏抗为

$$X_{\sigma}=\frac{\overline{EA}}{I}$$

式中：$\overline{EA}$ 为一相漏磁电动势。

研究表明，因为零功率因数负载时转子的漏磁比空载时大，所以零功率因数特性和空载特性所确定的漏抗将比实际的定子漏抗稍大，一般把由零功率因数特性和空载特性确定的漏抗称为保梯电抗（potier reactance），以 X_{p} 表示。对一般的电机来说，试验和作图求取的零功率因数特性的差别是不大的。在隐极电机中，因为极间漏磁通较小，故 $X_{\mathrm{p}}=X_{\sigma}$；而凸极电机中，则 $X_{\mathrm{p}}\approx(1.1\sim1.3)X_{\sigma}$。

由以上的分析可知，为了求电枢反应磁动势和定子漏抗，只要已知空载特性和零功率因数特性上的 K 和 F 两点就可以了。K 点可以通过短路特性找出，因此零功率因数特性实验只需求一点 F 就可以了。

表 11-1 表示了现代同步发电机参数的典型值。

表 11-1　　　　　　　　　现代同步发电机的参数（均为标幺值）

类型	X_{d}^{*}（不饱和值）	X_{q}^{*}	X_{p}^{*}（保梯电抗）
汽轮发电机	$\dfrac{1.70}{0.90\sim2.5}$	$\approx0.9X_{\mathrm{d}}^{*}$	$\dfrac{0.18}{0.10\sim0.26}$
凸极同步发电机	$\dfrac{1.55}{0.65\sim1.60}$	$\dfrac{0.75}{0.40\sim1.0}$	$\dfrac{0.32}{0.17\sim0.40}$

注　表中横线以下的数字为参数的范围，横线以上的数字为多数电机参数的平均值。

第三节　同步发电机的外特性和调整特性

外特性和调整特性都是发电机的正常运行特性。

一、外特性（voltage regulation characteristic）

外特性表示发电机的转速保持为同步转速，励磁电流和负载的功率因数不变时，改变负载电流时端电压的变化曲线，即

$$n=n_{1}, \ i_{\mathrm{f}}=\text{常数}, \ \cos\varphi=\text{常数时}, \ U=f(I)$$

外特性既可用直接负载法测出，也可用作图法间接求出。

图 11-11 表示不同功率因数时同步发电机的外特性。在感性负载和纯电阻负载时，外特性是下降的，因为这两种情况下的电枢反应均为去磁作用，此时定子电阻压降和漏抗压降也引起一定的电压下降。在容性负载时，外特性也可能是上升的。

从外特性可以求出发电机的电压调整率。调节发电机的励磁，使额定负载时发电机的端电压为额定电压，此励磁电流称为额定励磁电流。然后保持励磁和转速不变，卸去负载，此时端电压变化的标幺值称为同步发电机的电压调整率，如图 11-12 所示，用 ΔU 表示电压调整率，则

$$\Delta U=\frac{E_{0}-U_{\mathrm{N}\varphi}}{U_{\mathrm{N}\varphi}}\times100\%$$

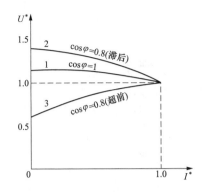

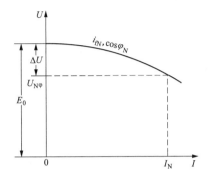

图 11-11　不同功率因数时发电机的外特性　　图 11-12　从外特性求电压调整率

电压调整率是表征同步发电机运行性能的数据之一。过去发电机的端电压要靠值班人员的手动操作来调整，因此对 ΔU 要求很严。现代的同步发电机大多数装有自动调压装置，所以对 ΔU 的要求已放宽。为防止卸载时电压急剧上升，以致击穿绝缘，ΔU 最好小于 50%，近代凸极电机的 ΔU 为 18%～30%。汽轮发电机由于电枢反应电抗较大，故 ΔU 也较大，大体在 30%～48% 这一范围内（均为 $\cos\varphi=0.8$ 滞后时的数值）。

二、调整特性

当发电机的负载发生变化时，为了保持端电压不变，必须同时调节发电机的励磁电流。当发电机的转速保持为同步速，发电机的端电压和负载功率因数不变时，负载电流变化时励磁电流的调整曲线称为发电机的调整特性，即

$$n=n_1,\ U=\text{常数},\ \cos\varphi=\text{常数时},\ i_f=f(I)$$

在感性和纯电阻负载时，为克服负载电流所产生的去磁电枢反应和阻抗压降，以保持端电压为一常数，随着负载的增加，励磁电流必须相应地增大，因此，这两种情况下的调整特性是上升的。反之，在容性负载时，随负载电流增加励磁电流可能减小，调整特性也可能是下降的，发电机运行在一定功率因数下，维持端电压不变，负载电流可以到多大而不使励磁电流超过制造厂的规定，对运行人员是很有用的。图 11-13 表示不同的功率因数时同步发电机的调整特性。

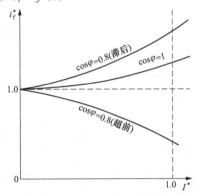

图 11-13　同步发电机的调整特性

例 11-2　有一台三相 8750kVA、11kV（星形连接）、$\cos\varphi_N=0.8$（滞后）的水轮发电机，其空载、短路和零功率因数特性如图 11-14 所示，定子电阻 $R_a^*=0.011$，试求该机的额定励磁电流和电压调整率。

解：先由空载特性和零功率因数特性上的两个点（额定电压点、短路点）确定额定电流时的特性三角形，并由此求出定子漏抗（保梯电抗）的标幺值 $X_p^*=0.21$，额定电流时的电枢反应磁动势（用励磁电流表示）$k_{ad}F_a=112A$。

因为 $R_p^*\gg R_a^*$，故 R_a^* 可忽略不计。

用图 11-14 的图解法找出额定负载时的气隙电动势 E_δ^*，$E_\delta^*=1.14$。然后从空载特性查出 E_δ^* 对应的气隙合成磁动势 F_δ'，$F_\delta'=244A$，再作 $\overline{AB}$ 与纵坐标成 φ' 角，量取 $\overline{AB}=k_{ad}F_a=$

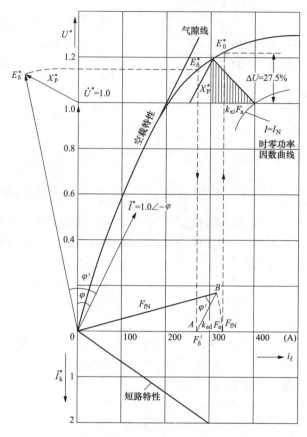

图 11-14　例 11-2 额定励磁电流和电压调整率的确定

112A。连接 $\overline{OB}$ 即得励磁磁动势 $F_{fN}=350A$。相应的空载电动势 $E_0^*=1.275$，于是
$\Delta U=27.5\%$。

第四节　用转差法试验测同步电机的同步电抗

前面讨论了利用空载特性和短路特性来求同步电抗 X_s 和 X_d 的方法。但凸极电机里的
交轴同步电抗 X_q 不能用空载特性和短路特性求出。以下介绍一种既可测出 X_d 又可测出 X_q
的方法——转差法（slip method）。

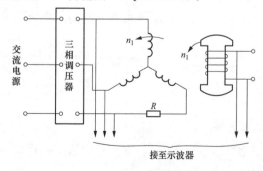

图 11-15　转差法试验接线图

试验接线图如图 11-15 所示，其中励磁绕
组开路。

首先把同步电机的转子用原动机拖动到接
近同步转速（但不能等于同步速），让转差率
小于 1%（实心转子电机更小些）。所谓转差
率是同步转速与转子实际转速之差，再与同步
速之比值，即

$$转差率=\frac{同步转速-转子实际转速}{同步转速}$$

　　然后在定子上加上一个额定频率的三相对称电压，并且让电枢旋转磁动势的转向和转子转向一致，所加电压的大小等于 $(0.02\sim0.15)U_N$。待转差稳定后，用示波器拍摄电枢电压、电枢电流及励磁电压 U_{f0} 的波形，如图 11-16 所示。若受条件限制，也可用电压表和电流表进行测量。

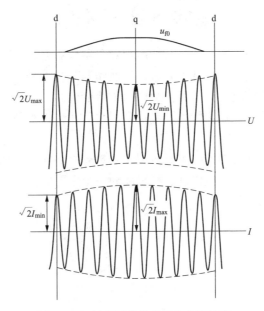

图 11-16　转差试验的电压和电流波形

　　由于没有励磁电流，故 $E_0=0$，电枢的电动势方程式为

$$0=\dot{U}+\dot{I}R_a+j\dot{I}_dX_d+j\dot{I}_qX_q$$

　　一般电枢电阻可忽略，则得

$$\dot{U}=-j\dot{I}_dX_d-j\dot{I}_qX_q$$

上式是对应于当转子转速为同步转速的情况。由于实际的转子转速稍低于同步转速，转子与电枢旋转磁场之间有相对运动，因此旋转磁场的轴线将不断依次和转子的直轴或交轴重合，相应地，电枢的电抗将随着旋转磁场与转子磁极相对位置的变化而变化，即在最大值 X_d 和最小值 X_q 之间做周期变动。当旋转磁场轴线对准直轴 d 时，$I_q=0$，$I=I_d$，这时电枢电抗达到最大值，故电枢电流为最小值 I_{min}，由于供电线路压降较小，电枢每相电压为最大值 U_{max}，故得

$$X_d=\frac{U_{max}}{I_{min}} \tag{11-4}$$

这时励磁绕组所链的磁通为最大值，但其变化为零，因此 U_{f0} 的瞬时值为零。

　　同理，当定子旋转磁场对准交轴 q 时，电压为最小值，电流为最大值，故得

$$X_q=\frac{U_{min}}{I_{max}} \tag{11-5}$$

这时励磁绕组所链的磁通为零但其变化率却最大，故 U_{f0} 瞬时值达最大值。

　　因为试验是在降低电压下进行的，所以测出的 X_d 和 X_q 都为不饱和值。

试验中要注意转差不能太大。转差太大，转子铁芯里会感应电流产生反磁动势，不符合同步电机的原理。同时转差过大，电枢电流变化的频率太高，不易读数，当然转差太小，气隙磁场又容易拉着凸极转子牵入同步。

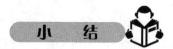

本章阐明了在对称负载下的有关运行特性和稳态参数的测定方法。

正常运行时，同步发电机的特性主要有外特性和调节特性两种。外特性说明负载变化而不调节励磁时电压的变化情况；调整特性则说明负载变化时，为保持端压恒定，励磁电流的调节规律。其他如空载特性、短路特性、零功率因数负载特性则属于为求测电机参数用的特性曲线。

表征同步发电机稳态运行性能的主要数据和参数有短路比、直轴和交轴同步电抗、保梯电抗和漏电抗。短路比是表征发电机静态稳定度的一个重要数据，而各个参数则是定量分析电机稳定运行状态的有用工具。

第十二章 同步发电机的并联运行

本章学习目标：

(1) 掌握同步发电机并联投入的条件和方法。

(2) 掌握同步发电机的功角特性。

(3) 掌握并联发电机有功和无功的调节。

(4) 了解并联发电机的静态稳定概念。

第一节 同步发电机并联投入的条件和方法

如果单独由一台同步发电机给负载供电，则会产生以下缺点：

(1) 每一台发电机的容量是有一定的限制，使发电厂的容量也受到限制。

(2) 负载是经常变化的，当负载很小时，发电机的运行效率很低。

(3) 如果没有备用发电机，一旦发电机需要检修，就无法供电。如果有备用发电机等于经常积压一台同容量的发电机，很不经济。

(4) 当负载发生变化，由于单机供电，系统容量不大，发电机的频率和端电压都会受到影响。

由于以上缺点，单机运行一般多在农村的小型发电厂里采用。现代的发电厂里通常装有多台同步发电机，这些发电机都是并联的。不同发电厂的发电机之间也并联起来，形成一个巨大的电力网，称电力系统。在电力系统中的发电机，从内部电磁规律看，与单机运行情况相同，但由于多台发电机并联使运行条件发生改变，出现了一些新的问题，如并联条件和方法问题、负载分配问题、稳定问题等。本章就是研究并联投入的条件和方法，以及并联发电机的一些运行规律。

并联运行有以下的优点：

(1) 电能的供应可以相互调剂，合理使用，从而更合理地利用动力资源和发电设备。当某地用电较多时，别地可以送电支援。在火力发电厂与水力发电厂的配合方面，当旺水时期，由水电厂发出廉价电力，火电厂可少发电；当枯水期，由火电厂多供电，而水轮发电机可不发电或作为同步调相机运行，供给电网无功功率。在并联运行中，负载大时，就多开几台发电机，负载小时，就少开几台，使每台发电机都能在满载下运行，从而提高运行效率。

(2) 增加供电的可靠性。一台发电机的故障不至于造成停电事故。但是，减少了备用容量。

(3) 供电的质量提高了。由于系统容量很大，一台电动机的启动、加载、停机对系统几乎没有影响，因此电网的电压和频率能保持在要求的恒定范围内。

(4) 系统越大，负载就越趋均匀。不同性质的负载，相互起补偿作用。就以地区来说，地区大，时差也大，使用照明的时间也就错开了。负载均匀，发电机就能经常满载运行，提高了设备的利用率。若电力系统处在尖峰负荷（短时用电量较大），可以用增开担负尖峰负载的发电机来解决，不使电网中发电机的负载均衡性遭到破坏。

（5）联成大电力系统后，有可能使发电厂的分布更加合理。产煤区多布置一些火力发电厂，在水力资源丰富的地方多布置一些水力发电厂，然后利用高压输电线对工业中心区域供电。

联成大电力系统后，因为有这么多优点，所以电力系统有越来越大的趋势，当然随着电力系统的扩大，还必须解决高电压、远距离输电的一系列问题。

现代的电力系统容量很大，单台发电机的容量和整个电力系统容量相比是很小的，因此单台发电机的变动情况几乎不会影响整个电网的电压和频率，也就是说，系统的电压和频率可以看作是不变的，即 $U=$ 常数，$f=$ 常数，这样的电网称为无限大电网，所以无限大电网实际上是相当于一个内阻抗等于零的恒频、恒压电源。

由于并网后的发电机运行情况要受到电力系统的制约，也就是它的电压、频率要和电网一致而不能单独变化，因此对发电机的运行分析将与单机运行有所不同。

实际上，系统的容量是有限的，无限大电网只是一个相对的概念。负载增加时，就必须增加发电量，否则电压和频率就会下降，只是大容量系统中，电压和频率的变动很小而已。

并联运行的发电机从发电机本身的电磁规律来看，与单机的运行没什么两样，但是运行条件却完全不同。单机运行时，负载接上后，必然就由这台发电机负担。发电机的频率由带动这台发电机的原动机决定。发电机的端电压由励磁电流、频率和负载大小决定。如果调节不好，当负载变化时，发电机的频率和端电压都会发生变化。并联运行时，当接上负载后，负载是由所有并联运行的发电机共同负担。于是就提出了"负载在并联机组之间是如何分配的？""当一台发电机要并联到电网时，并联合闸的条件是什么？""并联以后，它是怎样分担一部分负载的？"等问题。

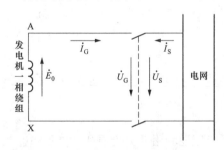

图 12-1　研究并联运行的规定正方向

发电机并联运行时所用的规定正方向如图 12-1 所示，图中只画了一相的情况，其中 $\dot{U}_G$、$\dot{I}_G$、$\dot{E}_0$ 分别为发电机的电压、电流和电动势；$\dot{U}_S$、$\dot{I}_S$ 分别为电网的电压和电流。

一、并联投入条件

为了避免并联合闸时引起电流、功率以及由此引起的发电机内部的机械应力的冲击，将要投入电网的发电机应满足以下条件：

（1）电压相等，包括发电机的电压大小与电网电压大小相同，发电机的电压相位与电网电压相位一致，即

$$\dot{U}_G=\dot{U}_S$$

（2）发电机的频率等于电网的频率，即

$$f_G=f_S$$

（3）发电机的相序必须与电网相序一致。

若不满足以上条件将产生以下后果：

（1）若频率相等，相序一致，但发电机电压 $\dot{U}_G$ 和电网电压 $\dot{U}_S$ 不相等，则由于发电机和电网之间存在着电位差 $\Delta\dot{U}=\dot{U}_G-\dot{U}_S$，故在并联投入时，发电机和电网之间将出现环流

$\dot I_{\mathrm c}$（见图 12-2）。

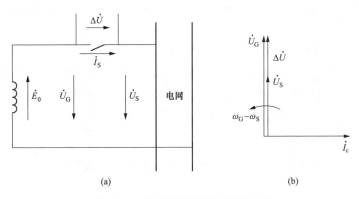

图 12-2　电压不相等时的并联合闸

（a）等效电路图；（b）相量图

$$\dot I_{\mathrm c}=\frac{\Delta\dot U}{Z''_{\mathrm G}+Z''_{\mathrm S}}\approx-\mathrm j\frac{\Delta\dot U}{X''_{\mathrm G}+X''_{\mathrm S}}$$

式中：$X''_{\mathrm G}$ 和 $X''_{\mathrm S}$ 为过渡性质的电抗，其数值很小，尤其对于无限大电网，$X''_{\mathrm S}=0$，因此，即使 $\Delta\dot U$ 较小，也会产生较大的冲击环流 $\dot I_{\mathrm c}$，该电流将对发电机的定子绕组端部产生很大的冲击力，它可能损伤绕组绝缘，$\Delta\dot U$ 与发电机电压和电网电压的相位差有关，相位差越大，则 $\Delta\dot U$ 越大，当相位差达到 180°时，$\Delta\dot U$ 达最大值，这时如果并联投入，冲击电流是非常大的，常常会使发电机遭到破坏。所以并联投入时，发电机电压与电网电压的大小、相位应尽量相等。

（2）若频率不相等，则发电机和电网的电压相量将有相对运动，如图 12-3 所示。设 $f_{\mathrm G}>f_{\mathrm S}$，并把电网电压 $\dot U_{\mathrm S}$ 看成相对静止，则发电机的电压相量 $\dot U_{\mathrm G}$ 将以 $\omega_{\mathrm G}-\omega_{\mathrm S}$ 的相对速度向前旋转，此时，发电机和电网之间将出现一个大小和相位均不断变化的电位差 $\Delta\dot U$。并联投入时，$\Delta\dot U$ 将在发电机和电网内产生一个大小和相位不断变化的环流 $\dot I_{\mathrm c}$。在某些瞬间［见图 12-3（b）］，$\dot I_{\mathrm c}$ 和 $\dot U_{\mathrm G}$ 的夹角 φ 小于 90°，电机将向电网输出功率；在另一些瞬间［见图

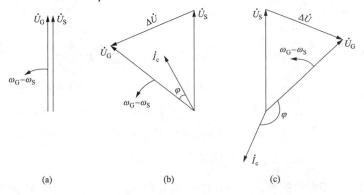

图 12-3　频率不相等时的并联合闸

（a）φ 等于 0°相量图；（b）φ 小于 90°相量图；（c）φ 大于 90°相量图

12-3（c）］，φ 角大于 $90°$，电机便从电网吸收功率，故电机将时而作为发电机，时而作为电动机运行，在电网内引起一定的功率振荡。因为存在巨大的暂态电流和冲击转矩，对电机本身也非常不利。

（3）相序不同是绝对不允许投入的，因为即使某相满足了以上两个条件，但其他两相由于相序不同而使电压相位相差120°，它将引起很大的冲击环流，危害电机的安全运行。因为汽轮机和水轮机有一定的转向，而且发电机出线都用颜色黄、绿、红标明，在装置开关时，首先就要布置好相序，所以在发电厂一般不会出现相序错误。

二、并联投入方法

把发电机投入到电网所进行的操作过程称为整步过程（或称并车）。整步方法有准整步和自整步两种。

（一）准整步

把发电机调整到完全合乎并联投入的条件，然后投入电网，这种方法叫作准整步。为判断是否满足投入条件，常常采用同步指示器，最简单的同步指示器由三组同步指示灯组成。同步指示灯有暗灯法和旋转灯光法两种接法。

1．暗灯法

在并联隔离开关的对应相端接上三组灯泡，如图 12-4 所示。每一组灯泡称为相灯。由于相灯两端电压最大可达两倍相电压，因此对于相电压为 220V 的发电机，应用两个 220V 的灯泡串联作为一组相灯。如果发电机和电网电压较高，必须用电压互感器降压后再接相灯，而且发电机和电网的电压互感器必须有相同的联结组别。要使相灯完全熄灭，只有使发电机完全满足并联合闸的三个条件才能办到。

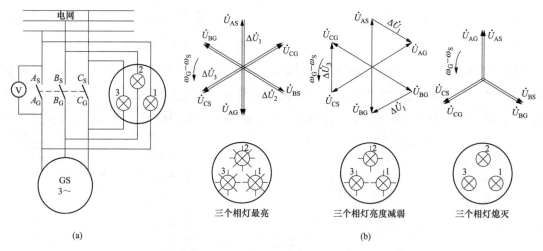

图 12-4　暗灯法接线和电压相量图
（a）暗灯法接线；（b）电压相量图

设发电机的相序和电网的相同，电压也相同，但 $\omega_G \neq \omega_S(f_G \neq f_S)$，则发电机和电网这两组电压相量之间就有相对运动。从图 12-4（b）可见，由于三相同步指示灯分别接在 A_S-A_G，B_S-B_G，C_S-C_G 之间，故三组相灯上的电压同时发生变化，于是三组灯将同时亮、同时灭，亮灭的快慢取决于 $\omega_G-\omega_S$。调节发电机的转速，直到三组灯亮、灭变化很慢时，就表示 $\omega_G\approx\omega_S(f_G=f_S)$，当三组灯同时熄灭，$A_S$、$A_G$ 间电压表读数为零时，就表示发电机已经满足了并联投入条件，此时就可合闸。

如果发电机的相序定错了，就会发生把发电机 C 相接到电网 B 相错误。这时，实际上成了如图 12-5（a）的连接，跨在相灯上的电压变成图 12-5（b）的相量图所示的情况，由图可知，灯光亮暗呈旋转现象。因此，遇到按暗灯法接线，而灯光出现旋转现象时，说明相序接错了。这时绝对禁止把发电机投入电网，必须把发电机接在并联开关的任意两根线互相对调一下，然后重新整步，才能合闸。

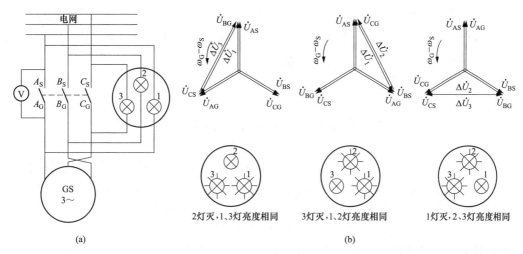

图 12-5　发电机与电网相序不同的接线和电压相量图
（a）发电机与电网相序不同的接线图；（b）电压相量图

2. 灯光旋转法

在暗灯法中，如果相序接错，相灯的灯光就会旋转起来。如果把两组相灯接在不同的相之间，使它们在正确的相序下，出现旋转的灯光，这种并联合闸的方法，叫作灯光旋转法。

图 12-6 是灯光旋转法接线，实际上，相灯跨接在发电机和电网的相号与图 12-5 是完全一样的，所以图 12-5（b）的相量图完全适合于图 12-6 的情况，也就是说，按图 12-6 接线，若相序正确，则会出现灯光旋转现象。调节发电机电压，使 $\dot U_G=\dot U_S$，调节发电机转速，使灯光旋转缓慢，说明 ω_G 已接近于 ω_S，等到不交叉的相灯 1 熄灭时，说明电压相等而且同相位，即可把发电机投入电网。

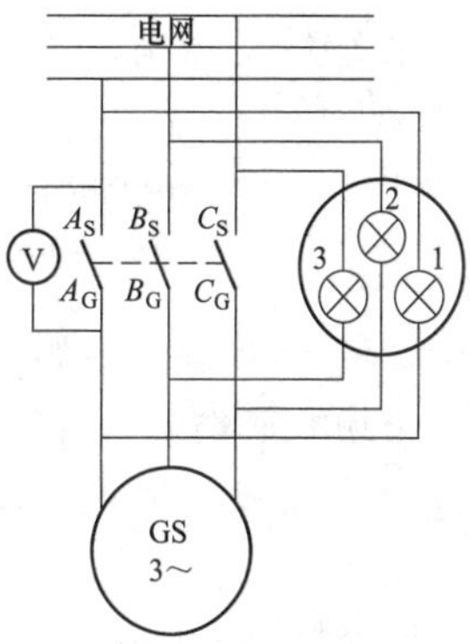

同理，若按灯光旋转法接线，而发现灯光同时亮、同时灭，则说明相序接错，需要改变发电机的相序，才能进行整步投入。

图 12-6　灯光旋转法接线

以上介绍的是最简单的同步指示器。现代发电厂里通常装有更精密和便于观察的同步指示器或相应的自动化装置，以减少并联投入时发生误操作。

以上两个方法的优点是合闸时没有冲击电流，缺点是操作较复杂，尤其当电网发生故障时，电网电压和频率时刻都在变化，采用准整步法就很难投入。为了把发电机迅速投入电网，可采用自整步法。

（二）自整步法

自整步法的投入步骤为：首先校验发电机的相序，并按照规定的转向（和定子旋转磁场的转向一致）把发电机拖动到接近同步速旋转，把励磁绕组通过一限流电阻短路（不加励磁），然后把发电机投入电网，并立即加上励磁，依靠定、转子间形成的电磁力矩，把转子自动地拉入同步。

进行自整步操作时要注意，发电机投入电网时，励磁绕组不应开路，否则励磁绕组中将感生危险高压；励磁绕组也不宜直接短路，否则合闸时定子电流会有很大冲击。通常的做法是把励磁电阻接入闭合的励磁回路作为限流电阻。

自整步法主要缺点是并网时冲击电流稍大。

第二节　同步发电机的功率和转矩平衡方程式

发电机对称稳态运行时，原动机投入到发电机的机械功率为 P_1，扣除发电机的机械损耗 P_m、铁耗 P_{Fe} 和附加损耗 P_{ad} 后，通过电磁感应和定、转子磁场的相互作用，机械能就转换为电能，这部分转换的功率称为电磁功率 P_M。用方程式表示为

$$P_1 = (P_m + P_{Fe} + P_{ad}) + P_M \tag{12-1}$$

电磁功率 P_M 是从转子方面通过气隙合成磁场传递到定子的功率。发电机带负载时，定子电流通过电枢绕组还要损失一部分功率，即电枢铜耗 $P_{Cua} = mI^2 R_a$，余下的才为输出功率 P_2，即

$$P_2 = P_M - P_{Cua} \tag{12-2}$$

其中，$P_2 = mUI\cos\varphi$。

转子（励磁）铜耗没有列入上列功率方程式，这是由于励磁铜耗由另外的直流电源供给。

由图 12-7 可见，$U\cos\varphi + IR_a = E_\delta I\cos\varphi'$，把该式等号两边乘以相数 m 和电流 I，得

$$mUI\cos\varphi + mI^2 R_a = mE_\delta I\cos\varphi' \tag{12-3}$$

比较式（12-3）和式（12-2）可知：

$$P_M = mE_\delta I\cos\varphi' \tag{12-4}$$

式中：E_δ 为气隙电动势；φ' 为 $\dot{E}_\delta$ 和 $\dot{I}$ 之间的夹角。

由功率平衡关系可作出功率流程图，如图 12-8 所示。把功率方程式（12-1）除以同步角速度 Ω_1，并略去附加损耗 P_{ad}，即可得到同步发电机的转矩方程式，即

$$T_1 = T_0 + T_M \tag{12-5}$$

式中：T_0 为发电机空载转矩；T_M 为发电机电磁转矩。

其中，$T_1 = \dfrac{P_1}{\Omega_1}$，$T_0 = \dfrac{P_{Fe} + P_m}{\Omega_1}$，$T_M = \dfrac{P_M}{\Omega_1}$，$\Omega_1 = \dfrac{2\pi n_1}{60} = \dfrac{2\pi f}{p}$ （电弧度/秒）。

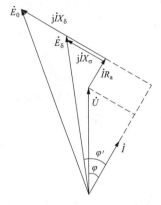

图 12-7 隐极同步发电机电动势相量图

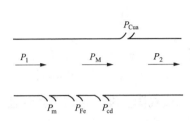

图 12-8 同步发电机功率流程图

第三节 同步电机的功角特性

同步电机的功角特性（load-angle characteristic or power-angle）是指同步电机接在电网上对称稳态运行时，电机的电磁功率与功率角之间的关系。所谓功率角是指励磁电动势 $\dot{E}_0$ 和电网电压 $\dot{U}$ 这两个相量之间的夹角，用 δ 表示。

功角特性是同步电机并网运行的基本特性之一。通过功角特性，就可以确定稳态运行时发电机所能发出的最大电磁功率，还可以用它来分析静态稳定等问题。

一、隐极式同步发电机的功角特性

因为现代同步发电机的电枢电阻常小于同步电抗，故电枢电阻常可略去不计。当不计 R_a 时，发电机的电磁功率就等于输出功率，即

$$P_M \approx P_2 = mUI\cos\varphi \tag{12-6}$$

从图 12-9 相量图可见

$$IX_s\cos\varphi = E_0\sin\delta$$

$$I\cos\varphi = \frac{E_0\sin\delta}{X_s} \tag{12-7}$$

代入式（12-6）可得

$$P_M = P_2 = \frac{mUE_0}{X_s}\sin\delta \tag{12-8}$$

式（12-8）说明，在恒定励磁和恒定电网电压（即 $E_0 =$ 常值，$U =$ 常值）时，电磁功率取决于功率角 δ，$P_M = f(\delta)$ 关系称为同步电机的功角特性，如图 12-10 所示。若式（12-8）两边都除以同步机械角速度 Ω_1，则得

$$T_M = \frac{P_M}{\Omega_1} = \frac{mUE_0}{X_s\Omega_1}\sin\delta \tag{12-9}$$

因此适当改变纵坐标比例尺，功角特性也可表示为 $T_M = f(\delta)$ 的关系曲线。

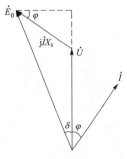

图 12-9 隐极同步发电机相量图

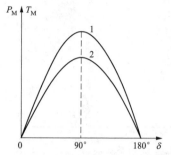

图 12-10　隐极同步发电机的功角特性

由图可见，当 $\delta = 90°$ 时，发电机将发出最大的电磁功率，即

$$P_{\mathrm{Mmax}} = \frac{mUE_0}{X_\mathrm{s}} \tag{12-10}$$

不同的励磁电流产生不同的励磁电动势 E_0，因此可以得到不同的功角特性，如图 12-10 所示。

若用标幺值表示，则 $P_\mathrm{M}^* = T_\mathrm{M}^* = \dfrac{U^* E_0^*}{X_\mathrm{s}^*} \sin\delta$。

二、凸极式同步发电机的功角特性

在凸极电机中，除了有通入电流的导体在气隙磁场中产生电磁力以外，还有气隙磁场吸引凸极铁磁体所产生的电磁力，后者在隐极机中是不存在的。图 12-11 为凸极发电机的相量图，在图中忽略电阻 R_a。

由图 12-11 可知：

$$I_\mathrm{q}X_\mathrm{q} = U\sin\delta \qquad I_\mathrm{q} = \frac{U\sin\delta}{X_\mathrm{q}}$$

$$I_\mathrm{d}X_\mathrm{d} = E_0 - U\cos\delta \qquad I_\mathrm{d} = \frac{E_0 - U\cos\delta}{X_\mathrm{d}} \tag{12-11}$$

由式 (12-7) 可得

$$P_\mathrm{M} = mUI_\mathrm{q}\cos\delta + mUI_\mathrm{d}\sin\delta$$

然后把式 (12-11) 代入上式中，即得

$$
\begin{aligned}
P_\mathrm{M} &= mU\frac{U\sin\delta}{X_\mathrm{q}}\cos\delta + mU\frac{E_0 - U\cos\delta}{X_\mathrm{d}}\sin\delta \\
&= m\frac{UE_0}{X_\mathrm{d}}\sin\delta + m\frac{U^2}{2}\left(\frac{1}{X_\mathrm{q}} - \frac{1}{X_\mathrm{d}}\right)\sin2\delta \\
&= P_\mathrm{M}' + P_\mathrm{M}''
\end{aligned}
\tag{12-12}
$$

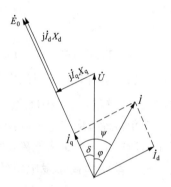

图 12-11　凸极同步发电机相量图

其中第一项 $P_\mathrm{M}' = \dfrac{mUE_0}{X_\mathrm{d}}\sin\delta$ 称为基本电磁功率；第二项 $P_\mathrm{M}'' = \dfrac{mU^2}{2}\left(\dfrac{1}{X_\mathrm{q}} - \dfrac{1}{X_\mathrm{d}}\right)\sin2\delta$ 称为附加电磁功率。

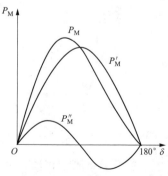

图 12-12　凸极同步发电机
的功角特性

对于隐极电机，由于 $X_\mathrm{d} = X_\mathrm{q} = X_\mathrm{s}$，代入式 (12-12) 即得隐极同步电机的功角特性。此时，附加电磁功率为零。

对于凸极电机，由于 $X_\mathrm{d} \neq X_\mathrm{q}$，所以附加电磁功率将不为零。附加电磁功率主要由凸极效应即直轴和交轴磁阻不相等引起的，所以又称为凸极电磁功率或磁阻功率。值得注意的是，附加电磁功率只与电网电压 U 有关，而与 E_0 的大小无关。换言之，即使 $E_0 = 0$（即转子没有励磁），只要 $U \neq 0$，就会产生附加电磁功率。计及附加电磁功率时，凸极机的最大电磁功率将比具有同样 E_0、U 和 X_d 的隐极机略大，且 $\delta < 90°$ 时，电磁功率就达到最大值，如图 12-12 所示。

若把式（12-12）两边除以同步机械角速度，则得

$$T_M = \frac{P_M}{\Omega_1} = m\frac{UE_0}{X_d\Omega_1}\sin\delta + m\frac{U^2}{2\Omega_1}\left(\frac{1}{X_q} - \frac{1}{X_d}\right)\sin2\delta \tag{12-13}$$
$$= T_M' + T_M''$$

式中：T_M' 为基本电磁转矩；T'' 为附加电磁转矩或凸极电磁转矩。

其中，$T_M' = m\frac{UE_0}{X_d\Omega_1}\sin\delta$，$T_M'' = m\frac{U^2}{2\Omega_1}\left(\frac{1}{X_q} - \frac{1}{X_d}\right)\sin2\delta$。

如果要求取无功功率 $Q = mUI\sin\delta$ 的功角特性，也可用类似的方法推导出

$$Q = m\frac{UE_0}{X_d}\cos\delta - m\frac{U^2}{2}\frac{X_d + X_q}{X_dX_q} + \frac{mU^2}{2}\frac{X_d - X_q}{X_dX_q}\cos2\delta \tag{12-14}$$

显然，对于隐极电机，可以认为 $X_d = X_q = X_s$，于是式（12-14）就变为

$$Q = \frac{mUE_0}{X_s}\cos\delta - \frac{mU^2}{X_s} \tag{12-15}$$

可见当 E_0、U 和 X_s 为常数时，无功功率

Q 也是功率角 δ 的函数，隐极电机无功功率功角特性如图 12-13 所示。

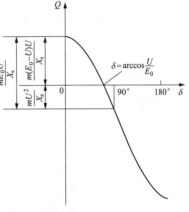

图 12-13 隐极电机无功功率功角特性

三、功率角 δ 的物理意义

（1）功率角是 $\dot{E}_0$ 和 $\dot{U}$ 之间的时间相位差角，对于发电机而言，δ 角是励磁电动势 $\dot{E}_0$ 超前于端电压 $\dot{U}$ 的时间角。

（2）因为励磁电动势 $\dot{E}_0$ 是主磁场 $\overline{B}_0$ 产生的，电枢端电压 $\dot{U}$ 可认为由一电枢等效合成磁场 $\overline{B}_u$ 感应产生，所以可以近似地赋予功率角 δ 以空间意义，即功率角 δ 是主磁场 $\overline{B}_0$ 与电枢等效合成磁场 $\overline{B}_u$ 之间的空间角。若用一等效磁极表示电枢等效合成磁场，则功率角也可看作是转子磁极轴线与电枢等效合成磁极轴线之间的空间角，如图 12-14（a）、（b）所示。

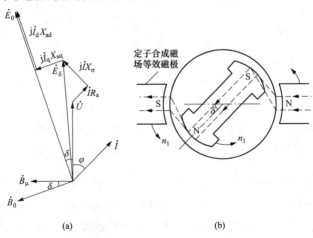

(a)　　　　　　　　　(b)

图 12-14 功率角的时空意义

(a) 相量图；(b) 功角空间意义

　　由此可知，功率角 δ 实际上反映了定子合成磁场扭斜的角度，它越大，产生的电磁功率和电磁转矩也越大。而形成 δ 角的原因是有交轴电枢反应磁动势 F_{aq}（或 I_q），所以交轴电枢反应磁动势是产生电磁转矩、进行机电能量转换的必要条件。

第四节　同步发电机与无限大电网并联运行时有功功率的调节和静态稳定

　　为简单起见，以下的分析都以隐极电机为例，饱和影响和电枢电阻略去不计。因为把电网看作无限大电网，所以 $U=$ 常值，且 $f=$ 常值。

一、有功功率的调节

　　当发电机不输出有功功率时，由原动机输入的功率恰好补偿各种损耗，没有多余的部分可以转化为电磁功率（忽略定子铜耗时），因此 $\delta=0°$，$P_M=0$［见图 12-15（a）］，此时，虽然可以有 $E_0>U$ 且有电流输出，但它是无功电流。当增加来自原动机输入功率 P_1，也就是增大了输入转矩 T_1，使 $T_1>T_0$（T_0 为空载转矩），这时便出现了剩余转矩（T_1-T_0）作用在机组转轴上，使转子得到加速，发电机的转子主磁场（$\overline{B}_0$）和 d 轴便开始超前于定子等效合成磁场（$\overline{B}_u$）（此磁场受电网频率不变的限制，转速仍为同步速），相应的电动势相量 $\dot{E}_0$ 也就超前于端电压相量 $\dot{U}$ 一个相角，于是 $\delta>0°$，使 $P_M>0$，发电机开始向外输出有功电流，并同时出现与电磁功率 P_M 相对应的制动电磁转矩 T_M。当 δ 增到某一数值使对应的电磁转矩与剩余转矩（T_1-T_0）正好相等时，转子回到同步速，发电机就在 δ 角下稳定运行，如图 12-15（b）、（c）所示。此时发电机输出的有功功率为

$$P_2 \approx P_M = \frac{mUE_0}{X_s}\sin\delta$$

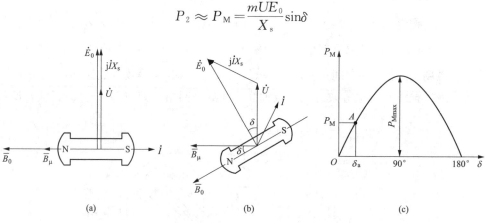

图 12-15　与无限大电网并联时，同步发电机有功功率的调节
（a）功角为 0°的相量图；（b）功角不为 0°的相量图；（c）功角特性

　　以上分析表明，对于一台并联在无限大电网上的同步发电机，要想增加发电机的输出功率，就必须增加来自原动机的输入功率，而随着输出功率的增大，当励磁不作调节时，电机的功率角就必须增大。在调节有功过程中，转子的瞬时速度虽然稍有变化，但最后发电机的转速仍将保持为同步速不变。

　　但是，并不能无限制地增加来自原动机的输入功率以增大发电机的电磁功率。对于隐极

发电机，当功率角 δ 达到 $90°$ 时，电磁功率将达到最大值 P_{Mmax}，它称为同步发电机的功率极限，如果再增加来自原动机的输入功率，则无法建立新的平衡，电机转速将连续上升而失步。

二、静态稳定（statical stability）

在电网或原动机方面偶然发生一些微小的扰动时，当扰动的原因消失以后，发电机能否回到原先的状态继续运行，这个问题称为同步发电机的静态稳定问题。如果能回到原先的状态，发电机就是"静态稳定"的，反之，就是不稳定的。

以图 12-16 为例，设发电机原先运行在 A 点，功率角为 δ_a，若忽略空载转矩 T_0，则 $T_1 = T_M$，并以同步速稳定运行。如果由于某种原因产生扰动使转子转速增加，功率角将增加到 $\delta_a + \Delta\delta$，相应地，电磁转矩也将变成 $T_M + \Delta T_M$（图中 A' 点）。但是，一旦干扰消失，由于 $T_M + \Delta T_M > T_1$，即电磁制动转矩大于原动机拖动转矩，所以转子将减速，功率角将减少，便回复到原来的工作点 A。如果出现的扰动使转速下降，功率角减少到 $\delta_a - \Delta\delta$，相应地，电磁转矩也将变成 $T_M - \Delta T_M$（图中 A'' 点）。一旦扰动消失，由于 $T_M - \Delta T_M < T_1$，即电磁制动转矩小于原动机拖动转矩，所以转子将加速，功率角将增加，仍回复到原来的工作点 A，所以 A 点是稳定的。

反之，若电机原先在 B 点运行，当出现的扰动使功率角增大 $\Delta\delta$ 角时，则由于 B 点的功率角处在 $90° \sim 180°$ 范围内，功率角增大反而使电磁转矩变小，因此即使扰动消失，发电机的输入转矩仍将大于电磁转矩而使 δ 角继续增大。随着 δ 角增大，输入转矩和电磁转矩之间的差额越来越大，机组的转速越来越高，转子就失去了同步，机组的过速保护装置就会把原动机关掉。若出现的扰动使功率角减小 $\Delta\delta$ 角，则电磁转矩将增大到 $T_M + \Delta T_M$，当扰动消失后，由于发电机的电磁转矩仍将大于原动机拖动转矩，它使 δ 角继续减小，一直减小到 $\delta = \delta_a$，电机才能稳定运行，由此可知 B 点是不稳定的。

由此可得出结论：对于隐极同步发电机，运行在 $0° < \delta < 90°$ 范围内，发电机是静态稳定的；运行在 $90° < \delta < 180°$ 范围内，发电机是静态不稳定的。当 $\delta = 90°$ 时，是静态稳定和不稳定的转折点，称为静态稳定极限。

对于凸极同步发电机，由它的功角特性（见图 12-17）可知，发电机运行在 $0° < \delta < \delta_m$ 范围内，发电机是静态稳定的；在 $\delta_m < \delta < 180°$ 范围内，发电机是不稳定的，它的静态稳定极限小于 $90°$。

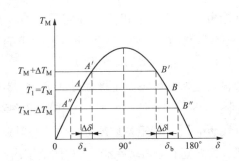 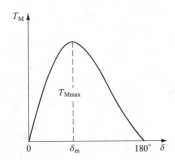

图 12-16　与无限大电网并联时同步发电机的静态稳定　图 12-17　凸极同步发电机功角特性

综上所述，发电机是否稳定取决于：因为外界的扰动使得发电机的功角发生变动时，电磁转矩的增量是大于零还是小于零。若用微分形式表示是否静态稳定，则可用当功率角 δ 增

加一个 $d\delta$ 时，如果电磁转矩也增加一个 dT_M，当功率角减小一个 $d\delta$ 时，电磁转矩也减小一个 dT_M，则运行是稳定的。即

$$\frac{dT_M}{d\delta} > 0 \quad 则同步发电机是静态稳定。$$

反之，$\dfrac{dT_M}{d\delta} < 0$ 则同步发电机静态不稳定。

$\dfrac{dT_M}{d\delta} = 0$ 为静态稳定极限，此时发电机保持静态稳定的能力为零。

$\dfrac{dT_M}{d\delta}$ 越大，保持静态稳定的能力（或称为保持同步的能力）越强，也就是说，稳定性越高。一般把 $\dfrac{dT_M}{d\delta}$ 称为同步电机的同步转矩系数。对于隐极电机

$$\frac{dT_M}{d\delta} = \frac{m}{\Omega_1}\frac{UE_0}{X_s}\cos\delta \tag{12-16}$$

对于凸极电机

$$\frac{dT_M}{d\delta} = \frac{m}{\Omega_1}\Big[\frac{UE_0}{X_d}\cos\delta + U^2\Big(\frac{1}{X_q} - \frac{1}{X_d}\Big)\cos2\delta\Big] \tag{12-17}$$

隐极电机的同步转矩系数曲线 $\dfrac{dT_M}{d\delta} = f(\delta)$ 表示在图 12-18 中。从图可以看出，$\delta < 90°$ 时，$\dfrac{dT_M}{d\delta} > 0$，在这个范围内，电机运行是稳定的，但是，稳定的能力却不同，δ 角靠近 $0°$ 附近，稳定度高，$\delta = 0°$ 时，$\dfrac{dT_M}{d\delta}$ 值最大，说明 δ 角稍有变化，会出现一个较大的制动转矩来制止 δ 角的变化。但是 δ 角靠近 $90°$ 附近，稳定能力很低，$\delta = 90°$，$\dfrac{dT_M}{d\delta} = 0$，稳定能力等于零。当 $\delta > 90°$ 时，$\dfrac{dT_M}{d\delta} < 0$，电机运行就不稳定了。总之，$\dfrac{dT_M}{d\delta}$ 的正、负标志了同步机是否稳定运行；而 $\dfrac{dT_M}{d\delta}$ 的大小标志了同步机稳定运行的能力。

在隐极式汽轮发电机里，额定运行点一般设计在 $\delta = 30°\sim40°$ 范围内，这样能保证一定大小的同步转矩系数，即电机具备一定的稳定能力。

凸极发电机的静态稳定极限处于 $\delta_m < 90°$ 的功率角上（见图 12-17），并且，由于凸极转矩的关系，δ 角在靠近 $0°$ 附近，同步转矩系数还更大些，一般设计的凸极发电机，额定运行点在 $\delta = 20°\sim30°$ 的范围内。

最大电磁转矩 T_{max}（或最大电磁功率 P_{Mmax}）与额定电磁转矩 T_N（或额定电磁功率 P_{MN}）之比，称为过载能力，用 k_m 表示。对于隐极电机

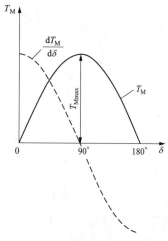

图 12-18　同步转矩系数与 δ 角的关系曲线

$$k_m = \frac{T_{max}}{T_N} = \frac{P_{Mmax}}{P_{MN}} = \frac{1}{\sin\delta_N} \qquad (12\text{-}18)$$

隐极电机的过载能力 $k_m = 1.5 \sim 2$。

要注意过载能力是表示静态稳定的程度，而不是发电机可以过载的倍数。实际上，电机在额定运行时，不论过载能力多少，从发热观点看，电机各部分已达到额定温升了。如果过载运行，时间一长，电机有可能烧坏。

要提高静态稳定的程度，即提高过载能力，必然要提高最大电磁功率 $P_{Mmax} = \frac{mUE_0}{X_d}$，其中电网电压 U 是不变的，在一定的励磁电动势 E_0 下，为了提高 P_{Mmax}，必须减小同步电抗 X_d。由分析短路比一节式（10-31）可知，减少 X_d，电机成本增加，所以不能过分地要求较高的过载能力。

三、动态稳定简介

同步发电机的动态稳定问题是电机遭受大的扰动后，还能否保持同步运行问题。例如，电网电压由于突然降低太多，功率角增加，就会使电机失去同步。图 12-19 所示便是这种情况。

当电网电压突然降低，图 12-19 中的功角特性曲线 1 改变到曲线 2，功率角由原来平衡点 δ_a 向新的平衡点 δ_c 变化，但是由于惯性作用，必须到后一块面积 cde 等于前一块面积 abc 时，δ 角才能停止增加。如果因为电压下降过多，使曲线 2 过低，以致当 T_1 转矩线与曲线交于 d 点时，后一块面积仍小于前一块面积，δ 角仍然增加。当 δ 角大于 δ_d 后，反而使拖动转矩大于电磁制动转矩 T_M，又会使 δ 角继续增加。于是，同步发电机就失去了同步，也就是失去了动态稳定。

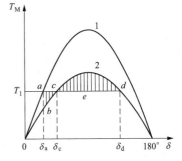

图 12-19　动态稳定分析

1—对应于 $T_M = \frac{m}{\Omega_1} \frac{UE_0}{X_s} \sin\delta$；

2—对应于 $T_M = \frac{m}{\Omega_1} \frac{U'E_0}{X'_s} \sin\delta$

以上只介绍了动态稳定的初步概念。实际上，当同步发电机发生动态稳定时，电网和发电机都是处于过渡过程之中，这时利用稳态分析得到的功角特性根本就不能使用了。取代上述曲线的是一条动态功角特性，其中，发电机的电动势、电抗都是瞬态值，这里就不再详细介绍了。

以上谈到的情况是在励磁没有调节的条件下发生的。如果，当发电机发生短路，转子开始发生振荡时，励磁电流立刻自动增加的话，励磁电动势 E_0 就会增加，功角特性也会上移，提高了发电机的动态稳定度。现代的快速励磁调节器对提高发电机的动态稳定度起着很重要的作用。

第五节　无功功率的调节和 V 形曲线

接到电网上的负载，除了少数电热设备外，绝大多数都是电感性质的负载。所以一个电力系统，除了要给负载有功功率外，还要给负载大量的感性无功功率。据大致估计，一个现代化的电力系统，异步电机需要的无功功率占了电网供给的总无功功率的 70%，变压器占了

20%，其他设备占 10%。

　　电网供给的总无功功率，应该由电网里的全部发电机共同负担。但是，每台发电机究竟负担多少，怎样调节一台发电机的无功功率呢？这是本节要研究的问题。

　　研究一台发电机的无功功率调节时，也可认为电网容量足够大，即认为电网电压不会改变，频率也不会改变，为一个无限大电网。如果发电机是在理想条件下并联合闸到电网上去，合闸后，电枢电流为零，如图 12-20（a）所示，这时的励磁电流称为空载正常励磁，此时，发电机既不发有功功率，也不发无功功率。保持原动机输出不变，如果把励磁电流调大，称为"过励"（over excitation），发电机发出落后的无功电流，以产生去磁的电枢反应，如图 12-20（b）所示。如果把励磁电流从正常励磁开始减小，称为"欠励"（under excitation），发电机发出超前的无功电流，以产生加磁的电枢反应，如图 12-20（c）所示。

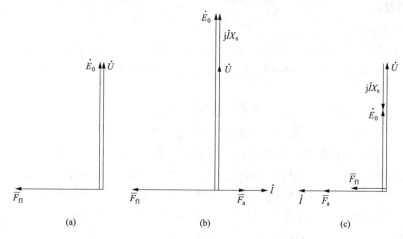

图 12-20　空载情况下调节励磁电流时的相矢图
（a）正常励磁相矢图；（b）过励相矢图；（c）欠励相矢图

　　如果发电机带上有功负载后，保持输出有功功率不变，这时发电机电枢电流与励磁电流的关系也可以用电动势相量图来进行分析。考虑到电压是恒定的，并忽略电阻不计，则有

$$P_{\mathrm{M}} = \frac{mUE_0}{X_{\mathrm{s}}}\sin\delta = 常数，即 E_0\sin\delta = 常数 \tag{12-19}$$

$$P_2 = mUI\cos\varphi = 常数，即 I\cos\varphi = 常数 \tag{12-20}$$

由于此时，$P_{\mathrm{M}} = P_2$ 故得

$$\frac{E_0\sin\delta}{X_{\mathrm{s}}} = I\cos\delta \tag{12-21}$$

　　当调节励磁电流，使 E_0 发生变化时，发电机的定子电流和功率因数也随之发生变化。从图 12-21（a）的相量图可见，由于有功电流 $I\cos\varphi = $ 常数，定子电流 $\dot{I}$ 相量末端的变化轨迹是一条与电压相量 $\dot{U}$ 垂直的水平线 AB，从式（12-19）中 $E_0\sin\delta = $ 常数可知，相量 $\dot{E}_0$ 末端变化的轨迹是一条与电压相量 $\dot{U}$ 相平行的直线 CD。

　　根据以上条件，在图 12-21（b）中画出了四种不同情况下的相量图。

　　第一种情况，定子电流 I_1 最小，此时 $\cos\varphi = 1$。这种情况称为负载时的正常励磁，发电机只发出有功功率。

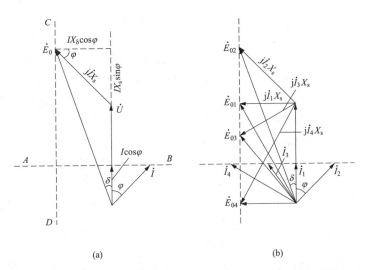

图 12-21　当 U＝常数和 P_2＝常数时调节励磁电流时的相量图

第二种情况，在正常励磁基础上增加励磁电流，此时 $E_{02} > E_{01}$，称为过励。定子电流 $\dot{I}_2$ 落后于端电压 $\dot{U}$，发电机除了向电网发出有功功率外，还向电网发出感性无功功率（或称落后无功功率）。

第三情况，在正常励磁基础上减少励磁电流，此时 $E_{03} < E_{01}$ 称为欠励。定子电流 $\dot{I}_3$ 超前于端电压 $\dot{U}$，发电机除了向电网发出有功功率外，还向电网发出容性无功功率（或称超前无功功率），也可说发电机从电网吸取感性无功功率。

第四种情况，如果进一步减少励磁电流，电动势 $\dot{E}_0$ 更加减小，并且功率角 δ 和超前的功率因数角 φ 也将继续增大使定子电流值更大。但这种变化是有限度的，当空载电动势为 $\dot{E}_{04}$ 时，δ＝90°，发电机已达到稳定运行的极限状态，进一步减少励磁电流将不能稳定运行。

调节励磁即可调节无功功率这一现象，也可用电枢电流的相位与电枢反应性质（加磁或去磁）之间的联系来解释。

因为发电机接于恒压的交流电网上，所以无论励磁如何变化，电枢绕组交链的总磁通值（包括励磁磁通、电枢反应磁通和电枢漏磁通）应保持不变。过励时，励磁磁通增大，为保持电枢的总磁通不变，电枢反应的去磁分量就要增大，换言之，I 和 E_0 的夹角 ψ 必须增大，因此电流变成滞后，发电机发出感性无功功率。反之，欠励时电枢反应的去磁分量一定要减小，在许多情况下还将变为加磁，此时 ψ 角就将变小或变成负值，因此电流 $\dot{I}$ 将超前于 $\dot{U}$ 或 $\dot{E}_0$，发电机发出容性无功功率。

根据以上分析，可看出在原动机功率不变时，改变励磁电流将引起电机无功功率的改变，随之定子总电流 I 也将改变。当励磁电流等于"正常励磁时"，电枢电流 I 数值最小，在此基础上无论增大或减小励磁电流 i_f，都将使定子电流 I 增大。我们可以用试验方法，在保持电网电压 U 和发电机输出有功功率 P_2 不变的条件下，改变励磁电流 i_f，测定对应的定子电流 I，而得到二者之间的关系曲线 $I = f(i_f)$。因为这条曲线形状和英文字母"V"很相像，所以称为同步发电机的 V 形曲线。对于每一个有功功率值都可作出一条 V 形曲线，功

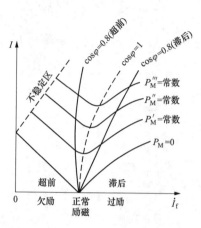

图 12-22 同步发电机的 V 形曲线

率值越大，曲线越上移，如图 12-22 所示。每条曲线的最低点，对应于 $\cos\varphi=1$，这点的电枢电流最小，全为有功电流，这点的励磁就是"正常励磁"。将各曲线最低点连接起来得到一条 $\cos\varphi=1$ 的曲线，如图 12-22 中虚线所示。在这条作为基准的曲线的右方，发电机处于过励状态，功率因数是滞后的，发电机向电网输出滞后的无功功率（即感性无功功率）；而在其左方，发电机处于欠励运行状态，功率因数是超前的，发电机从电网吸取滞后的无功功率，或向电网发出超前无功功率（即容性无功功率）。在发电机运行时，值班人员希望知道电枢电流和励磁电流的关系，从而便于控制发电机的运行状况。

由图 12-22 还可以看到，V 形曲线左侧有一个不稳定区（对应于 $\delta=90°$）。由于越欠励越靠近不稳定区，因此发电机一般不宜在欠励状态下运行。

例 12-1 一台 $X_{\mathrm{d}}^*=0.8$，$X_{\mathrm{q}}^*=0.5$ 的凸极同步发电机，接在 $U^*=1$ 的电网上，运行于 $I^*=1$，$\cos\varphi=0.8$（滞后）下，略去定子电阻，试求：

(1) E_0 与 ψ。

(2) P_{M} 与 P_{Mmax}。

(3) 过载能力 k_{m}。

解：(1) 求 E_0 与 ψ 角。作出凸极同步发电机的电动势相量图，如图 12-23 所示。由图 12-23 可知

$$\tan\psi=\frac{I^* X_{\mathrm{q}}^* +U^* \sin\varphi}{U^* \cos\varphi}=\frac{1\times 0.5+1\times 0.6}{1\times 0.8}=1.375$$

$$\psi=54°$$

$$(\cos\varphi=0.8, \varphi\approx 37°, \sin\varphi=0.6)$$

$$\delta=\psi-\varphi=54°-37°=17°$$

故得
$$\begin{aligned}E_0^* &=U^* \cos\delta+I_{\mathrm{d}}^* X_{\mathrm{d}}^* \\ &=U^* \cos\delta+(I^* \sin\psi)X_{\mathrm{d}}^* \\ &=1\times\cos 17°+1\times\sin 54°\times 0.8 \\ &=1.602\end{aligned}$$

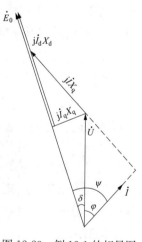

图 12-23 例 12-1 的相量图

(2) 求 P_{M} 和 P_{Mmax}。

取功率的基值为 $S_{\mathrm{N}}=mU_{\mathrm{N}\phi}I_{\mathrm{N}}$，则电磁功率为

$$\begin{aligned}P_{\mathrm{M}}^* &=\frac{E_0^* U^*}{X_{\mathrm{d}}^*}\sin\delta+\frac{1}{2}U^{*2}\left(\frac{1}{X_{\mathrm{q}}^*}-\frac{1}{X_{\mathrm{d}}^*}\right)\sin 2\delta \\ &=\frac{1.602\times 1}{0.8}\sin 17°+\frac{1^2}{2}\times\left(\frac{1}{0.5}-\frac{1}{0.8}\right)\sin(2\times 17°) \\ &=0.8\end{aligned}$$

为求 P_{Mmax}，令 $\dfrac{\mathrm{d}P_{\mathrm{M}}}{\mathrm{d}\delta}=0$，求出 $P_{\mathrm{M}}=P_{\mathrm{Mmax}}$ 时的 δ 角，即

$$\frac{\mathrm{d}P_{\mathrm{M}}}{\mathrm{d}\delta}=\frac{E_0^* U^*}{X_{\mathrm{d}}^*}\cos\delta+U^{*2}\left(\frac{1}{X_{\mathrm{q}}^*}-\frac{1}{X_{\mathrm{d}}^*}\right)\cos2\delta=0$$

设 $A=\dfrac{E_0^* U^*}{X_{\mathrm{d}}^*}$，$B=U^{*2}\left(\dfrac{1}{X_{\mathrm{q}}^*}-\dfrac{1}{X_{\mathrm{d}}^*}\right)$，则得

$$A\cos\delta+B\cos2\delta=0$$

由于 $\cos2\delta=2\cos^2\delta-1$，故得

$$\cos^2\delta+\frac{A}{2B}\cos\delta-\frac{1}{2}=0$$

$$\cos\delta=\frac{-\dfrac{A}{2B}\pm\sqrt{\left(\dfrac{A}{2B}\right)^2+2}}{2}$$

将各值代入求得

$$\cos\delta=0.305$$
$$\delta=\arccos0.305=72.2°$$

代入 P_{M}^* 式中得

$$P_{\mathrm{Mmax}}^*=\frac{1.602\times1}{0.8}\sin72.2°+\frac{1^2}{2}\times\left(\frac{1}{0.5}-\frac{1}{0.8}\right)\sin(2\times72.2°)=2.125$$

（3）求过载能力。

$$k_{\mathrm{M}}=\frac{P_{\mathrm{Mmax}}^*}{P_{\mathrm{M}}^*}=\frac{2.125}{0.8}=2.66(倍)$$

例 12-2 一汽轮发电机在额定运行情况下的功率因数为 0.8（滞后），同步电抗的标幺值为 $X_{\mathrm{s}}^*=1.0$。该汽轮发电机连接于电压保持在额定值的无限大电网上，试求：

（1）当该汽轮发电机供给 90% 额定电流且有额定功率因数时，输出的有功功率和无功功率的标幺值，这时的励磁电动势标幺值 E_0^* 及功率角 δ 为多少？

（2）如调节原动机方面的功率输入，使该汽轮发电机输出的有功功率达到额定运行情况下的 110%，励磁保持不变，这时的 δ 角为多少？该汽轮发电机输出的无功功率将如何变化？如欲使输出的无功功率保持不变，励磁电动势标幺值 E_0^* 及 δ 角的数值是多少？

（3）如保持原动机方面的输入不变，并调节该汽轮发电机的励磁，使它输出的感性无功功率为额定运行下的 110%，求此时的励磁电动势标幺值 E_0^* 及 δ 角的数值。

解：（1）令 $\dot{U}^*=U_{\mathrm{N}}^*=1+\mathrm{j}0$。

已知：$I^*=0.9$，$\cos\varphi=0.8$，$\sin\varphi=0.6$，故负载电流有功分量标幺值（即电机输出的有功功率标幺值）为

$$P^*=I_{\mathrm{a}}^*=0.9\times0.8=0.72$$

负载电流无功分量标幺值（即电机输出的无功功率标幺值）为

$$Q^*=I_{\mathrm{r}}^*=0.9\times0.6=0.54$$

负载电流标幺值为

$$I^*=0.72-\mathrm{j}0.54$$

励磁电动势标幺值为

$$\dot{E}_0^* = \dot{U}^* + \mathrm{j}\dot{I}^* X_s^* = 1 + \mathrm{j}(0.72 - \mathrm{j}0.54) \times 0.1$$
$$= 1.54 + \mathrm{j}0.72 = 1.70 \angle 25.1°$$

故得 $E_0^* = 1.70$，功率角 $\delta = 25.1°$。

（2）已知 $P^* = 0.8 \times 1.1 = 0.88$，$E_0^* = 1.70$。由功角特性公式得

$$P_M^* = \frac{E_0^* U^*}{X_s^*} \sin\delta$$

$$\sin\delta = \frac{P_M^* X_s^*}{E_0^* U^*} = \frac{0.88 \times 1}{1.70 \times 1} = 0.518$$

故 $\delta = 31.2°$。

这时励磁电动势的复数式（标幺值）为

$$E_0^* = 1.70(\cos\delta + \mathrm{j}\sin\delta) = 1.70 \times (0.856 + \mathrm{j}0.518) = 1.455 + \mathrm{j}0.880$$

$$\mathrm{j}\dot{I}^* X_s^* = \dot{E}_0^* - \dot{U}^* = 0.455 + \mathrm{j}0.880$$

$$\dot{I}^* = \frac{\dot{E}_0^* - \dot{U}^*}{\mathrm{j}X_s^*} = 0.88 - \mathrm{j}0.455$$

可见电枢的感性无功电流由原来的 0.54 减到 0.455，即为原来的 84.3%，故发电机输出的感性无功功率也按同样比例减小。

如想保持输出的无功功率不变，则有 $I_a^* = 0.88$，$I_r^* = 0.54$。

故 $I^* = 0.88 - \mathrm{j}0.54$。

$$\dot{E}_0^* = \dot{U}^* + \mathrm{j}\dot{I}^* X_s^* = 1 + \mathrm{j}(0.88 - \mathrm{j}0.54) \times 1$$
$$= 1.54 + \mathrm{j}0.88 = 1.77 \angle 29.7°$$

即应把励磁电动势 E_0^* 标幺值增加到 1.77，此时的 δ 角为 29.7°。

（3）已知 $P^* = I_a^* = 0.72$，$Q^* = I_r^* = 0.6 \times 1.1 = 0.66$

$$\dot{E}_0^* = \dot{U}^* + \mathrm{j}\dot{I}^* X_s^* = 1 + \mathrm{j}(0.72 - \mathrm{j}0.66) \times 1$$
$$= 1.66 + \mathrm{j}0.72 = 1.81 \angle 23.4°$$

即此时励磁电动势标幺值增加到 1.81，δ 角则减小，变为 23.4°。

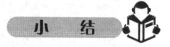

小 结

本章主要讨论了以下两个问题。

（1）讨论了并联投入的条件和方法。首先分析了不满足并联投入条件的后果，然后介绍了准整步和自整步的过程。

（2）讨论了发电机并联后有功和无功如何调节，主要针对无限大电网。这样就把调节只限于所考虑的一台发电机上，并且由于 $U =$ 常数，$f =$ 常数，所调节的对象只能是有功功率（通过调节原动机阀门）和无功功率（通过改变励磁电流）。调节时的内部过程是通过相

量图或功角特性来说明的。调节同步发电机的有功功率，必须改变原动机的输入功率，改变发电机的功角，从而按功角特性关系改变发电机的输出功率。如果只改变发电机励磁电流，则只能调节发电机的无功功率，过励时发电机发出感性无功，电枢反应为去磁作用；欠励时发电机发出容性无功，电枢反应可能为加磁作用。而正常励磁时，发电机只输出有功功率，其 $\cos\varphi=1$。

有功功率的调节也会影响到无功功率的变化，当增大发电机的有功功率时，由于励磁电流不变和电网电压不变，必将引起无功功率相应的下降。调节励磁电流以改变无功功率时，虽然不影响电机有功功率的数值，但是如果励磁电流调得过低，则有可能使电机失去稳定而被迫停止运行。

第十三章　同步电动机和同步调相机

本章学习目标：

（1）由同步电机的可逆原理说明发电机过渡到电动机的物理过程及内部各物理量之间的关系变化，从而掌握电动机的功率、转矩、电动势的性质。

（2）了解同步电动机的起动方法。

（3）了解反应式同步电动机和同步调相机的基本原理。

第一节　同步电动机的基本方程式和相量图

一、从发电机状态过渡到电动机状态

任何旋转电机都既可以作为发电机运行，又可以作为电动机运行，视它运行的条件而定，这就是电机的可逆性原理，同步电机也不例外。以下研究已投入电网的隐极同步发电机过渡到电动机运行状态的物理过程及其内部各物理量之间关系的变化。

设电机已向电网送出一定的有功功率，从图 13-1（a）的相量图可见，此时 $\dot{E}_0$ 超前于 $\dot{U}$，功率角 δ 为正值，相应的电磁功率 $P_{\mathrm{M}} = \dfrac{mUE_0}{X_{\mathrm{s}}}\sin\delta$ 也是正值，即转子磁极轴线超前于定子等效磁极轴线 δ 角，作用于转子上的电磁转矩为制动转矩。在运行中，原动机的拖动转矩主要用来克服制动的电磁转矩，将机械能转变为电能，如图 13-1（a）所示。

如果逐步减少发电机的输入功率，转子将减速，δ 角减少，相应地电磁功率也减少。当功率角 δ 减到零时，发电机的输入功率只能抵偿空载损耗（即 $P_1 = P_0$），这时发电机处在空载运行状态，它不向电网输送有功功率，如图 13-1（b）所示。

继续减少电机的输入功率，最后把原动机撤去，电机就变成了空转的同步电动机，此时空载损耗全部由电网输入的电功率供给。如在电机轴上再加上机械负载，则负值的 δ 角将增大，由电网输入的电功率 P_1 和相应的电磁功率也将变大，于是该机已成为一台负载运行的同步电动机，这时 δ 为负值，转子磁极轴线落后于定子等效磁极轴线，故转子上将受到驱动性质的电磁转矩，如图 13-1（c）所示。

从上分析可知：当同步发电机变为电动机运行时，功率角和相应的电磁转矩、电磁功率均由正值变为负值，电磁转矩由制动性质变为驱动性质的转矩。

二、同步电动机的电动势方程式和相量图

用发电机惯例规定正方向，隐极同步电动机的电动势方程式为

$$\dot{E}_0 = \dot{U} + \dot{I}R_{\mathrm{a}} + \mathrm{j}\dot{I}X_{\mathrm{s}}$$

忽略电阻时的相量图如图 13-1（c）左图所示。图中功率因数角 $\varphi > 90°$，功率角 δ 为负值（即电网电压 $\dot{U}$ 超前于电动势 $\dot{E}_0$）。采用这种规定正方向，由于 $\varphi > 90°$，表示电动机向电网输出负的有功功率，这样很不方便，对于电动机而言，习惯上常采用电动机惯例规定正方

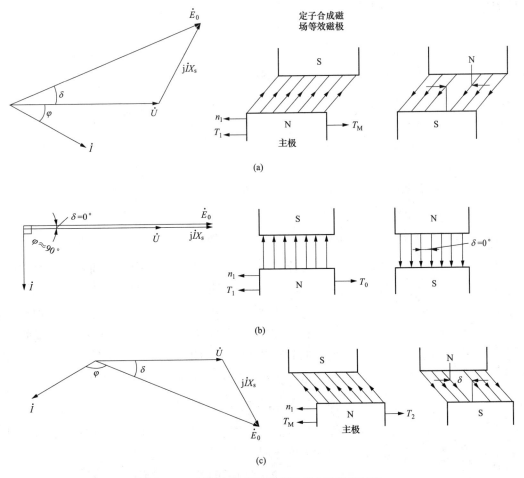

图 13-1 同步发电机过渡到同步电动机的过程

（a）发电机状态；（b）空载发电机状态；（c）电动机状态

向，如图 13-2 所示。这时 $\dot{U}$ 应理解为外施电压，$\dot{I}$ 为由外施电压所产生的输入电流，而 $\dot{E}_0$ 则为反电动势。按这种规定正方向，电流 $\dot{I}$ 即由滞后于 $\dot{U}$ 变为超前于 $\dot{U}$，且 $\varphi < 90°$，于是功率因数 $\cos\varphi$ 和输入电功率 $mUI\cos\varphi$ 均为正值，显然在扣除定子铜耗后的电磁功率也为正值。

于是隐极同步电动机的电动势方程式变为

$$\dot{E}_0 = \dot{U} - \dot{I}R_a - j\dot{I}X_s \tag{13-1}$$

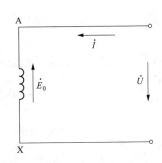

图 13-2 同步电动机的规定正方向

或
$$\dot{U} = \dot{E}_0 + \dot{I}R_a + j\dot{I}X_s$$

凸极同步电动机的电动势方程式为

$$\dot{E}_0 = \dot{U} - \dot{I}R_a - j\dot{I}_d X_d - j\dot{I}_q X_q \tag{13-2}$$

或
$$\dot{U} = \dot{E}_0 + \dot{I}R_a + j\dot{I}_d X_d + j\dot{I}_q X_q$$

相应的相量图如图 13-3 和图 13-4 所示。

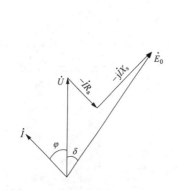

图 13-3　隐极同步电动机相量图

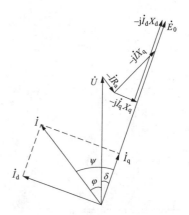

图 13-4　凸极同步电动机相量图

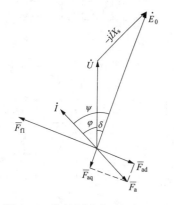

图 13-5　隐极同步电动机相矢图

第十章中所述的时空相矢图中，空间相轴与时间轴二者重合在一起，正向电流与空间相轴正方向符合右手螺旋，所以正电流产生正的磁动势，因而，电流 $\dot{I}$ 与电枢磁动势 $\overline{F}_a$ 同向。但是，在电动机分析中，取相反的电流的正方向，此时正向电流与空间相轴正方向不符合右手螺旋关系，正向电流产生负向磁动势，所以画时空相矢图时 $\dot{I}$ 与 $\overline{F}_a$ 反向，如图 13-5 所示（图中忽略了电阻压降 $\dot{I}R_a$）。由图可知，当电流 $\dot{I}$ 超前于励磁电动势 $\dot{E}_0$ 时，直轴电枢反应磁动势为去磁作用。

三、功角特性和功率、转矩平衡关系

第十二章所述的功角特性表达式（12-12），可同样适用于电动机状态，只是这时功率角 δ 应为负值，随之电磁功率 P_M 也为负值，表示把电能转换为机械能。为了方便，我们重新定义电压 $\dot{U}$ 超前于 $\dot{E}_0$ 的功率角为正，此时的电磁功率则为正值，其功角特性如图 13-6 所示。

同步电动机的静态稳定概念与发电机类似，判别静态稳定的条件如下：

$\dfrac{\mathrm{d}T_M}{\mathrm{d}\delta}>0$，同步电动机静态稳定。$\dfrac{\mathrm{d}T_M}{\mathrm{d}\delta}<0$，同步电动机静态不稳定。

由图 13-6 可知，在 $0°<\delta<\delta_m$ 范围内电动机运行是稳定的，不过 δ 越大，$\dfrac{\mathrm{d}T_M}{\mathrm{d}\delta}$ 的数值越小，稳定度越低。为了留有余地，一般同步电动机稳定运行在 $\delta=(20°\sim30°)$，与发电机相类似，同步电动机的过载能力也表示为

$$k_m=\frac{T_{Mmax}}{T_N}$$

一般 $k_m=2\sim3$。

同步电动机正常工作时，同步电动机从电网输入的功率 P_1，除部分消耗于定子绕组的铜耗外，主要部分将通过定、转子磁场的相互作用，由电能转换为机械能，这部分通过气隙

旋转磁场的作用所转换的功率就称为电磁功率 P_M，故有

$$P_1 = P_{Cua} + P_M \tag{13-3}$$

电动机输出的机械功率 P_2 应比 P_M 略小，因为补偿定子铁耗 P_{Fe} 和机械损耗 P_m 及附加损耗 P_{ad} 所需的功率都要依靠转子上获得的机械功率来提供，故有

$$P_M = P_{Fe} + P_m + P_{ad} + P_2 \tag{13-4}$$

上面两个式子就是同步电动机的功率平衡方程式。功率流程如图 13-7 所示。

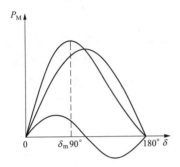

图 13-6 凸极同步电动机的功角特性

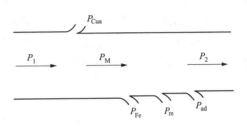

图 13-7 同步电动机功率流程图

若不计附加损耗，则式（13-4）可写成

$$P_M = (P_{Fe} + P_m) + P_2 = P_0 + P_2$$

式中：P_0 为空载损耗。

其中，$P_0 = P_{Fe} + P_m$。

上式除以同步角速度，可得转矩平衡方程式

$$\frac{P_M}{\Omega_1} = \frac{P_0}{\Omega_1} + \frac{P_2}{\Omega_1}$$
$$T_M = T_0 + T_2 \tag{13-5}$$

式中：T_M 为电动机的电磁转矩；T_0 为电动机的空载转矩；T_2 为电动机的输出转矩。

其中，$T_M = \dfrac{P_M}{\Omega_1}$，$T_0 = \dfrac{P_0}{\Omega_1}$，$T_2 = \dfrac{P_2}{\Omega_1}$。

第二节 同步电动机的 V 形曲线

同步电动机负载不变时，电枢电流和励磁电流之间的关系曲线，称为同步电动机的 V 形曲线。以下以隐极电动机为例用电动势相量图进行分析。

由于负载不变，$T_2 = $ 常数，忽略 T_0 的影响，则 $T_M \approx T_2 = $ 常数，即

$$T_M = \frac{mUE_0}{\Omega_1 X_s}\sin\delta = 常数$$

所以 $$E_0\sin\delta = 常数$$

于是可作出 $\dot{E}_0$ 末端的轨迹，它是一条与 $\dot{U}$ 平行的直线 CD，如图 13-8 所示。

由于负载不变，$P_2 = $ 常数，忽略定子电阻和空载损耗，则 $P_1 = $ 常数，即

$$P_1 = mUI\cos\varphi = 常数$$

或 $$I\cos\varphi = 常数$$

于是可作出 $\dot{I}$ 末端的轨迹，它是一条与 $\dot{U}$ 垂直的直线 AB，如图 13-8 所示。从图 13-8 可见：正常励磁时，电动机的功率因数等于 1，电枢电流全部为有功电流，电流的数值最小。当励磁电流大于正常励磁电流（过励）时，$E_{02} > E_{01}$，为保持电枢绕组的总磁通不变，除有功电流外，电枢电流还将出现超前的去磁无功电流分量（从发电机惯例来看，它仍为滞后的去磁无功电流），因此电枢电流将较正常励磁时大，电动机的功率因数为超前的。反之，当励磁电流小于正常励磁电流（欠励）时，$E_{03} < E_{01}$，电枢电流将出现一个滞后的无功电流分量，此时电枢电流也应比正常励磁时大，功率因数则为滞后的。

图 13-9 表示四个不同的电磁功率值时的 V 形曲线。因为同步电动机最大电磁功率 P_{Mmax} 与 E_0 成正比，当减小励磁电流时，其过载能力也要降低，而对应的功率角 δ 则增大。这样一来，当励磁电流减到一定的数值时，δ 将增为 90°，隐极电动机达到稳定运行极限。图 13-9 中虚线表示出电动机不稳定区的界限。

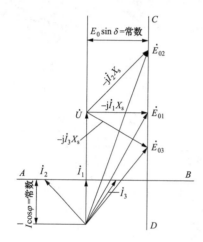

图 13-8　恒功率调节励磁时，隐极
同步电动机的相量图

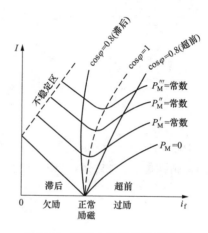

图 13-9　同步电动机的 V 形曲线

改变励磁可以调节电动机的功率因数，这是同步电动机最可贵的特性。因为在电网上主要的负载是异步电动机和变压器，它们都要从电网中吸收电感性无功功率，如果将运行在电网上的同步电动机工作在过励状态，使它们从电网中吸收电容性无功功率（即向电网发出感性无功功率），从而提高了电网的功率因数。因此，为了改善电网的功率因数和提高电机的过载能力，现代同步电动机的额定功率因数一般均设计为 1~0.8（超前）。

第三节　同步电动机的起动方法

同步电动机的电磁转矩是由定子电流建立的旋转磁场与转子磁场的相互作用而产生的，仅仅在两者相对静止时，才能得到平均电磁转矩。如将同步电动机转子通入直流励磁，并将定子绕组直接投入电网，这时定子旋转磁场与转子磁场间有相对运动，所以不能产生恒定方向的电磁转矩，电机不能起动，这可用图 13-10 来说明。在图 13-10（a）所示瞬间，电磁转矩方向倾向于拖动转子逆时针方向旋转。由于机械惯性，当转子还未转起来时，定子磁场已转了 180°，达到图 13-10（b）位置，这时转子又倾向于顺时针转动，结果转子承受了一个交变的脉振转矩，其平均值为零，故电动机不能自起动。为此必须借助其他方法。

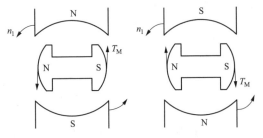

图 13-10 接通励磁后起动同步电动机的电磁转矩
(a) 初始状态；(b) 旋转半轴后的情况

一、辅助电动机起动

辅助电动机起动是选用和同步电动机有相同极数的异步电动机（容量为主机的 5%～15%）作为辅助电机，用辅助电机带动同步电动机接近同步速，然后合主闸，并立即给同步电动机励磁，利用自整步拉入同步的方法。

也有用比同步电动机极数少两极的异步电动机作为辅助电机，将主机拖到高于同步速后拉断电源，当转速降到同步速时，再将同步电动机投入电网，这样可获得更大的整步转矩。

此法的缺点是不能在负载下起动，否则要求辅助电机的容量大，增加整个机组设备投资，所以此法现在一般不用。

二、调频起动

调频起动的实质是设法改变定子旋转磁场的转速，使定、转子之间产生的电磁转矩能带动转子同步旋转。为此，起动时需要把调频电源的频率调得很低，然后逐步增加电源频率直至额定频率为止。

此法的缺点是需要有一套变频电源，而且励磁机还要由其他电机拖动，因为并励直流发电机低速时不能产生所需的励磁电压。这种方法设备昂贵复杂，一般少用。

三、异步起动

现代的同步电动机多数在转子上装有类似于异步电动机笼型绕组的起动绕组，结构与同步发电机的阻尼绕组一样。此时可采用类似于起动笼型异步电动机的方法来起动同步电动机，这是同步电动机最常用的起动方法。

此法是在励磁回路串接约为励磁绕组 10 倍的附加电阻而构成闭合电路，然后把同步电动机定子绕组直接投入电网，使之按异步电动机起动，等到转速升到接近于同步转速时，再接入励磁电流，如图 13-11 所示。为了减少起动电流，大型同步电动机可采用降压起动。

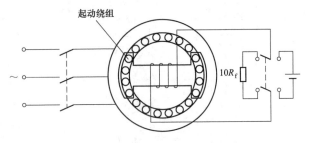

图 13-11 异步起动原理接线图

异步起动时，励磁绕组切忌开路，因为刚起动时，定子旋转磁场与转子的相对速度很大，而励磁绕组匝数又多，将在其中感应出一个很高的电动势，可能破坏绕组绝缘，造成人身安全事故。若将励磁绕组不经附加电阻直接短路，此时会在励磁绕组中感应一个很大的电流，它与气隙磁场作用将产生较大的附加转矩（称为单轴转矩），其特点是在略大于半同步转速处产生较大的负转矩，使电动机的合成转矩曲线发生明显的下凹，可能把同步电动机"卡住"在半同步转速附近运转，不能继续升速。有关单轴转矩可参考异步电机的有关理论。

第四节　反应式同步电动机

在容量很小的同步电机中，不必装设励磁绕组。根据式（12-12）等号右边第二项可知，只要是凸极转子，由于 $X_d \neq X_q$，就会出现凸极电磁功率 $\frac{mU^2}{2}\left(\frac{1}{X_q} - \frac{1}{X_d}\right)\sin 2\delta$ 和相应的电磁转矩。这种电机因为只有电枢反应磁场，所以叫作反应式同步电动机（reaction type synchronous motor），又因为转矩是直轴和交轴磁阻不同而产生的，所以又称为磁阻同步电动机。这种电机用在各种自动和遥控装置、仪表、电钟和电影机里，其功率可从百分之一瓦到数百瓦。

反应式同步电动机转矩的产生可以用图 13-12 所示的简单模型来说明，图中 N、S 极表示电枢旋转磁场的磁极。

图 13-12（a）是一个圆柱形隐极转子，当转子不励磁时，无论其转子直轴和电枢旋转磁场的轴线相差多大角度都不能产生切向电磁力及电磁转矩。图 13-12（b）是反应式电动机的空转情况，由于电动机的机械损耗可略去不计，故电机产生的电磁转矩 $T_M \approx 0$，于是定子旋转磁场轴线和转子磁极轴线重合，磁力线不发生扭斜，空载电流近似为 $I_0 = U/X_d$。当电动机加上机械负载时，则由于转矩不平衡，转子将发生瞬时减速，于是转子直轴将落后于电枢旋转磁场轴线一个角度 δ，如图 13-12（c）所示。由图 13-12 可见，由于直轴磁路的磁阻比交轴的小很多，故磁力线仍由极靴处进入转子，使磁场发生扭斜，并由此产生与定子磁场转向相同的磁阻转矩 T''_M 和负载转矩相平衡。如果 δ 角继续增大到 90°时，由图 13-12（d）可见，这时气隙磁场又是对称分布，其合成转矩又变成零。由式（12-12）可见，当转子不励磁时，电磁功率和对应的电磁转矩变为

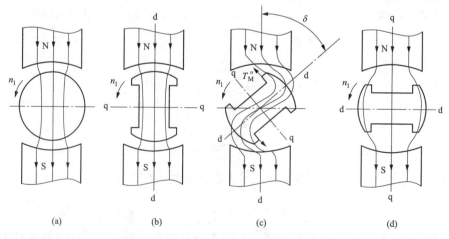

图 13-12　反应式同步电动机运行模型

（a）隐极转子；（b）$\delta = 0°$；（c）$\delta = 45°$；（d）$\delta = 90°$

$$P_M = \frac{mU^2}{2}\left(\frac{1}{X_q} - \frac{1}{X_d}\right)\sin2\delta = mU^2\left(\frac{X_d - X_q}{2X_dX_q}\right)\sin2\delta \qquad (13\text{-}6)$$

$$T_M = \frac{mU^2}{2\Omega_1}\left(\frac{X_d - X_q}{X_dX_q}\right)\sin2\delta \qquad (13\text{-}7)$$

由上式可见，电动机的电磁转矩与 δ 角的关系是按照 $\sin2\delta$ 规律变化。当 $\delta = 0°$ 时转矩等于零；$\delta = 45°$ 时转矩最大，$\delta = 90°$ 时，转矩又等于零，与图 13-12 相对应。

由式（13-6）和式（13-7）可见，电磁功率和电磁转矩的最大值为

$$P_{Mmax} = \frac{mU^2}{2}\left(\frac{X_d - X_q}{X_dX_q}\right) = \frac{mU^2}{2X_d}\left(\frac{X_d}{X_q} - 1\right) \qquad (13\text{-}8)$$

$$T_{max} = \frac{mU^2}{2\Omega_1}\left(\frac{X_d - X_q}{X_dX_q}\right) = \frac{mU^2}{2\Omega_1X_d}\left(\frac{X_d}{X_q} - 1\right) \qquad (13\text{-}9)$$

由以上两式可见，当电动机的 X_q 越小，X_d/X_q 的数值越大，则 P_{Mmax} 和 T_{max} 的数值越大。因此反应式同步电动机应采取特殊措施增大 X_d 与 X_q 的差别，目前已可做到 $X_d/X_q = 5$，这样就可显著地增大电磁转矩值。这种措施一般是采用钢片和非磁性材料（如铝、铜）镶嵌的结构，如图 13-13 所示，图 13-13（a）为二极式，图 13-13（b）为四极式，其中铝或铜部分可起到笼式绕组的作用使电动机起动。当转速接近于同步速时，借助于凸极效应

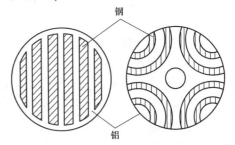

图 13-13 反应式同步电动机转子
(a) 二极式；(b) 四极式

产生的凸极转矩，转子就会自动拉入同步。在正常运行时，气隙磁场基本上只能沿钢片引导的方向进入转子直轴磁路而使磁场显著扭斜，其对应的电抗为直轴电抗 X_d；而交轴磁路因为要多次跨入非磁性材料铝或铜的区域遇到的磁阻很大，所以对应的交轴电抗 X_q 很小。

反应式同步电动机的定子绕组可以是三相也可以是单相。单相反应式电动机一般采用罩极或附加起动绕组的办法来形成旋转磁场，以获得一定的起动转矩。罩极和附加绕组起动的原理将在单相异步电动机中论述。

第五节 同 步 调 相 机

电网的负载主要是异步电动机和变压器，它们都从电网吸取感性无功功率，而使电网的功率因数降低，减少有功功率的传输能力，并使整个电力系统的设备利用率和效率降低。如能在适当地点把负载所需的感性无功功率就地供给，避免远距离输送，则既减小线路损耗和电压降，又可减轻发电机的负担而充分利用它的容量，应用同步调相机便是解决这一问题的一个很有效的方法。

一、同步调相机的原理和用途

不带机械负荷，运行于电动机状态，专用来改善电网功率因数的同步电机称为同步调相机（synchronous condenser）或称为同步补偿机（synchronous compensator），除供应本身损耗外，它并不从电网吸收更多的有功功率，因此同步调相机总是在接近于零的电磁功率和零功率因数的情况下运行。

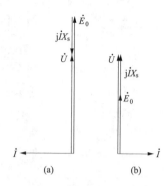

图 13-14 同步调相机的相量图
(a) 过励；(b) 欠励

假如忽略同步调相机的全部损耗，则电枢电流全是无功分量，其电动势方程式为 $\dot{U}=\dot{E}_0+j\dot{I}X_s$。图 13-14 画出过励和欠励时的相量图。从图可见，过励时，电流 $\dot{I}$ 超前 $\dot{U}$ 以 90°，而欠励时电流 $\dot{I}$ 滞后 $\dot{U}$ 以 90°。所以同步调相机在过励时可看作是电网的一个电容性无功负载，而欠励时则为一个电感性的无功负载。只要调节励磁电流，就能灵活地调节它的无功功率大小。因为电力系统中大多数为感性负载，所以同步调相机通常在过励状态下运行，它的额定容量也是指过励运行的容量。只有在电网基本空载，因为长输电线对地电容的影响，使受电端电压偏高时，才让同步调相机在欠励下运行，以保持电网电压的稳定。

二、同步调相机的特点

同步调相机的特点如下：

（1）同步调相机的额定容量是指它在过励时的视在功率。励磁绕组是根据最大励磁电流引起的发热来设计的，而它在欠励运行时的容量只有过励容量的 0.5～0.65 倍，这是从实际运行需要来决定的。

（2）由于同步调相机不拖动机械负荷，因而没有静态过载能力的要求。为了减少励磁绕组的用铜量，它的气隙比同步发电机和同步电动机的都要小些，因此，其直轴同步电抗 X_d 较大，其标幺值往往可达 2 以上。

（3）为了提高材料利用率，同步调相机的极数较少，转速较高。此外，由于它不带机械负载，它的转轴可以设计得细些。

三、同步调相机的起动问题

同步调相机与同步电动机一样，可采用辅助电动机法或异步起动法起动，而以后者为多。由于同步调相机容量较大（几千或几万法），在异步起动投入电网时，相当于投入一个很大的电感负载，将显著地降低同步调相机接入处电压，而严重影响附近其他用电设备的正常运行，因此，通常要在定子回路中串入电抗器起动，以限制起动电流。

四、同步调相机的装设位置

为了减小无功电流在线路上产生损耗和压降，一般把同步调相机装设在受电端。在长距离输电线路中，为了提高输电的稳定性，也有在输电线中间加装同步调相机的，叫作中间补偿。

例 13-1 有一座工厂电源电压为 6000V，厂中使用了许多台异步电动机，设其总输出功率为 1500kW，平均效率为 70%，功率因数为 0.7（滞后）。由于生产发展又增添了一台同步电动机。设当该电动机的功率因数为 0.8（超前）时，已将全厂的功率因数调整到 1，求此电动机现在承担多少视在功率（kVA）和有功功率（kW）。

解： 这些异步电动机总的视在功率 $S=\dfrac{P_2}{\eta\cos\varphi}=\dfrac{1500}{0.7\times0.7}=3061.22$ （kVA）。

由于 $\cos\varphi=0.7$，$\sin\varphi=0.713$，故这些异步电动机总的无功功率 $Q=S\sin\varphi=3060\times0.713=2182.65$ （kvar）。同步电动机运行时，以将全厂功率因数调整到 $\cos\varphi=1$，故该电动

机的无功功率为 $Q'=Q=2182.65$（kvar）。因 $\cos\varphi'=0.8$，$\sin\varphi'=0.6$，故同步电动机的视在功率为 $S'=\dfrac{Q'}{\sin\varphi'}=\dfrac{2185}{0.6}=3637.75$（kVA），有功功率为 $P'=S'\cos\varphi'=3640\times0.8=2910.12$（kW）。

例 13-2 一发电厂通过一输电线供电给一个 100 000kW 的负载，负载的端电压为 10.5kV，功率因数为 0.8（滞后）。欲装设一同步调相机把线路的功率因数提高为 0.9（滞后），试求同步调相机的容量。同步调相机应装在线路何处？它应在过励还是欠励情况下运行，为什么？

解： 负载所需的感性无功功率为

$$Q=S\sin\varphi=\left(\frac{P}{\cos\varphi}\right)\sin\varphi=\frac{100\,000}{0.8}\times0.6=75\,000\text{（kvar）}$$

线路功率因数提高到 0.9（滞后）所需的感性无功功率为

$$Q'=\frac{P'}{\cos\varphi'}\sin\varphi'=P\tan\varphi'$$

当 $\cos\varphi'=0.9$ 时，$\tan\varphi'=0.484\,3$

$$Q'=100\,000\times0.484\,3=48\,430\text{（kvar）}$$

同步调相机供给的无功功率（即同步调相机容量）为

$$Q-Q'=75\,000-48\,430=26\,570\text{（kvar）}$$

为了避免同步调相机供给的无功电流在输电线路上产生电阻损耗和电压损失，调相机应装在负载端。

因为电网需要感性无功功率，所以同步调相机应在过励下运行，此时，同步调相机从电网吸收超前的无功功率。

小 结

发电机、电动机和调相机是同步电机的三种运行状态。发电机把机械能转换成电能；电动机把电能转换成机械能；同步调相机中基本没有有功功率的转换，它既可看成是空载运行的同步电动机，又可看成是专门发出无功功率的无功发电机。

忽略定子绕组电阻时，同步电机的电磁功率决定于功角 δ，当 $\dot{E}_0$ 超前于 $\dot{U}$ 是发电机运行状态；$\dot{U}$ 超前于 $\dot{E}_0$ 时是电动机运行状态；而 $\delta=0°$ 时为同步调相机运行状态。

无论是同步发电机、同步电动机还是同步调相机，当它们接在电网上时，调节励磁就可以调节发出或从电网吸收无功功率，而且在过励状态下，都是发出感性无功；在欠励状态下，都是发出容性无功功率，这是同步电机一个可贵的性质。

为了减少无功电流在线路上产生的电阻损耗和电压损失，同步调相机一般装设在用户端。

同步电动机和同步调相机不能自起动，一般采用异步起动。

第十四章　同步发电机的非正常运行

本章学习目标：

（1）掌握正序、负序和零序电抗的物理意义和测定方法。

（2）了解不对称运行问题的一般求解方法。

（3）了解按超导体回路磁链守恒原理分析同步发电机三相突然短路时电机内部的物理过程。

（4）掌握瞬态电抗、超瞬态电抗及有关时间常数的物理意义及测定方法。

第一节　同步发电机不对称运行时的相序电动势、相序电抗和等效电路

本章主要讨论同步发电机的非正常运行问题，包括三相不对称稳态运行和三相突然短路过程。

实际上，电网中负载的不断变动以及大型的单相负载，使三相电压和电流任何时候不可能绝对地对称。例如冶金工厂单相电炉或电气铁道要求供给容量较大的单相负载；输电线由于某些原因发生碰线而引起不对称短路等，这些情况都造成负载不对称，使发电机在不对称负载下运行。因此有必要对发电机的不对称运行加以研究。

同步发电机在不对称负载下运行时，电枢电流和端电压都将出现不对称现象，使接到电网上的变压器和电动机运行情况变坏，效率降低；同时也对发电机本身以及电网带来一些不良后果，因此对同步发电机不对称负载的程度有一定限制。标准规定：在每相电流均不超过额定值的情况下，间接冷却的凸极同步发电机负序电流分量不超过额定电流的 8%；定子及磁场绕组直接冷却（内冷）的凸极同步发电机，负序电流分量不超过额定电流的 5%；转子间接冷却的隐极同步电机负序电流分量不超过额定电流的 10%；125MW 及以下的转子直接冷却（内冷）的隐极同步电机，负序电流分量不超过额定电流的 8%，应能长期工作。

分析同步发电机不对称运行的基本方法是对称分量法，即将发电机不对称的三相电压、电流分解为正序、负序和零序分量，然后分别研究各相序电流所产生的效果，再将它们迭加起来，就得到实际的不对称相电流和相电压。实践证明，就基波而言，不计饱和时，所得结果基本上是正确的。本章以同步发电机的单相短路、相间短路和两相对中点短路为例，具体地说明整个求解过程。

此外，实际中同步电机遇到运行问题，很多是瞬态过程问题。当稳态短路时，同步发电机的短路电流并不很大，但在突然短路时，短路电流的峰值却可达到额定电流的十几到二十几倍之多，这样大的电流将在电机内部产生极大的电磁力，使定子端部受到损伤。因此，突然短路的瞬态过程虽然时间很短，但对同步发电机来说却是一个相当严重的过程。

三相突然短路与三相稳态短路有许多本质区别，在三相稳态短路时，电枢磁场是一个恒幅、同步旋转的圆形旋转磁场，转子绕组中不会感应电动势和电流。而三相突然短路时，情况有很大差别，此时电枢电流和电枢旋转磁动势的幅值是随时间而变化的，从而使定、转子

绕组之间有类似于变压器的作用，也就是说，这一幅值变化的电枢磁场将在转子绕组中产生感应电动势和电流，此电流反过来又影响定子绕组中的电流，这种定、转子绕组之间的相互影响，使突然短路后的过渡过程变得十分复杂，这也是三相突然短路区别于三相稳态短路的根本原因。

　　三相突然短路的严格分析，需要求解一系列多回路的微分方程式，而因为转子电路和磁路上的不对称性，使问题变得更为复杂，需要开设专门课程来分析。本章主要从磁链守恒原理出发，说明突然短路时同步发电机内部的物理过程，并由此导出同步发电机的瞬态参数和短路电流方程式。

一、相序电动势

　　发电机的励磁电动势是由于转子励磁磁通旋转在定子绕组中感应出来的。因为转子的旋转方向是由 A 轴→B 轴→C 轴，所以感应的电动势相序为 A 相→B 相→C 相，即为正序电动势，如图 14-1 所示。因为没有反转的励磁磁通，所以不会有负序电动势，更不会有零序电动势，即

$$\left.\begin{array}{l} \dot{E}_{\mathrm{A}}^{+} = \dot{E}_{\mathrm{A}}（即正常运行中的 \dot{E}_0） \\ \dot{E}_{\mathrm{A}}^{-} = 0 \\ \dot{E}_{\mathrm{A}}^{0} = 0 \end{array}\right\} \qquad (14\text{-}1)$$

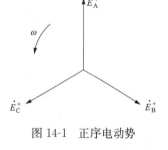

图 14-1　正序电动势

二、相序电抗（phase-sequence reaction）

　　在同步阻抗中，电阻比同步电抗要小得多，因此在计算电压时，往往忽略电阻，只有在考虑损耗时，才考虑电阻。

　　1. 正序电抗和等效电路

　　同步电机正向旋转，励磁绕组通入励磁电流，电枢绕组端接入一对称负载，电枢绕组中流入一正序电流时，它产生的电枢磁场所对应的电抗称为正序电抗（positive phase sequence reactance）。

　　正序电流产生以同步速正向旋转的旋转磁场，它和转子相对静止，因此不在转子里感应电动势，这与正常对称运行时的情况完全一样，因此正序电流所对应的电抗就是对称稳态运行时的同步电抗，即

$$X_1 = \begin{cases} X_{\mathrm{s}} = X_{\sigma} + X_{\mathrm{a}}（隐极机） \\ X_{\mathrm{d}} = X_{\sigma} + X_{\mathrm{ad}}（凸极机） \\ X_{\mathrm{q}} = X_{\sigma} + X_{\mathrm{aq}}（凸极机） \end{cases} \qquad (14\text{-}2)$$

对于凸极同步发电机，考虑电枢电阻常远小于电抗，短路电流中的正序分量基本为一感性的直轴电流，即 $\dot{I} = \dot{I}_{\mathrm{d}}$，所以不对称短路时，凸极机的正序电抗可近似地用 X_{d} 代替，即 $X_1 \approx X_{\mathrm{d}}$（不饱和值）。正序磁场所对应的磁路和等效电路如图 14-2 所示。为了简便，图 14-2（a）中只画了 A 相绕组。

　　2. 负序电抗和等效电路

　　当转子正向旋转、励磁绕组短接、电枢绕组加上一组对称的负序电压并流过一负序电流时，电机中产生的磁场所对应的电抗称为负序电抗（negative phase-sequence reactance）。

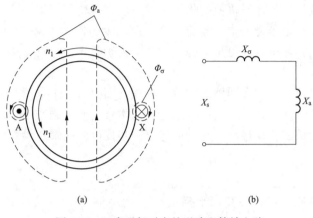

图 14-2　正序磁场对应的磁路和等效电路

(a) 正序磁场磁路；(b) 正序磁场等效电路

为了研究负序电抗，必须分析负序磁场。当定子绕组中通过一组负序电流时，它们产生的合成磁场转速在数值上等于同步速，但转向与转子转向相反。因此定子负序磁场对转子的相对速度为 $-2n_1$，它要切割转子绕组并在其中感应电动势，电动势的频率为 $2f$（倍频）。因为转子励磁绕组通过励磁机形成闭路，阻尼绕组自身形成闭路，所以倍频电动势在转子绕组中产生倍频电流，该电流要产生以两倍频率脉振的磁动势 F_2，它对定子负序磁场产生影响，相当于二次侧短路的变压器二次侧绕组磁动势要对一次侧绕组磁动势产生影响一样，因此，负序电流产生的磁场如下：

（1）定子漏磁场。负序电流产生的漏磁场与正序电流产生的漏磁场完全一样，因此对应的电抗也为 X_σ。

（2）转子漏磁场。转子上有励磁绕组和阻尼绕组，在这些绕组中的倍频电流产生的漏磁通分别为 Φ_f 和 Φ_{kd}（见图 14-3），它们对应的漏电抗为 X_f 和 X_{kd}。

应该注意的是由于转子电流为倍频，转子漏抗也为倍频电抗，为了作出等效电路，必须把它们归算为基频，如何进行频率归算，将在第四篇异步电机中讲述。这里认为 X_f 和 X_{kd} 都已归算为基频了。

（3）合成负序磁场。它是逆着转子转向旋转的。如果是凸极电机，由于直轴和交轴磁阻不

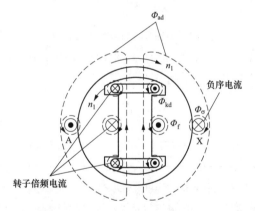

图 14-3　负序磁场通过直轴示意图

等，负序磁场转到直轴和交轴时所对应的电抗不一样。当合成负序磁场通过直轴时，它与定子绕组、转子励磁绕组和直轴阻尼绕组相交链，如图 14-3 所示。此时同步电机相当于一台二次侧短路的三绕组变压器。它们的电抗对应关系见表 14-1。

表 14-1　　　　　　　　　　　　　　电抗对应关系

三绕组变压器	同步电抗
励磁电抗 X_m	负序直轴主磁通对应的电抗 X_{ad}
一次侧漏抗 X_1	定子绕组负序电流对应的漏抗 X_σ
第二绕组等效电抗 X_2'	励磁绕组倍频电流对应的漏抗 X_f（归算值）
第三绕组等效电抗 X_3'	直轴阻尼绕组倍频电流对应的漏抗 X_{kd}（归算值）

因此与三绕组变压器二次侧短路相似，可作出负序磁场通过直轴时的等效电路，如图 14-4 所示。

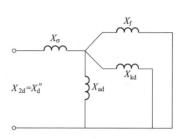

由等效电路可得直轴负序电抗（又称为直轴超瞬态电抗，用 X''_d 表示）。

$$X_{2d} = X_\sigma + \cfrac{1}{\cfrac{1}{X_{ad}} + \cfrac{1}{X_f} + \cfrac{1}{X_{kd}}} = X''_d \qquad (14\text{-}3)$$

图 14-4　同步电机负序磁场通过
直轴时的等效电路

当负序合成磁场通过交轴时，它与定子绕组、转子交轴阻尼绕组相交链，如图 14-5 所示，它与一台二次侧短路的两绕组变压器相似，其等效电路如图 14-6 所示。

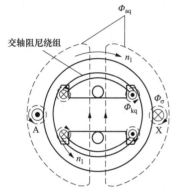

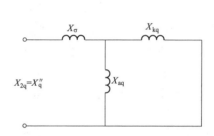

图 14-5　负序磁场通过交轴示意图　　　图 14-6　同步电机负序磁场通过交轴时的等效电路

因此，交轴负序电抗（又称为交轴超瞬态电抗，用 X''_q 表示）为

$$X_{2q} = X_\sigma + \cfrac{1}{\cfrac{1}{X_{aq}} + \cfrac{1}{X_{kd}}} = X''_q \qquad (14\text{-}4)$$

由此可知：负序电抗是一个变化的值，负序磁场通过直轴时为 X_{2d}，通过交轴时为 X_{2q}，负序电抗在 X_{2d} 和 X_{2q} 之间，一般取它们的平均值，即

$$X_2 = \frac{X_{2d} + X_{2q}}{2} = \frac{X''_d + X''_q}{2} \qquad (14\text{-}5)$$

或

$$X_2 = \sqrt{X_{2d} X_{2q}} = \sqrt{X''_d X''_q} \qquad (14\text{-}6)$$

式（14-5）为算术平均值，式（14-6）为几何平均值。

如果电机没有阻尼绕组，只要将图 14-4 和图 14-6 中 X_{kd} 和 X_{kq} 支路断开，即为直轴和交轴负序电抗对应的等效电路，其值为

$$X_{2d} = X_\sigma + \cfrac{1}{\cfrac{1}{X_{ad}} + \cfrac{1}{X_f}} = X'_d \qquad (14\text{-}7)$$

式中：X'_d 为直轴瞬态电抗。

$$X_{2q} = X_\sigma + X_{aq} = X_q \qquad (14\text{-}8)$$

若为隐极同步发电饥，只要以 $X_{ad} = X_{aq} = X_a$ 代入即可求出 X_2。

从等效电路可知

$$X_\sigma < X_2 < X_1$$

负序电抗比正序电抗要小，这是因为转子绕组要感应出倍频电流，根据楞茨定律，这些电流都产生削弱负序磁场的作用，使气隙中合成负序磁场减小很多，因此负序电抗要小于正序电抗。如果阻尼绕组的阻尼作用（去磁作用）越强，则合成负序磁场越弱，X_2 越小，所以阻尼绕组的作用之一就是削弱负序磁场。汽轮发电机为整体转子，负序磁场在转子铁芯中感应很大的涡流（即阻尼电流），所以它的负序电抗 X_2 很小。

对于汽轮发电机，负序电抗的标幺值 $X_2^* \approx 0.15$；没有阻尼绕组的水轮发电机 $X_2^* \approx 0.40$；有阻尼绕组的水轮发电机 $X_2^* \approx 0.25$。

3. 零序电抗

当转子正向旋转、励磁绕组短接、电枢绕组通过零序电流（三个相的电流同相位同大小）时，该电流产生的磁场所对应的电抗称为零序电抗（zero phase-sequence reactance）。

因为各相的零序电流大小和相位相同，所以它们所建立的三个脉振基波磁动势在时间上同相位，而空间上彼此相差120°电度，故基波合成磁动势为零。由此可知，零序电流不会产生电枢反应基波磁动势和相应的磁通，它只产生漏磁场，所以零序电抗实质上为漏抗。不过，对于双层短距绕组，由于某些槽的上下层分别属于不同的相，在这些槽里，零序电流产生的漏磁通与正序电流产生的漏磁通在数值上就不一样，一般前者小于后者，其数值与绕组节距有关，因此零序电抗 X_0 小于 X_σ，即

$$X_0 < X_\sigma$$

一般汽轮发电机的 $X_0^* \approx 0.056$；水轮发电机的 $X_0^* \approx 0.085$。

三、负序电抗和零序电抗的测定

1. 负序电抗的测定

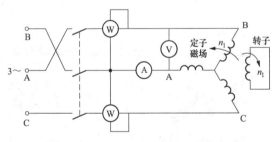

图 14-7　负序电抗测定的试验线路

按图 14-7 接线，其中励磁绕组被短接。转子由原动机拖到同步转速，也保持不变。在定子绕组上外施对称的额定频率的低电压，外施电压的相序应使电枢磁场的旋转方向与转子转向相反。调节外施电压，使电枢电流为 $0.15 I_N$ 左右，量取线电压 U^-、线电流 I^- 和输入功率 P^-，则可通过下式算出负序电抗值，即

$$
\left.
\begin{aligned}
Z_2 &= \frac{U^-}{\sqrt{3}\,I^-} \\[4pt]
R_2 &= \frac{P^-}{3\,(I^-)^2} \\[4pt]
X_2 &= \sqrt{Z_2^2 - R_2^2}
\end{aligned}
\right\}
\tag{14-9}
$$

2. 零序电抗的测定

按图 14-8 接线，励磁绕组被短接，而将三相定子绕组首尾串接成开口三角形。将被试电机拖到额定转速，并在串接的定子绕组端加上额定频率的单相电压，调节其数值，使电枢电

流为 $(0.05\sim0.25)I_N$，测量电压 U^0、电流 I^0 和输入功率 P^0，则可通过下式算出零序电抗值，即

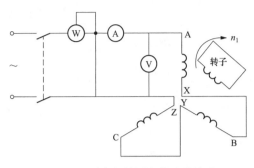

图 14-8 零序电抗测定的试验线路

$$Z_0 = \frac{U^0}{3I^0}$$

$$R_0 = \frac{P^0}{3\,(I^0)^2} \qquad (14\text{-}10)$$

$$X_0 = \sqrt{Z_0^2 - R_0^2}$$

如果定子绕组只有四个出线端，也可将三相绕组并联加上单相电压进行测量。

四、相序方程式和相序等效电路

因为正序、负序和零序系统都是对称系统，因此只要写出一相的方程式和画出一相等效电路就可以了。

根据相序电动势和相序电抗可分别画出正序、负序和零序等效电路，如图 14-9 所示。它们对应的方程式为

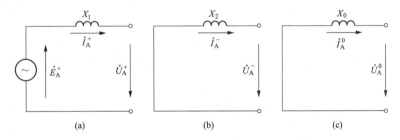

图 14-9 各序等效电路

(a) 正序等效电路；(b) 负序等效电路；(c) 零序等效电路

$$\left. \begin{aligned} \dot{U}_A^+ &= \dot{E}_A^+ - \mathrm{j}\dot{I}_A^+ X_1 \\ \dot{U}_A^- &= -\mathrm{j}\dot{I}_A^- X_2 \\ \dot{U}_A^0 &= -\mathrm{j}\dot{I}_A^0 X_0 \end{aligned} \right\} \qquad (14\text{-}11)$$

根据式 (14-11) 可写出一相的电压方程为

$$\begin{aligned} \dot{U}_A &= \dot{U}_A^+ + \dot{U}_A^- + \dot{U}_A^0 \\ &= \dot{E}_A^+ - \mathrm{j}\dot{I}_A^+ X_1 - \mathrm{j}\dot{I}_A^- X_2 - \mathrm{j}\dot{I}_A^0 X_0 \end{aligned} \qquad (14\text{-}12)$$

第二节 同步发电机的不对称运行分析实例

利用对称分量法和相序等效电路就可分析各种不对称运行情况，以下通过三个不对称稳态短路实例，来说明不对称运行的一般求解方法。

一、单相对中点短路

规定正方向如图 14-10 所示。

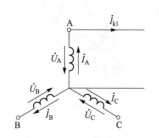

图 14-10　单相对中点短路

第一步：列出边界条件

$$\left.\begin{array}{l}\dot{I}_{A}=\dot{I}_{k1}\\\dot{I}_{B}=\dot{I}_{C}=0\\\dot{U}_{A}=0\end{array}\right\}\quad(14\text{-}13)$$

第二步：利用对称分量法求出各序电流分量。

$$\begin{pmatrix}\dot{I}_{A}^{+}\\\dot{I}_{A}^{-}\\\dot{I}_{A}^{0}\end{pmatrix}=\frac{1}{3}\begin{pmatrix}1&a&a^{2}\\1&a^{2}&a\\1&1&1\end{pmatrix}\begin{pmatrix}\dot{I}_{A}\\\dot{I}_{B}\\\dot{I}_{C}\end{pmatrix}=\frac{1}{3}\begin{pmatrix}\dot{I}_{A}\\\dot{I}_{A}\\\dot{I}_{A}\end{pmatrix}=\frac{1}{3}\begin{pmatrix}\dot{I}_{k1}\\\dot{I}_{k1}\\\dot{I}_{k1}\end{pmatrix}\quad(14\text{-}14)$$

又

$$\dot{U}_{A}=\dot{U}_{A}^{+}+\dot{U}_{A}^{-}+\dot{U}_{A}^{0}=0\quad(14\text{-}15)$$

第三步：根据式（14-14）、式（14-15）两式作出同步发电机单相对中点短路的等效电路，如图 14-11 所示。

第四步：根据图 14-11 等效电路求出各序电流，然后求出短路电流。

$$\dot{I}_{A}^{+}=\dot{I}_{A}^{-}=\dot{I}_{A}^{0}$$

$$=\frac{\dot{E}_{A}^{+}}{\mathrm{j}X_{1}+\mathrm{j}X_{2}+\mathrm{j}X_{0}}\quad(14\text{-}16)$$

$$=-\mathrm{j}\frac{\dot{E}_{A}^{+}}{(X_{1}+X_{2}+X_{0})}$$

所以

$$\dot{I}_{k1}=3\dot{I}_{A}^{+}=-\mathrm{j}\frac{3\dot{E}_{A}^{+}}{(X_{1}+X_{2}+X_{0})}\quad(14\text{-}17)$$

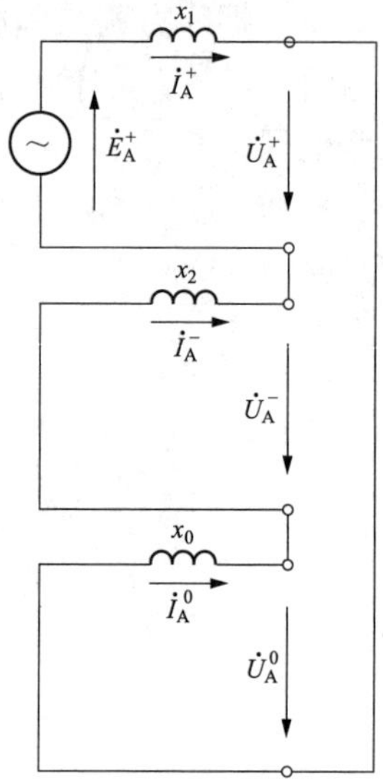

第五步：求出 B、C 相电压。把式（14-16）代入式（14-11）有

图 14-11　单相对中点短路等效电路

$$\left.\begin{array}{l}\dot{U}_{A}^{+}=\dot{E}_{A}^{+}-\mathrm{j}\dfrac{\dot{E}_{A}^{+}}{\mathrm{j}(X_{1}+X_{2}+X_{0})}X_{1}\\[2mm]\quad=\dfrac{\dot{E}_{A}^{+}(X_{2}+X_{0})}{X_{1}+X_{2}+X_{0}}\\[2mm]\dot{U}_{A}^{-}=-\mathrm{j}\dfrac{\dot{E}_{A}^{+}}{\mathrm{j}(X_{1}+X_{2}+X_{0})}X_{2}\\[2mm]\quad=\dfrac{-\dot{E}_{A}^{+}X_{2}}{X_{1}+X_{2}+X_{0}}\\[2mm]\dot{U}_{A}^{0}=-\mathrm{j}\dfrac{\dot{E}_{A}^{+}}{\mathrm{j}(X_{1}+X_{2}+X_{0})}X_{0}\\[2mm]\quad=\dfrac{-\dot{E}_{A}^{+}X_{0}}{X_{1}+X_{2}+X_{0}}\end{array}\right\}\quad(14\text{-}18)$$

于是写成 B、C 相间的电压表达式为

$$\begin{aligned}\dot{U}_B &= a^2\dot{U}_A^+ + a\dot{U}_A^- + \dot{U}_A^0 \\ &= \frac{\dot{E}_A^+}{X_1+X_2+X_0}[X_2(a^2-a)+X_0(a^2-1)]\end{aligned} \tag{14-19}$$

$$\begin{aligned}\dot{U}_C &= a\dot{U}_A^+ + a^2\dot{U}_A^- + \dot{U}_A^0 \\ &= \frac{\dot{E}_A^+}{X_1+X_2+X_0}[X_2(a-a^2)+X_0(a^2-1)]\end{aligned} \tag{14-20}$$

二、两相间短路

规定正方向如图 14-12 所示。

第一步：列出边界条件

$$\left.\begin{aligned}&\dot{I}_A = 0\\ &\dot{I}_B = -\dot{I}_C = \dot{I}_{k2}\\ &\dot{U}_{BC} = \dot{U}_B - \dot{U}_C = 0\end{aligned}\right\} \tag{14-21}$$

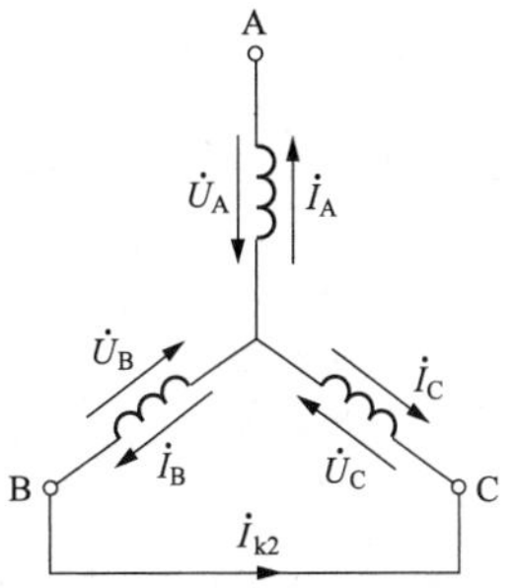

图 14-12　两相间短路

第二步：利用对称分量法求各序电流和电压

$$\begin{pmatrix}\dot{I}_A^+\\ \dot{I}_A^-\\ \dot{I}_A^0\end{pmatrix} = \frac{1}{3}\begin{pmatrix}1 & a & a^2\\ 1 & a^2 & a\\ 1 & 1 & 1\end{pmatrix}\begin{pmatrix}\dot{I}_A\\ \dot{I}_B\\ \dot{I}_C\end{pmatrix} = \frac{1}{3}\begin{pmatrix}a\dot{I}_B - a^2\dot{I}_B\\ a^2\dot{I}_B - a\dot{I}_B\\ 0\end{pmatrix}$$

$$= \frac{1}{3}\begin{pmatrix}(a-a^2)\dot{I}_B\\ (a^2-a)\dot{I}_B\\ 0\end{pmatrix} = \frac{1}{3}\begin{pmatrix}\mathrm{j}\sqrt{3}\,\dot{I}_{k2}\\ -\mathrm{j}\sqrt{3}\,\dot{I}_{k2}\\ 0\end{pmatrix}$$

由此可知

$$\left.\begin{aligned}&\dot{I}_A^+ = -\dot{I}_A^- = \mathrm{j}\frac{\sqrt{3}}{3}\dot{I}_{k2}\\ &\dot{I}_A^0 = 0\end{aligned}\right\} \tag{14-22}$$

因为 $\dot{I}_A^0=0$，所以 $\dot{U}_A^0=0$。根据 $\dot{U}_B=\dot{U}_C$ 可求出正、负序电压为

$$\begin{pmatrix}\dot{U}_A^+\\ \dot{U}_A^-\end{pmatrix} = \frac{1}{3}\begin{pmatrix}1 & a & a^2\\ 1 & a^2 & a\end{pmatrix}\begin{pmatrix}\dot{U}_A\\ \dot{U}_B\\ \dot{U}_C\end{pmatrix} = \frac{1}{3}\begin{pmatrix}\dot{U}_A + a\dot{U}_B + a^2\dot{U}_B\\ \dot{U}_A + a^2\dot{U}_B + a\dot{U}_B\end{pmatrix}$$

由此可知

$$\dot{U}_A^+ = \dot{U}_A^- \tag{14-23}$$

第三步：作出各序等效电路，并根据式（14-22）、式（14-23）两式作出同步发电机相间短路时的等效电路，如图 14-13 所示。

第四步：根据等效电路求短路电流

$$\dot{I}_A^+ = -\dot{I}_A^- = \frac{\dot{E}_A^+}{\mathrm{j}(X_1+X_2)} = -\mathrm{j}\frac{\dot{E}_A^+}{X_1+X_2} \tag{14-24}$$

$$\dot{I}_{k2} = \dot{I}_B = \dot{I}_B^+ + \dot{I}_B^- + \dot{I}_B^0 = a^2\dot{I}_A^+ + a\dot{I}_A^- + \dot{I}_A^0$$

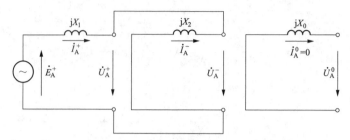

图 14-13　两相间短路等效电路

以式（14-24）代入，且 $\dot{I}_A^0 = 0$ 得

$$\dot{I}_{k2} = a^2 \left(-j\frac{\dot{E}_A^+}{X_1 + X_2}\right) + a\left(j\frac{\dot{E}_A^+}{X_1 + X_2}\right)$$

(14-25)

$$= -j\frac{\dot{E}_A^+}{X_1 + X_2}(a^2 - a) = -\frac{\sqrt{3}\dot{E}_A^+}{X_1 + X_2}$$

第五步：求各相电压。以式（14-24）代入相序方程式（14-11），并加以整理，得

$$\left. \begin{array}{l} \dot{U}_A^+ = \dfrac{\dot{E}_A^+ X_2}{X_1 + X_2} \\[3mm] \dot{U}_A^- = \dfrac{\dot{E}_A^+ X_2}{X_1 + X_2} \end{array} \right\}$$

(14-26)

故未短路相（即 A 相）的电压为

$$\dot{U}_A = \dot{U}_A^+ + \dot{U}_A^- = \dot{E}_A^+ \frac{2X_2}{X_1 + X_2}$$

(14-27)

短路相的电压为

$$\dot{U}_B = \dot{U}_C = \dot{U}_B^+ + \dot{U}_B^- = a^2\dot{U}_A^+ + a\dot{U}_A^- = (a^2 + a)\dot{U}_A^+$$

$$= -\dot{U}_A^+ = -\frac{1}{2}\dot{U}_A = -\dot{E}_A^+ \frac{X_2}{X_1 + X_2}$$

(14-28)

通过以上两例和三相稳态短路电流进行比较可知：

三相稳态短路电流为

$$I_{k3} = \frac{E_A}{X_d} = \frac{E_A}{X_1}$$

两相稳态短路电流为

$$I_{k2} = \frac{\sqrt{3}E_A}{X_1 + X_2}$$

单相稳态短路电流为

$$I_{k1} = \frac{3E_A}{X_1 + X_2 + X_0}$$

由于同步电机一般 X_1 比 X_2、X_0 大得多，在忽略 X_2 和 X_0 后，当励磁电流相同时，不同稳态短路下短路电流值的近似关系为

$$I_{k1} : I_{k2} : I_{k3} = 3 : \sqrt{3} : 1$$

以上关系表明，在同样励磁电动势 E_0 下，单相稳态短路电流最大，两相短路次之，而三相短路时最小。实际上由于运行方面的需要，大型同步发电机中点往往通过接地电阻或电抗线圈接地，因此实际上单相稳态短路电流往往并不是很大的。

三、两相对中点短路

规定正方向如图 14-14 所示。

第一步：列出边界条件

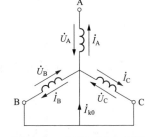

图 14-14　两相对中点短路

$$\left.\begin{array}{c} \dot{I}_A = 0 \\ \dot{I}_B + \dot{I}_C = \dot{I}_{k0} \\ \dot{U}_B = \dot{U}_C = 0 \end{array}\right\} \tag{14-29}$$

第二步：利用对称分量法求各序电压。

$$\begin{bmatrix} \dot{U}_A^+ \\ \dot{U}_A^- \\ \dot{U}_A^0 \end{bmatrix} = \frac{1}{3}\begin{bmatrix} 1 & a & a^2 \\ 1 & a^2 & a \\ 1 & 1 & 1 \end{bmatrix}\begin{bmatrix} \dot{U}_A \\ \dot{U}_B \\ \dot{U}_C \end{bmatrix} = \frac{1}{3}\begin{bmatrix} \dot{U}_A \\ \dot{U}_A \\ \dot{U}_A \end{bmatrix} \tag{14-30}$$

又

$$\dot{I}_A = \dot{I}_A^+ + \dot{I}_A^- + \dot{I}_A^0 = 0 \tag{14-31}$$

第三步：作出各序等效电路，并根据式（14-30）、式（14-31）两式作出同步发电机两相对中点短路等效电路如图 14-15 所示。

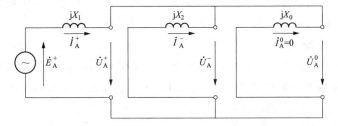

图 14-15　两相对中点短路等效电路

第四步：根据等效电路求电流

$$\left.\begin{array}{l} \dot{I}_A^+ = \dfrac{\dot{E}_A^+}{\mathrm{j}\left(X_1 + \dfrac{X_2 X_0}{X_2 + X_0}\right)} = -\mathrm{j}\,\dfrac{\dot{E}_A^+(X_2 + X_0)}{X_1 X_2 + X_1 X_0 + X_2 X_0} \\[4mm] \dot{I}_A^- = -\dot{I}_A^+\,\dfrac{X_0}{X_2 + X_0} = \mathrm{j}\,\dfrac{\dot{E}_A^+ X_0}{X_1 X_2 + X_1 X_0 + X_2 X_0} \\[4mm] \dot{I}_A^0 = -\dot{I}_A^+\,\dfrac{X_2}{X_2 + X_0} = \mathrm{j}\,\dfrac{\dot{E}_A^+ X_2}{X_1 X_2 + X_1 X_0 + X_2 X_0} \end{array}\right\} \tag{14-32}$$

$$\begin{aligned} \dot{I}_B &= \dot{I}_B^+ + \dot{I}_B^- + \dot{I}_B^0 = a^2 \dot{I}_A^+ + a \dot{I}_A^- + \dot{I}_A^0 \\ &= \frac{\mathrm{j}\dot{E}_A^+}{X_1 X_2 + X_1 X_0 + X_2 X_0}\left[X_2(1-a^2) + X_0(a - a^2)\right] \end{aligned} \tag{14-33}$$

同理可得

$$\dot{I}_{C} = \frac{j\dot{E}_{A}^{+}}{X_1 X_2 + X_1 X_0 + X_2 X_0}[X_2(1-a) + X_0(a^2-a)] \tag{14-34}$$

两相对中点短路电流为

$$\dot{I}_{k0} = \dot{I}_{B} + \dot{I}_{C}$$

$$= \frac{j3\dot{E}_{A}^{+}X_2}{X_1 X_2 + X_1 X_0 + X_2 X_0} \tag{14-35}$$

第五步：求开路相电压。以式（14-32）中 $\dot{I}_{A}^{+}$ 代入相序方程式（14-11）中的 $\dot{U}_{A}^{+}$，可得

$$\dot{U}_{A}^{+} = \dot{E}_{A}^{+} - j\dot{I}_{A}^{+}X_1 = \frac{\dot{E}_{A}^{+}X_2 X_0}{X_1 X_2 + X_1 X_0 + X_2 X_0}$$

由式（14-30）可知开路相电压为

$$\dot{U}_{A} = 3\dot{U}_{A}^{+} = \frac{3\dot{E}_{A}^{+}X_2 X_0}{X_1 X_2 + X_1 X_0 + X_2 X_0} \tag{14-36}$$

第三节 不对称运行的影响

一、引起转子过热

不对称运行时定子负序电流所产生的负序旋转磁场对转子有两倍同步速的相对速度，将在励磁绕组、阻尼绕组以及整块转子的表面感应倍频电流，这些电流在相应的部分引起损耗和发热，特别是汽轮发电机的转子散热条件差，容易过热而烧坏。

二、使电机发生振动

在不对称负载时，由于负序旋转磁场相对于转子磁场以两倍同步速旋转，它们相互作用将产生 100Hz 的交变电磁转矩，这一转矩同时作用在转子轴和定子机座上，并引起频率为每秒 100 次的振动，有可能对机座结构造成损害。

三、对通信线路产生干扰

不对称运行时，将在定子绕组中引起一系列奇次谐波，如果这些高次谐波电流通过输电线，将对输电线附近平行的通信线路产生干扰。

四、导致电网电压不对称，对用户产生危害

电网电压不对称，对电网中的主要负载异步电动机影响最严重。当异步电动机接到不对称电源时，也将在气隙中产生负序旋转磁场，导致异步电动机的电磁转矩、输出功率和效率的降低，还将和同步发电机一样引起转子过热。

由此可见，不对称运行所产生的影响主要是由负序电流造成的，因此对同步发电机允许不对称的程度有明确的规定。为了减少负序磁场，对水轮发电机都装设阻尼绕组。汽轮发电机的整体转子本身就有阻尼作用，利用阻尼绕组的去磁作用来削弱负序磁场。

第四节 超导体闭合回路磁链守恒原理

分析三相同步发电机突然短路时，通常使用超导体回路磁链守恒原理。

　　图 14-17（a）为一没有储能的超导体（即电阻为零的导体）回路，设外磁极对线圈做往返运动，则与线圈交链的磁链为时间的函数，表示为 $\psi_1(t)$。由于 $\psi_1(t)$ 的变化，在线圈里要感应电动势，若规定感应电动势和电流正方向与磁链正方向符合右手螺旋定则，则线圈中感应电动势为

$$e = -\frac{\mathrm{d}\psi_1(t)}{\mathrm{d}t} \tag{14-37}$$

　　如图 14-l7（b）所示，如果当磁极往下运动时，突然把线圈短路，根据楞茨定律，在线圈里要产生电流 i，i 的实际方向应该是产生一个自感磁链 $\psi_2(t)$ 以阻止 $\psi_1(t)$ 的变化。$\psi_2(t)$ 与 i 的关系应符合

$$\psi_2(t) = Li \tag{14-38}$$

式中：L 为线圈的自感。

　　由 $\psi_2(t)$ 产生的自感电动势为

$$e_{\mathrm{L}} = -\frac{\mathrm{d}\psi_2(t)}{\mathrm{d}t} = -L\frac{\mathrm{d}i}{\mathrm{d}t} \tag{14-39}$$

　　由于线圈的电阻为零，故得此时回路的电动势方程式为

$$\sum e = e + e_{\mathrm{L}} = iR = 0$$

或

$$-\frac{\mathrm{d}\psi_1(t)}{\mathrm{d}t} - \frac{\mathrm{d}\psi_2(t)}{\mathrm{d}t} = 0$$

即

$$\frac{\mathrm{d}}{\mathrm{d}t}[\psi_1(t) + \psi_2(t)] = 0$$

因此

$$\psi_1(t) + \psi_2(t) = C$$

设初始条件为 $t = 0^-$（短路前瞬间）时，$\psi_1(t) = \psi_1(0)$，此时 $i = 0$，所以 $\psi_2(t) = 0$，则可得

$$C = \psi_1(0)$$

于是

$$\psi_1(t) + \psi_2(t) = \psi_1(0) \tag{14-40}$$

　　上式的意义是：在磁场中的超导体回路短路后，无论交链回路的外磁场如何变化，任何瞬间的总磁链 $\psi_1(t) + \psi_2(t)$ 总是等于短路前瞬间的磁链值 $\psi_1(0)$ 不变，这就是超导体回路磁链守恒原理。

　　在图 14-16（a）中磁极对超导体闭合回路的磁链数 $\psi_1 = +5$，在图 14-16（b）中，因为磁极向下移动，使该磁链减为 $\psi_1 = +3$，于是感应电流方向为正，并产生正的磁链 $\psi_2 = +2$ 来补偿 ψ_1 的减少，使总磁链仍为 5 而保持不变。如果外磁极位置不再改变，则短路电流 i 及其磁链 ψ_2 也将不变。由于超导体闭合回路没有电阻，这个恒定电流 i 并不消耗任何能量，它能在闭合回路中永远不衰减地流动下去。

　　短路线圈中的电流为

$$i = \frac{\psi_2(t)}{L} = \left[-\frac{\psi_1(t)}{L}\right] + \left[\frac{\psi_1(0)}{L}\right] = i_{\sim} + i_{=} \tag{14-41}$$

其中，$i_{\sim} = -\dfrac{\psi_1(t)}{L}$ 是由于 $\psi_1(t)$ 交变产生的，所以 $i_{\sim}$ 为交流分量（或称周期分量）。$i_{\sim}$ 产

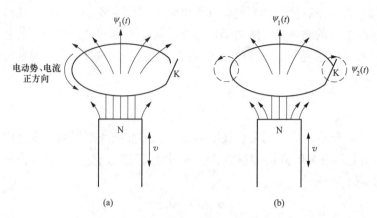

图 14-16　超导体闭合回路磁链守恒原理

（a）磁极原来位置；（b）磁极移动后

生的磁链$-\psi_1(t)$用来抵消外磁链$\psi_1(t)$。

$i_= = \dfrac{\psi_1(0)}{L}$，由于$\psi_1(0)$为一恒值，所以产生该磁链的电流$i_=$为直流分量（或称非周期分量），它是用来维持短路前瞬间的磁链$\psi_1(0)$不变的。

实际上，在常用的非超导体闭合回路中，由于$R \neq 0$，回路中有一定的能量消耗，它使线圈里的电流和磁链要发生衰减。磁链的衰减规律为

$$\psi = \psi_1(0) \mathrm{e}^{-\frac{t}{T}} \tag{14-42}$$

相应地，线圈里直流分量的衰减规律为

$$i_= = I_= \, \mathrm{e}^{-\frac{t}{T}} \tag{14-43}$$

其中，$I_= = \dfrac{\psi_1(0)}{L}$为$t = 0$时直流分量的起始值。$T = \dfrac{L}{R}$为衰减的时间常数。

以上讨论的是一个孤立线圈情况。若周围还有其他线圈，这个线圈除了自感磁链外，还应包括其他线圈对它的互感磁链，这时保持这个线圈磁链不变的电流，除了它本身的电流外，还必须考虑其他线圈的电流，同步发电机的几个绕组，正好是这种情况。

第五节　同步发电机空载时发生三相突然短路的物理过程

为简化分析，我们做以下假设：

（1）机端三相短路且短路前电机为空载运行。虽然这种情况可能性较小，但通过这一情况的分析，可以了解突然短路的物理过程，给分析这类问题打下基础。

（2）短路前后，转子转速保持同步速不变，即只考虑电磁过渡过程，不考虑机械过渡过程。

（3）短路前后，励磁系统所供给的励磁电流i_{f0}始终保持不变，即不考虑强励的情况。

（4）电机的磁路不饱和，可以利用叠加原理。

（5）转子绕组的参数都已归算到定子边。

（6）先考虑各绕组为超导体，然后再考虑电流的衰减。在突然短路瞬间，由于磁链不能

突变，所以可以用超导体回路磁链守恒来求短路瞬间的电流起始值，然后再考虑电阻的影响。

一、电枢绕组的磁链

在研究磁链之前，先规定正方向。我们仍然规定磁通由定子指向转子为正，磁链的正方向与电流的正方向符合右手螺旋定则。

空载时，电枢绕组中无电流，因此此时的磁链是励磁磁通对电枢绕组的磁链。例如，对 A 相的磁链为 ψ_A，对 B 相和 C 相的磁链为 ψ_B 和 ψ_C。由于励磁磁通随着转子旋转，因此励磁磁通对各相绕组的磁链随时间发生变化，为一时间相量。

当转子轴线与 A 相绕组轴线重合时（$\alpha = 0°$），A 相绕组的磁链 ψ_A 为正的最大值，即 $\psi_A = \psi$（最大值），此时 $\dot\psi$ 相量与时间轴 $+t$ 重合，如图 14-17（a）所示。

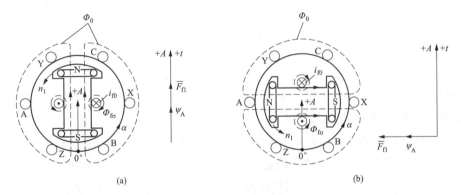

图 14-17　A 相绕组的磁链

(a) $\alpha = 0°$；(b) $\alpha = 90°$

若时间经过 90°电角度，则 $\overline{F}_{f1}$ 转到 $+A$ 轴前面 90°处（$\alpha = 90°$），A 相绕组的磁链 ψ_A 为零，此时 $\dot\psi_A$ 相量垂直于 $+t$ 轴，如图 14-17（b）所示。由此可知，在时空相矢图上，$\dot\psi_A$ 与 $\overline{F}_{f1}$ 同相位，而且 $\dot\psi_A$ 是一个随时间变化的量，它与 α 角成余弦函数的关系，即

$$\psi_A = \psi\cos\alpha$$

式中：ψ 为励磁磁通对 A 相绕组的最大磁链；α 为转子 N 极轴线距离 $+A$ 轴的空间电角度。

当 A 相磁链最大时，励磁磁通要转过 120°电角度，B 相磁链才达到最大，所以 $\dot\psi_B$ 落后于 $\dot\psi_A$ 以 120°。同理，C 相磁链 $\dot\psi_C$ 落后于 $\dot\psi_A$ 以 240°。于是，电机空载运行时，三相绕组的磁链为

$$\left.\begin{array}{l} \psi_A = \psi\cos\alpha \\ \psi_B = \psi\cos(\alpha - 120°) \\ \psi_C = \psi\cos(\alpha - 240°) \end{array}\right\} \tag{14-44}$$

二、突然短路前瞬间电枢绕组的磁链

假设励磁磁动势 $\overline{F}_{f1}$ 转到 $+A$ 轴前一个空间角 α_0 处发生突然短路，并以此作为计算突然短路的时间起点，即 $t = 0$，如图 14-18 所示。

根据式（14-44）可知，电枢绕组在 $t = 0$ 的起始磁链为

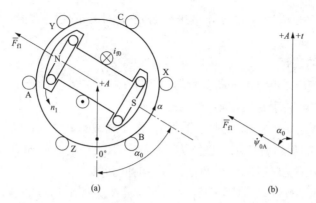

图 14-18 突然短路瞬间（$t=0$）转子位置

(a) 转子位置；(b) 时空相量图

$$\left.\begin{aligned}
\psi_{0A} &= \psi\cos\alpha_0 \\
\psi_{0B} &= \psi\cos(\alpha_0 - 120°) \\
\psi_{0C} &= \psi\cos(\alpha_0 - 240°)
\end{aligned}\right\} \tag{14-45}$$

根据超导体回路磁链守恒原理，突然短路后应维持这个磁链不变。

三、突然短路后电枢绕组的磁链

随着时间的推移，转子仍以同步速旋转，此时，励磁磁通产生的定子磁链 ψ_A、ψ_B、ψ_C 随着转子位置的改变而改变。当励磁磁动势 $\overline{F}_{f1}$ 转过 α' 空间角时，所经过的时间为 t，转子的角速度为 ω，所以 $\dot\psi_A$ 在 t 时间所转过的时间角为 ωt，而且 $\alpha' = \omega t$，如图 14-20 所示。因此，任意时间 t 的各相励磁磁链为

$$\left.\begin{aligned}
\psi_A &= \psi\cos(\alpha' + \alpha_0) = \psi\cos(\omega t + \alpha_0) \\
\psi_B &= \psi\cos(\alpha' + \alpha_0 - 120°) = \psi\cos(\omega t + \alpha_0 - 120°) \\
\psi_C &= \psi\cos(\alpha' + \alpha_0 - 240°) = \psi\cos(\omega t + \alpha_0 - 240°)
\end{aligned}\right\} \tag{14-46}$$

根据超导体回路磁链守恒原理，短路后应该维持短路前瞬间磁链不变（为了清楚起见，可把 $t=0$ 瞬间磁链 $\dot\psi_{0A}$ 也画在图 14-19 时空相矢图上，它是一个静止相量），但随着转子的旋转，还有一个励磁磁链 ψ_A、ψ_B、ψ_C 与电枢绕组交链，因此在电枢绕组中产生的短路电流必须包括两部分：一部分是用来产生一个电枢磁链 ψ_{aA}、ψ_{aB}、ψ_{aC} 抵消励磁磁链 ψ_A、ψ_B、ψ_C；另一部分是用来维持短路瞬间磁链 ψ_{0A}、ψ_{0B}、ψ_{0C} 不变，如图 14-20 所示。

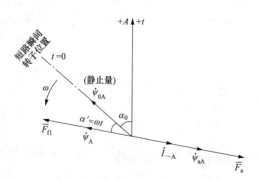

图 14-19 突然短路后的时空相矢图

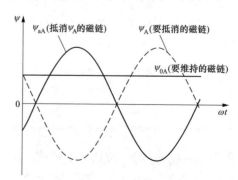

图 14-20 突然短路后 A 相绕组磁链

电枢磁链因为是用来抵消励磁磁链的，所以 ψ_{aA}、ψ_{aB}、ψ_{aC} 与 ψ_A、ψ_B、ψ_C 大小相等，相位相反，即

$$\left.\begin{array}{l} \psi_{aA}=-\psi_A=-\psi\cos(\omega t+\alpha_0) \\ \psi_{aB}=-\psi_B=-\psi\cos(\omega t+\alpha_0-120°) \\ \psi_{aC}=-\psi_C=-\psi\cos(\omega t+\alpha_0-240°) \end{array}\right\} \tag{14-47}$$

由于 ψ_A、ψ_B、ψ_C 是旋转磁动势 $\overline{F}_{f1}$ 产生的，因此 ψ_{aA}、ψ_{aB}、ψ_{aC} 也应该由旋转磁动势产生，该旋转磁动势即为电枢绕组中流过三相交流产生的电枢磁动势 $\overline{F}_a$。$\overline{F}_a$ 与 $\dot{\psi}_{aA}$、$\dot{I}_{\sim A}$ 在时空相矢图上同相位，如图 14-20 所示。

由于 ψ_{0A}、ψ_{0B}、ψ_{0C} 为不变磁链，因此产生该磁链的电流应为直流 $i_{=A}$、$i_{=B}$、$i_{=C}$。

总括起来，可得如下关系：

$$\text{电枢电流}\begin{cases} i_A \\ i_B \\ i_C \end{cases} \rightarrow \begin{cases} \begin{cases} i_{\sim A} \\ i_{\sim B} \\ i_{\sim C} \end{cases} \rightarrow \overline{F}_a \rightarrow \dot{\Phi}_a \rightarrow \begin{cases} \psi_{aA} \\ \psi_{aB} \\ \psi_{aC} \end{cases} \text{用来抵消} \begin{cases} \psi_A \\ \psi_B \\ \psi_C \end{cases} \\ \begin{cases} i_{=A} \\ i_{=B} \\ i_{=C} \end{cases} \rightarrow \overline{F}_= \rightarrow \dot{\Phi}_0 \rightarrow \begin{cases} \psi_{0A} \\ \psi_{0B} \\ \psi_{0C} \end{cases} \text{用来维持起始磁链不变} \end{cases}$$

因此，短路电流即为交流分量与直流分量之和，即

$$\left.\begin{array}{l} i_A=i_{\sim A}+i_{=A} \\ i_B=i_{\sim B}+i_{=B} \\ i_C=i_{\sim C}+i_{=C} \end{array}\right\} \tag{14-48}$$

四、突然短路电枢电流的交流分量

前面找磁链不是目的，关键是求电流。先研究产生 ψ_{aA}、ψ_{aB}、ψ_{aC} 的交流分量，然后再研究产生 ψ_{0A}、ψ_{0B}、ψ_{0C} 的直流分量。但要注意，虽然是分开进行研究，但这两个电流却是同时产生的。

要找出交流分量，首先是要确定电流的大小，其次是确定电流的相位。

1. 电枢电流交流分量的大小

可以通过与三相稳态短路进行比较，找出突然短路时电枢电流的交流分量大小。

三相稳态短路时，其短路电流为

$$I_k=\frac{E_0}{X_d}$$

式中：E_0 为励磁磁通产生的空载电动势；X_d 为直轴同步电抗。

因为突然短路时励磁和转速没有变化，所以 E_0 与稳态短路时的一样。X_d 的值是否会发生改变呢？这要看 X_d 所对应的磁路是否与稳态时一样。X_d 包括两部分：一部分是定子漏抗 X_σ；另一部分是电枢反应电抗 X_{ad}。由于定子漏磁通主要通过空气作为磁路，因此漏抗 X_σ 为一常数，即突然短路时与稳态短路时的定子漏抗是一样的。那么电枢反应磁通所经磁路以及相应的电枢反应电抗是否一样呢？

稳态短路时的电枢反应磁通所经磁路和等效电路如图 14-21 所示。

突然短路时，由于定子三相交流分量产生的电枢反应磁通与励磁磁动势产生的磁通方向

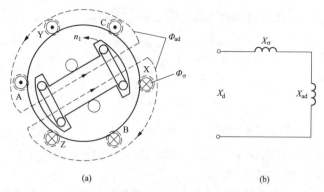

图 14-21　稳态短路时电枢反应磁通的磁路和等效电路

(a) 稳态短路时电枢反应磁通的磁路；(b) 等效电路

相反，它要企图进入转子穿过励磁绕组和阻尼绕组，由于假设励磁绕组和阻尼绕组是两个各自闭合的超导体回路，为了保持各自的磁链不变，在励磁绕组和阻尼绕组里要分别产生一直流 Δi_{f} 和 Δi_{kd}，它们产生各自的反磁链，去抵消电枢反应磁通对它们的交链。因此，电枢反应磁通无法进入这两个绕组而被挤到了它们的漏磁路，如图 14-22（a）所示。

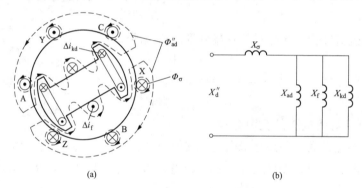

图 14-22　突然短路时电枢反应磁通的磁路和等效电路

(a) 突然短路时电枢反应磁通的磁路；(b) 等效电路

此时的电枢反应磁通用 Φ''_{ad} 表示。Φ''_{ad} 所走的路径其中相当一部分是空气，磁阻较大，因此要产生抵消励磁磁链 ψ_{A}、ψ_{B}、ψ_{C} 所需要的磁动势 F_{a} 就很大，显然，产生 F_{a} 所需的电流也就很大，这是三相突然短路时电枢电流增大的根本原因。

把 Φ''_{ad} 所经过的磁路的总磁阻用 R''_{ad} 表示。从图 14-23（a）看出，它应由三部分组成，即

$$R''_{\mathrm{ad}} = R_{\mathrm{ad}} + R_{\mathrm{f}} + R_{\mathrm{kd}} \tag{14-49}$$

式中：R_{ad} 为直轴电枢反应磁通所走的磁路的磁阻，若不考虑铁芯磁阻，则 R_{ad} 是两个气隙的磁阻；R_{f} 为励磁绕组漏磁通所走的磁路的磁阻；R_{kd} 为直轴阻尼绕组漏磁通所走的磁路的磁阻。

把上式写成磁导的形式

$$\begin{aligned}
\Lambda''_{\mathrm{ad}} &= \frac{1}{R''_{\mathrm{ad}}} = \frac{1}{R_{\mathrm{ad}} + R_{\mathrm{f}} + R_{\mathrm{kd}}} \\
&= \frac{1}{\dfrac{1}{\Lambda_{\mathrm{ad}}} + \dfrac{1}{\Lambda_{\mathrm{f}}} + \dfrac{1}{\Lambda_{\mathrm{kd}}}}
\end{aligned} \tag{14-50}$$

式中：Λ_{ad}、Λ_f、Λ_{kd}分别为直轴电枢反应磁通、励磁绕组漏磁通、直轴阻尼绕组漏磁通所走磁路的磁导。

因为电抗正比于磁导，所以Λ''_{ad}的电抗为

$$X''_{ad} = \frac{1}{\dfrac{1}{X_{ad}} + \dfrac{1}{X_f} + \dfrac{1}{X_{kd}}} \tag{14-51}$$

式中：X_{ad}为直轴电枢反应电抗；X_f为励磁绕组归算到定子边的漏电抗；X_{kd}为直轴阻尼绕组归算到定子边的漏电抗。

因此突然短路时交流分量所对应的电抗为

$$X''_d = X_\sigma + X''_{ad} = X_\sigma + \frac{1}{\dfrac{1}{X_{ad}} + \dfrac{1}{X_f} + \dfrac{1}{X_{kd}}} \tag{14-52}$$

式中：X''_d为直轴超瞬态电抗或直轴次暂态电抗（direct-axis sub-transient reactance），其等效电路如图 14-22（b）所示。

最后就可写出突然短路时电枢绕组中交流分量的大小为

$$I''_k = \frac{E_0}{X''_d} \tag{14-53}$$

式中：I''_k为超瞬态短路电流或次暂态短路电流（sub-transient short circuit current）。

2. 电枢电流交流分量的相位

三相电枢电流的交流分量产生电枢旋转磁动势$\overline{F}_a$，$\overline{F}_a$产生的ψ_{aA}、ψ_{aB}、ψ_{aC}用来抵消励磁磁链ψ_A、ψ_B、ψ_C。由图 14-18 可以看出，$i_{\sim A}$与ψ_{aA}同相位。根据式（14-47）电枢磁链相位即可写出$i_{\sim A}$、$i_{\sim B}$、$i_{\sim C}$的表达式

$$\left.\begin{aligned}
i_{\sim A} &= -\frac{\sqrt{2}E_0}{X''_d}\cos(\omega t + \alpha_0) \\
&= -\sqrt{2}I''_k\cos(\omega t + \alpha_0) \\
i_{\sim B} &= -\frac{\sqrt{2}E_0}{X''_d}\cos(\omega t + \alpha_0 - 120°) \\
&= -\sqrt{2}I''_k\cos(\omega t + \alpha_0 - 120°) \\
i_{\sim C} &= -\frac{\sqrt{2}E_0}{X''_d}\cos(\omega t + \alpha_0 - 240°) \\
&= -\sqrt{2}I''_k\cos(\omega t + \alpha_0 - 240°)
\end{aligned}\right\} \tag{14-54}$$

以上分析的是同步发电机有阻尼绕组的情况。如果没有阻尼绕组或者阻尼作用消失，则相当于阻尼绕组开路，此时的电抗为

$$X'_d = X_\sigma + \frac{1}{\dfrac{1}{X_{ad}} + \dfrac{1}{X_f}} \tag{14-55}$$

式中：X'_d为直轴瞬态电抗或直轴暂态电抗（direct-axis transient reactance），它对应的磁路和等效电路如图 14-23 所示。

此时电枢电流交流分量为

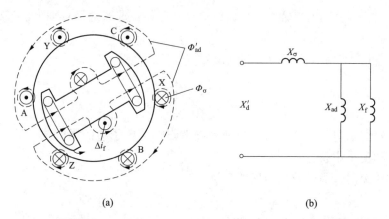

图 14-23　无阻尼绕组同步电机突然短路时电枢反应磁通的磁路和等效电路

(a) 无阻尼绕组同步电机突然短路时电枢反应磁通的磁路；(b) 等效电路

$$i_{\sim A} = -\frac{\sqrt{2}E_0}{X'_d}\cos(\omega t + \alpha_0) = -\sqrt{2}I'_k\cos(\omega t + \alpha_0)$$

$$i_{\sim B} = -\sqrt{2}I'_k\cos(\omega t + \alpha_0 - 120°)$$

$$i_{\sim C} = -\sqrt{2}I'_k\cos(\omega t + \alpha_0 - 240°)$$

$$(14\text{-}56)$$

其中，$I'_k = E_0/X'_d$ 称为瞬态短路电流或暂态短路电流。

X''_d 和 X'_d 属于漏抗性质，因此数值较小。由于 X''_d 对应的磁导比 X'_d 的磁导小，X'_d 对应的磁导又比稳态时 X_d 对应的磁导小，所以

$$X''_d < X'_d < X_d$$

一般 X''_d 为 0.1～0.15，所以在额定空载电压下发生突然短路的超瞬态电流可达 7～10 倍额定电流。

一般 X'_d 为 0.2 左右，所以在额定空载电压下发生突然短路的瞬态电流可达额定电流的 5 倍左右。

五、突然短路电枢电流的直流分量

ψ_{0A}、ψ_{0B}、ψ_{0C} 是突然短路前瞬间的磁链，根据超导体回路磁链守恒原理，该磁链必须保持不变，因此产生该磁链的电流必定为直流。此直流分量的大小可根据短路瞬间电流不能突变来确定。

因为突然短路瞬间（$t = 0^-$）电机为空载，A 相电流为零，所以

$$i_A(0^-) = i_{\sim A}(0^+) + i_{=A}(0^+) = 0$$

或

$$i_{=A}(0^+) = -i_{\sim A}(0^+)$$

式中：$i_{\sim A}(0^+)$、$i_{=A}(0^+)$ 分别为短路后瞬间 A 相的交流分量和直流分量的起始值。

以 $t = 0$ 代入式（14-18）得

$$i_{\sim A}(0^+) = -\frac{\sqrt{2}E_0}{X''_d}\cos\alpha_0$$

所以

$$i_{=A}(0^+) = -\frac{\sqrt{2}E_0}{X''_d}\cos\alpha_0$$

因为是超导体，电流不会衰减，任何时刻的电枢电流直流分量都等于起始值，所以

$$i_{=A} = \frac{\sqrt{2}\,E_0}{X''_d}\cos\alpha_0$$

同理 $$\left. \begin{array}{l} i_{=B} = \frac{\sqrt{2}\,E_0}{X''_d}\cos(\alpha_0 - 120°) \\[2ex] i_{=C} = \frac{\sqrt{2}\,E_0}{X''_d}\cos(\alpha_0 - 240°) \end{array} \right\}$$ (14-57)

六、突然短路时电枢总电流

电枢绕组总的突然短路电流为交流分量和直流分量之和。

$$\left. \begin{array}{l} i_A = i_{=A} + i_{\sim A} \\[1ex] \quad = \frac{\sqrt{2}\,E_0}{X''_d}\cos\alpha_0 - \frac{\sqrt{2}\,E_0}{X''_d}\cos(\omega t + \alpha_0) \\[1ex] \quad = \frac{\sqrt{2}\,E_0}{X''_d}\left[\cos\alpha_0 - \cos(\omega t + \alpha_0)\right] \\[1ex] i_B = i_{=B} + i_{\sim B} \\[1ex] \quad = \frac{\sqrt{2}\,E_0}{X''_d}\left[\cos(\alpha_0 - 120°) - \cos(\omega t + \alpha_0 - 120°)\right] \\[1ex] i_C = i_{=C} + i_{\sim C} \\[1ex] \quad = \frac{\sqrt{2}\,E_0}{X''_d}\left[\cos(\alpha_0 - 240°) - \cos(\omega t + \alpha_0 - 240°)\right] \end{array} \right\}$$ (14-58)

画出 A 相电流波形如图 14-24 所示。当 $\alpha_0 = 0°$时发生突然短路，这时 A 相磁链和直流分量达到最大值，A 相电流的瞬时值为

$$i_A = i_{=A} + i_{\sim A} = \frac{\sqrt{2}\,E_0}{X''_d} - \frac{\sqrt{2}\,E_0}{X''_d}\cos\omega t = \frac{\sqrt{2}\,E_0}{X''_d}(1 - \cos\omega t)$$ (14-59)

图 14-25 画出了 A 相电流的波形。从图中看出，这时的 $i_{=A}$ 达到最大值，如果发电机是在额定电压下发生突然短路，用标幺值表示为 $E_0^* = 1$，取 $X''^*_d = 0.127$，当 $\omega t = 180°$时，电流最大值可达

$$i_{Amax} = \sqrt{2} \times \frac{1}{0.127} \times (1 + 1) = \frac{2\sqrt{2}}{0.127} = 22$$

即达额定电流有效值的 22 倍，这是一个很大的短路电流。

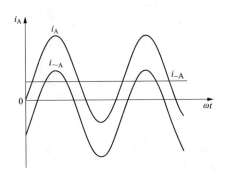 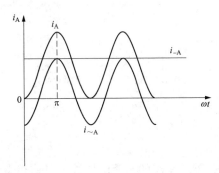

图 14-24　三相突然短路 A 相电流波形　　图 14-25　$\alpha_0 = 0°$时发生三相突然短路 A 相电流波形

当 A 相起始磁链最大时，B、C 相的起始磁链并不是最大，因此各相的直流分量不同，各相的最大瞬时值也是不同的。

七、突然短路电流的衰减

以上分析是认为各个绕组都是超导体，因此磁链永远是守恒的，保持磁链守恒的电流，永远不会衰减。但是，实际电机的绕组一般不是超导体，线圈都有电阻，电流通过线圈必然会引起损耗，这个损耗由短路瞬间储藏在线圈中的磁能来供给，随着储藏磁能的消耗，磁通、磁链也随着减少，进而使线圈中的电流也减少，这就是电流的衰减现象。

尽管电流会衰减，但磁链守恒原理在 $t=0$ 的初始瞬间还是适用的，所以前面求出的交流分量和直流分量的起始值仍然是对的。

磁链和电流的衰减规律都是按指数函数衰减，衰减的时间常数决定于这个绕组的电阻和等效电感，所谓某一绕组的等效电感是指既考虑了本身的自感，又考虑了其他绕组对它的互感作用所得到的一个电感。

例如：一台二次侧短路的变压器从一次侧看的等效电抗所对应的电路如图 14-26 所示。其等效电抗为

$$X_{1e}=X_1+\cfrac{1}{\cfrac{1}{X_m}+\cfrac{1}{X_2'}}=\omega L_{1e}$$

其等效电感为

$$L_{1e}=\frac{X_{1e}}{\omega}$$

同理，变压器一次侧短路，从二次侧看的等效电抗所对应的电路如图 14-27 所示，其等效电抗为

$$X_{2e}=X_2+\cfrac{1}{\cfrac{1}{X_m}+\cfrac{1}{X_1'}}=\omega L_{2e}$$

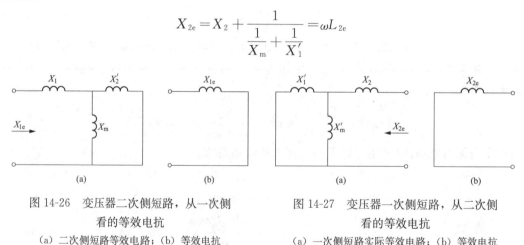

图 14-26　变压器二次侧短路，从一次侧　　　图 14-27　变压器一次侧短路，从二次侧
看的等效电抗　　　　　　　　　　　　　看的等效电抗
（a）二次侧短路等效电路；（b）等效电抗　　（a）一次侧短路实际等效电路；（b）等效电抗

其等效电感为

$$L_{2e}=\frac{X_{2e}}{\omega}$$

由此可知，某一绕组的等效电抗等于以该绕组为一次侧，其他绕组为二次侧的变压器二次侧短路等效电路所对应的电抗。根据等效电抗即可求出该绕组的等效电感，找出等效电感后即

可写出时间常数，从而写出电流的衰减表达式。

1. 电枢电流直流分量 $i_=$ 的衰减

在研究衰减时，首先要找出引起该电流衰减的原因，其次要找出等效电感。

直流分量衰减的原因是电枢绕组有电阻，电流在电阻上产生的损耗由短路瞬间储存在线圈里的磁场能量来供给。这个磁场所对应的磁链即为起始磁链 ψ_0，由此可知，随着电阻上能量的消耗，磁场能量和起始磁链 ψ_0 随着减少，显然，维持 ψ_0 的直流分量 $i_=$ 也以同一时间常数衰减。

衰减的时间常数取决于电枢绕组的电阻 R_a 和从电枢绕组看的等效电感 L_a。由于 ψ_0 为固定的磁链，它所经磁路随转子的旋转而变化，当 ψ_0 对着直轴时，从电枢绕组看的等效电抗为 X_{2d}，当 ψ_0 对着交轴时，从电枢绕组看的等效电抗为 X_{2q}，取其平均值作为电枢绕组的等效电抗，即

$$\frac{X_{2d} + X_{2q}}{2} = X_2$$

这就是第十三章讲过的负序电抗。

X_2 对应的电感即为电枢绕组的等效电感，即

$$X_2 = \omega L_a$$

$$L_a = \frac{X_2}{\omega} \tag{14-60}$$

因此，电枢绕组的时间常数为

$$T_a = \frac{L_a}{R_a} = \frac{X_2}{\omega R_a} \tag{14-61}$$

T_a 又称为非周期时间常数。

所以各相电枢电流直流分量的衰减表达式为

$$\left. \begin{aligned} i_{=A} &= \frac{\sqrt{2}\,E_0}{X_d''} \cos\alpha_0 \, e^{-\frac{t}{T_a}} \\ i_{=B} &= \frac{\sqrt{2}\,E_0}{X_d''} \cos(\alpha_0 - 120°)\, e^{-\frac{t}{T_a}} \\ i_{=C} &= \frac{\sqrt{2}\,E_0}{X_d''} \cos(\alpha_0 - 240°)\, e^{-\frac{t}{T_a}} \end{aligned} \right\} \tag{14-62}$$

2. 电枢电流交流分量 $i_\sim$ 的衰减

电枢电流交流分量 $i_\sim$（$i_{\sim A}$、$i_{\sim B}$、$i_{\sim C}$）的作用是产生电枢磁链 ψ_A（ψ_{aA}、ψ_{aB}、ψ_{aC}），以抵消励磁磁通对电枢绕组的磁链 ψ（ψ_A、ψ_B、ψ_C）。由于励磁电流不衰减，ψ 当然也不会衰减，显然用来抵消 ψ 的 ψ_A 也不会衰减。但是，因为转子产生的非周期性电流 Δi_f、Δi_{kd} 和由它们产生的反磁动势要衰减，所以产生 ψ_A 的电流 $i_\sim$ 也要衰减。

为什么转子非周期性电流 Δi_f、Δi_{kd} 会衰减呢？它的衰减为什么又会引起电枢电流交流分量衰减呢？

转子电流 Δi_f、Δi_{kd} 是两个自由分量，它们是为了维持转子绕组磁链不变而引起的。由于转子绕组有电阻，它要促使转子电流衰减，从而使转子反磁动势减少。电枢反应磁通 Φ_{ad}'' 就要逐渐进入转子，它所走的磁路的磁阻要逐渐减小，或者说磁路的磁导要逐渐增大。这样

一来，产生不变的 ψ_A 所需的电流也就减小了，最后当电枢反应磁通全部进入转子时，达到稳态短路电流的数值。

由此可知，电枢电流交流分量衰减是由转子电流衰减引起的，或者说，电枢电流交流分量随着转子电流 Δi_f 和 Δi_{kd} 的衰减而衰减，因此电枢电流交流分量衰减的时间常数决定于转子电流 Δi_f 和 Δi_{kd} 衰减的时间常数。

转子上有两个电流 Δi_f 和 Δi_{kd}，它们有不同的衰减时间常数，为了写出交流分量的衰减方程式，我们把电枢电流交流分量看成是几个分量之和，即 $i_{\sim}=i_c+i'_c+i''_c$，其中 i_c 为励磁电流 i_{f0} 引起的稳态短路电流；i'_c 为励磁绕组直流分量 Δi_f 引起的瞬态分量；i''_c 为阻尼绕组直流分量 Δi_{kd} 引起的超瞬态分量，可简化为如下关系：

$$\begin{array}{cc} \text{转子电流} & \text{定子电流} \end{array}$$

$$\left.\begin{array}{l} i_{f0} \longrightarrow i_c \\ \Delta i_f \longrightarrow i'_c \\ \Delta i_{kd} \longrightarrow i''_c \end{array}\right\} i_{\sim}=i_c+i'_c+i''_c$$

因为 i_{f0} 不衰减，所以 i_c 也不衰减。i'_c 随着 Δi_f 以同一时间常数衰减；i''_c 随着 Δi_{kd} 以同一时间常数衰减。由于 Δi_{kd} 衰减快（时间常数为 $0.05\sim0.07$s），而 Δi_f 衰减慢（时间常数为 $0.4\sim0.6$s），为了分析简便，可近似地认为：当 Δi_{kd} 衰减时，Δi_f 不衰减，只有当 Δi_{kd} 衰减至零以后，Δi_f 才开始衰减。在 Δi_{kd} 衰减过程中，定子交流分量由 $i_c+i'_c+i''_c$ 衰减到 $i_c+i'_c$。在 Δi_f 衰减过程中，定子交流分量由 $i_c+i'_c$ 衰减到 i_c。

（1）衰减的第一阶段——超瞬态阶段。

$$\begin{array}{cc} \text{转子电流} & \text{定子电流} \end{array}$$

$$\left.\begin{array}{l} i_{f0} \\ \Delta i_f \end{array}\right\}\text{不衰减} \qquad \left.\begin{array}{l} i_c \\ i'_c \end{array}\right\}\text{不衰减}$$

$$\Delta i_{kd}\,\text{衰减}\xrightarrow{\text{引起}} i''_c\,\text{衰减}$$

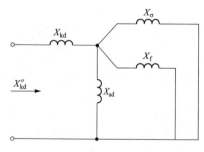

图 14-28　由直轴阻尼绕组看进去的等效电抗的等效电路

i''_c 的衰减时间常数等于直轴阻尼绕组中电流 Δi_{kd} 的衰减时间常数。Δi_{kd} 衰减的时间常数决定于直轴阻尼绕组的电阻 R_{kd} 和直轴阻尼绕组的等效电感 L''_{kd}。所谓阻尼绕组的等效电感是除考虑阻尼绕组本身的电感外，还必须考虑电枢绕组和励磁绕组对它的互感。此时阻尼绕组的等效电抗相当于以阻尼绕组为一次侧，电枢绕组和励磁绕组为二次侧的三绕组变压器二次侧短路时的等效电抗，其等效电路如图 14-28 所示。

由等效电路可得

$$X''_{kd}=X_{kd}+\cfrac{1}{\cfrac{1}{X_{ad}}+\cfrac{1}{X_\sigma}+\cfrac{1}{X_f}} \tag{14-63}$$

阻尼绕组的等效电感为

$$L''_{kd}=\frac{X''_{kd}}{\omega} \tag{14-64}$$

因此可得阻尼绕组的时间常数为

$$T''_d = \frac{L''_{kd}}{R_{kd}} = \frac{X''_{kd}}{\omega R_{kd}} \tag{14-65}$$

T''_d 又称为直轴超瞬态短路时间常数。

找出时间常数后，还必须找出 i''_c 的起始值，才能写出 i''_c 的衰减表达式，我们可以通过如下的比较得出来。

突然短路瞬间，转子有电流 $i_{f0} + \Delta i_f$ 和 Δi_{kd}，此时定子短路电流为 $I''_k = \frac{E_0}{X''_d}$；当 Δi_{kd} 衰减完以后，转子只有电流 $i_{f0} + \Delta i_f$ 了，即阻尼作用丧失了，此时的短路电流为 $I'_k = \frac{E_0}{X'_d}$。由此可知，由 Δi_{kd} 引起的超瞬态短路电流为 $I'_c = I'_k - I_k$。因此

$$\begin{aligned} i''_{cA} &= -\sqrt{2}\,(I''_k - I'_k)\cos(\omega t + \alpha_0)e^{-\frac{t}{T''_d}} \\ &= -\sqrt{2}\left(\frac{E_0}{X''_d} - \frac{E_0}{X'_d}\right)\cos(\omega t + \alpha_0)e^{-\frac{t}{T''_d}} \end{aligned} \tag{14-66}$$

同理可写出 B、C 相电枢电流的超瞬态分量。

（2）衰减的第二阶段——瞬态阶段。阻尼绕组电流衰减完以后，转子电流与定子电流的对应关系为

转子电流

i_{f0} 不衰减 i_c 不衰减

Δi_f 衰减 $\xrightarrow{\text{引起}}$ i'_c 衰减

i'_c 的衰减时间常数等于励磁绕组中电流 Δi_f 的衰减时间常数。Δi_f 衰减的时间常数决定于励磁绕组的电阻 R_f 和励磁绕组的等效电感 L'_f。所谓励磁绕组等效电感是除考虑励磁绕组本身的电感外，还必须考虑电枢绕组对它的互感。阻尼绕组由于丧失了作用，对励磁绕组没有互感作用了。此时励磁绕组的等效电抗相当于以励磁绕组为一次侧，电枢绕组为二次侧的两绕组变压器二次侧短路时的等效电抗，其等效电路如图 14-29 所示。

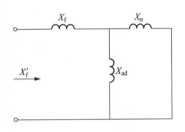

图 14-29 由励磁绕组看进去的等效电抗的等效电路

由等效电路可得

$$X'_f = X_f + \frac{1}{\dfrac{1}{X_{ad}} + \dfrac{1}{X_\sigma}} \tag{14-67}$$

励磁绕组的等效电感为

$$L'_f = \frac{X'_f}{\omega} \tag{14-68}$$

因此可得励磁绕组的时间常数为

$$T'_d = \frac{L'_f}{R_f} = \frac{X'_f}{\omega R_f} \tag{14-69}$$

T'_d 又称为直轴瞬态短路时间常数。

转子有电流 $i_{f0} + \Delta i_f$ 时，定子的短路电流为 $I'_k = \frac{E_0}{X'_d}$，当 Δi_f 衰减完以后，转子只有电流 i_{f0}

了，此时定子短路电流为 $I_k = \dfrac{E_0}{X_d}$，由此可知，由 Δi_f 引起的瞬态短路电流为 $I'_c = I'_k - I_k$。因此

$$i'_{cA} = -\sqrt{2}(I'_k - I_k)\cos(\omega t + \alpha_0)\mathrm{e}^{-\frac{t}{T'_d}}$$

$$= -\sqrt{2}\left(\frac{E_0}{X'_d} - \frac{E_0}{X_d}\right)\cos(\omega t + \alpha_0)\mathrm{e}^{-\frac{t}{T'_d}} \tag{14-70}$$

同理可写出 B、C 相的瞬态分量。

(3) 当 Δi_f 衰减完后，即进入稳定短路状态。此时转子电流只有不衰减的 i_{f0}，它在定子绕组里引起稳态短路电流 $I_k = \dfrac{E_0}{X_d}$，所以

$$i_{cA} = -\sqrt{2}\,\frac{E_0}{X_d}\cos(\omega t + \alpha_0) \tag{14-71}$$

把各个分量相加，即得电枢绕组的交流分量，即

$$\begin{aligned} i_{\sim A} &= i''_{cA} + i'_{cA} + i_{cA} \\ &= -\sqrt{2}\left[\left(\frac{E_0}{X''_d} - \frac{E_0}{X'_d}\right)\mathrm{e}^{-\frac{t}{T'_d}} + \left(\frac{E_0}{X'_d} - \frac{E_0}{X_d}\right)\mathrm{e}^{-\frac{t}{T'_d}} \frac{E_0}{X_d}\right]\cos(\omega t + \alpha_0) \end{aligned} \tag{14-72}$$

同理可写出 B、C 相的交流分量 $i_{\sim B}$、$i_{\sim C}$。

3. 考虑衰减后的电枢绕组短路电流

把式 (14-62) 和式 (14-72) 相加，即得电枢绕组的短路电流为

$$\left. \begin{aligned} i_A &= i_{=A} + i_{\sim A} = \sqrt{2}\,\frac{E_0}{X''_d}\cos\alpha_0\mathrm{e}^{-\frac{t}{T_a}} - \sqrt{2}\left[\left(\frac{E_0}{X''_d} - \frac{E_0}{X'_d}\right)\mathrm{e}^{-\frac{t}{T'_d}}\right. \\ &\quad + \left.\left(\frac{E_0}{X'_d} - \frac{E_0}{X_d}\right)\mathrm{e}^{-\frac{t}{T'_d}} + \frac{E_0}{X_d}\right]\cos(\omega t + \alpha_0) \\ i_B &= \sqrt{2}\,\frac{E_0}{X''_d}\cos(\alpha_0 - 120)\mathrm{e}^{-\frac{t}{T_a}} - \sqrt{2}\left[\left(\frac{E_0}{X''_d} - \frac{E_0}{X'_d}\right)\mathrm{e}^{-\frac{t}{T'_d}}\right. \\ &\quad + \left.\left(\frac{E_0}{X'_d} - \frac{E_0}{X_d}\right)\mathrm{e}^{-\frac{t}{T'_d}} + \frac{E_0}{X_d}\right]\cos(\omega t + \alpha_0 - 120°) \\ i_C &= \sqrt{2}\,\frac{E_0}{X''_d}\cos(\alpha_0 - 240°)\mathrm{e}^{-\frac{t}{T_a}} - \sqrt{2}\left[\left(\frac{E_0}{X''_d} - \frac{E_0}{X'_d}\right)\mathrm{e}^{-\frac{t}{T'_d}}\right. \\ &\quad + \left.\left(\frac{E_0}{X''_d} - \frac{E_0}{X_d}\right)\mathrm{e}^{-\frac{t}{T'_d}} + \frac{E_0}{X_d}\right]\cos(\omega t + \alpha_0 - 240°) \end{aligned} \right\} \tag{14-73}$$

由分析结果看出，定子突然短路冲击电流不仅与励磁电动势的大小有关，还与瞬态参数和短路瞬间转子的位置有关。

起始磁链 ψ_{0A}、转子电流和对应的 A 相突然短路电流各分量的波形如图 14-30 所示。其合成的定子 A 相突然短路电流波形如图 14-31 所示。

应该指出的是：以上是分成三个阶段进行分析，这样便于理解。实际上电枢绕组、励磁绕组和阻尼绕组之间总是相互影响的，不可能完全分开，例如在超瞬态阶段中，Δi_f 也要衰减，在瞬态阶段中，Δi_{kd} 也不可能衰减完，因此分析是近似的。

对转子电流未进行深入的研究，实际上，转子绕组除了产生直流分量 Δi_{kd} 和 Δi_f 外，由于转子绕组切割定子不动的磁场 ψ_0，也要产生交流分量。其阻尼绕组电流波形如图 14-32 所示，图中虚线 1 是直流分量，曲线 2 是阻尼绕组总电流 i_{kd}，而虚线 3 是 i_{kd} 的衰减包络线。励

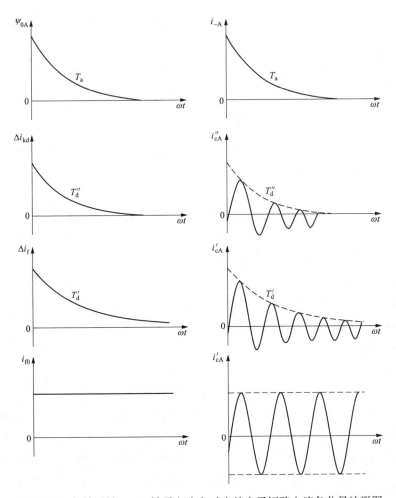

图 14-30　起始磁链 ψ_{0A}、转子电流和对应的定子短路电流各分量波形图

磁绕组电流波形如图 14-33 中实线 3 所示，图中虚线 2 是没有阻尼绕组时扣除了电流交流分量后的励磁电流，而实线 1 是有阻尼绕组时扣除交流分量后的总励磁电流。

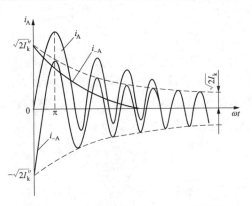

图 14-31　三相突然短路 A 相电流波形

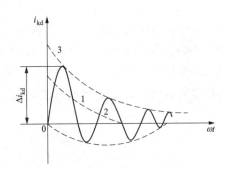

图 14-32　同步发电机三相突然短路时
阻尼绕组电流的衰减波形

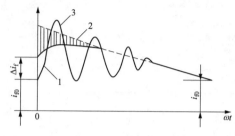

图 14-33　装有阻尼绕组的同步发电机三相
突然短路时励磁电流的衰减波形

尽管三相突然短路瞬间，定子各相磁动势（或电流）交变分量 $f_{A\sim}$、$f_{B\sim}$、$f_{C\sim}$ 的起始值随转子位置而不同，但由于三相合成磁动势是幅值不变的旋转磁动势（$F_a = \dfrac{3}{2} F_{\varphi m1}$），而且总是通过直轴，因此由此而引起的转子直流分量和交流分量的大小仅与 F_a 大小有关，而与转子位置 α_0 无关。

第六节　瞬态和超瞬态电抗的测定方法

测定瞬态参数的方法很多，这里仅介绍一种较为简单的方法——静止法。

通过前面的分析可知，X''_d 和 X''_q 的等效电路如图 14-3（b）和图 14-4 所示。为了测出 X''_d 和 X''_q，我们只要模拟 X''_d、X''_q 所对应的磁路即可求出它们的数值。

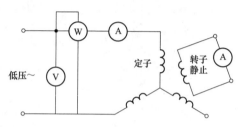

图 14-34　用静止法测瞬态和超瞬态电抗

按图 14-34 接线。励磁绕组直接短路，定子绕组一相开路，另外两相绕组线端间加一单相额定频率的低电压，使定子电流不大于额定值。此时定子绕组产生一脉振磁场，缓缓地转动转子位置，当脉振磁场刚好与转子直轴重合时，则由于转子绕组要产生反磁动势，它要把电枢磁通挤到漏磁路中去，因而模拟了 X''_d 所对应的磁路。此时对应的电抗最小，所以测出的电流为最大。记录此时的电压 U_1、电流 I_{max} 和输入功率 P_1，即可求出直轴超瞬态电抗 X''_d。

$$
\left.
\begin{aligned}
Z''_d &= \frac{U_1}{2I_{max}} \\[2mm]
R''_d &= \frac{P_1}{2I_{max}^2} \\[2mm]
X''_d &= \sqrt{Z''^2_d - R''^2_d}
\end{aligned}
\right\}
\tag{14-74}
$$

如果转子没有阻尼绕组，并且磁极用叠片构成，则上面测出的为直轴瞬态电抗 X'_d。

当转子的位置移到使电枢磁动势的轴线和主极轴线成 90°电角度而和交轴重合时，定、转子之间的变压器作用最弱，励磁绕组中感应电流为零，只有交轴阻尼绕组有感应电流，因此对应的电枢电流最小。记录此时的电枢电流 I_{min}、外施电压 U_2 和输入功率 P_2，即可求出 X''_q。

$$
\left.
\begin{aligned}
Z''_q &= \frac{U_2}{2I_{min}} \\[2mm]
R''_q &= \frac{P_1}{2I_{max}^2} \\[2mm]
X''_9 &= \sqrt{Z''^2_9 - R''^2_9}
\end{aligned}
\right\}
\tag{14-75}
$$

如果是凸极电机而交轴上没有阻尼绕组，则上面测出的电抗为交轴瞬态电抗 X_q'。

超瞬态电抗和转子绕组位置关系如图 14-35 所示，图中 δ 为转子直轴与电枢磁动势轴线间的夹角。

测出了 X_d'' 和 X_q'' 后，还可以算出负序电抗 X_2，即

$$\left.\begin{array}{l} X_2 = \dfrac{X_d'' + X_q''}{2} \\[3mm] X_2 = \sqrt{X_d'' X_q''} \end{array}\right\} \tag{14-76}$$

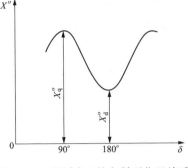

图 14-35 超瞬态电抗与转子位置关系

第七节 突然短路对同步电机及电力系统的影响

一、突然短路对同步电机的影响

1. 突然短路的冲击电流产生很大的电磁力

突然短路产生的电磁力对发电机的端接部分产生危险的应力，特别是汽轮发电机里，由于它的端部伸出较长，问题更为严重。

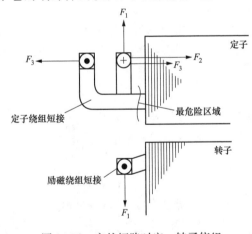

图 14-36 突然短路时定、转子绕组
端部之间的电磁力

要准确地计算出电磁力的大小很困难，这是因为端部所处的磁场分布是极为复杂的。定性地看，定子绕组端部受到以下几种力（参看图 14-36）的作用。

（1）作用于定子绕组端部和转子励磁绕组端部之间的电磁力 F_1。由于短路时电枢磁动势是去磁的，故定、转子导体中的电流方向相反，该力的作用方向将使定子绕组向外胀开，而使励磁绕组端部向内压缩，如图 14-36 所示。由于电磁力的数值与两导体中电流的乘积成正比，而突然短路时的冲击电流很大，这个作用力是很大的。

（2）定子绕组端部与定子铁芯之间的吸力 F_2。此力是定子绕组端部电流建立的漏磁通沿铁芯（或压板）端面闭合而引起的，这个力的大小与导体中电流的平方成正比，所以其数值也是很大的。

（3）作用于定子绕组各相邻端部导体之间的力 F_3。若相邻导体中电流方向相反，则为斥力（见图 14-36），若电流方向相同，则产生吸力。在绕组端部伸出铁芯的直线部分之间的电磁力方向则为切线方向。

以上这些力的作用都使定子绕组端弯曲，如果端部固紧不良，则在发生突然短路时端部就要受到损伤。

2. 突然短路时产生很大的电磁转矩

在突然短路时，气隙磁场变化不大，而定子电流却增长很多，因此要产生巨大的电磁转

矩，该转矩作用在电机轴、机座和底脚螺钉上产生危害。

如果忽略电枢绕组电阻不计，电枢绕组中周期性电流分量此时主要是无功性质的，因而不产生转矩。转矩只是由电枢绕组中非周期性电流所产生的静止磁场与转子非周期性电流所产生的旋转磁场之间互相作用引起的。因为转子磁极一直对电枢静止磁场移动，故所产生的转矩是交变的，其方向将为每过半周就改变一次，时而驱动时而制动。

实际上电枢绕组电阻不等于零，因此电枢中周期性电流将产生交轴磁场，它和转子非周期电流所产生的旋转磁场在空间上同步旋转，由于这两个磁场的轴线不重合，它们之间将产生一个制动性质的恒向转矩与交变转矩相加，而交变转矩的幅值比单向制动转矩的数值要大很多，因此在设计电机的转轴、机座等结构时，必须加以考虑。

上述转矩将随着有关电流一同衰减。

3. 突然短路时绕组的发热

突然短路时，各绕组中都出现了很大的电流，而使铜耗很大，所产生的热量使绕组温升增加。不过因为电流衰减较快，电机热容量较大，有时过电流保护装置又很快将开关跳闸，使电机从电网中脱开，因此，各绕组的温升增高得并不多。经验表明，在突然短路中，很少发现电机受到热破坏现象。

二、突然短路对电力系统的影响

1. 破坏电力系统运行的稳定性

在线路上发生突然短路时，由于电压降低，发电机发出的功率就不能全部送出去，但原动机的拖动转矩一时又降不下来，因而作用在转子上的转矩就失去了平衡，使发电机转子的转速上升而失去同步，破坏了电力系统的稳定性。

2. 产生过电压现象

在不对称的突然短路中，较详细的分析能够证明，在没有短路的相绕组中会出现过电压现象，其数值一般可达额定值的 2～3 倍，视电机参数的大小而定，这也造成电力系统内过电压的因素之一。

3. 产生高频干扰现象

在不对称突然短路中，定子绕组电流会出现一系列高次谐波分量，这些高频电流在输电线上所产生的磁场，会对附近的通信电路产生干扰作用，幸而这种干扰只是极短暂的，当故障被切除后，这个作用也就消失了。

应该说，非正常运行这个题目包含着极丰富的内容，本章所介绍的内容仅能给读者打下一个基础，建立起基本概念，深入研究时可查阅有关文献。

例 14-1 设有一台三相 50kW 同步发电机，由于励磁磁通所引起的空载相电压为 220V，当三相突然短路时，由示波器记下电流波形。定子电流周期分量包络线可由下列方程式表示。

$$i = 137 + 163\mathrm{e}^{-\frac{t}{1.53}} + 95\mathrm{e}^{-\frac{t}{0.019\,6}}\,(\mathrm{A})$$

A 相定子电流非周期性分量方程为

$$i_{=\mathrm{A}} = 350\mathrm{e}^{-\frac{t}{0.210}}\,(\mathrm{A})$$

试求：（1）X_d''、X_d' 和 X_d；

（2）时间常数 T_d'' 和 T_d'；

（3）短路初瞬间主磁极轴线与 A 相轴线夹角 α_0；

（4）时间常数 T_a。

解：（1）周期性分量的包络线方程为

$$i = \sqrt{2}\,E_0\left[\left(\frac{1}{X''_d}-\frac{1}{X'_d}\right)\mathrm{e}^{-\frac{t}{T''_d}}+\left[\left(\frac{1}{X'_d}-\frac{1}{x_d}\right)\mathrm{e}^{-\frac{t}{T'_d}}+\frac{1}{X_d}\right]\right]$$

$$= 95\mathrm{e}^{-\frac{t}{0.019\,6}}+163\mathrm{e}^{-\frac{t}{1.53}}+137$$

由此可知

$$\frac{\sqrt{2}\,E_0}{X_d}=137$$

所以

$$X_d = \frac{\sqrt{2}\,E_0}{137}=\frac{\sqrt{2}\times220}{137}=2.2(\Omega)$$

瞬态分量按较大的时间常数衰减，其起始值为

$$\sqrt{2}\,E_0\left(\frac{1}{X'_d}-\frac{1}{X_d}\right)=163$$

或

$$\frac{\sqrt{2}\,E_0}{X'_d}-137=16$$

所以

$$X'_d = \frac{\sqrt{2}\,E_0}{163+137}=\frac{\sqrt{2}\times220}{300}=1.03(\Omega)$$

超瞬态分量按较小的时间常数衰减，其起始值为

$$\sqrt{2}\,E_0\left(\frac{1}{X''_d}-\frac{1}{X'_d}\right)=95$$

或

$$\frac{\sqrt{2}\,E_0}{X''_d}-300=9$$

所以

$$X''_d = \frac{\sqrt{2}\,E_0}{300+95}=\frac{\sqrt{2}\times220}{395}=0.78(\Omega)$$

（2）由周期性分量包络线方程可知

$$T''_d = 0.019\,6(\mathrm{s})$$
$$T'_d = 1.53(\mathrm{s})$$

（3）A 相电枢电流非周期分量为

$$i_{=\mathrm{A}}=\frac{\sqrt{2}\,E_0}{X''_d}\cos\alpha_0\,\mathrm{e}^{-\frac{t}{T_a}}=350\mathrm{e}^{-\frac{t}{0.210}}$$

由此可知

$$\frac{\sqrt{2}\,E_0}{X''_d}\cos\alpha_0=350$$

$$\cos\alpha_0 = \frac{350X''_d}{\sqrt{2}\,E_0}=\frac{350\times0.788}{\sqrt{2}\times220}=0.8865$$

所以

$$\alpha_0 = 27.6°$$

（4）由 A 相非周期分量方程式可知

$$T_a = 0.210(\mathrm{s})$$

小　结

本章不对称运行讲了以下三个问题：

（1）同步发电机三种相序电抗的物理意义及其负序电抗和零序电抗的测定方法；

（2）用对称分量法分析三相同步电机的不对称稳态运行；

（3）三相同步发电机不对称运行对电机的影响及其改进措施。

关于发电机的各序电抗问题。正序电抗就是对称运行时的同步电抗。负序电抗比较复杂，与变压器完全不同。变压器是静止电器，故负序电抗等于正序电抗，而同步电机中由于有转子旋转方向问题，因此对定子的正序电流和负序电流就有不同的反应，使得正、负序电抗不相等。在一定的定子负序磁动势下，因为转子感应电流起着削弱负序磁场作用而使定子绕组中的负序感应电动势减小，使得 $X_2 < X_1$。零序电流不建立基波气隙磁通，故零序电抗 X_0 的性质是漏电抗。由于零序三相电流同相，它所引起的零序电动势比正序的漏磁电动势小，并和绕组节距情况有关，其结果是 $X_0 < X_\sigma$。

应用对称分量法分析三相同步发电机的不对称运行时和变压器一样，也是先根据各相序的基本方程式和不对称运行在负载端的边界条件解出电压、电流和各相序分量，然后应用迭加原理求出各相电压和电流。

不对称运行对电机的影响主要是转子发热和电机振动。如电机转子采用较强的阻尼系统则可以改善这种情况。

突然短路和稳态短路的本质区别是：稳态短路时，电枢磁场为恒幅同步旋转磁场，它不会在转子绕组中感应电动势，而突然短路时，电枢磁场虽然仍以同步速旋转，但因幅值突然变化，定、转子之间出现了变压器关系，使转子各绕组中感应出了电流，这些电流把电枢反应磁通挤到励磁绕组和阻尼绕组的漏磁路，其磁路的磁阻比稳态时主磁路磁阻大得多，即磁导要小很多，故 X_d''、X_d' 比 X_d 小得多，因而突然短路电流比稳态短路电流大很多倍。

一般情况下，定、转子突然短路电流中都包含有周期性和非周期性电流，其中定子周期性电流和转子非周期性电流相对应；定子非周期性电流和转子周期性电流相对应。如考虑到各绕组的电阻，各电流分量将会衰减，衰减的时间常数决定于绕组的电阻和等效电感。

由于突然短路电流很大，常产生很大的电磁力和电磁转矩，故在同步发电机的设计、制造和运行中，都必须加以考虑，以免造成严重事故。

第四篇

异 步 电 机

第十五章　三相异步电机的结构和基本工作原理

本章学习目标：
(1) 了解异步电机的用途和分类。
(2) 了解三相异步电机的基本结构。
(3) 理解三相异步电动机额定值的含义。
(4) 掌握三相异步电动机的基本工作原理。
(5) 掌握转差率的概念。

第一节　三相异步电机的结构

异步电机是一种交流电机，由于它的转子旋转速度与定子电流所产生的基波磁场的旋转速度不同，故称异步电机。这种电机的转子电动势及电流是由旋转磁场在转子绕组中感应出来的，通过电磁感应作用实现定转子之间的能量传递，故又称感应电机（induction machine）。由此可见，感应电机不需要直流励磁电流来使电机旋转。

与其他旋转电机相比，异步电机的结构简单，制造、使用和维护方便，运行可靠，效率较高、价格较低，因而得到了广泛的应用。

一、异步电机的用途

根据电机的可逆原理，异步电机既可作为发电机使用，也可作为电动机使用。作为发电机使用时有很多缺点，因而仅在一些特殊场合使用，如早期的风力发电机多采用异步发电机。异步电机主要作为电动机使用，它是应用最广的一种电机，容量从几瓦一直到几千千瓦，应用于各种行业。例如工业中的轧钢设备、矿山中的采矿设备、机床、起重机和鼓风机，电厂中的磨煤机、给水泵，农业中的水泵、农副产品加工设备等，一般都用三相异步电动机来拖动。此外，在人们日常生活中，异步电动机也用得很多，例如电扇、洗衣机、电冰箱和各种医疗器械中，都是用单相异步电动机作为动力。

异步电动机也存在一些缺点，它需要从电网吸收感性无功功率来建立磁场，因此使得电网的功率因数降低。由于电网中异步电动机占的比重大（约占其动力负载的 85%），所需感性无功功率对于电网来说是一个相当大的负担，它既增加了损耗，也限制了发电机有功功率的输出，因此在某些单机容量较大，需要恒速运行的场合，常用功率因数可以调节的同步电动机拖动。

二、异步电机的分类

异步电机的种类很多，从不同角度有不同的分类方法。

按定子绕组所接电源的相数分类，可分为单相异步电机（single-phase asynchronous machine）和三相异步电机（three-phase asynchronous machine）。

按机壳的保护方式分类，可分为封闭式异步电机、防护式异步电机和防爆式异步电机。

按转子结构分类，可分为笼式异步电机（也称为笼型异步电机）（cage asynchronous

machine）和绕线式异步电机（wound-rotor asynchronous machine）。其中笼型异步电机又分为单笼型异步电机、双笼型异步电机和深槽式笼型异步电机。

　　为了更好地理解电机的运行和控制原则，给出其数学模型，有必要了解电机的物理构成。与所有旋转电机相同，异步电机主要由两大部分组成：一部分是静止、固定不动的，称为定子；另一部分是旋转的，称为转子。定、转子之间有一个很小的间隙，称为气隙。图 15-1 是异步电机的典型外观图，图 15-2 是绕线转子异步电机的结构图，图 15-3 是笼型异步电机的零部件拆卸图。

图 15-1　异步电机的典型外观图

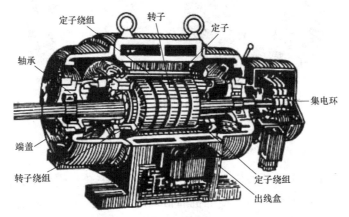

图 15-2　绕线转子异步电机的结构图

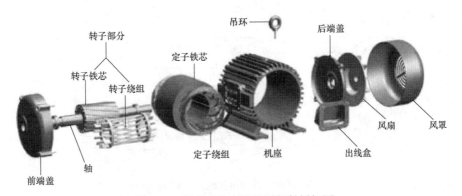

图 15-3　笼型异步电机的零部件拆卸图

一、定子部分

　　异步电机的定子从结构上看，与同步电机的定子相同。由外及内，异步电机的定子由机座、定子铁芯和定子绕组等部分组成。

　　1. 机座

　　机座又称机壳，它的作用是固定和支撑定子铁芯，同时承受运行过程中的各种作用力。中、小型异步电机一般都采用铸铁机座；大容量异步电机一般采用钢板焊接机座。机座两端有两个端盖，用以支撑转子。为了保证电机的散热性能良好，在机座外表面有散热片。

2. 定子铁芯

定子铁芯装在机座内，它的作用是作为电机主磁路的一部分和放置定子绕组。定子铁芯为中空的圆柱形，由沿内径均匀分布着定子槽的环形铁磁材料叠压而成，其内表面与电机的轴线平行，如图 15-4 所示。为了减少旋转磁场在铁芯中引起的损耗，铁芯一般采用导磁性能好、比损耗小的 0.35~0.5mm 厚的硅钢片，两面涂有绝缘漆；当铁芯外径大于 1m 时，则采用扇形片拼成圆形。

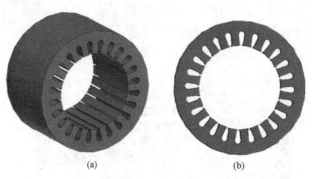

图 15-4 定子铁芯
（a）整体定子铁芯结构；（b）环形定子铁芯冲片

为了嵌放定子绕组，在定子铁芯内圆均匀地冲有许多形状相同的槽，槽的形状由电机容量、电压及绕组的形式而定。小型异步电机通常采用图 15-5（a）所示的半闭口槽，其槽口的宽度小于槽宽的一半；500V 以下的中型电机，通常采用图 15-5（b）所示的半开口槽，其槽口的宽度稍大于槽宽的一半；对于高电压的大、中型异步电机，一般采用图 15-5（c）所示的开口槽，其槽口宽度等于槽宽。

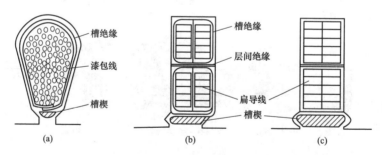

图 15-5 异步电机的定子槽型
（a）半闭口槽；（b）半开口槽；（c）开口槽

3. 定子绕组

定子绕组嵌放在定子铁芯槽内，是电机的主要电路部分，其作用是感应电动势，通过电流，建立旋转磁场，以实现机电能量转换。定子绕组有单层绕组和双层绕组两种基本的嵌放形式，在交流绕组一章已详细介绍了它们的连接方法。10kW 以下的小容量异步电机，常用单层绕组，容量较大的异步电机都采用双层短距绕组。

定子绕组在槽内部分与铁芯之间必须可靠绝缘，这部分绝缘称为槽绝缘。绕组端部各相之间也应绝缘，称为相间绝缘。对于双层绕组，槽内上下层之间还有层间绝缘。为了固定槽内导线，在槽口打入槽楔，如图 15-5 所示。

三相异步电动机的定子绕组可接成星形或三角形。一般中、小型容量低电压的异步电动机三相绕组的六个出线端都引到接线板上，在外面根据需要接成星形或三角形，如图 15-6 所示。把六个出线端引出来还可满足"星形—三角形"起动的要求，起动时接成星形，运行时接成三角形。

二、转子部分

异步电机的转子呈圆柱形，在轴承的支撑作用下，放置在定子内部，与定子内圆同轴，可以自由旋转。异步电机的转子由转子铁芯、转子绕组和转轴等部分组成。

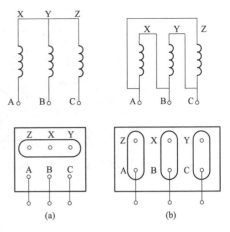

图 15-6　三相异步电动机的接线方式
(a) 星形连接；(b) 三角形连接

1. 转子铁芯

转子铁芯的作用是作为电机主磁路的一部分和放置转子绕组。一般用定子冲片冲下后的中间部分加工叠成，其外圆周均匀分布着转子槽，槽内放置转子绕组。转子槽可以与转子轴线平行，也可以存在一定的夹角（称之为斜槽）。图 15-7 为转子铁芯。中、小型异步电机的转子铁芯直接套在转轴上，大型异步电机的转子铁芯则套在装有转轴的转子支架上。

(a)　　　　　　　　　　(b)

图 15-7　转子铁芯

2. 转子绕组

转子绕组从构成形式来看，有笼式和绕线式两种。其作用是感应电动势，流过电流和产生电磁转矩。

（1）笼式转子绕组。笼式转子绕组是由放置在转子铁芯槽内、其两端通过导电金属圆环（称为端环）短路的一系列导条组成，因而，笼式转子绕组是自行短路的。如果去掉转子铁芯，整个绕组的外形象一个在上面训练松鼠或者仓鼠跑的轮子，又称笼型转子，如图 15-8 所示。绕组的材料有铜和铝两种。小型笼型异步电机一般采用铸铝转子，把导条、端环以及风叶一起铸出；对于容量大于 100kW 的电机，因为铸铝质量不易保证，常用铜条插入转子槽内，再在两端焊上端环而成。

转子导条的设计直接影响电机的性能。根据需要，可以设计出不同的转子槽型。图 15-9 给出了常用的几种转子槽型。小型电机一般采用图 15-9（a）的形式。大、中型电机中，为

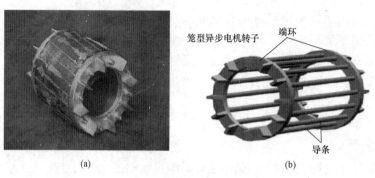

图 15-8　笼型转子铁芯及其绕组

（a）斜槽式铸铝绕组；（b）铜条绕组

了改善起动性能，一般采用图 15-9（b）所示的深槽型或图 15-9（c）所示的双笼型。深槽型转子槽窄而深，一般槽深与槽宽之比为 10～12 或以上，转子导体的截面也是高而窄。双笼型转子上有外笼和内笼两套笼。外笼的导体截面积小，故电阻较大；内笼的导体截面积较大，故电阻较小。

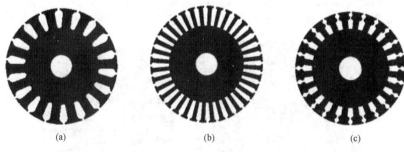

图 15-9　笼式转子槽型

（a）普通笼型；（b）深槽型；（c）双笼型

　　笼型转子异步电机结构简单，制造方便，是一种既经济又耐用的电机，工农业上应用极为广泛。

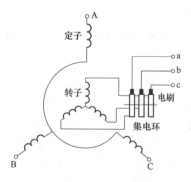

图 15-10　绕线转子绕组
接线示意图

　　（2）绕线式转子绕组。绕线式转子的绕组和定子绕组相似，是用绝缘导线嵌入转子铁芯槽内，形成对称的绕组，其相数和极数均与定子绕组相同。三相异步电机的转子绕组一般连接成星形，然后把三个出线端分别接到转子轴上的三个集电环上，再通过电刷引出，与外电路相连。这样可以通过集电环和电刷在转子绕组回路中接入附加电阻，用以改善电动机的起动性能或调节电动机的转速，如图 15-10 所示。

　　与笼式转子相比，绕线式转子的缺点是结构复杂、价格较贵，运行的可靠性也稍差，因此只用在要求起动电流小、起动转矩大或需要调速的场合。

三、气隙

定、转子之间的间隙称为气隙（air gap）。为了减少励磁电流以提高功率因数，气隙应尽可能地小，考虑到装配的方便和运转的安全，根据电机尺寸和转速，气隙有一定的最小数值，中、小型异步电机的气隙一般为 0.2～1.0mm。

第二节　三相异步电动机的铭牌与额定值

每台异步电动机的机座上都有一块金属牌，称为铭牌，上面标明电动机的型号和主要技术数据（称为额定值）。

电动机产品的型号一般采用大写印刷体的汉语拼音字母、阿拉伯数字和英文字母组成，其中汉语拼音字母是根据电机的全名称选择有代表意义的汉字，再用该汉字的第一个拼音字母组成。例如 Y 系列三相异步电动机的型号意义表示如下：

$$Y100L2—4$$

其中，Y 表示异步电动机；100 表示机压中心高为 100mm；L 表示机座长度代号，L 表示长机座，S 表示短机座；2 表示铁芯长度代号；4 表示极数。

我国生产的异步电动机型号很多，其他型号可查有关产品目录。

电动机按铭牌所规定的条件和额定值运行时，称为额定运行。三相异步电动机的额定值主要如下：

（1）额定功率 P_N。它指电动机在额定运行条件下，由轴伸端输出的机械功率，单位为 kW。

（2）额定电压 U_N。它指电动机运行时，外加于定子绕组的线电压，单位为 V 或 kV。

（3）额定电流 I_N。它指电动机在额定运行条件下，定子绕组的线电流，单位为 A。

（4）额定功率因数 $\cos\varphi_N$。它指电动机在额定运行条件下，定子侧的功率因数。

（5）额定频率 f_N。它指电动机应接的电源频率。我国的电网频率为 50Hz。

（6）额定转速 n_N。它指电动机在额定电压、额定频率下，轴伸端输出额定功率时，转子的转速，单位为 r/min。

对于三相异步电动机，额定功率为

$$P_N = \sqrt{3}U_N I_N \cos\varphi_N \cdot \eta_N \times 10^{-3}(kW)$$

式中：η_N 为额定运行情况下的效率。

除以上数据外，铭牌上还标明额定运行时电动机的温度或绝缘等级、工作方式等。对绕线转子异步电动机还常标出定子加额定电压，转子开路时集电环间的转子电压、转子额定电流等数据。

例 15-1　已知一台三相异步电动机的额定功率 $P_N = 4kW$，额定电压 $U_N = 380V$，额定功率因数 $\cos\varphi_N = 0.77$，额定效率 $\eta_N = 0.84$，额定转速 $n_N = 960r/min$，试求电机的额定电流为多少安？

解：额定电流为

$$I_N = \frac{P_N}{\sqrt{3}U_N\cos\varphi_N\eta_N} = \frac{4000}{\sqrt{3} \times 380 \times 0.77 \times 0.84} = 9.4\text{(A)}$$

第三节　三相异步电动机的基本工作原理

一、三相异步电动机的工作原理

将三相对称电源施加到异步电机的定子三相对称绕组上，则三相绕组里便会流过三相对称电流。根据交流绕组磁动势一章可知，它们将产生圆形旋转的基波磁动势，从而产生同速旋转的基波磁场 $\overline{B}_1$，其转向与定子电流相序相关，由定子电流超前的相绕组向电流滞后的相绕组方向旋转，转速为同步转速 n_1。

$$n_1 = \frac{60f_1}{p} \tag{15-1}$$

式中：f_1 为施加到定子绕组上的电源频率；p 为电机的极对数。

假设定子基波磁场 $\overline{B}_1$ 沿逆时针方向旋转，如图 15-11 所示。该旋转磁场将切割转子导体而感应电动势 e_2，电动势方向可用右手定则确定，上方转子导体相对于磁场向右运动，感应的电动势进入纸面，同理，下方导体的感应电动势是离开纸面的，如图 15-11（a）所示。由于转子绕组本身短路，在该电动势的作用下，转子导体中便有电流 i_2 流过，转子绕组具有一定的电阻和电抗，是电感性质的，所以转子电流 i_2 的峰值落后于 e_2 的峰值一个角度，转子电流产生旋转磁场 $\overline{B}_2$。转子电流可分为有功分量和无功分量，其有功分量与电动势同相位，转子有功电流与气隙旋转磁场相互作用产生电磁力 f，其方向用左手定则确定，上方的导体受到向左的电磁力，下方导体受到向右的电磁力，那么整个转子导体所受的电磁力形成一电磁转矩 T_M，方向为逆时针，如图 15-11（b）所示。从定转子磁场相互作用产生电磁转矩的观点来看，电磁转矩 T_M 可表示为

$$T_M = k\overline{B}_2 \times \overline{B}_1 \tag{15-2}$$

式中：k 为与电机结构有关的常数。

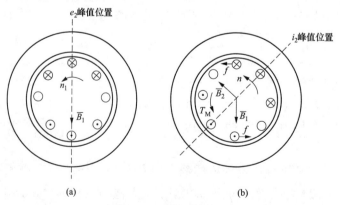

图 15-11　电动机的电磁感应

（a）转子绕组中的感应电动势　；（b）转子电流及其产生的磁场、电磁转矩

由后续分析可知，$\overline{B}_2$ 与 $\overline{B}_1$ 均以同步速同向旋转，它们之间的夹角为 $90°\sim180°$。

在电磁转矩的作用下，转子开始加速，转子转向与电磁转矩的方向相同，即电磁转矩为驱动性质的转矩。如果在转子轴上加上机械负载，电机就拖动机械负载旋转，输出机械功率。

转子旋转起来后，转速为 n，只要 $n<n_1$，转子导体与转子磁场就有相对运动，转子导体中就会感应电动势和电流，转子就会受到电磁转矩的作用，转子继续旋转，直到电磁转矩与负载转矩平衡，电机才会达到稳定运行状态。

由以上分析可知，异步电动机的转子转速不可能达到定子旋转磁场的转速，即同步速，因为如果达到同步速，则转子导体与旋转磁场之间没有相对运动，随之就不能在转子导体中感应出电动势和电流，也就不能产生拖动转子旋转的电磁转矩。所以异步电动机转子转速总是低于同步速。另外，异步电动机的转子转向总是与定子旋转磁场方向一致。因此，要改变三相异步电动机转向，只要改变定子旋转磁场转向就可以了，也就是说，改变定子三相绕组所接电源的相序即可改变三相异步电动机的转向。

二、转差率

由以上分析可知，异步电机是利用电磁感应原理，通过定子的三相电流产生旋转磁场，并与转子绕组中的感应电流相互作用产生电磁转矩，进而实现定转子之间能量传递的，所以只有 $n\neq n_1$，异步电机才能工作。旋转磁场的转速 n_1 与转子转速 n 之差，称为转差 $\Delta n=n_1-n$，也叫转差速度，它表示旋转磁场相对于转子的旋转速度，即旋转磁场"切割"转子导体的速度，它决定了转子电动势、电流和电磁转矩的大小。转差 Δn 与同步转速 n_1 的比值称为转差率，用 s 表示，即

$$s=\frac{n_1-n}{n_1}\times100\% \tag{15-3}$$

式（15-3）中，转子转向与气隙磁场转向一致时，$n>0$；相反时，$n<0$。根据式（15-3）可知，如果转子以同步速旋转 $n=n_1$，则 $s=0$；如果转子静止不动 $n=0$，则 $s=l$；电动机正常运行时，转子速度处于这两个极端值之间。额定情况下，异步电动机的转子转速总是略低于旋转磁场的同步转速，额定转差率为 $0.01\sim0.06$。

有时，转差率也可用下式表示，即

$$s=\frac{\omega_1-\omega}{\omega_1}\times100\% \tag{15-4}$$

式中：ω_1 为气隙磁场旋转的同步角速度；ω 为转子旋转的角速度。

转差率是表征异步电机运行状态的一个基本变量。当异步电机的负载发生变化时，转子的转速和转差率将随之而变化，使转子导体中的感应电动势、电流和电磁转矩发生相应的变化，以适应负载的需要。

例 15-2　一台型号为 Y100L2-4 的三相异步电动机，额定转速为 1450r/min，额定频率为 50Hz。试求该电机的极数、同步转速以及额定运行时的机械角速度、转差速度和转差率。

解：由电机的型号可知：电机的极数为 $2p=4$。

同步转速　　　　　　$n_1=\dfrac{60f_1}{p}=\dfrac{60\times50}{2}=1500(\text{r/min})$

额定运行时的机械角速度　$\omega_N=\dfrac{2\pi n_N}{60}=\dfrac{2\pi\times145}{60}=151.767(\text{rad/s})$

转差速度　　　　　　　$\Delta n = n_1 - n_N = 1500 - 1450 = 50(\text{r/min})$

转差率　　　　　　　　$s = \dfrac{n_1 - n_N}{n_1} = \dfrac{1500 - 1450}{1500} = 0.033\ 3$

例 15-3　一台 50Hz 的三相异步电动机，额定转速 $n_N = 730\text{r/min}$，空载转差率为 0.002 67，试求该电动机的极数、同步转速、空载转速及额定负载时的转差率。如果该电动机用于起重机上，当重物下降时的转速为 300r/min，试求其转差率。如果该电动机用于风力发电上，当电动机转速为 800r/min 时，试求其转差率。

解：由于极对数与同步转速之间有 $n_1 = \dfrac{60 f_1}{p} = \dfrac{3000}{p}$ 的关系，当 $p = 4$ 时，$n_1 = 750\text{r/min}$。已知额定转速为 730r/min，它应略低于同步速，故知该电动机同步速应为 750r/min，电动机极数 $2p = 8$。

于是空载转速为

$$n_0 = n_1(1 - s) = 750 \times (1 - 0.002\ 67) = 748(\text{r/min})$$

额定转差率为

$$S_N = \frac{n_1 - n_N}{n_1} = \frac{750 - 730}{750} = 0.026\ 7$$

如果电动机用于起重机上，以 300r/min 反转，则转差率为

$$S = \frac{n_1 - n}{n_1} = \frac{750 - (-300)}{750} = 1.4$$

如果电动机用于风力发电上，以 800r/min 旋转，则转差率为

$$S = \frac{n_1 - n}{n_1} = \frac{750 - 800}{750} = -0.066\ 7$$

小　结

三相异步电机按结构不同分为笼型和绕线型两大类。它们的定子结构相同，主要是转子结构不同。绕线转子的绕组也是三相对称绕组，笼型的转子绕组则由两端短路的许多导条组成，形成多相对称绕组。绕线转子异步电动机起动性能较好，但结构较复杂，运行可靠性差。笼型异步电动机结构简单，制造容易，可靠性好，但起动性能不如绕线转子异步电动机。

异步电机是利用电磁感应原理，通过定子的三相电流产生旋转磁场，并与转子绕组中的感应电流相互作用产生电磁转矩，进而实现定转子之间能量传递的。

转差率 s 是异步电机的一个重要参量，它表征了异步电机的运行状态。电动机状态是异步电机的主要运行方式。

第十六章　三相异步电动机的运行原理

本章学习目标：

（1）掌握异步电动机运行时的电磁过程。

（2）理解异步电动机转子绕组相数、匝数和频率的归算，掌握异步电动机的基本方程式、等效电路和相量图。

（3）掌握异步电动机参数的测定方法。

（4）了解笼型异步电动机转子的极数、相数和匝数。

第一节　三相异步电动机的基本电磁关系

在使用电机时，主要关心的是电机的性能。如果能够得到电机的数学模型，就能实现这一目标。等效电路是能够提供评价电机性能的数学模型之一。本章将从异步电动机运行中的电磁过程入手，研究各电磁量之间的相互关系，并得出异步电动机的等效电路，以建立定量分析异步电动机的理论基础。

异步电动机是借电磁感应作用传递能量的，它和变压器的电磁感应过程相似。稳态运行时，异步电动机的定子侧接到三相对称电源，产生的磁场在转子中感应电动势和电流；而变压器一次侧接交流电源，产生的磁场在二次侧感应电动势和电流。由此可见，异步电动机与变压器有着相似的电磁感应过程，因此，我们可以用与分析变压器相似的方法来分析异步电动机，导出磁动势和电动势方程式，通过绕组和频率的归算得出等效电路和相量图。

本章研究三相异步电动机的对称稳态运行，这样就可以拿任一相进行分析。

研究三相异步电动机的规定正方向和变压器相同。图 16-1 给出了绕线式异步电动机各个量的规定正方向，其中 $\dot{U}_1$、$\dot{E}_1$ 和 $\dot{I}_1$ 分别表示定子绕组一相的电压、电动势和电流，$\dot{U}_2$、$\dot{E}_2$ 和 $\dot{I}_2$ 分别表示转子绕组一相的电压、电动势和电流。图 16-1 中还标出了定、转子 A（a）相绕组的轴线 +A 和 +a。规定 +A 作为计算空间角度的起点。和交流绕组磁动势一章一样，

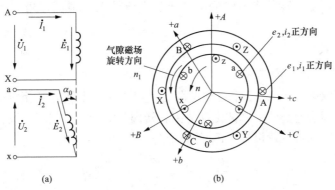

图 16-1　异步电动机的规定正方向

（a）定转子时间相量的规定正方向；（b）定转子绕组的轴线正方向

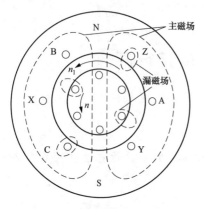

图 16-2　异步电动机的主磁场
和漏磁场

仍规定磁动势由定子到转子的方向为它的正方向。

由第十五章异步电动机的工作原理可知，三相异步电动机工作时，定子绕组接三相对称电源，转子绕组短路时，定、转子绕组里都会有电流。定子磁动势产生的磁场与转子磁动势产生的磁场相互作用产生驱动转子旋转的电磁转矩，转子转速小于同步转速，即 $n < n_1$。此时，电动机气隙中的磁场是由定转子磁动势共同产生的，气隙磁场以同步转速 n_1 旋转，使穿过定转子绕组中的磁链发生变化，从而在定转子绕组中感应电动势；此外，定转子电流还产生了只穿过其本身的漏磁通，漏磁通在绕组中感应漏电动势。图 16-2 给出了异步电动机主磁场和漏磁场的示意图。

基于以上的电磁过程，可推导出三相异步电动机各个物理量之间的数学关系式。

一、转子侧的电频率

与变压器类似，异步电动机工作时，气隙旋转磁场在转子中（二次侧）感应了电动势和电流。但与变压器不一样的是，转子侧的电频率与定子侧的不一定相同。以下分析转子电动势（或电流）的频率。

转子电动势的频率取决于气隙旋转磁场切割转子绕组的转速和电机的极对数 p。设转子转速为 n，则气隙旋转磁场切割转子绕组的转速为转差速度 $\Delta n = n_1 - n$［见图 16-1（b）、图 16-2］，所以转子电动势的频率 f_2 为

$$f_2 = \frac{\Delta n \cdot p}{60} = \frac{(n_1 - n)p}{60} = \frac{n_1 - n}{n_1} \cdot \frac{pn_1}{60} = sf_1 \tag{16-1}$$

$$s = \frac{n_1 - n}{n_1}$$

式中：f_1 为施加到定子绕组上的电源频率；s 为转差率；f_2 也称转差频率（slip-frequency）。

如果电机的转子静止（如最初起动或者转子被堵住时）$s = 1$，气隙磁场切割转子与切割定子的速度相同，那么转子侧的频率与定子侧相同，均为 f_1；如果转子以同步速旋转 $s = 0$，气隙磁场切割转子的速度为零，那么转子侧的频率为零。对于电动机而言，额定负载时 s 为 $0.01 \sim 0.06$，由此可知，转子旋转时的电动势和电流的频率很低，当 $f_1 = 50\,\mathrm{Hz}$ 时，f_2 为 $0.5 \sim 3\,\mathrm{Hz}$。

二、磁动势关系

1. 定子磁动势

定子绕组接到频率为 f_1 的三相对称电源上，定子绕组中便有三相对称电流流过，三相对称电流将产生以同步速旋转的基波磁动势 $\overline{F}$，转向与定子电流相序一致。

由交流绕组的磁动势一章可知，$\overline{F}_1$ 的幅值为

$$F_1 = \frac{m_1}{2} \times \frac{4}{\pi} \times \frac{\sqrt{2}}{2} \times \frac{N_1 k_{N1}}{p} I_1 \tag{16-2}$$

式中：m_1 为定子绕组相数，三相异步电机中 $m_1 = 3$；N_1 为定子绕组的一相串联匝数；k_{N1} 为定子绕组的基波绕组因数；I_1 为定子绕组一相电流的有效值。

基波旋转磁动势 $\overline{F}_1$ 的转速为同步转速，即

$$n_1 = \frac{60 f_1}{p} \tag{16-3}$$

2. 转子磁动势

如前所述，异步电动机工作时，转子绕组中感应了电动势和电流。因为转子绕组对称，感生的转子电流也对称，转子对称电流流过对称的转子绕组也会产生旋转的基波磁动势 $\overline{F}_2$。与 F_1 类似，F_2 的幅值为

$$F_2 = \frac{m_2}{2} \times \frac{4}{\pi} \times \frac{\sqrt{2}}{2} \times \frac{N_2 k_{N2}}{p} I_2 \tag{16-4}$$

式中：m_2、N_2、k_{N2}、I_2 分别为转子绕组的相数、一相串联匝数、基波绕组因数和一相电流的有效值。

对于三相绕线式异步电动机，转子绕组与定子绕组一样，为三相对称绕组，$m_2=3$，其极数绕制成与定子极数相等；对于笼型异步电动机，其转子绕组由导条加端环构成，它的极数、相数和匝数按以下方法确定。

假设定子电流产生二极的气隙旋转磁场，因为转子转速不等于气隙旋转磁场的同步转速，则气隙旋转磁场切割转子导条，在转子导条中感应出交变电动势，从而产生交变电流。因为转子回路的阻抗呈感性，则导条电流将滞后于电动势一个转子阻抗角，如图 16-3 所示。各导条感应的电动势大小相等，相位互差 α_2 电角度（α_2 为转子槽距角），因为转子导条被转子两端的端环短路，所以各导条电流的相位也互差 α_2 电角度。因为同一相绕组中各个线圈电流大小和相位应该相同，因此笼型转子的一根导条即为一相，共有 $m_2=Z_2$ 相（Z_2 为转子槽数），而一根导体为半匝，所以 $N_2 = \frac{1}{2}$，$k_{N2}=1$。转子电流产生转子磁场，由图 16-3 可见，转子电流产生的也是二极磁场。同理，如果定子磁场为四极，则转子导条感应出的电流形成四极磁场。故得结论：笼型转子无特定的极数，它的极数恒等于定子绕组的极数。

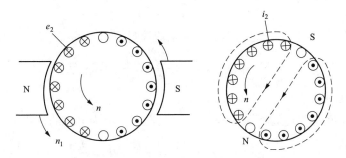

图 16-3　笼型转子导条中电动势、电流的分布及形成的磁场

那么，$\overline{F}_2$ 的转向与转速又是怎样的呢？

因为基波旋转磁动势的转速取决于产生该磁动势的电流频率，所以转子磁动势相对于转子的转速为

$$n_2 = \frac{60 f_2}{p} = \frac{60 s f_1}{p} = s n_1 = n_1 - n \tag{16-5}$$

为转差速度。对于电动机，转子转速 $n < n_1$，定子旋转磁场切割转子绕组的顺序是 a—b—c，所以转子电流相序与定子电流相序一致，而转子本身以每分钟 n 转相对于定子旋转，故转子磁动势相对于定子的转速为

$$n_2' = n_2 + n = sn_1 + n = \frac{n_1 - n}{n_1} \times n_1 + n = n_1 \tag{16-6}$$

由此可知，定、转子基波旋转磁动势 $\overline{F}_1$ 和 $\overline{F}_2$ 同转向、同转速旋转，处于相对静止状态，它们作用在同一磁路上，组成一稳定的合成磁动势 $\overline{F}_m$，这是各类旋转电机产生平均转矩，实现机电能量转换的必要条件之一。显然，该合成磁动势 $\overline{F}_m$ 也以同步速 n_1 相对于定子旋转，产生与定、转子绕组相连的气隙主磁通 Φ_m。

例 16-1　有一台 50Hz、三相、四极的异步电动机，若转子的转差率 $s = 5\%$，试求：

(1) 转子电流的频率；

(2) 转子磁动势相对于转子的转速；

(3) 转子磁动势相对于定子的转速。

解：(1) 转子电流的频率为

$$f_2 = sf_1 = 0.05 \times 50 = 2.5 (\text{Hz})$$

(2) 转子磁动势相对于转子的转速为

$$n_2 = \frac{60f_2}{p} = \frac{60 \times 2.5}{2} = 75 (\text{r/min})$$

(3) 同步转速为

$$n_1 = \frac{60f_1}{p} = \frac{60 \times 50}{2} = 1500 (\text{r/min})$$

所以转子磁动势相对于定子的转速为同步转速，即 1500r/min。

3. 合成磁动势

根据前述分析，异步电动机的气隙磁场是由 $\overline{F}_1$ 和 $\overline{F}_2$ 共同产生的，其合成磁动势为 $\overline{F}_m$，即

$$\overline{F}_1 + \overline{F}_2 = \overline{F}_m \tag{16-7}$$

合成磁动势 $\overline{F}_m$ 也可以看作是由三相对称电流流过三相对称绕组产生的，其大小为

$$F_m = \frac{m_1}{2} \times \frac{4}{\pi} \times \frac{\sqrt{2}}{2} \times \frac{N_1 k_{N1}}{p} I_m \tag{16-8}$$

式中：I_m 为励磁电流。

将 $\overline{F}_1$、$\overline{F}_2$ 和 $\overline{F}_m$ 用电流表示时，式 (16-7) 也可表示为电流的形式

$$\frac{m_1}{2} \times \frac{4}{\pi} \times \frac{\sqrt{2}}{2} \times \frac{N_1 k_{N1}}{p} \dot{I}_1 + \frac{m_2}{2} \times \frac{4}{\pi} \times \frac{\sqrt{2}}{2} \times \frac{N_2 K_{N2}}{p} \dot{I}_2 = \frac{m_1}{2} \times \frac{4}{\pi} \times \frac{\sqrt{2}}{2} \times \frac{N_1 k_{N1}}{p} \dot{I}_m$$

$$\tag{16-9}$$

经过化简得

$$\dot{I}_1 + \frac{\dot{I}_2}{k_i} = \dot{I}_m$$

或

$$\dot{I}_1 + \dot{I}_2' = \dot{I}_m \tag{16-10}$$

其中，$I_2' = \dfrac{I_2}{k_i}$，$k_i = \dfrac{m_1 N_1 k_{N1}}{m_2 N_2 k_{N2}}$ 称为电流比（current ratio）。

式（16-10）是用电流的时间相量关系来表示磁动势的空间矢量关系，故称为电流形式的磁动势关系，这一关系联系了定、转子电路，表示了转子电流对定子电流的影响。

式（16-10）也可以写成

$$\dot{I}_1 = \dot{I}_m + (-\dot{I}_2') = \dot{I}_m + \dot{I}_{1L} \tag{16-11}$$

它说明定子电流可看成由两部分组成：一部分为励磁分量 $\dot{I}_m$，它用来产生气隙磁通密度 $\overline{B}_\delta$，另一部分为负载分量 $\dot{I}_{1L}$，$\dot{I}_{1L}$ 产生的磁动势用来抵消转子磁动势 $\overline{F}_2$，从而消除 $\overline{F}_2$ 对气隙主磁通的影响。

三、电动势关系

异步电动机的气隙磁场是由 $\overline{F}_m$ 产生的。假设异步电动机定、转子铁芯的磁阻忽略不计，磁阻路径全部由气隙组成，且气隙均匀，那么气隙磁通密度 B_δ 正比于合成磁动势 F_m，为一在空间按正弦规律分布的旋转磁场，其旋转的电角速度为同步角速度 $\omega_1 = 2\pi f_1$。若气隙磁通密度 B_δ 的分布规律用下式表示为

$$B_\delta = B_m \sin(\omega_1 t - \alpha) \tag{16-12}$$

则气隙磁场穿过定子绕组和转子绕组的磁链随时间正弦变化。假设以定子 A 相绕组磁链为零的时刻作为计算时间的起点，记为 $t = 0$，那么定子 A 相绕组和转子 a 相绕组的磁链可分别表示为

$$\psi_A = N_1 k_{N1} \Phi_m \sin \omega_1 t \tag{16-13}$$

$$\psi_a = N_2 k_{N2} \Phi_m \sin(\omega_1 t - \theta) \tag{16-14}$$

式中：θ 为转子 a 相绕组轴线与定子 A 相绕组轴线之间所夹的电角度。

如果转子以电角速度 ω 旋转，则 $\theta = \omega t + \alpha_0$，$\alpha_0$ 为初始时刻转子 a 相绕组轴线与定子 A 相绕组轴线之间所夹的电角度。

将 $\theta = \omega t + \alpha_0$ 代入式（16-14），有

$$\psi_a = N_2 k_{N2} \Phi_m \sin[(\omega_1 - \omega)t - \alpha_0] = N_2 k_{N2} \Phi_m \sin(s\omega_1 t - \alpha_0) \tag{16-15}$$

根据法拉第电磁感应定律，可以计算得到定子 A 相绕组和转子 a 相绕组的感应电动势。

$$e_1 = -\frac{d\psi_A}{dt} = -\omega_1 N_1 k_{N1} \Phi_m \cos \omega_1 t = \sqrt{2} E_1 \sin(\omega_1 t - 90°) \tag{16-16}$$

$$\begin{aligned} e_2 &= -\frac{d\psi_a}{dt} = -s\omega_1 N_2 k_{N2} \Phi_m \cos(s\omega_1 t - \alpha_0) \\ &= \sqrt{2} E_2 \sin(s\omega_1 t - \alpha_0 - 90°) \\ &= \sqrt{2} E_2 \sin(\omega_2 t - \alpha_0 - 90°) \end{aligned} \tag{16-17}$$

其中 E_1 和 E_2 分别为定子和转子相电动势的有效值。

$$E_1 = \frac{\omega_1 N_1 k_{N1}}{\sqrt{2}} \Phi_m = 4.44 f_1 N_1 k_{N1} \Phi_m \tag{16-18}$$

$$E_2 = \frac{s\omega_1 N_2 k_{N2}}{\sqrt{2}} \Phi_m = 4.44 s f_1 N_2 k_{N2} \Phi_m = 4.44 f_2 N_2 k_{N2} \Phi_m = s E_{20} \tag{16-19}$$

其中，$E_{20}=4.44f_1N_2k_{N2}\Phi_m=\dfrac{E_2}{s}$，称为归算为定子频率的转子电动势，即在 Φ_m 大小不变的条件下，把转子频率 f_2 改为定子频率 f_1 时，转子电动势应有的数值。在物理概念上，可以把 E_{20} 看成是 Φ_m 的大小等于转子旋转时的数值时，转子静止时的转子电动势。由于异步电动机在正常的运行范围内，Φ_m 的变化很小，则 E_{20} 接近常值，故旋转时转子电动势 E_2 与转差率 s 成正比，s 越大，主磁场切割转子绕组的相对速度越大，故 E_2 越大。

定、转子相电动势的比值为

$$\frac{E_1}{E_2}=\frac{N_1k_{N1}}{sN_2k_{N2}} \quad \text{或者} \quad E_1=\frac{N_1k_{N1}}{N_2k_{N2}}\left(\frac{E_2}{s}\right)=k_eE_2 \tag{16-20}$$

其中 $k_e=\dfrac{N_1k_{N1}}{N_2k_{N2}}$ 为转子静止时，定转子的相电动势的比值或有效匝数的比值，称为电动势比。

通过上面的推导，可见用相量表示时，有以下关系：

$$\dot{E}_1=-j4.44f_1N_1k_{N1}\Phi_m \tag{16-21}$$

$$\frac{\dot{E}_2}{s}=\frac{\dot{E}_1}{k_e}e^{-j\alpha_0}=\dot{E}_{20} \tag{16-22}$$

通过上面的分析可知，$\dfrac{\dot{E}_2}{s}=\dot{E}_{20}$ 的频率为定子频率 f_1，它与 $\dot{E}_1$ 之间的相位差与初始时刻转子的位置有关。我们知道，转子是旋转的，如果选择恰当，可使 $\alpha_0=0°$。通常情况下，为了方便，可以忽略 $\dfrac{\dot{E}_2}{s}$ 与 $\dot{E}_1$ 之间的相位差，令 $\dfrac{\dot{E}_2}{s}=\dfrac{\dot{E}_1}{k_e}$。

依据图 16-1 所示的规定正方向，利用基尔霍夫第二定律（KVL 定律），由于在定转子绕组中存在着电阻和漏电感，与变压器类似，可以得到定转子一相绕组的电动势方程式分别为

$$\dot{U}_1=-\dot{E}_1+\dot{I}_1(R_1+jX_1)=-\dot{E}_1+\dot{I} \tag{16-23}$$

$$X_1=2\pi f_1L_1,Z_1=R_1+jX_1$$

式中：R_1 为定子绕组一相电阻；X_1 为定子绕组一相的漏电抗，其中 L_1 为定子一相的漏电感；Z_1 为定子绕组一相的漏阻抗。

$$\dot{E}_2=\dot{I}_2R_2+j\dot{I}_2(2\pi f_2L_2)=\dot{I}_2R_2+j\dot{I}_2(s2\pi f_1L_2)=\dot{I}_2(R_2+jsX_{20})=\dot{I}_2Z_2 \tag{16-24}$$

$$X_{20}=2\pi f_1L_2$$

$$Z_2=R_2+jsX_{20}=R_2+jX_2$$

式中：R_2 为转子绕组一相电阻；X_2 为转子绕组一相的漏电抗；X_{20} 归算为定子频率的转子漏电抗；L_2 为转子一相的漏电感；Z_2 为转子绕组一相的漏阻抗。

四、励磁电流

根据前面的分析，三相对称绕组流过三相对称励磁电流 I_m 产生合成磁动势 $\overline{F}_m$，$\overline{F}_m$ 产生气隙主磁通 Φ_m，旋转主磁通 Φ_m 切割定子绕组感应电动势 $\dot{E}_1$。其关系如图 16-4 所示。

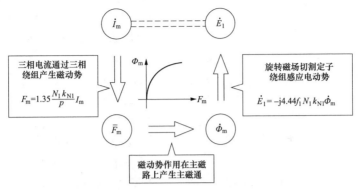

图 16-4　I_m、F_m、Φ_m、E_1 的关系图

这些关系中，虽然 $F_m \propto I_m$，$E_1 \propto \Phi_m$，但由于主磁通 Φ_m 的磁路中包含定转子铁芯，磁动势 F_m 与主磁通 Φ_m 却成非线性关系，不易用解析式表示。为了得到励磁电流，仿照变压器中求励磁电流的方法，引入一个励磁参数 Z_m，直接把 $\dot{I}_m$ 与 $\dot{E}_1$ 联系起来，即

$$\dot{I}_m = \frac{-\dot{E}_1}{Z_m} \tag{16-25}$$

其中，$Z_m = R_m + jX_m$ 称为励磁阻抗。其中 R_m 为励磁电阻或铁耗等效电阻，即铁耗 $P_{Fe} = m_1 I_m^2 R_m$；X_m 为励磁电抗，它是对应于气隙主磁通的电抗，它与气隙大小、电源频率、绕组匝数、主磁路铁芯材料、尺寸以及磁路饱和程度有关。

尽管励磁阻抗的物理意义与变压器的相似，但在数值大小上和变压器的相差较大，尤其是励磁电抗。因为异步电动机的主磁路存在气隙，磁导小，励磁电抗小，所以与同容量的变压器相比，异步电动机的励磁电流较大。

综上所述，将常用的基本关系式归纳如下

$$f_2 = s f_1$$

$$\dot{I}_1 + \dot{I}_2' = \dot{I}_m$$

$$\dot{E}_1 = -j4.44 f_1 N_1 k_{N1} \dot{\Phi}_m$$

$$\frac{\dot{E}_2}{s} = \dot{E}_{20}$$

$$\dot{U}_1 = -\dot{E}_1 + \dot{I}_1 (R_1 + jX_1) = -\dot{E}_1 + \dot{I}_1 Z_1$$

$$\dot{E}_2 = \dot{I}_2 (R_2 + js X_{20}) = \dot{I}_2 (R_2 + jX_2) = \dot{I}_2 Z_2$$

$$\dot{I}_m = \frac{-\dot{E}_1}{Z_m}$$

第二节　三相异步电动机的等效电路

在定量分析异步电动机的性能时，等效电路是一种有效的工具。本节将在上述基本关系式的基础上，通过转子绕组的归算推导其等效电路。

根据式（16-23）和式（16-24），可以画出定子侧和转子侧的等效电路，如图 16-5 所示。一般来说，图 16-5 中的两条电路所对应的频率、相数和有效匝数都不相等，而且定、转

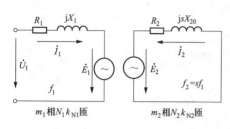

图 16-5 三相异步电动机定、转子等效电路

子间仅有磁的联系，没有电路上的直接联系。为了把定、转子电路直接连接起来构成统一的等效电路，必须像变压器一样，把异步电机的转子量归算到定子边，或者说，用一个等效的转子来代替实际的转子。等效转子的频率为 f_1、相数为 m_1，有效匝数为 $N_1 k_{N1}$，这样归算后，与定子边有关的物理量保持不变，转子边各种功率及损耗都不改变，因而电机中的电磁关系和能量转换关系保持不变。因此，归算的原则实质上是保持转子对定子的影响不变，即保持转子磁动势 $\overline{F}_2$ 不变。

一、转子量的归算

1. 转子频率的归算

式（16-24）可以变换为如下形式

$$\frac{\dot{E}_2}{s} = \dot{I}_2\left(\frac{R_2}{s} + jX_{20}\right) = \dot{E}_{20} \tag{16-26}$$

虽然，式（16-24）与式（16-26）本质上是一样的，但是，在式（16-24）中，$\dot{E}_2$ 与 X_2 的频率为 f_2，而在式（16-26）中 $\dot{E}_{20}$ 与 X_{20} 的频率为 f_1，相当于转子静止的情况。这种变换称为转子频率的归算，即用一个等效的静止转子来代替实际旋转的转子，等效静止转子的电阻为 $R = \dfrac{R_2}{s} = R_2 + \dfrac{1-s}{s}R_2$，相当于把实际旋转的转子等效成串入 $\dfrac{1-s}{s}R_2$ 电阻的静止转子，从而使转子电路的频率由 f_2 变为 f_1。

2. 转子绕组相数和匝数的归算

考虑归算前后转子磁动势 $\overline{F}_2$ 不变，即电机的电磁关系和能量转换关系保持不变，所以电机中的主磁通 $\dot{\Phi}_m$ 不变。如果归算后的物理量用右上角加一撇表示，称为归算到定子边的转子侧归算值。

（1）电动势的归算。根据归算前后电机的主磁通不变，可得

$$\frac{E_2'}{4.44 f_1 N_1 k_{N1}} = \frac{E_{20}}{4.44 f_1 N_2 k_{N2}}$$

由此，归算后的转子电动势为

$$E_2' = \frac{N_1 k_{N1}}{N_2 k_{N2}} E_{20} = k_e E_{20} = E_1 \tag{16-27}$$

其中，$k_e = \dfrac{N_1 k_{N1}}{N_2 k_{N2}}$，称为电动势变比。

（2）电流的归算。根据归算前后转子磁动势不变，可得

$$\frac{m_1}{2} \times \frac{4}{\pi} \times \frac{\sqrt{2}}{2} \times \frac{N_1 k_{N1}}{p} \times I_2' = \frac{m_2}{2} \times \frac{4}{\pi} \times \frac{\sqrt{2}}{2} \times \frac{N_2 k_{N2}}{p} \times I_2$$

由此，归算后的转子电流为

$$I_2' = \frac{I_2}{\dfrac{m_1 N_1 k_{N1}}{m_2 N_2 k_{N2}}} = \frac{I_2}{k_i} \tag{16-28}$$

其中，$k_i = \dfrac{m_1 N_1 k_{N1}}{m_2 N_2 k_{N2}}$，称为电流变比。

（3）阻抗的归算。根据归算前后转子的电阻损耗和漏抗无功不变，可得

$$m_1 I_2'^2 R_2' = m_2 I_2^2 R_2$$
$$m_1 I_2'^2 X_2' = m_2 I_2^2 X_{20}$$

于是转子电阻的归算值为

$$R_2' = \frac{m_2}{m_1}\left(\frac{I_2}{I_2'}\right)^2 R_2 = \frac{m_2}{m_1}\left(\frac{m_1 N_1 k_{N1}}{m_2 N_2 k_{N2}}\right)^2 R_2 = \left(\frac{N_1 k_{N1}}{N_2 k_{N2}}\right)\left(\frac{m_1 N_1 k_{N1}}{m_2 N_2 k_{N2}}\right) R_2 = k_e k_i R_2 = k_z R_2$$

$$(16-29)$$

其中，$k_z = k_e k_i$ 称为阻抗变比。

转子漏电抗的归算值为

$$X_2' = \frac{m_2}{m_1}\left(\frac{I_2}{I_2'}\right)^2 X_{20} = k_e k_i X_{20} = k_z X_{20} \tag{16-30}$$

由此可知，转子阻抗的归算值为 $Z_2' = R_2' + jX_2'$。

二、归算后的基本方程式和相量图

经过以上对转子绕组的频率、相数和匝数的归算，转子侧的各个量归算到了定子侧，而定子侧的物理量保持不变。如前所述，如果选择恰当，可使 $\alpha_0 = 0°$。因此转子侧归算到定子侧以后，异步电动机的基本方程式为

$$
\left.
\begin{aligned}
\dot{U}_1 &= -\dot{E}_1 + \dot{I}_1 Z_1 & (1) \\[4pt]
\dot{I}_m &= \frac{-\dot{E}_1}{Z_m} & (2) \\[4pt]
\dot{I}_1 + \dot{I}_2' &= \dot{I}_m & (3) \\[4pt]
\dot{E}_2' &= \dot{I}_2'\left(\frac{R_2'}{s} + jX_2'\right) & (4) \\[4pt]
\dot{E}_1 &= \dot{E}_2' = -j4.44 f_1 N_1 k_{N1} \dot{\Phi}_m & (5)
\end{aligned}
\right\} \tag{16-31}
$$

根据式（16-31）可作出相量图，如图 16-6 所示。作图步骤如下：

（1）以主磁通 $\dot{\Phi}_m$ 作为参考相量，可画在水平位置上。

（2）根据式（16-31）中的式（5）作 $\dot{E}_1$、$\dot{E}_2'$。$\dot{E}_1$ 落后于 $\dot{\Phi}_m$ 以 $90°$，当 $\alpha_0 = 0°$ 时，$\dot{E}_2'$ 与 $\dot{E}_1$ 同相位。

（3）根据式（4）作 $\dot{I}_2'$。由于异步电动机中 $0 < s < 1$，$\dot{I}_2'$ 落后于 $\dot{E}_2'$，其相位差 $\psi_2 < 90°$。

（4）根据式（2）作 $\dot{I}_m$。$\dot{I}_m$ 落后于 $-\dot{E}_1$ 一角度，由于 $X_m \gg R_m$，该角度接近于 $90°$。

（5）根据式（3）作 $\dot{I}_1$。

（6）根据式（1）作 $\dot{U}_1$。

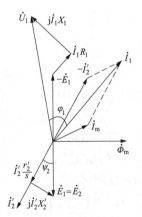

图 16-6　三相异步电动机的相量图

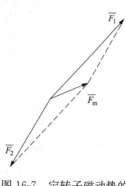

图 16-7 定转子磁动势的
空间矢量图

定转子电流分别产生磁动势 $\overline{F}_1$ 和 $\overline{F}_2$，根据同步发电机中关于时空相矢图的知识，结合式（16-7）及式（16-10），可知 $\overline{F}_1$ 和 $\overline{F}_2$ 之间的夹角与图 16-6 中 $\dot{I}_1$ 与 $\dot{I}_2'$ 之间的夹角相同，如图 16-7 所示。由图 16-7 可知，$\overline{F}_1(\overline{B}_1)$ 和 $\overline{F}_2(\overline{B}_2)$ 之间的夹角为 90°～180°。

三、等效电路

按照式（16-31）中的式（1）、式（4）可作出定、转子等效电路，如图 16-8（a）所示。由于归算后，$\dot{E}_2' = \dot{E}_1$，$f_2 = f_1$，因而可把 a-a'、b-b' 连接起来，然后再用励磁阻抗代替电动势支路，并用 R_2' 加上一附加电阻 $\frac{1-s}{s}R_2'$ 代替 $\frac{R_2'}{s}$，即得如图 16-8（b）所示"T"型等效电路。等效电路中的参数可以通过实验测定。

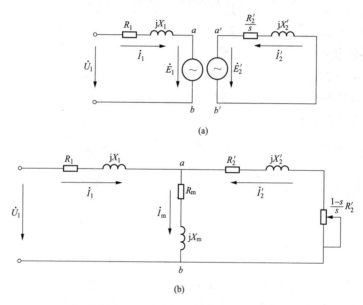

(a)

(b)

图 16-8 三相异步电动机的等效电路
(a) 定、转子等效电路；(b) T 形等效电路

在给定电压下，可利用等效电路计算出不同负载时定、转子电流及运行特性，可见等效电路是分析异步电机的有用工具。

"T"形等效电路计算起来比较复杂，如果能像变压器一样把励磁支路移到输入端，把一个串并联电路变成单纯的并联电路，计算起来就比较方便。但是异步电机相对于变压器而言，它的励磁阻抗比较小，励磁电流相对较大，定子漏阻抗也较大，因此不能像变压器那样简单地把 Z_m 移出来，那样会引起较大的误差。现推导如下：

由"T"形等效电路可解出

$$\dot{I}_1 = \frac{\dot{U}_1}{\dot{C}Z_m} + \frac{\dot{U}_1}{\dot{C}Z_1 + \dot{C}^2\left(\frac{R_2'}{s} + jX_2'\right)} \tag{16-32}$$

式中：$\dot{C}$ 称为校正系数，其值为

$$\dot{C} = 1 + \frac{Z_1}{Z_m} \tag{16-33}$$

式（16-32）中 $\dot{I}_1$ 可以看成由两个支路的电流分量组成，即

$$\dot{I}_1 = \dot{I}'_m + (-\dot{I}''_2)$$

其中

$$\dot{I}'_m = \frac{\dot{U}_1}{\dot{C}Z_m} = \frac{\dot{U}_1}{\left(1 + \dfrac{Z_1}{Z_m}\right) \cdot Z_m} = \frac{\dot{U}_1}{Z_1 + Z_m} \tag{16-34}$$

它是相当于转子以同步速旋转（$s=0$）时的空载电流。因为异步电动机不可能自行达到同步速，所以 $\dot{I}'_m$ 称为理想空载电流。

$$-\dot{I}''_2 = \frac{\dot{U}_1}{\dot{C}Z_1 + \dot{C}^2\left(\dfrac{R'_2}{s} + jX'_2\right)} = -\frac{\dot{I}'_2}{\dot{C}} \tag{16-35}$$

根据式（16-32）、式（16-34）、式（16-35）可画出相应的等效电路，如图 16-9 所示。以上变换是严格的，没有任何省略和简化，因此这种电路称为准确变换电路。

由于 $R_1 \ll X_1$，$R_m \ll X_m$，校正系数可近似地用一实数表示为

$$C \approx 1 + \frac{X_1}{X_m}$$

通常 $C = 1.03 \sim 1.08$。若将图 16-9 等效电路中的 $\dot{C}$ 用 C 代替，这将使计算大为简化，这种等效电路称为近似变换电路。它适用一般异步电动机的计算，其误差在工程允许范围内。

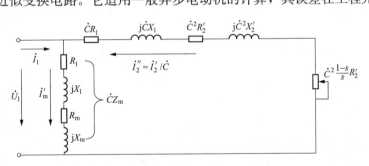

图 16-9 三相异步电动机的准确变换电路

上面依据电动机的物理本质，经过严格的数学推导，得到了异步电动机的基本方程式、相量图和等效电路。通过以上的分析，我们可以得出以下结论：

（1）运行时的异步电动机和一台二次侧接有纯电阻负载的变压器相似。当转子堵转 $s=1$ 时，异步电动机和一台二次侧短路的变压器相似。当电动机空载时，转子转速接近同步速，$s \approx 0$，$\dfrac{R'_2}{s} \to \infty$，即转子绕组相当于开路，转子电流基本为 0，定子电流基本为励磁电流，异步电动机和一台二次侧开路的变压器相似，此时电动机的功率因数很低。

（2）异步电动机可看作为一台广义的变压器，它不仅可以用来变换电压、电流、频率、

相位和相数，更重要的是它可以实现机电能量转换。等效电路中，$\dfrac{1-s}{s}R_2'$ 为总机械功率的等效电阻，因为转子绕组短路，且堵转时，$s=1$，$\dfrac{1-s}{s}R_2'=0$，此时无机械功率输出，而当电动机旋转时，$s\neq 1$，$\dfrac{1-s}{s}R_2'\neq 0$，此时有机械功率输出，由此可知，转子电流 $\dot{I}_2'$ 在 $\dfrac{1-s}{s}R_2'$ 上产生的功率等效于转子上获得的总机械功率，即

$$P_\Omega = m_1 I_2'^2 \frac{1-s}{s} R_2' \tag{16-36}$$

P_Ω 称为总机械功率（gross mechanical power）或内功率（internal mechanical power）（是包括机械损耗和附加损耗在内的转子机械功率总和）。

（3）机械负载的变化在等效电路中由转差率的变化来体现。在正常运行范围内，当机械负载增大时，转速降低，s 增大，机械功率等效电阻 $\dfrac{1-s}{s}R_2'$ 减小，因此，转子电流增加，以产生较大的电磁转矩与负载转矩平衡。按照磁动势平衡关系，定子电流也相应增加，电动机便从电源吸收更多的电功率来供给电动机内部的损耗和轴上输出的机械功率，从而达到功率平衡。

（4）从相量图和等效电路可知，在规定的正方向下，异步电动机的定子电流总是滞后于定子电压，即功率因数总是滞后的。这是由于异步电动机需要从电网吸收感性无功功率来建立主磁场和漏磁场。励磁电流以及漏抗越大，则需要感性无功功率越多，功率因数 $\cos\varphi_1$ 越低。

（5）异步电动机和变压器虽有相同形式的等效电路，但它们的参数相差较大，它们参数范围的比较见表 16-1。

表 16-1　　　　　　　　　　　变压器和异步电动机参数大小的比较

类型	R_m^*	X_m^*	X_1^*、X_2^*
变压器	1～5	10～50	0.014～0.08
异步电动机	0.05～0.35	2～5	0.08～0.12

四、等效电路在工程中的应用

利用等效电路可以计算电动机中的物理量，并分析电动机的性能。一般情况下，电动机所施加的电压是已知的，如果再知道电动机所带的机械负载，利用等效电路即可计算出电动机中的电气量，如电流、功率、损耗、功率因数等。以下通过例题说明等效电路在工程中的应用。

例 16-2　有一台国产 10kW 三相四极绕线转子异步电动机，额定电压 $U_N=380$V（三角形连接），额定频率 $f_1=50$Hz，额定转速 $n_N=1452$r/min，定子每相电阻 $R_1=1.33\Omega$，定子漏抗 $X_1=2.43\Omega$，转子电阻归算值 $R_2'=1.12\Omega$，转子漏抗归算值 $X_2'=4.4\Omega$，励磁电阻 $R_m=7\Omega$，励磁电抗 $X_m=90\Omega$。试分别用 T 形等效电路和近似变换电路计算额定负载时电动机的转差率、定转子电流、励磁电流、功率因数、输入功率、定转子绕组损耗、铁耗。

解：同步转速为

$$n_1 = \frac{60 f_1}{p} = \frac{60 \times 50}{2} = 1500 (\text{r/min})$$

额定转差率为

$$s_N = \frac{n_1 - n}{n_1} = \frac{1500 - 1452}{1500} = 0.032$$

以 $\dot{U}_1$ 为参考量，即 $\dot{U}_1 = 380 \underline{/0°} (\text{V})$。

（1）利用 T 型等效电路计算定、转子阻抗。

$$Z_1 = R_1 + jX_1 = 1.33 + j2.43 = 2.77 \underline{/61.3°} (\Omega)$$

$$Z_{2s}' = \frac{R_2'}{s} + jX_2' = \frac{1.12}{0.032} + j4.4 = 35 + j4.4 = 35.28 \underline{/7.17°} (\Omega)$$

$$Z_m = R_m + jX_m = 7 + j90 = 90.27 \underline{/85.55°} (\Omega)$$

总阻抗为

$$\begin{aligned}
Z &= Z_1 + \frac{Z_{2s}' Z_m}{Z_{2s}' + Z_m} \\
&= 1.33 + j2.43 + \frac{35.28 \underline{/7.17°} \times 90.27 \underline{/85.55°}}{35 + j4.4 + 7 + j90} \\
&= 28.86 + j16.29 \\
&= 33.14 \underline{/29.44°} (\Omega)
\end{aligned}$$

定子相电流为

$$\dot{I}_1 = \frac{\dot{U}_1}{Z} = \frac{380 \underline{/0°}}{33.14 \underline{/29.44°}} = 11.47 \underline{/-29.44°} (\text{A})$$

功率因数为

$$\cos\varphi_1 = \cos 29.44° = 0.87 (\text{滞后})$$

转子相电流为

$$\dot{I}_2' = \frac{-\dot{I}_1 Z_m}{Z_{2s}' + Z_m} = \frac{-11.47 \underline{/-29.44°} \times 90.27 \underline{/85.55°}}{35 + j4.4 + 7 + j90} = -10.02 \underline{/-9.89°} (\text{A})$$

励磁电流为

$$\dot{I}_m = \dot{I}_1 + \dot{I}_2' = 11.47 \underline{/-29.44°} - 10.02 \underline{/-9.89°} = 3.922 \underline{/-88.25°} (\text{A})$$

输入功率为

$$P_1 = m_1 U_1 I_1 \cos\varphi_1 = 3 \times 380 \times 11.47 \times 0.87 \times 10^{-3} = 11.38 (\text{kW})$$

定子绕组流过电流，会产生定子绕组损耗，即

$$P_{Cu1} = 3 I_1^2 R_1 = 3 \times 11.47^2 \times 1.33 \times 10^{-3} = 0.525 (\text{kW})$$

转子绕组损耗为

$$P_{Cu2} = 3 I_2'^2 R_2' = 3 \times 10.02^2 \times 1.12 \times 10^{-3} = 0.337 (\text{kW})$$

铁耗为

$$P_{Fe} = 3 I_m^2 R_m = 3 \times 3.922^2 \times 7 \times 10^{-3} = 0.323 (\text{kW})$$

（2）利用近似变换电路计算。

$$C = 1 + \frac{X_1}{X_m} = 1 + \frac{2.43}{90} = 1.027$$

负载回路电流为

$$-\dot{I}_2''=\frac{\dot{U}_1}{CZ_1+C^2\left(\dfrac{R_2'}{s}+\mathrm{j}X_2'\right)}$$

$$=\frac{380\ \underline{/0^\circ}}{1.027\times2.77\ \underline{/61.3^\circ}+1.027^2\times35.28\ \underline{/7.17^\circ}}=\frac{380\ \underline{/0^\circ}}{2.845\ \underline{/61.3^\circ}+37.21\ \underline{/7.17^\circ}}$$

$$=9.76\ \underline{/-10.56^\circ}\,(\mathrm{A})$$

励磁回路电流为

$$\dot{I}_\mathrm{m}'=\frac{\dot{U}_1}{Z_1+Z_\mathrm{m}}=\frac{380\ \underline{/0^\circ}}{2.77\ \underline{/61.3^\circ}+90.27\ \underline{/85.55^\circ}}=4.09\ \underline{/-84.85^\circ}\,(\mathrm{A})$$

定子电流为

$$\dot{I}_1=\dot{I}_\mathrm{m}'+(-\dot{I}_2'')=4.09\ \underline{/-84.85^\circ}+9.76\ \underline{/-10.56^\circ}=11.56\ \underline{/-30.48^\circ}\,(\mathrm{A})$$

功率因数为

$$\cos\varphi_1=\cos30.48^\circ=0.862(\text{滞后})$$

转子电流为

$$\dot{I}_2'=C\dot{I}_2''=1.027\times9.76\ \underline{/-10.56^\circ}=10.02\ \underline{/-10.56^\circ}\,(\mathrm{A})$$

输入功率为

$$P_1=m_1U_1I_1\cos\varphi_1=3\times380\times11.56\times0.862\times10^{-3}=11.36(\mathrm{kW})$$

定子绕组流过电流，会产生定子绕组损耗，即

$$P_\mathrm{Cu1}=3I_1^2R_1=3\times11.56^2\times1.33\times10^{-3}=0.533(\mathrm{kW})$$

转子绕组损耗为

$$P_\mathrm{Cu2}=3I_2'^2R_2'=3\times10.02^2\times1.12\times10^{-3}=0.337(\mathrm{kW})$$

铁耗为

$$P_\mathrm{Fe}=3I_\mathrm{m}^2R_\mathrm{m}=3\times4.09^2\times7\times10^{-3}=0.351(\mathrm{kW})$$

从以上计算结果看，由近似变换电路计算所得结果误差不大，因此工程上普遍采用。

第三节　异步电动机的参数测定

如果没有准确的电动机参数，等效电路的意义并不大，因此，利用等效电路计算异步电动机的运行特性时，必须知道电动机的参数。笼型电动机的转子导条在电动机内部直接短路，对已制成的笼型异步电动机，转子电阻和漏抗很难直接确定，不过，可以通过一些测量手段得到归算后的转子电阻和漏抗。对于异步电动机，可以通过直流实验、空载实验和堵转实验来测定其参数，实验接线如图 16-10 所示。

一、直流试验

通过图 16-10（a）的直流实验，可以通过测量得到定子一相的电阻；对于绕线式异步电动机，也可以得到转子一相的实际电阻值。下面介绍定子电阻的测量方法。

因为实验时所加电压为直流，定转子绕组中没有感应电动势，电抗为零，转子绕组中便也没有感应电流，所以电路中起作用的只有定子电阻。实验时，将定子绕组的出线端接到可

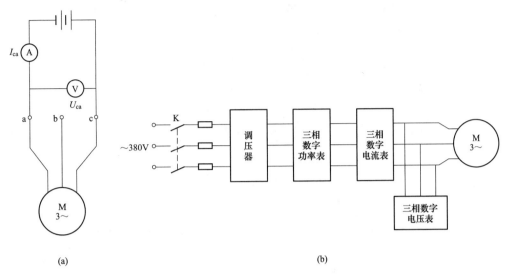

图 16-10 实验接线图

（a）直流实验；（b）空载实验和堵转实验

调直流电源上，并且将定子电流调到额定值，根据测量得到的直流电压 U_{DC} 和电流 I_{DC} 即可计算定子直流电阻。如果定子绕组采用星形联结，定子一相直流电阻 R_1 为测量值的一半。

$$R_1 = \frac{U_{DC}}{2I_{DC}} \qquad (16\text{-}37)$$

对于绕线式异步电动机，采用同样的方法也可以得到转子一相的电阻值 R_2。

当然，也可以用万用表或者电桥法直接测量得到定子一相电阻值。

二、空载实验（no-load test）

如图 16-10（b）所示，电动机轴上不带任何负载，采用三相对称可调电源给定子绕组供电，用调压器改变电压大小，使定子端电压从 $(1.1\sim1.3)U_N$ 开始，逐渐降低电压，直到转差率显著增大，定子电流开始回升为止。每次记录电动机定子侧的电压 U_1、电流 I_0 和输入功率 P_0。根据测量值即可计算得到异步电动机的铁耗 P_{Fe}、机械损耗 P_m 和励磁阻抗 $Z_m = R_m + jX_m$。

（1）铁耗和机械损耗的确定：空载时，电动机输出功率为零，电动机的三相输入功率全部用以克服定子铜耗、铁耗和转子的机械损耗。因为空载时转子转速接近同步转速，转差率 s 非常小，所以转子电流很小，转子铜耗可以忽略不计。因此

$$P_0 = m_1 I_0^2 R_1 + P_{Fe} + P_m$$

从空载功率减去定子铜耗，就可得到铁耗和机械损耗两项之和，即

$$P_0' = P_0 - m_1 I_0^2 R_1 = P_{Fe} + P_m \qquad (16\text{-}38)$$

由于铁耗的大小近似地与电压的平方成正比，而机械损耗的大小仅与转速有关，而与端电压的高低无关。因此，把不同电压下的机械损耗和铁耗两项之和 P_0' 与端电压的平方值画成曲线 $P_0' = f(U_1^2)$，则 $P_0' = f(U_1^2)$ 基本为一直线。把这一曲线延长到 $U_1 = 0$ 处，如图 16-11 中虚线所示，则交点的纵坐标 oa 段便代表机械损耗 P_m，随之可分离出额定电压时的铁耗 P_{Fe}。

（2）励磁阻抗的确定：根据空载试验测得的相电压 U_1、相电流 I_0 和三相输入功率 P_0 可计算出励磁电阻、励磁电抗和励磁阻抗，即

$$Z_0 = \frac{U_1}{I_0}, \quad R_0 = \frac{P_0}{3I_0^2}, \quad X_0 = \sqrt{Z_0^2 - R_0^2} \tag{16-39}$$

空载时，转差率 $s \approx 0$，$I_2 \approx 0$，可认为转子电路开路，"T"形等效电路图 16-8 可简化为图 16-12 的形式。因此

$$X_m = X_0 - X_1 \tag{16-40}$$

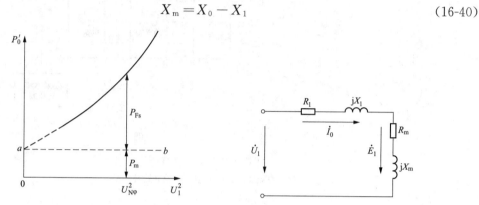

图 16-11　从空载功率中分出机械损耗和铁耗　　图 16-12　异步电动机空载时等效电路

从以下堵转试验测得 X_1 之后，即可求得励磁电抗 X_m。

根据额定电压时的铁耗 P_{Fe}，则可求得铁耗等效电阻，即

$$R_m = \frac{P_{Fe}}{3I_0^2} \tag{16-41}$$

三、堵转实验（locked—rotor test）

堵转实验的接线与空载试验相同，如图 16-10（b）所示，只不过需要将电动机转子堵转（$s = 1$），所用仪表的量程也有所不同。采用三相对称可调电源给定子绕组供电，调节加在定子上的电压，使定子电流为额定值，测量定子相电压 U_k、相电流 I_k 和三相输入总功率 P_k，即可计算转子电阻和定、转子漏抗。

堵转时，$s = 1$，$\frac{1-s}{s}R_2' = 0$，"T"形等效电路图 16-8 可表示为图 16-13 的形式。

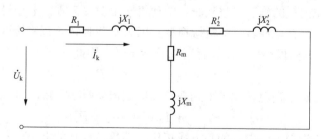

图 16-13　异步电动机堵转时等效电路

根据实验数据可算出短路阻抗如下

$$Z_k = \frac{U_k}{I_k}, \quad R_k = \frac{P_k}{3I_k^2}, \quad X_k = \sqrt{Z_k^2 - R_k^2} \tag{16-42}$$

为简化计算，假设 $X_1 = X_2'$，忽略 R_m，从而可根据等效电路经过简化后求出

$$R_2' = (R_k - R_1) \frac{X_0}{X_0 - X_k} \tag{16-43}$$

$$X_1 = X_2' = X_0 - \sqrt{\frac{X_0 - X_k}{X_0}(R_2'^2 + X_0^2)} \tag{16-44}$$

式中：X_0 为空载实验求出的电抗。

对于中、大型异步电动机，由于 $Z_m \gg Z_2'$，堵转时励磁电流可略去不计，因此可认为

$$\left.\begin{array}{l} R_k \approx R_1 + R_2' \text{或} R_2' \approx R_k - R_1 \\[2mm] X_k \approx X_1 + X_2' \text{或} X_1 \approx X_2' \approx \dfrac{X_k}{2} \end{array}\right\} \tag{16-45}$$

例 16-3　一台 2.2kW 的三相笼式异步电动机，额定频率为 50Hz，定子额定电压为 380V（三角形连接），额定电流为 5A，额定转速为 1450r/min。采用万用表测得定子一相电阻为 8.85Ω。空载试验测得的定子线电压 U_1 为 380V，空载线电流 I_0 为 2.25A，空载输入功率 P_0 为 220W，通过空载实验分离出的铁耗为 107W；堵转实验测得的定子线电压 U_k 为 82V，定子线电流 I_k 为 4.83A，输入功率 P_k 为 330W。试求该电动机"T"形等效电路中的参数（假设 $X_1 \approx X_2'$）。

解：由空载试验数据计算可得

$$Z_0 = \frac{U_1}{I_0} = \frac{380}{2.25/\sqrt{3}} = 292.52(\Omega)$$

$$R_0 = \frac{P_0}{3I_0^2} = \frac{220}{3 \times (2.25/\sqrt{3})^2} = 43.46(\Omega)$$

$$X_0 = \sqrt{Z_0^2 - R_0^2} = \sqrt{292.52^2 - 43.46^2} = 289.27(\Omega)$$

由堵转试验数据计算可得

$$Z_k = \frac{U_k}{I_k} = \frac{82}{4.83/\sqrt{3}} = 29.41(\Omega)$$

$$R_k = \frac{P_k}{3I_k^2} = \frac{330}{3 \times (4.83/\sqrt{3})^2} = 14.15(\Omega)$$

$$X_k = \sqrt{Z_k^2 - R_k^2} = \sqrt{29.41^2 - 14.15^2} = 25.78(\Omega)$$

"T"形等效电路中的参数计算如下

$$R_1 = 8.85(\Omega)$$

$$R_2' = (R_k - R_1) \frac{X_0}{X_0 - X_k}$$

$$= (14.15 - 8.85) \times \frac{289.27}{289.27 - 25.78} = 5.82(\Omega)$$

$$X_1 = X_2' = X_0 - \sqrt{\frac{X_0 - X_k}{X_0}(R_2'^2 + X_0^2)}$$

$$= 289.27 - \sqrt{\frac{289.27 - 25.78}{289.27} \times (5.82^2 + 289.27^2)} = 13.12(\Omega)$$

$$R_m = \frac{P_{Fe}}{3I_0^2} = \frac{107}{3 \times (2.25/\sqrt{3})^2} = 21.14(\Omega)$$

$$X_m = X_0 - X_1 = 289.27 - 13.12 = 276.15(\Omega)$$

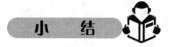

小　结

　　本章是异步电动机理论的基础部分，主要分析了异步电动机正常运行时的内部电磁过程，并由此导出了异步电动机的基本方程式、相量图和等效电路，它是进一步分析和计算异步电动机运行性能的基础。

　　从电磁感应关系看，异步电动机和变压器相似，即两个独立的电路完全靠磁耦合相联系，主磁通由定、转子（或一次侧、二次侧）两套绕组共同产生，通过电动势和磁动势平衡规律实现能量传递和转换。但异步电动机和变压器都具有本身的特殊性，学习中掌握二者的差别，有利于理解本章的内容，现把它们的主要差别简略地归纳如下：

　　（1）异步电动机中的磁动势是各相电流共同产生的，基波磁动势为在空间按正弦分布的旋转磁动势，它所产生的磁场为旋转磁场，分析时用空间矢量表示。变压器的磁动势是各相电流分别产生的，其磁动势随时间按正弦规律交变，它产生的磁场为脉振磁场，分析时用时间相量表示。

　　（2）异步电动机转子是旋转的，定、转子绕组内电量的频率不同。变压器是静止电器，一次侧、二次侧绕组电量的频率相同。为了获得和变压器相同形式的等效电路，必须对异步电动机转子电量的频率进行归算。

　　（3）异步电动机在正常运行时，转子绕组是短路的，从定子边输入电功率，由转轴输出机械功率，从等效电路看，机械功率的大小在电路中用等效电阻$\frac{1-s}{s}R_2'$来模拟，所以负载性质是纯电阻性的。变压器输出和输入都是电功率，它的二次侧可以接任意性质（电感性、电容性、电阻性）负载。

　　（4）异步电动机的绕组一般是分布、短距绕组，在计算电动势和磁动势时，必须乘以绕组因数。而变压器的绕组为集中绕组，不存在绕组因数问题。

　　（5）异步电动机的主磁路中存在气隙，变压器的主磁路中铁芯接缝处气隙很小，因此异步电动机的励磁电流比变压器的要大，效率和功率因数要比变压器的低。

　　通过本章的学习可以了解到，在异步电机中，不论转子的转速、转向如何，定、转子的基波磁动势总是相对静止的；不论是绕线式转子还是笼式转子，定、转子的基波磁场的极数都相等；再加上定、转子磁动势在空间有一定的相位差，这三条是旋转电机产生平均电磁转矩和实现机电能量转换的必要条件。

　　异步电动机的参数可以通过空载试验和堵转实验获得。

第十七章　三相异步电动机的运行特性和三相异步发电机

本章学习目标：

（1）掌握异步电动机的功率传递关系。

（2）掌握异步电动机的电磁转矩与转子有功电流和每极基波磁通量的关系。

（3）掌握异步电动机的机械特性和运行特性。

（4）了解异步发电机运行时的励磁方式。

第一节　异步电动机的功率和转矩

一、功率关系

异步电动机是一种机电能量转换设备，从电网吸收有功和无功能量。其中无功能量用来建立电动机中的主磁场和漏磁场，它们均不参与机电能量转换。而吸收的有功能量通过主磁场传递给转子，转换为转轴上的机械能，输出给机械负载，带动生产机械做功。输入的电能与输出的机械能之差，即为消耗在电机内部的能量，用来供给电动机内部的各种损耗，并转换为热能，使电动机发热。在异步电动机将电功率转换为机械功率的过程中，内部的损耗主要有以下 5 种：

（1）定子绕组损耗 P_{Cu1}。定子绕组有电阻，流过电流会消耗能量，也称定子铜耗。$P_{Cu1} = m_1 I_1^2 R_1$。

（2）转子绕组损耗 P_{Cu2}。转子绕组也有电阻，流过电流同样会消耗能量，也称转子铜耗。$P_{Cu2} = m_2 I_2^2 R_2 = m_1 I_2'^2 R_2'$。

（3）铁芯损耗 P_{Fe}。穿过定子铁芯和转子铁芯中的磁场是交变磁场，会在铁芯中产生磁滞损耗和涡流损耗（总称为铁耗）。铁耗的大小与磁通密度及其交变频率有关，频率越大，铁耗也越大。定子铁芯中磁通的交变频率为电源频率，一般情况下为工频；转子铁芯中磁通的交变频率与转子转速有关，转速越高，频率越小。所以电动机在额定转速附近运行时，转子铁耗很小，铁耗主要存在于定子中。在等效电路中，铁耗用励磁电阻 R_m 表示。$P_{Fe} = m_1 I_m^2 R_m$。

（4）机械损耗 P_m。电动机中存在旋转部分，必然存在摩擦，消耗的能量称为机械摩擦损耗；另外，转子在空气中旋转时也会消耗能量，称为风摩损耗，强迫风冷时，风摩损耗会更大。我们把机械摩擦损耗和风摩损耗之和称为机械损耗。转子转速越高，机械损耗越大。

（5）附加杂散损耗 P_{ad}。附加杂散损耗是由于定转子开槽使气隙磁通发生脉振，以及定转子磁动势的谐波等因素引起的，这些损耗不易计算，一直是业界研究的热点问题之一。根据经验，在大型异步电动机中，P_{ad} 约为额定功率的 0.5%；在小型铸铝转子异步电动机中，P_{ad} 为额定功率的 1%～3%。

那么异步电动机在将电能转换为机械能时，能量是如何传递的呢？这一问题，可以利用异步电动机的基本方程式（16-31）经过严格的数学推导得出，也可以利用等效电路推出其功率平衡关系。由等效电路计算出电流，即可求出功率。

以下利用图 16-7（b）所示的异步电动机"T"形等效电路来阐述电动机在正常工作状态下的能量传递过程，从而给出异步电动机的功率平衡关系。

异步电动机利用定子绕组从电源吸收电功率，它可由定子电压与电流的数量积来表示 $P_1 = m_1(\dot{U} \times \dot{I}) = m_1 U_1 I_1 \cos\varphi_1$。其中一部分消耗在定子绕组的电阻上（定子铜耗 $P_{\mathrm{Cu1}} = m_1 I_1^2 R$），还有一部分消耗在铁芯中（铁芯损耗 $P_{\mathrm{Fe}} = m_1 I_m^2 R_m$）；剩余的功率通过气隙磁场传递到转子上，这一部分功率称为电磁功率 P_M，即

$$P_\mathrm{M} = P_1 - P_{\mathrm{Cu1}} - P_{\mathrm{Fe}} \tag{17-1}$$

因为电磁功率是气隙磁场通过电磁感应作用传递到转子上的，所以电磁功率可表示为

$$P_\mathrm{M} = m_1 \dot{E}_2' \cdot \dot{I}_2' = m_1 E_2' I_2' \cos\psi_2 \tag{17-2}$$

式中：ψ_2 为转子功率因数角。

由图 16-7（b）所示的转子侧等效电路可见，转子侧吸收电磁功率的唯一元件是电阻 $\left(R_2' + \dfrac{1-s}{s}R_2' = \dfrac{R_2'}{s}\right)$，因此电磁功率也可表示为

$$P_\mathrm{M} = m_1 I_2'^2 \frac{R_2'}{s} \tag{17-3}$$

传递到转子上的电磁功率中，有一部分消耗在了转子电阻上（转子铜耗 $P_{\mathrm{Cu2}} = m_1 I_2'^2 R_2'$），其余的转换成了机械功率的形式，称为总机械功率 P_Ω。故

$$
\begin{aligned}
P_\Omega &= P_\mathrm{M} - P_{\mathrm{Cu2}} \\
&= m_1 I_2'^2 \frac{R_2'}{s} - m_1 I_2'^2 R_2' = m_1 I_2'^2 \frac{1-s}{s} R_2'
\end{aligned} \tag{17-4}
$$

鉴于此，$\dfrac{1-s}{s}R_2'$ 称为转子上获得的总机械功率的等效电阻。

由式（17-3）和式（17-4）可得到功率间的几个重要关系式：

$$P_\mathrm{M} = m_1 I_2'^2 \frac{R_2'}{s} = \frac{P_{\mathrm{Cu2}}}{s} \tag{17-5}$$

$$P_\Omega = m_1 I_2'^2 \frac{1-s}{s} R_2' = \frac{1-s}{s} P_{\mathrm{Cu2}} \tag{17-6}$$

或

$$P_{\mathrm{Cu2}} = s P_\mathrm{M} \tag{17-7}$$

$$P_\Omega = (1-s) P_\mathrm{M} \tag{17-8}$$

从以上分析可知，由定子通过电磁感应关系传给转子的电磁功率 P_M 中，sP_M 部分供给转子的铜耗，余下的 $(1-s)P_\mathrm{M}$ 部分转换成了转轴上的机械功率。因为正常运行时 s 很小（$s = 0.01 \sim 0.06$），所以转子铜耗占电磁功率很少一部分（为 $1\% \sim 6\%$）。

转子上获得的总机械功率再扣除掉机械损耗 P_m 和附加杂散损耗 P_{ad}，即为转轴上输出的机械功率 P_2，即

$$P_2 = P_\Omega - (P_\mathrm{m} + P_{\mathrm{ad}}) \tag{17-9}$$

整个电动机的功率和损耗分配可以表示成如图 17-1 所示的功率流程图。

综合上述的功率传递关系，就能得到输入功率与输出功率之间的关系，即

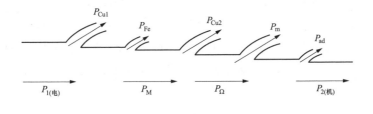

图 17-1　异步电动机的功率流程图

$$P_1 = P_2 + P_{Cu1} + P_{Cu2} + P_{Fe} + P_m + P_{ad} = P_2 + \sum P \tag{17-10}$$

其中 $\sum P = P_{Cu1} + P_{Cu2} + P_{Fe} + P_m + P_{ad}$ 为电动机的总损耗。

如果知道电动机的输入功率和输出功率，即可求出电动机的效率，即

$$\eta = \frac{P_2}{P_1} = \frac{P_2}{P_2 + \sum P} \tag{17-11}$$

二、转矩关系

从动力学知道，旋转体上的转矩等于旋转体的机械功率除以它的机械角速度。将式（17-9）的两边同时除以转子的机械角速度 Ω，即可得到相应的转矩平衡关系，即

$$\frac{P_2}{\Omega} = \frac{P_\Omega}{\Omega} - \frac{P_m + P_{ad}}{\Omega}$$

其中 $\Omega = \dfrac{2\pi n}{60}$（机械弧度/秒）为转子机械角速度。

因此得

$$T_2 = T_M - T$$

或

$$T_M = T_2 + T_0 \tag{17-12}$$

其中 $T_2 = \dfrac{P_2}{\Omega}$ 为电动机轴上的输出转矩；$T_0 = \dfrac{P_m + P_{ad}}{\Omega}$ 为电动机的机械损耗与附加损耗之和的等效转矩。当电动机轴上的输出转矩 T_2 与轴上拖动的机械负载转矩 T_L 相等时，即为电动机的稳态运行。

T_M 为由气隙磁场与转子电流相互作用产生的电磁转矩，即

$$T_M = \frac{P_\Omega}{\Omega} = \frac{(1-s)P_M}{(1-s)\Omega_1} = \frac{P_M}{\Omega_1} \tag{17-13}$$

由上式可知，因为旋转磁场的同步角速度 $\Omega_1 = \dfrac{2\pi n_1}{60} = \dfrac{2\pi f_1}{p}$ 为常数，所以转矩 T_M 正比于电磁功率 P_M，故此 T_M 称为电磁转矩（electromagnetic torque or developed torque）。

由式（17-13）可知，电磁转矩可以从两方面来看：从转子方面看，它等于总机械功率除以转子机械角速度；从定子方面看，它又等于定子的电磁功率除以定子旋转磁场的同步角速度。

在计算转矩中，若功率用 W 作为单位，角速度用 rad/s 作为单位，则转矩单位为 N·m，若除以 9.80，则转矩单位为 kg·m。

例 17-1　一台三相四极异步电动机，$U_N = 380V$，定子星形接法，$f_N = 50Hz$，$n_N = 1440 r/min$，$R_1 = R_2' = 0.2\Omega$，$X_1 = X_2' = 0.6\Omega$，$R_m = 1.8\Omega$，$X_m = 18\Omega$，机械损耗 P_m 为铁耗的 10%，附加损耗 P_{ad} 为额定输入功率的 1%，试用 T 形等效电路求出满载时的功率因数 $\cos\varphi_1$、功率 P_1、P_{Cu1}、P_{Fe}、P_M、P_{Cu2}、P_Ω、P_2、效率 η 及转矩 T_M、T_2、T_0。

解：同步转速为

$$n_1 = \frac{60 f_N}{p} = \frac{60 \times 50}{2} = 1500 (r/min)$$

额定转差率为

$$s_N = \frac{n_1 - n_N}{n_1} = \frac{1500 - 1440}{1500} = 0.04$$

励磁阻抗为

$$Z_m = R_m + jX_m = 1.8 + j18 = 18.09\underline{/84.29°}(\Omega)$$

定子漏阻抗为

$$Z_1 = R_1 + jX_1 = 0.2 + j0.6(\Omega)$$

转子侧阻抗为

$$\frac{R_2'}{s_N} = \frac{0.2}{0.04} = 5(\Omega)$$

$$Z_{2s}' = \frac{R_2'}{s_N} + jX_2' = 5 + j0.6 = 5.036\underline{/6.84°}(\Omega)$$

在 T 型等效电路中，Z_{2s}' 和 Z_m 的并联值为

$$\frac{Z_{2s}' Z_m}{Z_{2s}' + Z_m} = \frac{5.036\underline{/6.84°} \times 18.09\underline{/84.29°}}{5 + j0.6 + 1.8 + j18}$$

$$= 4.6\underline{/21.21°}$$

$$= 4.29 + j1.66(\Omega)$$

输入端口的等效阻抗为

$$Z_T = Z_1 + \frac{Z_{2s}' Z_m}{Z_{2s}' + Z_m} = 0.2 + j0.6 + 4.29 + j1.66 = 4.49 + j2.26(\Omega)$$

由此即可算出定、转子电流和励磁电流，进一步即可计算出功率、转矩、效率和功率因数等物理量。计算时以电源电压作为参考相量，即设 $\dot{U}_1 = \frac{380}{\sqrt{3}}\underline{/0°}$。

$$\dot{I}_1 = \frac{\dot{U}_1}{Z_1 + \dfrac{Z_{2s}' Z_m}{Z_{2s}' + Z_m}} = \frac{\frac{380}{\sqrt{3}}\underline{/0°}}{0.2 + j0.6 + 4.29 + j1.66} = 43.64\underline{/-26.72°}(A)$$

$$\cos\varphi_1 = 0.893$$

$$I_2' = I_1 \left| \frac{Z_m}{Z_{2s}' + Z_m} \right| = 43.64 \times \frac{18.09}{19.8} = 39.87(A)$$

$$I_m = I_1 \left| \frac{Z_{2s}'}{Z_{2s}' + Z_m} \right| = 43.64 \times \frac{5.036}{19.8} = 11.1(A)$$

（1）输入功率为

$$P_1 = \sqrt{3}U_1 I_1 \cos\varphi_1 = \sqrt{3} \times 380 \times 43.64 \times \cos 26.72° \times 10^{-3} = 25.66(\text{kW})$$

（2）定子铜耗为

$$P_{\text{Cu}1} = 3I_1^2 R_1 = 3 \times 43.64^2 \times 0.2 \times 10^{-3} = 1.14(\text{kW})$$

（3）铁耗为

$$P_{\text{Fe}} = 3I_m^2 R_m = 3 \times 11.1^2 \times 1.8 \times 10^{-3} = 0.665(\text{kW})$$

（4）电磁功率为

$$P_M = P_1 - P_{\text{Cu}1} - P_{\text{Fe}} = 25.66 - 1.14 - 0.665 = 23.855(\text{kW})$$

或

$$P_M = m_1 I_2'^2 \frac{R_2'}{s} = 3 \times 39.87^2 \times 5 \times 10^{-3} = 23.84(\text{kW})$$

（5）转子铜耗为

$$P_{\text{Cu}2} = 3I_2'^2 R_2' = 3 \times 39.87^2 \times 0.2 \times 10^{-3} = 0.954(\text{kW})$$

或

$$P_{\text{Cu}2} = sP_M = 0.04 \times 23.855 = 0.954(\text{kW})$$

（6）总机械功率为

$$P_\Omega = 3I_2'^2 \frac{1-s}{s} R_2' = 3 \times 39.87^2 \times \frac{1-0.04}{0.04} \times 0.2 \times 10^{-3} = 22.89(\text{kW})$$

或

$$P_\Omega = (1-s)P_M = (1-0.04) \times 23.855 = 22.9(\text{kW})$$

（7）输出功率。

机械损耗为

$$P_m = 10\% P_{\text{Fe}} = 0.1 \times 0.665 = 0.0665(\text{kW})$$

附加损耗为

$$P_{\text{ad}} = 1\% P_1 = 0.01 \times 25.66 = 0.2566(\text{kW})$$

输出功率为

$$P_2 = P_\Omega - (P_m + P_{\text{ad}}) = 22.89 - (0.0665 + 0.2566) = 22.57(\text{kW})$$

（8）效率为

$$\eta = \frac{P_2}{P_1} \times 100\% = \frac{22.57}{25.66} \times 100\% = 87.96\%$$

（9）电磁转矩为

$$T_M = \frac{P_M}{\Omega_1} = \frac{23\,855}{2\pi \times 1500/60} = 151.942(\text{N} \cdot \text{m})$$

或

$$T_M = \frac{P_\Omega}{\Omega} = \frac{22\,890}{2\pi \times 1440/60} = 151.87(\text{N} \cdot \text{m})$$

（10）输出转矩为

$$T_2 = \frac{P_2}{\Omega} = \frac{22\,570}{2\pi \times 1440/60} = 149.75(\text{N} \cdot \text{m})$$

（11）机械损耗与附加损耗之和的等效转矩为

$$T_0 = \frac{P_m + P_{ad}}{\Omega} = \frac{66.5 + 256.6}{2\pi \times 1440/60} = 2.14(\text{N} \cdot \text{m})$$

或

$$T_0 = T_M - T_2 = 2.12(\text{N} \cdot \text{m})$$

例 17-2 仍以例 17-1 的电动机为例，分析该电动机转速变化时的电机性能指标。

与例 17-1 的计算过程相同，计算不同转速下的电动机定转子电流、输入功率、输出功率、电磁转矩、输出转矩、功率因数和效率。可以采用计算机软件，将上述计算过程程序化，如采用 C 语言编制计算程序或者采用 Matlab 编制 M 文件计算上述各个物理量。计算结果列在了表 17-1 中。

表 17-1 不同转速下的电动机性能指标

$n(\text{r/min})$	s	$P_2(\text{kW})$	$P_1(\text{kW})$	$T_M(\text{N} \cdot \text{m})$	$T_2(\text{N} \cdot \text{m})$	$I_2'(\text{A})$	$I_1(\text{A})$	$\cos\varphi_1$	$\eta(\%)$
−900	1.6	−7.10	30.78	71.87	75.34	173.52	179.37	0.26	—
−600	1.4	−5.46	32.15	81.51	86.93	172.86	178.70	0.27	—
−300	1.2	−3.31	33.93	94.08	105.48	171.93	177.76	0.29	—
0	1	0	36.30	111.08	0	170.54	176.36	0.31	0
300	0.8	3.83	39.63	135.23	121.99	168.30	174.10	0.34	9.66
600	0.6	10.31	44.50	171.65	164.24	164.21	169.95	0.40	23.17
900	0.4	21.11	51.82	229.71	223.95	155.10	160.70	0.49	40.74
1200	0.2	37.82	58.80	305.89	300.92	126.56	131.60	0.68	64.32
1440	0.04	22.58	25.66	151.94	149.75	39.87	43.64	0.89	88.0
1500	0	−0.08	0.83	0	−0.53	0	11.72	0.11	—
1800	−0.2	−79.36	−51.32	−418.54	−421.00	148.04	152.36	−0.51	64.68
2100	−0.4	−63.54	−25.70	−287.90	−288.93	173.64	178.97	−0.22	40.45

三、异步电机的运行状态

由表 17-1 的计算结果，可以看到当转子转速变化（转差率变化）时，其他各个量的大小和正负发生变化，由此可得到如下结论：

(1) 当 $0 < n < 1500\text{r/min}$（$0 < n < n_1$，$1 > s > 0$）时，转子转速、输入功率、电磁转矩、输出功率均为正。由前面分析可知，转子转速低于同步速，电磁转矩与转子旋转方向相同，电磁转矩起拖动作用，定子侧输入电功率，转子侧输出机械功率。这时，异步电机运行在电动机状态，如图 17-2（a）所示。

(2) 当 $n > 1500\text{r/min}$（$n > n_1$，$s < 0$）时，输入功率、电磁转矩、输出功率均为负，而转子转速仍为正，说明电动机的功率流动方向以及电磁转矩的方向均发生变化。这时，可用外部设备（原动机）拖动电机，使转子转速高于同步速来实现这一运行方式。与电动机状态相比，转子导条切割气隙磁场的方向与电动机时相反，那么转子侧感应电动势和电流的方向随之改变，相应的电磁转矩方向改变，电磁转矩与转子旋转方向相反，起制动作用，转子侧从原动机吸收机械功率；因为转子电流方向的改变使得定子电流方向也随之改变，定子侧向外输出电功率。这时，异步电机运行在发电机状态，如图 17-2（b）所示。

(3) 当 $n < 0$（$s > 1$）时，输入功率和电磁转矩为正，而转子转速和输出功率均为负，转子旋转方向与磁场相反。若给转子施加一外力使转子逆着旋转磁场方向旋转（$n<0$），与电动机状态相比，转子导条切割气隙磁场的方向不变，所以转子侧感应电动势和电流的方向不变，电磁转矩方向也不变，电磁转矩与旋转磁场方向一致而与转子转向相反，为制动转矩，转子从其他机械吸收机械功率；因为转子电流方向不变使得定子电流方向也保持不变，定子侧仍从电源吸收电功率。这时，异步电机不再作为能量转换装置，电机吸收的电功率和机械功率全部消耗在电机内部，转变为热能，这种状态称为电磁制动状态，如图 17-2（c）所示。

当转子旋转方向不变时，这一运行方式也可以通过改变定子侧供电电源的相序（将定子侧的任意两相接线调换即可）从而改变气隙磁场的旋转方向实现。这种方式使得转子转速快速下降，最终停止转动，此时应切除电源，否则异步电机就会反向旋转，又工作在电动机状态。

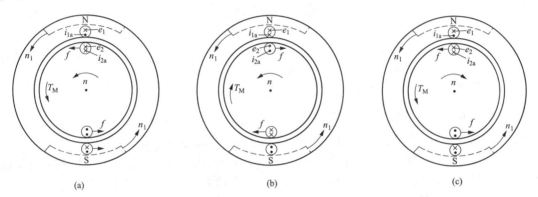

图 17-2　异步电动机的三种运行状态

（a）电动机状态（$0<n<n_1$）；（b）发电机状态（$n>n_1$）；（c）电磁制动状态（$n<0$）

第二节　异步电动机的电磁转矩和机械特性

异步电机作为电动机运行时，从电网吸收电能转换为轴上的机械能，能量的转换是通过气隙磁场与转子电流相互作用产生电磁转矩实现的。可见，电磁转矩是电动机中非常重要的一个物理量，那么电磁转矩的大小受哪些因素的影响，当负载变化时，电磁转矩又是如何变化的呢？这就是本节主要讨论的内容。

一、电磁转矩的表达式

1. 电磁转矩的基本表达式

式（17-13）从动力学的角度表示了电磁转矩与总机械功率和电磁功率的关系，该式不能直接地说明产生电磁转矩的根本原因。为了深刻地理解电磁转矩的物理本质，有必要推导电磁转矩与电机有关物理量的关系。

由式（17-3）和式（17-13）可知，电磁转矩为

$$T_M = \frac{P_M}{\Omega_1} = \frac{m_1}{\Omega_1} E_2' I_2' \cos\psi_2$$

将 $E_2' = E_1 = \sqrt{2}\pi f_1 N_1 k_{N1} \Phi_m$ 和 $\Omega_1 = \frac{2\pi f_1}{p}$ 代入上式，可得

$$T_{\mathrm{M}}=\frac{m_1}{\Omega_1}E'_2I'_2\cos\psi_2=\frac{m_1p}{2\pi f_1}\sqrt{2}\,\pi f_1N_1k_{\mathrm{N1}}\Phi_{\mathrm{m}}I'_2\cos\psi_2$$

故

$$T_{\mathrm{M}}=\frac{m_1pN_1k_{\mathrm{N1}}}{\sqrt{2}}\Phi_{\mathrm{m}}I'_2\cos\psi_2=C'_{\mathrm{M}}\Phi_{\mathrm{m}}I'_2\cos\psi_2 \tag{17-14}$$

其中 $C'_{\mathrm{M}}=\dfrac{m_1pN_1k_{\mathrm{N1}}}{\sqrt{2}}$，对于已制成的电动机为一常数，称为异步电动机的转矩常数（torque constant）。

若考虑转子电流归算值与实际值的关系，则

$$I'_2=\frac{I_2}{k_{\mathrm{i}}}=\frac{m_2N_2k_{\mathrm{N2}}}{m_1N_1k_{\mathrm{N1}}}I_2$$

而式（17-14）又可写成

$$T_{\mathrm{M}}=C_{\mathrm{M}}\Phi_{\mathrm{m}}I_2\cos\psi_2 \tag{17-15}$$

其中，$C_{\mathrm{M}}=\dfrac{m_2pN_2k_{\mathrm{N2}}}{\sqrt{2}}$。

式（17-15）表明，异步电动机的电磁转矩是转子有功电流（$I_2\cos\psi_2$）与气隙磁场（Φ_{m}）相互作用产生的，它和转子有功电流以及每极基波磁通量之乘积成正比。

电动机中气隙磁动势产生的主磁通 Φ_{m} 正比于定子电动势 E_1，在定子电压不变的情况下，因为定子侧漏阻抗引起的电压降相对较小，当负载变化时，E_1 可认为近似不变，相应的主磁通 Φ_{m} 也近似恒定，所以电磁转矩基本上与转子有功电流成正比。实际上，在正常工作范围内，s 很小，$\dfrac{R'_2}{s}\gg X'_2$，$\cos\psi_2\approx1$，所以也可以近似地认为电磁转矩与转子电流成正比。

式（17-14）和式（17-15）称为电磁转矩的基本表达式或物理表达式，揭示了产生电磁转矩的物理本质。因此物理概念比较清楚，并且表示方式简单，因而常用来分析和解释问题。

2. 电磁转矩的参数表达式

前面说明了产生电磁转矩的条件，所导出的电磁转矩表达式也具有明显的物理意义。然而，在对电动机进行具体分析时通常希望表达式能直观地反映外加电压、电动机参数对转矩的影响，也希望能反映出在不同转差率时转矩的变化规律，因此有必要推导出电磁转矩的参数表达式。

电磁转矩可表示为

$$T_{\mathrm{M}}=\frac{P_{\mathrm{M}}}{\Omega_1}=\frac{pm_1}{2\pi f_1}I'^2_2\frac{R'_2}{s} \tag{17-16}$$

由式（16-35），且认为 $\dot{C}\approx C=1+\dfrac{X_1}{X_{\mathrm{m}}}$，可得出 I'_2 的数值为

$$I'_2=CI''_2=\frac{U_1}{\sqrt{\left(R_1+C\dfrac{R'_2}{s}\right)^2+(X_1+CX'_2)^2}}$$

代入式（17-16），可得

$$T_\text{M} = \frac{m_1 p U_1^2 \dfrac{R_2'}{s}}{2\pi f_1 \left[\left(R_1 + C\dfrac{R_2'}{s} \right)^2 + (X_1 + CX_2')^2 \right]} \tag{17-17}$$

式（17-17）即为电磁转矩的参数表达式，它表明了电磁转矩与电压、频率、电动机参数和转差率的关系。电磁转矩与定子电压的平方成正比；而与频率、定子漏阻抗和转子漏抗的变化趋势相反，频率、定子漏阻抗和转子漏抗越大，电磁转矩越小；另外，还与转子电阻有关。

二、异步电动机的机械特性

当电动机的定子电压 U_1 和频率 f_1 恒定时，电磁转矩 T_M 与转子转速 n（或转差率 s）之间的关系称为电动机的机械特性。机械特性可以利用等效电路计算得到，表 17-1 给出了某一台异步电机的计算结果，如图 17-3 所示，也可利用式（17-17）直接计算。当供电电网的电压 U_1 和频率 f_1 恒定，并且认为电机参数不变时，则电磁转矩仅与转差率 s 有关。把不同的转差率 s 代入式（17-17），算出对应的电磁转矩 T_M，即可作出异步电机的转矩-转差率曲线（torque-slip curve），简称 T_M-s 曲线。如果转差率 s 用转速 n 表示，则称为异步电动机的机械特性。

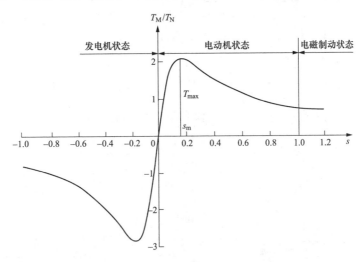

图 17-3　异步电动机的 T_M-s 曲线

以下解释 T_M-s 曲线的形状：当 $0 < s < 1$ 时，可以将转差率分为以下三个区段：

（1）低转差率区段。$s = 0$ 时，转子转速等于同步转速，转子没有感应电动势，转子电流为零，电磁转矩也为零；随着负载增加，转子转速下降，转差率增大，在空载和满载之间，转差率非常小，转子电阻 $\dfrac{R_2'}{s}$ 比漏电抗 X_2' 大得多，电抗可以忽略不计，因此转子电流、电磁转矩随转差率的增大近似线性增加。

（2）中等转差率区段。转子电阻 $\dfrac{R_2'}{s}$ 与漏电抗 X_2' 有相同的数量级，转子电流增加缓慢，功率因数下降，当转子电流的上升被功率因数的下降所平衡时，出现了最大电磁转矩。

（3）高转差率区段。转子电阻 $\dfrac{R_2'}{s}$ 小于漏电抗 X_2'，转子电阻可以忽略，随着转差率增大，功率因数大幅下降，此时尽管转子电流增加，但其有功分量下降，电磁转矩开始降低。

（4）当 $s=1$ 时，为电动机的起动点或者堵转点，其对应的转矩 T_M 称为最初起动转矩，此时尽管转子电流很大，但是电磁转矩（最初起动转矩）并不大，这是由于气隙磁场以同步速切割转子绕组，在转子绕组中感应出很大的电动势和电流，其频率等于电源频率，此时，转子漏抗远大于转子电阻，使转子功率因数很低，所以尽管转子电流很大，其有功分量却不大，所以起动转矩也不大。

当异步电机作发电机运行时，转差率 s 变为负值，因而电磁转矩也变为负值，对原动机起制动作用，此时 $T_M=f(s)$ 曲线位于第三象限，曲线形状与电动机的相同。当异步电机运行于电磁制动状态时，$s>l$，其 $T_M=f(s)$ 曲线是电动机转矩曲线的延长。

必须指出，异步电动机的参数实际上并非常数，因为存在集肤效应和漏磁路饱和的影响。定转子漏抗和转子电阻与定、转子电流的大小和频率有关。而定、转子电流和转子频率都决定于转差率，所以不同的转差率时电动机具有不同的参数，实际上应用公式（17-17）计算转矩时，应考虑不同情况采用不同的参数值。通常对正常运行时、产生最大转矩时和起动时三种情况下的电磁转矩应采用不同的参数值进行计算。

在 T_M-s 曲线中，有两个点对电动机的运行具有特别重要的意义：一个是最大电磁转矩 T_{max} 对应的极值点；另一个是最初起动转矩 T_{st} 对应的起动点。

1. 最大电磁转矩 T_{max}

为了求得最大电磁转矩，仍认为电机参数不变，将式（17-17）对 s 求一次导数，并令其等于零，即 $\dfrac{dT_M}{ds}=0$，可求出对应于最大电磁转矩的转差率 s_m。

$$s_m=\pm\frac{CR_2'}{\sqrt{R_1^2+(X_1+CX_2')^2}}\tag{17-18}$$

s_m 称为临界转差率。对于普通异步电动机，s_m 为 $0.08\sim0.20$。将 s_m 代入式（17-17），可求得最大电磁转矩为

$$T_{max}=\pm\frac{m_1pU_1^2}{4\pi f_1C\left[\pm R_1+\sqrt{R_1^2+(X_1+CX_2')^2}\right]}\tag{17-19}$$

上两式中正号适用于电动机状态，负号适用于发电机状态。

由以上两式可得如下结论：

（1）最大电磁转矩与电源电压的平方成正比，临界转差率与电压无关。因此，当电动机在额定负载下运行时，若电压降得过多，以致最大电磁转矩 T_{max} 小于总制动转矩（T_2+T_0），则电动机将停转，如图 17-4 所示。

（2）最大电磁转矩与转子电阻无关，而临界转差率与转子电阻成正比。绕线式异步电动机中，若在转子电路中接入附加电阻，则 T_{max} 不变，而 s_m 增大，整个 T_M-s 曲线往右移动，如图 17-5 所示。

（3）由式（17-19）可知，因为电抗（X_1+X_2'）与频率成正比，所以最大电磁转矩近似地与 $\left(\dfrac{U_1}{f_1}\right)^2$ 成正比。

（4）由式（17-18）和式（17-19）可知，临界转差率和最大电磁转矩近似地与定、转子漏抗成反比，(X_1+X_2') 越大，s_m 和 T_{max} 越小。

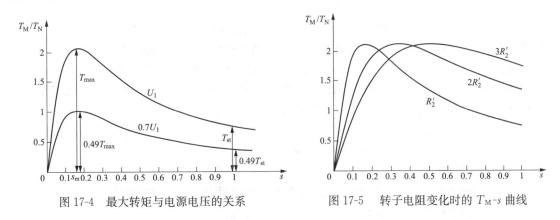

图 17-4　最大转矩与电源电压的关系　　　　　图 17-5　转子电阻变化时的 T_M-s 曲线

电动机运行时，只要总的制动转矩（T_2+T_0）不超过电动机的最大电磁转矩，电动机可以短时过载运行，但若大于最大电磁转矩，电动机将停转。由此可知，电动机的最大电磁转矩越大，电动机短时过载能力越强，因此把最大电磁转矩与额定转矩之比称为异步电动机的过载能力，用 k_m 表示，即

$$k_m = \frac{T_{max}}{T_N} \tag{17-20}$$

过载能力是异步电动机的重要性能指标之一。对于一般异步电动机，k_m 为 $1.8 \sim 2.5$，供起重和冶金机械用的电动机，k_m 为 $2.7 \sim 3.7$。

2. 最初起动转矩 T_{st}（breakaway torque）

异步电动机接至电源开始起动（$s=1$）时电磁转矩称为最初起动转矩，用 T_{st} 表示，它也是异步电动机的重要性能指标之一。只有起动转矩大于电动机轴上的阻转矩，电动机才能起动。

把 $s=1$ 代入式（17-17）中，可得最初起动转矩为

$$T_{st} = \frac{m_1 p U_1^2 R_2'}{2\pi f_1 [(R_1+CR_2')^2+(X_1+CX_2')^2]} \tag{17-21}$$

上式表明：最初起动转矩与电源电压的平方成正比，且与转子电阻有关，如图 17-4 和图 17-5 所示。

在绕线转子异步电动机中，转子回路串入适当的起动电阻，可以提高最初起动转矩，降低起动电流。为了起动时得到最大转矩，只要令 $s_m=1$，就可求出串入转子回路的起动电阻值 R_{st}'，即

$$s_m = \frac{C(R_2'+R_{st}')}{\sqrt{R_1^2+(X_1+CX_2')^2}} = 1$$

$$R_{st}' = \frac{\sqrt{R_1^2+(X_1+CX_2')^2}}{C} - R_2' \tag{17-22}$$

最大起动转矩可用来起动重载，一旦电动机旋转起来，便可切除转子中串接的附加电阻，最大转矩移动到转差率较小的位置，使电动机正常运行。

定义最初起动转矩与额定转矩的比值为最初起动转矩倍数，即

$$k_{st} = \frac{T_{st}}{T_N} \tag{17-23}$$

对一般笼型异步电动机，k_{st} 为 $1.0 \sim 2.0$；供起重和冶金机械用电动机，k_{st} 为 $2.8 \sim 4.0$。

例 17-3 一台四极 $50Hz$ 的三相异步电动机的数据为：$P_N = 10kW$，$U_N = 380V$，定子三角形接法，$I_N = 20.1A$，$P_{Cu1} = 557W$，$P_{Cu2} = 314W$，$P_{Fe} = 276W$，$P_m = 77W$，$P_{ad} = 200W$，$R_1 = 1.375\Omega$，$R_2' = 1.047\Omega$，$X_m = 81\Omega$，正常运行时 $X_1 = 2.43\Omega$，$X_2' = 4.4\Omega$，起动时定、转子漏抗分别为 $X_{1st} = 1.65\Omega$，$X_{2st}' = 2.24\Omega$。

求：(1) 额定转速；

(2) 额定负载转矩以及机械损耗和附加损耗转矩；

(3) 额定电磁转矩；

(4) 临界转差率、最大电磁转矩和过载能力（设此时电动机参数与正常运行值相同）；

(5) 最初起动转矩及其倍数；

(6) 为了起动时得到最大转矩，转子电阻应改变为原有阻值的多少倍？（假设除定、转子漏抗外，其他参数不变）

解：

(1) 同步转速为

$$n_1 = \frac{60 f_1}{p} = \frac{60 \times 50}{2} = 1500 (\text{r/min})$$

总机械功率为

$$P_\Omega = P_2 + P_m + P_{ad} = 10 + 0.077 + 0.2 = 10.277 (\text{kW})$$

电磁功率为

$$P_M = P_\Omega + P_{Cu2} = 10.277 + 0.314 = 10.591 (\text{kW})$$

额定转差率为

$$s_N = \frac{P_{Cu2}}{P_M} = \frac{0.314}{10.591} = 0.029\,6$$

额定转速为

$$n_N = (1 - s_N) n_1 = (1 - 0.029\,6) \times 1500 = 1456 (\text{r/min})$$

(2) 额定负载转矩为

$$T_N = T_2 = \frac{P_N}{\Omega_N} = \frac{10 \times 10^3}{2\pi \times \frac{1456}{60}} = 65.6 (\text{N} \cdot \text{m})$$

机械损耗和附加损耗转矩为

$$T_0 = \frac{P_m + P_{ad}}{\Omega_N} = \frac{77 + 200}{2\pi \times \frac{1456}{60}} = 1.82 (\text{N} \cdot \text{m})$$

(3) 额定电磁转矩为

$$T_M = T_2 + T_0 = 65.6 + 1.82 = 67.42 (\text{N} \cdot \text{m})$$

或

$$T_M = \frac{P_M}{\Omega_1} = \frac{10\,591}{2\pi \times \frac{1500}{60}} = 67.42 (\text{N} \cdot \text{m})$$

$$T_M = \frac{P_\Omega}{\Omega_N} = \frac{10\ 277}{2\pi \times \frac{1456}{60}} = 67.4(\text{N} \cdot \text{m})$$

或

$$C = 1 + \frac{X_1}{X_m} = 1 + \frac{2.43}{81} = 1.03$$

$$T_M = \frac{m_1 p U_1^2 \dfrac{R_2'}{s}}{2\pi f_1 \left[\left(R_1 + C\dfrac{R_2'}{s} \right)^2 + (X_1 + CX_2')^2 \right]}$$

$$= \frac{3 \times 2 \times 380^2 \times \dfrac{1.047}{0.029\ 6}}{2\pi \times 50 \left[\left(1.375 + 1.03 \times \dfrac{1.047}{0.029\ 6} \right)^2 + (2.43 + 1.03 \times 4.4)^2 \right]}$$

$$= 66(\text{N} \cdot \text{m})$$

可见前几种方法所得的电磁转矩是一致的，后一种方法中因 C 是近似的，计算结果略有误差。

（4）临界转差率为

$$s_m = \frac{CR_2'}{\sqrt{R_1^2 + (X_1 + CX_2')^2}}$$

$$= \frac{1.03 \times 1.047}{\sqrt{1.375^2 + (2.43 + 1.03 \times 4.4)^2}} = 0.152$$

最大电磁转矩为

$$T_{max} = \frac{m_1 p U_1^2}{4\pi f_1 C [R_1 + \sqrt{R_1^2 + (X_1 + CX_2')^2}]}$$

$$= \frac{3 \times 2 \times 380^2}{4\pi \times 50 \times 1.03 [1.375 + \sqrt{1.375^2 + (2.43 + 1.03 \times 4.4)^2}]}$$

$$= 158(\text{N} \cdot \text{m})$$

过载能力为

$$k_m = \frac{T_{max}}{T_N} = \frac{158}{65.6} = 2.41$$

（5）起动时

$$C = 1 + \frac{X_{1st}}{X_m} = 1 + \frac{1.65}{81} = 1.02$$

最初起动转矩为

$$T_{st} = \frac{m_1 p U_1^2 R_2'}{2\pi f_1 [(R_1 + CR_2')^2 + (X_{1st} + CX_{2st}')^2]}$$

$$= \frac{3 \times 2 \times 380^2 \times 1.047}{2\pi \times 50 [(1.375 + 1.02 \times 1.047)^2 + (1.65 + 1.02 \times 2.24)^2]} = 134.6(\text{N} \cdot \text{m})$$

最初起动转矩倍数为

$$k_{st} = \frac{T_{st}}{T_N} = \frac{134.6}{65.6} = 2.05$$

(6) 为了使 $T_{st} = T_{max}$，转子电阻归算值应改变为

$$R'_{2m} = \frac{\sqrt{R_1^2 + (X_{1st} + CX'_{2st})^2}}{C}$$

$$= \frac{\sqrt{1.375^2 + (1.65 + 1.02 \times 2.24)^2}}{1.02}$$

$$= 4.086(\Omega)$$

为原来转子电阻的倍数

$$\frac{R'_{2m}}{R'_2} = \frac{4.086}{1.047} = 3.9$$

三、电磁转矩的实用表达式

采用参数表达式计算电磁转矩时，需要事先知道电动机的参数，而产品目录中一般只给出了额定功率 P_N、额定转速 n_N 和过载能力 k_m 等，这时可采用电磁转矩的实用表达式进行计算。

电动机中，通常 $R_1^2 \ll (X_1 + CX'_2)^2$，如果忽略 R_1，并取 $C \approx 1$，令 $X_k = X_1 + X'_2$。式 (17-17)、式 (17-18) 和式 (17-19) 的 T_M、s_m 和 T_{max} 可近似地表示为

$$T_M = \frac{m_1 p U_1^2 \dfrac{R'_2}{s}}{2\pi f_1 \left[\left(\dfrac{R'_2}{s}\right)^2 + X_k^2\right]} = \frac{m_1 p U_1^2}{2\pi f_1 X_k \left[\dfrac{R'_2}{s X_k} + \dfrac{s X_k}{R'_2}\right]} \tag{17-24}$$

$$s_m = \frac{R'_2}{X_k} \tag{17-25}$$

$$T_{max} = \frac{m_1 p U_1^2}{4\pi f_1 X_k} \tag{17-26}$$

由上述三式，可得电磁转矩的实用表达式，即

$$\frac{T_M}{T_{max}} = \frac{2}{\dfrac{s_m}{s} + \dfrac{s}{s_m}} \tag{17-27}$$

通常产品目录上给出额定功率 P_N、额定转速 n_N 和过载能力 k_m，我们可以根据这三个数据采用转矩的实用表达式作出 T_M-s 曲线或进行转矩计算，其具体步骤如下：

(1) 根据

$$T_N = \frac{P_N \times 10^3}{\Omega_N} = \frac{P_N \times 10^3}{\dfrac{2\pi n_N}{60}} = 9550 \frac{P_N}{n_N} \tag{17-28}$$

算出额定转矩 T_N。忽略机械损耗和附加损耗转矩 T_0，则 T_N 等于额定电磁转矩。

(2) 由 $k_m = \dfrac{T_{max}}{T_N}$ 算出 T_{max}。

(3) 根据

$$\frac{T_N}{T_{max}} = \frac{2}{\dfrac{s_N}{s_m} + \dfrac{s_m}{s_N}} = \frac{1}{k_m}$$

求出

$$s_m = s_N(k_m + \sqrt{k_m{}^2 - 1}) \tag{17-29}$$

其中，$s_N = \dfrac{n_1 - n_N}{n_1}$。

（4）把求出的 T_{max}、s_m 代入实用表达式（17-27）中，即可根据不同的 s 值算出相应的 T_M 值，从而可作出 T_M-s 曲线。

当电动机在额定负载附近运行时，s 值很小，$\dfrac{s}{s_m} < \dfrac{s_m}{s}$，因而可忽略实用表达中 $\dfrac{s_m}{s}$ 项，即得更近似的实用表达式。

$$\frac{T_M}{T_{max}} \approx \frac{2s}{s_m} \tag{17-30}$$

由式（17-30）可知，当 T_{max}、s_m 一定时，在 s 较小的区域内，T_M 与 s 近似地成直线关系。

例 17-4 根据相关电工标准查得我国 JO2 系列 7.5kW，4 极、50Hz 异步电动机额定转速为 $n_N = 1440\text{r/min}$，最大转矩倍数为 $k_m = 2.0$，试根据这些数据应用电磁转矩实用表达式作出该电动机的 T_M-s 曲线。

解：

（1）计算额定转矩为

$$T_N = 9550 \frac{P_N}{n_N} = 9550 \times \frac{7.5}{1440} = 49.74(\text{N} \cdot \text{m})$$

（2）计算最大转矩为

$$T_{max} = k_m T_N = 2 \times 49.74 = 99.48(\text{N} \cdot \text{m})$$

（3）计算临界转差率为

$$s_N = \frac{n_1 - n_N}{n_1} = \frac{1500 - 1440}{1500} = 0.04$$

$$s_m = s_N(k_m + \sqrt{k_m^2 - 1}) = 0.04(2 + \sqrt{2^2 - 1}) = 0.15$$

（4）根据实用公式计算 T_M-s 曲线，即

$$T_M = \frac{2T_{max}}{\dfrac{s}{s_m} + \dfrac{s_m}{s}} = \frac{2 \times 99.48}{\dfrac{s}{0.15} + \dfrac{0.15}{s}} = \frac{198.96}{\dfrac{s}{0.15} + \dfrac{0.15}{s}}$$

以不同的 s 值代入上式，可算出相应的 T_M 值，见表 17-2。

表 17-2　　　　　　　根据不同的 s 值计算相应的 T_M

s	0.02	0.04	0.08	0.15	0.2	0.4	0.6	0.8	1
$T_M(\text{N} \cdot \text{m})$	26.06	49.53	82.61	99.48	95.50	65.41	46.81	36.04	29.19

画出的 T_M-s 曲线如图 17-6 所示。

四、笼型转子电动机的 T_M-s 曲线

由前述分析可知，电动机的 T_M-s 曲线与电动机的参数有关。我们知道，转子频率随转差率变化。在绕线式异步电动机中，转子电流被限制在转子绕组的导线中，所以转子电阻与电感随频率变化不大，可以近似为常数。而在笼型电动机中，当转子频率变化时，转子电阻

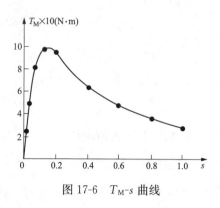

图 17-6 $T_{\mathrm{M}}\text{-}s$ 曲线

和电感与转子槽型有关。第十五章图 15-9 中给出了常用的几种转子槽型冲片。

一般来说，转子导条离定子越近，其产生的磁通穿过定子的比例越高，漏磁通越小，相应的漏电感越小；转子导条离定子表面越远，漏电感越大。

图 15-9（a）中的转子导条较大，被放置在靠近转子表面，所以转子电阻和漏抗较小。

图 15-9（b）为深槽型转子冲片，当转子导体中有电流时，靠近槽口部分的导体交链的漏磁通较槽底少，如图 17-7（a）所示。因此，如果将转子导体看成是由许多沿槽高划分的小导体，这些导体组成一并联电路，则靠近槽口的小导体具有较小的漏电感，靠近槽底的小导体具有较大的漏电感，如图 17-7（b）所示。

起动时 $s=1$，转子电流频率较高（$f_2=f_1$），转子漏抗大于转子电阻，因此转子导体中的电流分布主要决定于漏抗，大部分电流从低电抗的上部导条流通，电流集中到槽口部分的导条中，这种现象称为电流的集肤效应（skin effect）。电流的集肤效应使导条的有效截面减小，因此电阻增大，漏抗减小，如图 17-7（c）所示。

正常运行时，由于转子电流的频率很低，转子漏抗小于转子电阻，因而小导体中的电流分配主要决定于电阻，转子导体中的电流将均匀分布，大的导条截面使得转子电阻非常小。

由此可见深槽型异步电动机，起动时大的转子电阻使电动机具有较大的起动转矩和较小的起动电流，达到正常转速后，较小的转子电阻使得临界转差率较小、转子铜耗低、效率高。但由于转子槽窄而深，槽漏磁通较普通笼型电动机的要大，故转子漏抗较大，由此致使该类电动机的功率因数、过载能力均比普通笼型电动机的稍低。

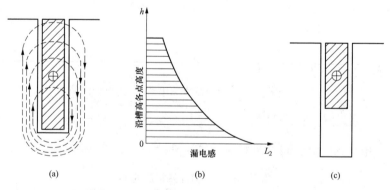

图 17-7 深槽型转子导条中电流的集肤效应
(a) 槽漏磁分布；(b) 导条内的漏电感分布；(c) 导条的有效截面

图 15-9（c）中的双笼型转子类似于深槽式转子。起动时，电流主要从外笼流过。外笼的导条截面小，电阻大，可以产生较大的起动转矩和较小的起动电流，所以外笼常称为起动笼（starting cage）。正常运行时，内外笼的导条中均流过电流，使得转子电阻大大降低，损耗减小，效率提高。不过由于内笼电阻小，电流大部分从内笼流过，所以内笼又称运行笼（operation cage）。

双笼型电动机有较大的起动转矩，在额定负载下运行时也有较高的转速，因而具有较好的运行性能。

图 17-8 给出了上述三种笼型转子电动机的 T_M-s 曲线。

五、异步电动机的稳定运行条件

当电动机拖动负载运行时，电动机的机械特性 $T_M = f(n)$［或者 $T_M = f(s)$］和负载的机械特性 $T_L = f(n)$ 之间必须配合得当，才能使机组稳定运行。$T_L = T_2 + T_0$ 是机组的总制动转矩。

负载的机械特性 $T_L = f(n)$ 由负载性质决定。常见的负载有三类：第一类是负载转矩与转速基本无关（即恒制动转矩），例如起重机、卷扬机、运输带、电梯等，其机械特性如图 17-9 中的曲线 1；第二类是负载转矩近

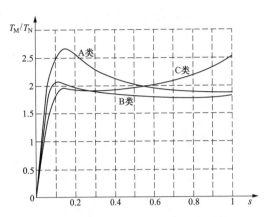

图 17-8　不同笼型转子电动机的 T_M-s 曲线

A 类—普通笼型转子；B 类—深槽型转子；
C 类—双笼型转子

似与转速的平方成正比，例如风扇、离心式水泵、油泵等，其机械特性如图 17-9 中的曲线 2；第三类是近似恒功率负载，其负载转矩近似与转速成反比，如金属切削机床、轧钢机和卷纸机等，其机械特性如图 17-9 中的曲线 3。

所谓电动机或机组的稳定问题，就是指电动机是否具有抗干扰的能力。如果因为某种原因（例如电网电压波动，负载转矩波动等）产生扰动，引起电动机的转速发生变化，当扰动消失后电动机能恢复到原先的运行状态，电动机的运行就是稳定的；若不能恢复而引起飞速或停转，电动机的运行就是不稳定的。下面以异步电动机拖动恒转矩负载为例说明电动机稳定运行的条件。

图 17-10 中，曲线 1 为异步电动机的 T_M-s 曲线，曲线 2 为恒转矩负载特性曲线，其制动转矩为 $T_L(T_L = T_2 + T_0)$。根据转矩平衡关系 $T_M = T_L$，该电动机有两个可能运行点 a 和 b。下面分析这两个运行点的稳定性。

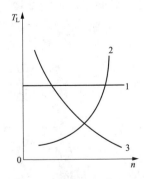

图 17-9　负载的机械特性

1—恒转矩负载；2—鼓风机负载；3—近似恒功率负载

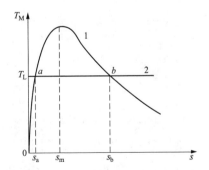

图 17-10　异步电动机的稳定运行区域

当电动机运行在 a 点时，转速为 n_a（转差率为 s_a）。若由于某种原因使机组的转速发生变化，例如从与 a 点对应的转速 n 增加到 $n + \Delta n$。这时电动机转差率 s 减小，相应的电磁转

矩 T_M 也减小，负载的总制动转矩 T_L 不变，于是 $T_M < T_L$。从而使转速趋于下降，当扰动一旦消失，机组的转速将回复到原先的转速 n_a。如果由于某种原因使机组的转速下降，转差率增大，则电动机的电磁转矩将上升，而负载的制动转矩不变，使 $T_M > T_L$，于是扰动消失后，机组也将回复到原先的转速。因此机组在 a 点的运行是稳定的。

当电动机运行在 b 点时，转速为 n_b（转差率为 s_b）。若由于某种原因使机组的转速发生变化，例如从与 b 点对应的转速 n 增加到 $n+\Delta n$，这时电动机转差率 s 减小，相应的电磁转矩 T_M 增大，负载的总制动转矩 T_L 不变，于是 $T_M > T_L$。从而使转速趋于上升，当扰动一旦消失，机组的转速将继续上升，直到升到 n_a，$T_M = T_L$，最终电动机运行在 a 点，而不是 b 点。如果由于某种原因使机组的转速下降，转差率增大，则电动机的电磁转矩将下降，而负载的制动转矩不变，使 $T_M < T_L$，即使扰动消失，机组的转速将继续下降，直至停转。因此机组在 b 点的运行是稳定的。

由此可知，对于恒转矩负载，在 $0 < s < s_m$ 范围内，$\dfrac{dT_M}{ds} > 0$，异步电动机能稳定运行。

在 $s_m < s < 1$ 范围内，$\dfrac{dT_M}{ds} < 0$，异步电动机不能稳定运行。

一般来说，只要在电动机和负载的机械特性交点上，满足

$$\frac{dT_M}{ds} > \frac{dT_L}{ds} \quad \text{或者} \quad \frac{dT_M}{dn} < \frac{dT_L}{dn} \tag{17-31}$$

异步电动机就能稳定运行，否则就不能稳定运行，因此式（17-31）为电动机稳定运行的判据。

第三节　三相异步电动机的工作特性

例 17-2 利用等效电路计算了一台异步电动机在不同转速下的定转子电流、输入输出功率、电磁转矩、输出转矩、功率因数和效率等。由表 17-1 的计算结果，我们可以发现：电动机负载（P_2）变化时，电动机的物理量相应发生变化，我们把这些表征电动机性能的物理量随负载变化的关系称为电动机的工作特性。所谓异步电动机的工作特性是指在额定电压和额定频率下，电动机的转速 n、定子电流 I_1、功率因数 $\cos\varphi_1$、输出转矩 T_2、效率 η 与输出功率 P_2 的关系曲线，即转速特性、定子电流特性、功率因数特性、输出转矩特性、效率特性。

工作特性可以通过等效电路计算得到，也可以通过试验测出。例如：根据表 17-1 的计算结果，可以绘出电动机的工作特性曲线，如图 17-11 所示。以下主要分析各条特性曲线的形状。

电动机空载时，电动机向外没有功率输出，$P_2 = 0$，转子转速 n 较高，接近同步速；转子导条切割气隙磁场的相对速度很小，所以转子感应电动势和电流很小，定子电流中与之平衡的负载分量 $\dot{I}_{1L}$ 也很小，此时定子电流主要是励磁分量，定子电流 I_1 较小，定子侧的功率因数 $\cos\varphi_1$ 很低；由于电动机不带负载，输出功率为 0，输出转矩 T_2 也为 0，定子侧吸收很低的功率供给其内部损耗，所以效率 η 为 0。

随着输出给负载的功率 P_2 的增加，转子上的阻转矩增大，转子转速 n 下降；转子导条切割气隙磁场的相对速度增大，所以转子感应电动势和电流增加，定子电流中与之平衡的负

载分量 $\dot{I}_{1L}$ 也增加，定子电流 I_1 增大；定子电流中的励磁分量基本保持不变，有功分量增大，所以定子侧的功率因数 $\cos\varphi_1$ 增加；随着转子电流的增大，电动机中产生更大的电磁转矩，所以输出转矩 T_2 也增大，以与增大的负载转矩相平衡，保证电动机在降低的转速下稳定运行；输出给负载的功率 P_2 从零逐渐增加时，开始由于定、转子电流较小，总损耗 $\sum P$ 增加缓慢，电动机的效率 η 增大。

为了保证电动机有较高的效率，额定负载时的转子铜耗不大，因此额定转差率很小，常用的异步电动机额定负载时的转差率 s_N 为 $0.01\sim0.06$，其额定转速 $n_N=(1-s_N)n_1=(0.99\sim0.94)n_1$。故随着负载的增加，转子转速下降不多。如果再增加负载，负载转矩接近或者高于电动机的最大电磁转矩时，转子转速将逐渐降低，s 增大，转子功率因数角 $\psi_2=\tan^{-1}\dfrac{sX_2}{R_2}$ 增大，使 $\cos\psi_2$ 下降，于是转子无功电流增大，引起定子中与之平衡的无功电流也增大，故定子侧的功率因数 $\cos\varphi_1$ 逐渐下降，如图 17-11 所示；由于定、转子铜耗随电流平方成正比增加，故效率也下降，效率的最大值出现在随负载变化的损耗（$P_{Cu1}+P_{Cu2}+P_{ad}$）等于不变损耗（$P_{Fe}+P_{m}$）时。

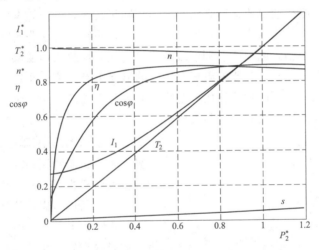

图 17-11 异步电动机的工作特性

第四节 三相异步发电机

由前面分析可知，如果用原动机拖动异步电机，使转子转速高于同步转速，产生的电磁转矩将与转子旋转方向相反，起制动作用，这时异步电机作发电机运行，其能量传递过程与电动机状态时正好相反，即由原动机输入机械能，定子绕组向外输出电能。由图 17-3 异步电机的 T_M-s 曲线可知，在发电机运行方式中，存在一个最大电磁转矩，当原动机施加给发电机的转矩大于其最大电磁转矩时，发电机的转速会越来越高（飞速），造成发电机运行不稳定。

异步发电机自 20 世纪早期就开始应用，但是由于异步发电机自身没有独立的励磁电路，它不仅不能产生无功功率，还需要无功功率建立磁场、使电网的功率因数下降，并且不能控制其自身的输出电压，所以异步发电机的应用受到了限制。但是随着能源价格的不断攀升，能源的回收利用以及风力发电日益受到人们的重视，在这样的场合，异步发电机由于结构简单、不必以固定速度驱动、易于控制等特点是一种理想的选择。

异步发电机有两种运行方式：一种是与电网并联运行；另一种是单独运行。

一、异步发电机的并网运行

异步发电机的并网运行是异步发电机最简单的运行方式，这时异步发电机的励磁由电网提供，它的端电压和频率也由电网控制。异步发电机并网时，首先由原动机将其拖动至同步转速或接近于同步转速，并且使转子旋转方向和定子旋转磁场方向一致，即可投入电网，然后提高原动机转速使 $n > n_1$，即成为异步发电机运行。异步发电机并入电网方便，易于控制，运行时对转速没有严格的要求，另外造价低廉，运行可靠，维修方便；在短路故障时，异步发电机将失去励磁，不会供出大的稳态短路电流，所以适用于余热回收利用、小容量水电站及风力发电等场合。

异步发电机用于风力发电中，可采用笼型转子异步电机，也可采用绕线转子异步电机。由于风是一种不可预测、变化无常的能源，风力有时很强、有时很弱、有时没有，如果采用笼型异步发电机，风必须使电机运行在临界转速与同步转速之间，这是一个相对较窄的速度范围，因而限制了可以使用风力发电的风况。如果采用绕线异步发电机，可在其转子回路中串入电阻，通过改变串入电阻的值即可改变临界转速，而最大电磁转矩保持不变，这样可以扩大转速的运行范围，允许异步发电机在较宽的风况下产生有效电能。因为转子串电阻增加了损耗，降低了效率，所以现代使用的绕线式异步发电机的转子回路中不是串电阻，而是串入一变频器，也就是所谓的双馈异步发电机。

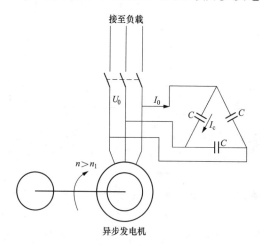

图 17-12　自激异步发电机

二、异步发电机的单独运行

异步发电机单独运行时，需要解决的问题就是如何给发电机提供励磁。而电容器可以发出感性无功电流，所以可以在定子绕组端接一组电容器，如图 17-12 所示。这种电机称为自激异步发电机。如果异步发电机要建立一定电压，则所接电容器必须能够提供所需的励磁电流。

由图 17-12 可见，异步发电机的端电压 U_0 与电流 I_0 之间既要满足异步电机空载曲线的关系，还要满足电容器上端电压与电流的关系。异步电机的空载特性曲线 $U_0 = f(I_0)$ 是一条饱和曲线；而电容器的电压 U_0 与电流 I_0 之间满足 $U_0 = \dfrac{I_0}{\sqrt{3}}\left(\dfrac{1}{\omega_1 C}\right)$，所以 U_0 与 I_0 的关系是一条直线，称为电容线，其斜率反比于其电容值。两条曲线的交点即为异步发电机的空载电压，如图 17-13（a）所示。显然，电容越大，电容线的斜率越小，异步发电机的空载电压越高；反之，空载电压越低，若电容值小到电容线与空载特性相切，则不能建立稳定的电压，此时之电容线称为临界电容线［见图 17-13（a）］，此时之电容值称为临界电容值 C_{cr}。

那么异步发电机的电压是如何建立起来的呢？

首先，异步发电机的转子上必须有剩磁 Φ_s，如果没有剩磁，可用干电池接在定子绕组上充电几秒钟或者让异步电机作为电动机短时运行来获得剩磁。当原动机带动转子旋转后，剩磁 Φ_s 便在定子绕组中感应出剩磁电动势 $\dot{E}_s$，它滞后于剩磁 $\dot{\Phi}_s$ 以 $90°$，电动势 $\dot{E}_s$ 加在电容器上，使定子绕组流过超前于 $\dot{E}_s$ 以 $90°$ 的电容电流 $\dot{I}_c$，因而 $\dot{I}_c$ 与 $\dot{\Phi}_s$ 同相位，如图 17-13（b）所示，$\dot{I}_c$ 通过定子绕组便产生磁通 $\dot{\Phi}_c$，从图 17-13（b）可见，$\dot{\Phi}_c$ 与 $\dot{\Phi}_s$ 同相位，说明电容电流产生的磁通方向与剩磁磁通方向一致，从而使气隙中磁通量增加，随之定子绕组中的感应电动势跟着升高，它又将引起电流、磁通的继续增加，这样一直达到稳定的空载电压为止（如图中的 A 点）。

当电容值不同时，电容线与空载特性的交点也不同，所以可以调节电容量的大小来调节发电机的端电压。此外，若提高转子转速，则空载特性往上移，也可提高发电机的端电压。

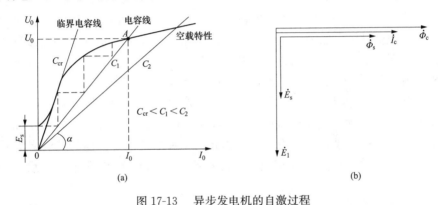

图 17-13　异步发电机的自激过程
（a）电容线与空载特性曲线；（b）相量图

由此可知，异步发电机的自激条件如下：

（1）转子有剩磁。

（2）在一定的转速下，所接电容值必须大于临界电容值。

自激异步发电机的频率决定于负载的大小和原动机的特性。空载时，由于转差率 $s\approx 0$，频率差不多就决定于转子转速，即

$$f_1=\frac{pn_1}{60}\approx\frac{pn}{60}$$

式中：n_1 为气隙旋转磁场的转速。

负载运行时，要想维持自激异步发电机的端电压和频率不变，必须采取如下措施：

（1）当负载增加时，转差率 $|s|$ 会增大，要维持频率 f_1 不变，就必须相应地提高转子的转速。

（2）当负载增加时，需要补偿负载所需要的感性无功电流（一般负载多为感性）以及补偿定、转子的漏抗无功电流。因此由外接电容器所产生的容性电流必须相应地增加，也就是要相应地增加电容的数值。

如果不能满足上述的第一个要求，负载增加，频率就要下降，即 n_1 下降了。于是，空载特性随着降低，又由于电容的容抗 $\frac{1}{\omega_1 C}$ 增大，减小了电容电流，使电容器向电机供应的励

磁电流减小，这都会使建立的端电压下降，严重时，异步发电机一带负载，端电压就等于零了。如果不能满足上述第二个要求，当负载增加时，消耗在感性负载和漏抗上的无功随着增加，使电容器供给的励磁电流减小，端电压下降，严重时会导致电压消失。

　　自激异步发电机一般用笼型结构，因为它结构简单，运行可靠。因为它需要价格较高且较笨重的电力电容器，并且运行时又必须随时跟着负载变化来调节接入的电容器，使它的应用受到很大的限制。

小　结

　　电机本身是一种能量转换设备，异步电机作为电动机运行时是把电功率转换为机械功率。利用等效电路说明各个功率和损耗的关系，既简单又明了，也便于记忆。其中电磁功率、总机械功率、转子铜耗和转差率的关系实际上反映了负载变化对功率分配的影响。

　　电磁转矩是载流导体在磁场中受力的作用而产生的，电磁转矩的大小有多种表示形式，其基本表达式表明了电磁转矩与气隙磁场及转子有功电流的关系，它的物理概念比较明确，常用来分析和解释问题。参数表达式表明了电磁转矩与电源电压、频率、转差率及电机参数之间的关系，常用来进行转矩计算。由参数表达式作出的 T_M-s 曲线，实质上就是电力拖动中异步电动机的机械特性，它是分析电机性能和稳定的工具。分析电压、参数对 T_M-s 曲线上的最大电磁转矩和最初起动转矩的影响，对分析异步电动机的性能与特性具有重要意义。实用表达式在电力拖动中应用最为广泛，它可根据产品目录求出 T_{max}、s_m 后，绘制 T_M-s 曲线。

　　当电动机负载变化时，电动机的转速、定子电流、功率因数、输出转矩和效率随输出功率的变化曲线称为异步电动机的工作特性，这些特性可以衡量电动机性能的优劣。

　　异步电机作为发电机运行时必须有感性无功电流来励磁，因此异步发电机的运行方式有两种：一种是与电网并联运行，由电网提供励磁电流；另一种是单独运行，它靠外接电容器，由发电机发出的容性电流来励磁。

第十八章 三相异步电动机的起动、调速和制动

本章学习目标：

（1）掌握三相绕线转子以及笼型转子异步电动机的起动方法，了解影响异步电动机起动电流和起动转矩大小的因素。

（2）掌握异步电动机各种调速方法的工作原理，了解各种调速方法的优缺点。

（3）了解异步电动机的制动方法。

第一节 三相异步电动机的起动

三相异步电动机在实际应用过程中，常常遇到起动、调速和制动问题。本章主要从这三个方面进行探讨。

异步电动机投入运行，首先遇到的是起动问题。当三相异步电动机定子绕组接入电网，电动机从静止状态过渡到稳定运行状态，这一过程称为起动过程，简称为起动（starting）。本节主要讨论三相异步电动机的起动性能和起动方法。

异步电动机的起动过程是一个动态过程，在这个过程中，由动力学知识可知，电动机的转矩满足以下方程

$$T_M = (T_2 + T_0) + J\frac{\mathrm{d}\Omega}{\mathrm{d}t} \tag{18-1}$$

式中：J 为整个拖动系统的转动惯量；$\dfrac{\mathrm{d}\Omega}{\mathrm{d}t}$ 为整个拖动系统的角加速度。

如果 $\dfrac{\mathrm{d}\Omega}{\mathrm{d}t}>0$，系统加速。可见在起动过程中，只有 $T_M>(T_2+T_0)$，电动机才能完成起动，并且最初起动转矩越大，起动时间越短。

正如第十七章分析的那样，电动机在起动时（$s=1$），往往会产生较大的起动电流。而过大的起动电流会引起线路上的电压降落和线损增加，在电动机中也会产生较大的损耗以及较大的电磁力，频繁起动时还易引起电动机端部绕组变形。因此，如果起动方法不当，起动次数频繁，将对电网和电动机本身产生不良影响。若要降低起动电流，方法之一就是起动时降低加在电动机定子绕组上的电压，但同时也会降低电动机的最初起动转矩，使起动时间延长。解决这一问题的一个有效方法就是适当增加起动时的转子电阻，这样既限制了起动电流，又增加了起动转矩。绕线式异步电动机可以通过在起动时转子绕组串接一附加电阻达到目的；而笼型异步电动机可以选择深槽式或者双笼型电动机来增大起动时的转子电阻。

因此，异步电动机起动时，希望具有较小的起动电流、较大的起动转矩以及简单可靠的起动设备等。其中最重要的性能指标用最初起动电流倍数（I_{st}/I_N）和最初起动转矩倍数（T_{st}/T_N）表示。

最初起动电流可利用图 16-8 的近似等效电路求出，令 $s=l$，且忽略 $\dot{I}'_m$，有

$$I_{\mathrm{st}} = \frac{U_1}{\sqrt{(CR_1 + C^2 R_2')^2 + (CX_1 + C^2 X_2')^2}} = \frac{U_1}{Z_{\mathrm{k}}} \qquad (18\text{-}2)$$

一、绕线式异步电动机的起动

绕线转子异步电动机起动时，可以在转子绕组中串入一个附加电阻，这样既减小了起动电流，又提高了起动转矩。这一点在第十七章中已经做了分析。

1. 转子回路串可变电阻器起动

电动机起动时，在转子绕组回路中串入一个适当阻值的附加电阻。为了缩短起动时间，增大整个起动过程中的加速转矩，一般把串接的起动电阻分级切除，如图 18-1 所示。开始起动时串入全部电阻 R_{st}（此时起动转矩为最大转矩），转速开始上升（s 开始减小），转矩沿曲线 1 下降；当转矩降到一最小值 T_{smin}［一般 $T_{\mathrm{smin}} = (1.1 \sim 1.2) T_{\mathrm{N}}$］时，切除一级电阻，又使转矩达到最大值［一般 $T_{\mathrm{smax}} = (1.4 \sim 1.7) T_{\mathrm{N}}$］，然后转矩沿曲线 2 下降；这样逐级切除，使起动过程中的转矩保持在最大值与最小值之间变动。起动完毕后，用举刷装置将电刷举起，同时将集电环直接短路，此时电动机稳定运行于图 18-2 中的 A 点，起动过程结束。当电动机停转后，应把电刷重新放下，并把起动电阻全部接入，以备下次起动。

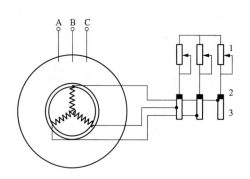

图 18-1　绕线转子异步电动机转子回路中串电阻起动
1—起动电阻 R_{st}；2—电刷；3—集电环

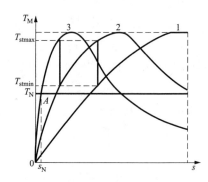

图 18-2　转子回路串电阻起动过程

2. 转子回路串频敏变阻器起动

转子回路串电阻起动，要逐级切除，控制比较复杂，而且每切除一级电阻，会产生电流和转矩的冲击，对电动机和生产机械产生不利影响，为了克服这一缺点，可在转子回路接入频敏变阻器进行起动，其接线如图 18-3 所示。频敏变阻器具有可变的电阻，其阻值随着频率的减小而减小。

频敏变阻器的铁芯是由几片或十几片较厚的钢板或铁板制成，三个铁芯柱上绕有三相线圈。当频敏变阻器的线圈中通过交流电流时，铁芯中便产生交变磁通，从而产生铁耗。频敏变阻器的磁密较高，铁芯极为饱和，匝数又少，所以线圈的电阻 R 和电抗 X 较小，铁耗较大。在电路中起主要作用的是其铁耗等效电阻 R_{m}，如图 18-4 所示。

频敏变阻器是利用铁芯涡流损耗随频率而变化的原理来改变电阻的。电动机起动时，转子电流的频率 $f_2 = f_1$，铁芯中涡流损耗较大，代表铁耗的等效电阻 R_{m} 也较大，这就限制了起动电流，提高了起动转矩。随着转速的升高，转子电流频率随之降低，频敏变阻器铁芯中的涡流损耗和反映铁耗的等效电阻也跟着减小，因而起到了自行逐渐减小电阻的作用。起动

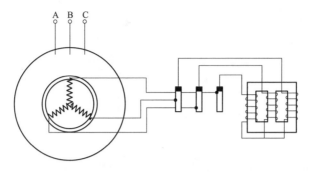

图 18-3 绕线转子异步电动机转子回路串频敏变阻器起动

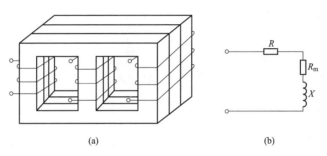

(a) (b)

图 18-4 频敏变阻器及其等效电路

（a）结构示意图；（b）等效电路

过程完成后，应把转子绕组短接。

频敏变阻器是一种静止无触点变阻器，其结构简单，材料和加工要求低，并且因为没有触点和易磨损的零件，所以使用寿命长，维修方便。

例 18-1 一台 JZR252-8 绕线转子异步电动机，定、转子绕组均为星形接法，已知 $P_N=30kW$，$U_N=380V$，$n_N=722r/min$，$R_1=0.143\Omega$，$X_1=0.262\Omega$，$R_2'=0.134\Omega$，$X_2'=0.328\Omega$，电动势及电流的变比 $k_e=k_i=1.342$，令修正系数 $C=1$。试求：

（1）要求起动时 $T_{st}=T_{max}$，在转子回路中每相应串入多大的起动电阻（星形连接），这时的最初起动电流及最初起动转矩为多大？

（2）若转子绕组直接短接，这时的最初起动电流及最初起动转矩为多大？

解：

（1）根据式（17-22），并令 $C=1$，当最初起动转矩达最大转矩时，转子回路每相应串入电阻归算值为

$$R_{st}'=\sqrt{R_1^2+(X_1+X_2')^2}-R_2'$$
$$=\sqrt{0.143^2+(0.262+0.328)^2}-0.134$$
$$=0.473(\Omega)$$

应接入的起动电阻为

$$R_{st}=\frac{R_{st}'}{k_e k_i}=\frac{0.473}{1.342^2}=0.263(\Omega)$$

最初起动电流为

$$I_{st} = \frac{U_1}{\sqrt{(R_1 + R_2' + R_{st}')^2 + (X_1 + X_2')^2}}$$

$$= \frac{\dfrac{380}{\sqrt{3}}}{\sqrt{(0.143 + 0.134 + 0.473)^2 + (0.262 + 0.328)^2}}$$

$$= 230(A)$$

最初起动转矩为

$$T_{st} = \frac{m_1 p U_1^2 (R_2' + R_{st}')}{2\pi f_1 [(R_1 + R_2' + R_{st}')^2 + (X_1 + X_2')^2]}$$

$$= \frac{3 \times 4 \times \left(\dfrac{380}{\sqrt{3}}\right)^2 \times (0.134 + 0.473)}{2\pi \times 50 \times [(0.143 + 0.134 + 0.473)^2 + (0.262 + 0.328)^2]}$$

$$= 1225.6(N \cdot m)$$

（2）若转子绕组直接短接，此时的最初起动电流和最初起动转矩为

$$I_{st} = \frac{U_1}{\sqrt{(R_1 + R_2')^2 + (X_1 + X_2')^2}}$$

$$= \frac{\dfrac{380}{\sqrt{3}}}{\sqrt{(0.143 + 0.134)^2 + (0.262 + 0.328)^2}} = 366.6(A)$$

$$T_{st} = \frac{m_1 p U_1^2 R_2'}{2\pi f_1 [(R_1 + R_2')^2 + (X_1 + X_2')^2]}$$

$$= \frac{3 \times 4 \times \left(\dfrac{380}{\sqrt{3}}\right)^2 \times 0.134}{2\pi \times 50 \times [(0.143 + 0.134)^2 + (0.262 + 0.328)^2]}$$

$$= 580(N \cdot m)$$

二、笼型异步电动机的起动

对于笼型异步电动机，不同的转子设计，其起动电流倍数和起动转矩倍数可能差别很大，主要取决于电动机起动时的转子有效电阻。第十七章分析了深槽和双鼠笼式转子槽型下的转子电阻、起动电流、起动转矩以及 T_M-s 曲线。

笼型异步电动机起动时，可以将定子绕组直接接到额定电压的电源上，称为全压起动。全压起动时，有较大的起动转矩、较高的起动电流。现代设计的笼型异步电动机都按全压起动的电磁力和发热来考虑它的机械强度和热稳定性，因此笼型异步电动机都允许全压起动。全压起动方法的应用主要受供电变压器容量的限制。一般来说，只要全压起动时的起动电流在电回路中引起的电压降不超过额定电压的 10%～15%（对于经常起动的电动机取 10%，对于不经常起动的电动机取 15%），就允许采用全压起动。在发电厂中，由于供电容量大，一般都采用全压起动。

如果需要限制电动机的起动电流，可以采用降压措施减小起动电流，但同时起动转矩也以电压平方的比例减小了，这种起动方法称为降压起动，起动时，降低加在电动机定子绕组上的电压，以减小起动电流，待电动机转速趋于稳定后，再将定子绕组上的电压恢复到额

定值。

因为起动电流与外施电压成正比，而起动转矩与外施电压的平方成正比，所以降压起动虽然降低了起动电流，但也大大地降低了起动转矩，因此这种方法只适用于空载或轻载起动，以及泵类、风机负载的起动。以下分析降压起动对最初起动电流和最初起动转矩的影响，为了便于比较，全压起动时的最初起动电流和最初起动转矩分别用 I_{st} 和 T_{st} 表示。

$$I_{st} = \frac{U_N}{Z_k} \tag{18-3}$$

$$T_{st} = \frac{m_1 p R_2' U_N^2}{2\pi f_1 [(R_1 + C R_2')^2 + (X_1 + C X_2')^2]} \tag{18-4}$$

降低电压以减小起动电流的方法主要有以下几种：

（1）串电抗器或电阻起动。起动时在电源与定子绕组之间接入电抗器或者电阻，电流在电抗器或者电阻上产生压降，从而降低了加在定子绕组上的电压，这种方法过去用得较多，不过现在已很少应用。

（2）接降压自耦变压器起动。采用降压自耦变压器降低加在定子绕组上的电压，其接线如图 18-5 所示。起动时，将开关 K2 合向"起动"位置，然后合上开关 K1，这时利用自耦变压器降低加在电动机定子绕组上的电压，电动机的起动电流与定子电压成比例地减小；待转速基本稳定后，再将 K2 合向"运行"位置。以下分析起动电流和起动转矩。

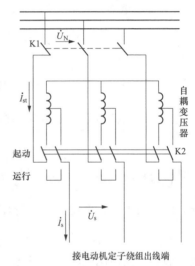

图 18-5 自耦变压器起动原理图

设降压自耦变压器一次侧与二次侧的电压之比为 k_A，则加在电动机定子绕组上的电压为

$$U_s = \frac{U_N}{k_A} = k_A' U_N$$

因为电动机电压降低了 $k_A' = \dfrac{1}{k_A}$ 倍，所以电动机定子侧的最初起动电流为

$$I_s = k_A' I_{st} \tag{18-5}$$

I_s 同时也是自耦变压器二次侧的电流，根据自耦变压器一、二次侧电流的关系，可得电网供给自耦变压器一次侧的电流为

$$I_{st}' = k_A' I_s = k_A'^2 I_{st} \tag{18-6}$$

由上式可知，利用自耦变压器起动时，电网供给的最初起动电流为全压起动时的 $k_A'^2$ 倍。

由于起动转矩与电压的平方成正比，因此最初起动转矩减小至全压起动时的 $k_A'^2$ 倍，即

$$T_s = k_A'^2 T_{st} \tag{18-7}$$

例如，$k_A' = 60\%$，则电网供给的最初起动电流为全压起动时的 0.36 倍，最初起动转矩也是全压起动时的 0.36 倍。

这种起动方法的优点是不受电动机绕组接线方式的限制，而且可以按容许的起动电流和所需的起动转矩来选择不同的抽头，它适用于起动容量较大的电动机。其缺点是起动设备费用较高。

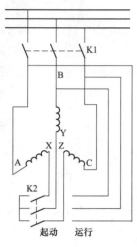

图 18-6　"星—三角"
起动电路图

（3）"星—三角"（Y-△）起动。将正常运行时三角形联结的电动机，起动时接成星形，那么加在定子绕组上的相电压从额定电压 U_N 降低为 $\dfrac{U_N}{\sqrt{3}}$。待转速基本稳定后，再利用转换开关将定子绕组接成三角形，此时每相绕组承受额定电压 U_N，定子绕组的接线如图 18-6 所示。

电动机全压起动时，定子绕组接成三角形，每相绕组所加电压为 U_N，设电动机起动时每相阻抗为 Z_k，此时线电流为

$$I_{st\triangle}=\sqrt{3}\,\frac{U_N}{Z_k} \tag{18-8}$$

电动机采用降压起动，定子绕组接成星形，每相绕组所加电压为 $\dfrac{U_N}{\sqrt{3}}$，则起动时的线电流（等于相电流）为

$$I_{stY}=\frac{U_N}{\sqrt{3}\,Z_k} \tag{18-9}$$

显然

$$I_{stY}=\left(\frac{1}{\sqrt{3}}\right)^2 I_{st\triangle}=\frac{1}{3}I_{st\triangle} \tag{18-10}$$

因为起动转矩正比于相电压的平方，所以星形接法时的最初起动转矩为

$$T_s=\left(\frac{1}{\sqrt{3}}\right)^2 T_{st}=\frac{1}{3}T_{st} \tag{18-11}$$

也就是说，用"星—三角"起动，最初起动电流和最初起动转矩都降为全压起动时的 $\dfrac{1}{3}$，它相当于一台变比为 $\sqrt{3}$ 的降压自耦变压器起动。

"星—三角"起动具有变比为 $\sqrt{3}$ 自耦变压器起动的效果，而且起动设备简单，经济可靠，故轻载、空载情况下起动常用此方法。

例 18-2　一台三相四极，50Hz 笼型异步电动机，额定电压 $U_N=380V$，额定电流 $I_N=20.1A$，额定转矩 $T_N=65.6N\cdot m$，定子绕组三角形接法，起动时参数 $R_1=1.375\Omega$，$R_2'=1.047\Omega$，$X_1=1.65\Omega$，$X_2'=2.24\Omega$，$R_m=8.34\Omega$，$X_m=82.6\Omega$。试求：

（1）在额定电压下全压起动时的最初起动电流倍数和最初起动转矩倍数；

（2）若采用"星—三角"起动，此时的最初起动电流倍数和最初起动转矩倍数；

（3）为了使最初起动转矩不小于额定转矩的 0.8 倍，而有较小的最初起动电流，采用自耦变压器降压起动，设自耦变压器中有 73%、64%、55% 三挡抽头，问应该选用哪挡抽头，此时的最初起动电流倍数和最初起动转矩倍数为多少？

解：修正系数

$$C=1+\frac{X_1}{X_m}=1+\frac{1.65}{82.6}=1.02$$

额定相电流为

$$I_{N\varphi}=\frac{I_N}{\sqrt{3}}=\frac{20.1}{\sqrt{3}}=11.61(A)$$

（1）在额定电压下全压起动。最初起动相电流为

$$I_{st} = \frac{U_1}{\sqrt{(CR_1 + C^2 R'_2)^2 + (CX_1 + C^2 X'_2)^2}}$$

$$= \frac{380}{\sqrt{(1.02 \times 1.375 + 1.02^2 \times 1.047)^2 + (1.02 \times 1.65 + 1.02^2 \times 2.24)^2}}$$

$$= 80.44(A)$$

最初起动电流倍数为

$$k_1 = \frac{I_{st}}{I_{N\varphi}} = \frac{80.44}{11.61} = 6.93$$

最初起动转矩为

$$T_{st} = \frac{m_1 p U_1^2 R'_2}{2\pi f_1 [(R_1 + CR'_2)^2 + (X_1 + CX'_2)^2]}$$

$$= \frac{3 \times 2 \times 380^2 \times 1.047}{2\pi \times 50 \times [(1.375 + 1.02 \times 1.047)^2 + (1.65 + 1.02 \times 2.24)^2]}$$

$$= 134.6(N \cdot m)$$

最初起动转矩倍数为

$$k_{st} = \frac{T_{st}}{T_N} = \frac{134.6}{65.6} = 2.05$$

（2）采用"星—三角"起动。由电网供给的最初起动电流倍数为

$$k'_1 = \frac{1}{3} \times 6.93 = 2.31$$

最初起动转矩倍数为

$$k'_{st} = \frac{1}{3} \times 2.05 = 0.683$$

（3）采用自耦变压器降压起动。根据题意

$$k'^2_A \frac{T_{st}}{T_N} \geqslant 0.8$$

$$k'_A \geqslant \sqrt{\frac{0.8}{T_{st}/T_N}} = \sqrt{\frac{0.8}{2.05}} = 0.625$$

自耦变压器应选用64％的抽头，此时自耦变压器的降压比为0.64，由电网供给的最初起动电流倍数为

$$k''_1 = (0.64)^2 \times 6.93 = 2.84$$

最初起动转矩倍数为

$$k''_{st} = (0.64)^2 \times 2.05 = 0.84$$

以上计算结果的比较见表18-1。

表 18-1　　　　　　　　　　　　笼型异步电动机不同方法下的起动性能

起动方法	最初起动电流倍数	最初起动转矩倍数
全压起动	6.93	2.05
"星—三角"起动	2.31	0.683
自耦变压器降压到 $0.64U_{1N}$ 起动	2.84	0.840

　　可见笼型异步电动机全压起动时的最初起动转矩比降压起动时大，缺点是最初起动电流很大，被广泛应用于电网容量足够大的场合。当电网容量不够大而需要限制起动电流时，采用"星—三角"起动和降压自耦变压器起动，这两种方法的最初起动转矩倍数的下降均与最初起动电流倍数的下降成正比，只是前者的降压比固定为$\dfrac{1}{\sqrt{3}}$，设备简单，而后者设备比较贵，但能灵活地选用不同的降压倍数，适应不同的需要。

三、采用变压变频装置起动

　　在前面的分析中，异步电动机的起动采用了转子串电阻或者降低电压的方法，在起动过程中分级切除电阻或者分级调压，这些方法会引起电动机的电流和转矩脉动。

　　随着电力电子技术的发展，变压变频装置也越来越成熟。采用变压变频装置驱动电动机，可以连续调节电压和频率，使电动机在起动过程中产生较大的起动转矩和较小的起动电流，改善电动机的起动性能。

　　关于变压变频装置的结构和原理，在有关"电力电子技术"的图书中有专门的讲解。

第二节　三相异步电动机的调速

　　在实际的工程应用中，大量的生产机械（如各种机床、轧钢机、造纸机、纺织机械等）要求在不同的情况下，以不同的速度工作。改变电动机速度的方法称为调速。三相异步电动机的调速可以通过改变电动机的电气量和参数来实现。

　　由异步电动机的转速公式

$$n = (1-s)n_1 = (1-s)\frac{60f_1}{p} \tag{18-12}$$

可知：改变电动机的转速有两种途径：一种是改变同步转速，因为转子转速总是接近同步转速，同步转速改变时，转子转速相应变化；另一种是改变转差率。

　　常用的调速方法如下：

　　（1）改变电动机定子绕组的极对数 p，称为变极调速。

　　（2）改变供电电源的频率 f_1，称为变频调速。

　　（3）改变电动机的定子电压调速。

　　（4）转子串电阻调速。

　　（5）转子串附加电动势调速。

一、变极调速

　　在频率不变的条件下，异步电动机的同步速与极对数成反比，所以改变电动机绕组的极对数，就能达到调速的目的。因为电动机的极对数只能为整数，所以变极调速只能一级一级地改变转速，而不能平滑调速。变速比为 2∶1 的叫倍极比调速，变速比不是 2∶1 的叫非倍极比调速。

　　改变电动机的极对数主要有两种方法：一种是单绕组变极法，利用改变绕组的接法得到两种转速；另一种是定子绕组采用多套不同极对数的绕组，而每套绕组又可以有不同的接线，从而做成多速电动机。因为后者会使电动机的体积增大，用料增多，成本增高，所以仅用在绝对需要的场合。因为单绕组变速理论的发展，出现了单绕组既可以倍极比调速，又可以非倍极比调速，不仅如此，还可以做到单绕组三速甚至四速电机。

变极电动机的转子一般都是笼型转子，因这种转子的极对数能自动地随着定子极对数的改变而改变，使定、转子磁动势的极对数总相等，从而产生平均电磁转矩。若为绕线转子异步电动机，则当定子绕组改变其极对数时，转子绕组也必须相应地改变其接法，使其极对数与定子绕组的相等，这就非常复杂，因此一般不用。

以下以倍极比调速为例，说明单绕组的变极方法。

1. 变极原理

设定子上每相有两组线圈，每组线圈用一个集中线圈来代表。以 A 相绕组为例，如果把定子绕组 A 相的两组线圈 A1X1 和 A2X2 顺向串联，则气隙中形成四极磁场，如图 18-7 所示。若把绕组中的一半线圈 A2X2 反向串联或反向并联，使其中的电流反向，气隙中将形成二极磁场，如图 18-8（a）、（b）所示。对于并联联结，可采用同样的方法改变磁场的极对数。由此可见，欲使极对数改变一倍，只要改变定子绕组的接线，使半相绕组中的电流反向流通就可达到目的，这种方法称为反向变极法。

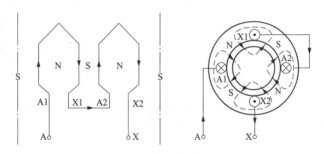

图 18-7 一相绕组的顺向串联及其四极磁场

2. 双速电动机常用的两种接线方法

根据变极原理可知，欲将四极转换为二极（或者相反），只要将每相绕组的半相绕组中电流反向流通。为了达到这一点，可以通过适当的接线来实现。常用的接线方法有 Y/YY 及 △/YY 两种。

图 18-9 表示 Y/YY 接法，例如在 4/2 极（低速/高速）双速电动机中，当每相绕组的两组线圈串联，如图 18-9（a）所示，接成单星形（Y），电源接到引出线 A4、B4、C4，则为四极电动机；若把每相绕组的两组线圈并联，接成双星形（YY），电源接到引出线 A2、B2、C2，把 A4、B4、C4 接在一起构成星形的中点，如图 18-9（b）所示，由于半相绕组中电流反向，此时为二极电动机。

图 18-10 表示△/YY 接法。按图 18-10（a）接线时为四极电动机，按图 18-10（b）接线为二极电动机。

不同的接线变极方式适用于不同类型的负载。Y/YY 联结变极方式适用于恒转矩负载下的调速，如起重机、运输带等机械。△/YY 联结变极方式适用于近似恒功率负载下的调速，如金属切削机床、轧钢机和卷纸机等。

采用变极调速的电动机尺寸一般比同容量的普通异步电动机稍大，电动机的出线头较多，并要换接开关，运行性能也稍差一些。但总的讲来，变极调速是一种非常传统的方法，

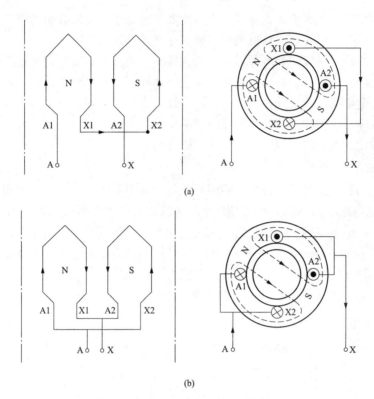

图 18-8　一相绕组的反向串联和反向并联及其两极磁场

（a）反向串联；（b）反向并联

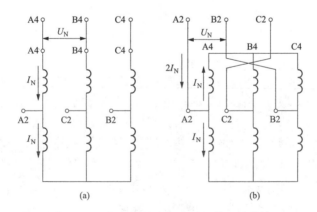

图 18-9　Y/YY 接法变极电动机绕组的联结

（a）正向串联：四极磁场（Y）；（b）反向并联：二极磁场（YY）

也是一种比较经济的调速方法，因而在不需要平滑调速的场合，常采用这种方法。

二、变频调速

当改变供电电源频率 f_1 时，同步转速 n_1 与频率成正比的变化，于是异步电动机的转速 n 也随之改变，所以改变电源频率就可以平滑地调节异步电动机的转速。额定情况下的同步转速称为基准速度（基速）。通过改变供电电源的频率，可以将电动机的转速调节到高于基

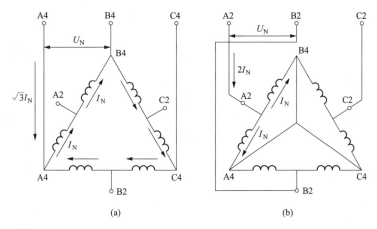

图 18-10 △/YY 接法变极电动机绕组的联结

(a) 正向串联：四极磁场（△）；(b) 反向并联：二极磁场（YY）

速或者低于基速。但是，在调节频率的同时，还要考虑电动机的运行情况，维持一定的电压和转矩的限值。

异步电动机在额定情况下运行时，电动机的运行点一般位于磁化曲线的膝点。如果电动机需要在低于基速的情况下运行，则需要降低供电电源的频率，但是如果仅仅降低频率，而保持定子的端电压不变，由 $U_1 \approx E_1 = 4.44 f_1 w_1 k_{w1} \Phi_m$ 可知，电动机中的主磁通将与频率成反比例地增加，电动机的铁芯将过饱和，使得励磁电流急剧上升，功率因数下降，效率降低。因此，为了维持低频下的主磁通不变，在调频的同时还要调压，应使 U_1 与 f_1 成比例的改变，即

$$\frac{U_1}{f_1} = 4.44 w_1 k_{w1} \Phi_m = 常数 \tag{18-13}$$

不过，在低速的情况下，因为频率较小，电动机的电抗较低，电阻的影响增大，所以必须保持一定的电压，以消除电阻的影响。

如果电动机需要在高于基速的情况下运行，则需要增加供电电源的频率，使其大于额定频率，此时应维持定子电压为额定值，以保护电动机的绕组绝缘。基速以上，电源频率越高，在额定电压下的主磁通越小，最大电磁转矩也越低，电动机的过载能力将下降。

如果要保持电动机在调频前后的过载能力，对于不同的负载，将有不同的压频关系。

由第十七章式（17-20）、式（17-26）可知

$$k_m = \frac{T_{max}}{T_N} = \frac{m_1 p U_1^2}{4\pi f_1 X_k T_N} = \frac{m_1 p U_1^2}{4\pi f_1 (2\pi f_1 L_k) T_N} = k \left(\frac{U_1}{f_1}\right)^2 \frac{1}{T_N}$$

其中，$X_k = 2\pi f_1 L_k$，L_k 为短路电感；$k = \frac{m_1 p}{8\pi^2 L_k}$ 为一常数。

若用加撇的符号表示变频后的量，则保持过载能力不变时，变频前后各量的关系为

$$k \frac{U_1'^2}{f_1'^2} \frac{1}{T_N'} = k \frac{U_1^2}{f_1^2} \frac{1}{T_N}$$

由此可得

$$\frac{U_1'}{f_1'} = \frac{U_1}{f_1} \sqrt{\frac{T_N'}{T_N}} \tag{18-14}$$

以下讨论对于不同类型的负载，调速前后的压频关系。

（1）恒转矩负载。对于恒转矩负载，调速前后有 $T'_N = T_N$，可得

$$\frac{U'_1}{f'_1} = \frac{U_1}{f_1} \tag{18-15}$$

由此可知，这时主磁通 Φ_m 也保持不变。

（2）恒功率负载。对于恒功率负载，调速前后有

$$P'_M = T'_N \Omega'_1 = T_N \Omega_1$$

所以

$$\frac{T'_N}{T_N} = \frac{\Omega_1}{\Omega'_1} = \frac{f_1}{f'_1}$$

代入式（18-14）中得

$$\frac{U'_1}{\sqrt{f'_1}} = \frac{U_1}{\sqrt{f_1}} \tag{18-16}$$

当然，这时主磁通将随转速改变而变化。

（3）风机类负载。对于风机类负载，其转矩与转速的平方成正比，近似有以下关系：

$$\frac{T'_N}{T_N} = \left(\frac{n'}{n}\right)^2 \approx \left(\frac{f'_1}{f_1}\right)^2$$

代入式（18-14）中得

$$\frac{U'_1}{f'^2_1} = \frac{U_1}{f^2_1} \tag{18-17}$$

当然，这时主磁通也随转速改变而变化。

根据以上分析，采用变频调速时，在满足负载要求的前提下，应选择合适的控制策略，以保证电动机的运行性能。

因为变频调速具有调速范围宽、平滑性好等优点，得到了广泛应用。

三、改变电源电压调速

由第十七章的分析知道：电动机的电磁转矩与定子电压的平方成正比，当降低定子的端电压 U_1 时，最大电磁转矩随 U_1 的平方下降，但临界转差率 s_m 不变，所以相应的 T_M-s 曲线也会改变。图 18-11 中，曲线 1、2 和曲线 3 分别是电动机端电压为 U_N、$0.8U_N$ 和 $0.6U_N$

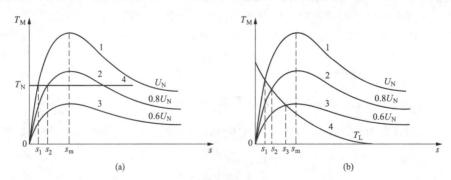

图 18-11　改变电源电压调速

（a）电动机拖动恒转矩负载；（b）电动机拖动风机类负载

时的 T_M-s 曲线，曲线 4 是负载特性曲线。由图 18-11 可见，减小电压、转差率增大、转速下降；对于图 18-11（a）的恒转矩负载，调速范围很窄，实用价值不大；对于图 18-11（b）的风机类负载，调速范围将会扩大，但要注意过电流问题。因此，这种调速方法主要用在驱动风扇的小型电动机上。

四、转子串电阻调速

在绕线转子异步电动机中，可以在转子回路中接入附加电阻，当改变附加电阻的数值时，相应的 T_M-s 曲线也改变。因为最大电磁转矩与转子电阻无关，而临界转差率 s_m 与转子电阻成正比，所以转子电阻越大，s_m 也越大。图 18-12 给出了转子回路串入电阻前后的 T_M-s 曲线，其中曲线 1 为不串电阻时的曲线，曲线 2 为串入附加电阻以后的曲线。由图 18-12 可见，附加电阻越大，转差率也越大，转速越低。在这种调速方法中，因为转子回路的电阻增大，使得转子铜耗增加，效率下降。

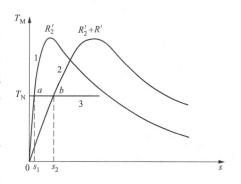

图 18-12　转子回路串电阻调速

对于恒转矩负载，串电阻调速前后 $T_\mathrm{M1}=T_\mathrm{M2}$，转子电阻与转差率满足一定的关系。由电磁转矩的参数表达式（17-17），可得未接电阻和接入调速电阻 R'_t 以后的转矩关系式为

$$T_\mathrm{M1}=\frac{m_1 p U_1^2 \dfrac{R'_2}{s_1}}{2\pi f_1\left[\left(R_1+C\dfrac{R'_2}{s_1}\right)^2+(X_1+CX'_2)^2\right]}$$

和

$$T_\mathrm{M2}=\frac{m_1 p U_1^2 \dfrac{R'_2+R'_\mathrm{t}}{s_2}}{2\pi f_1\left[\left(R_1+C\dfrac{R'_2+R'_\mathrm{t}}{s_2}\right)^2+(X_1+CX'_2)^2\right]}$$

不难看出此时应有关系

$$\frac{R'_2}{s_1}=\frac{R'_2+R'_\mathrm{t}}{s_2}=\text{常数} \tag{18-18}$$

由上式即可求出外接调速电阻 R'_t 与转子本身电阻 R'_2 的关系为

$$R'_\mathrm{t}=\left(\frac{s_2}{s_1}-1\right)R'_2 \tag{18-19}$$

式中：s_1、s_2 分别为对应于转子回路电阻 R'_2 和 $(R'_2+R'_\mathrm{t})$ 时的转差率。

由于 $\dfrac{R'_2}{s_1}=\dfrac{R'_2+R'_\mathrm{t}}{s_2}=\text{常数}$，因此转子串电阻前后，转子等效电路中电阻项 $\dfrac{R'_2}{s_1}$ 保持不变，因此，恒转矩负载调速时，定、转子电流，气隙磁场，输入功率和电磁功率都不会发生改变，与转子回路串入电阻大小无关。但是，因为调速电阻的增加，调速电阻上的损耗增加，使电动机的效率降低，可见这种调速方法很不经济。尽管如此，由于比较简单，因此在中、小容量的绕线转子异步电动机中用得不少，例如桥式起重机上的绕线转子异步电动机，一般都采用这种调速方法。

五、转子串附加电动势调速

绕线转子回路串入调速电阻调速的缺点是损耗大，效率低。为了克服这一缺点，绕线转子异步电动机可以采用转子串入附加电动势的调速方法（又称串级调速）。

这种调速方法是在转子回路中串入一个三相对称的附加电动势 $\dot{E}_f$，其频率与转子电动势 $\dot{E}_{2s}$ 频率相同，相位与 $\dot{E}_{2s}$ 相同或相反，如图 18-13 所示。改变 $\dot{E}_f$ 的大小和相位，就可以调节电动机的转速。

由图 18-13 可得转子电流为

$$I_{2s} = \frac{E_{2s} \pm E_f}{\sqrt{R_2{}^2 + X_{2s}^2}} = \frac{sE_2 \pm E_f}{\sqrt{R_2^2 + (sX_2)^2}} \tag{18-20}$$

$\dot{E}_f$ 与 $\dot{E}_{2s}$ 相位相反时取"—"号，一致时取"+"号。由此可知，改变 E_f 的大小，即可调节转子回路的电动势或电流的大小，从而达到改变转矩和转速的目的。

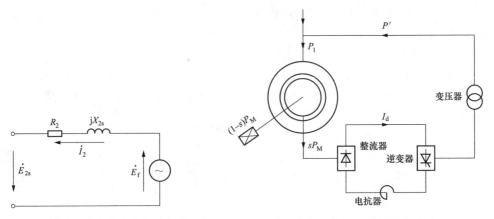

图 18-13　转子回路串电动势等效电路　　　　图 18-14　晶闸管串级调速系统

应用最广泛的调速系统原理如图 18-14 所示。异步电动机转子绕组接入一个整流器，把转子电动势 $\dot{E}_{2s}$ 整成为直流。与该整流器相接的是晶闸管逆变器，它可以把转子经整流器输出的功率通过逆变器和变压器回馈给电网。改变晶闸管逆变器的触发脉冲控制角，就可改变逆变器两端电压，也就是改变了附加电动势 E_f 的大小，从而实现调速的目的，该系统称为晶闸管串级调速系统。

若 $\dot{E}_f$ 与 $\dot{E}_{2s}$ 相位相反，当 E_f 增加时，s 增大，转速下降，所以当 $E_f = 0$ 时，电动机转速最高，显然它低于同步速。若 $\dot{E}_f$ 与 $\dot{E}_{2s}$ 相位相同，当 E_f 增加时，s 减小，转速上升，甚至可以高于同步速。因此这种调速方法可以实现电动机宽广范围内的调速，使电动机的转速即可在同步速以下变化，又能在同步速以上变化。

串附加电动势调速时，转子吸收的功率，可以回馈一部分给电网，这时的电动机实际上相当于一台双馈异步电动机。而串电阻调速时，电阻吸收的功率变成了热能损耗掉了，因此这种调速方法效率高于串电阻调速。其缺点是设备费用较高，线路较复杂，所以主要用于大功率电力拖动装置中，如不可逆轧钢机、矿井提升机等机械上。

例 18-3　一台三相绕线转子异步电动机，$P_N = 75 \text{kW}$，$f_N = 50 \text{Hz}$，$n_N = 1460 \text{r/min}$，

$R_2=0.053\Omega$。电动机拖动一恒转矩负载运行，负载转矩 $T_L=0.8T_N$，欲使电动机运行在 $n=1300\text{r/min}$，求转子每相应串入的电阻值（忽略 T_0）。

解： 首先求出对应于额定转矩 T_N 时的转差率 s_N，即

$$s_N=\frac{n_1-n_N}{n_1}=\frac{1500-1460}{1500}=0.026\,7$$

然后求出不串电阻时，对应于 $0.8T_N$ 时的转差率 s_1。可以认为在额定转矩附近，$T_M\text{-}s$ 特性为一直线，如图 18-15 所示。

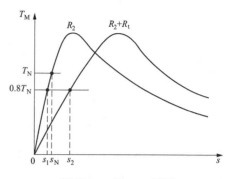

由图可知　　　$\dfrac{T_N}{0.8T_N}=\dfrac{s_N}{s_1}$

所以　　$s_1=0.8s_N=0.8\times0.026\,7=0.021\,4$

而　$s_2=\dfrac{n_1-n}{n_1}=\dfrac{1500-1300}{1500}=0.133$

由于负载转矩为 $0.8T_N$ 不变，所以应串入的电阻为

图 18-15　例 18-3 附图

$$R_t=\left(\frac{s_2}{s_1}-1\right)R_2=\left(\frac{0.133}{0.021\,4}-1\right)\times0.053=0.277(\Omega)$$

第三节　三相异步电动机的制动

如果电动机在运行过程中，需要使转子停转，一种最简单的办法就是把电动机从电源上断开，但是如果需要转子转速快速下降、转子快速停转、转子由正转快速变成反转等，则需要采取一定的措施，一种有效的方法是使电动机产生的电磁转矩与转子转向相反，起制动作用。我们把异步电动机在运行过程中，产生的电磁转矩与转子旋转方向相反的状态，称为电动机的制动运行状态。

一、反接制动

异步电动机运行时，如果转子的转向与气隙旋转磁场的转向相反，则电磁转矩起制动作用，这种运行状态称为反接制动，此时转差率 $s>1$。实现反接制动有以下两种方法。

1. 正转反接

异步电动机在电动机状态下，气隙磁场与转子转向一致，此时，若将运行中电动机定子侧的任意两相接线调换，则改变了定子电流相序，从而改变了旋转磁场的方向，电磁转矩的方向也随之改变，对转子产生制动作用，电动机便运行在电磁制动状态。当电动机转速降至零时，必须立即切断电源，否则电动机将反向旋转。

2. 正接反转

当绕线转子异步电动机拖动具有位能性质的负载下降时（如起重机下放重物），其运行状态便处于正接反转的制动状态。此时，电动机的定子接线保持不变（即所谓正接），而在转子回路串入较大的电阻来使转子反转，其原理和在转子回路串入电阻调速一样。当串入的转子电阻逐渐增大时，转子转速将逐渐减小至零，其运行点如图 18-16 中的 $a\rightarrow b\rightarrow c$ 所示。此时若继续增加转子电阻，则转子开始反转，例如运行点 d。因为电磁转矩方向并不改变，

而转子反转，$s>1$，电动机处于制动状态，从而保证了重物以较低的速度下降，而不致把重物损坏。显然，重物下降的速度可以用调节串入转子回路的电阻来控制。

当异步电动机反接制动时，除了从电源吸收电功率外，还要从轴上吸收机械功率，这些功率都消耗在转子回路里。

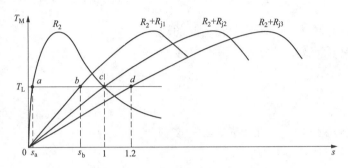

图 18-16　绕线式异步电动机正接反转的反接制动

二、回馈制动

采用变极调速的电动机，当电动机从少数极变换到多数极的过程中，由于同步转速突然降低，于是转子转速暂高于同步转速，成为发电机运行，此时电磁转矩与转子转向相反，起制动作用，使电动机的转速降低，直到达到新的转矩平衡，最后使电动机在多极数的状态下运行。在这个制动过程中电动机实际上运行于发电机状态，它把从轴上吸收的机械能转变为电能回馈给电网，故称为回馈制动，又称发电机制动。

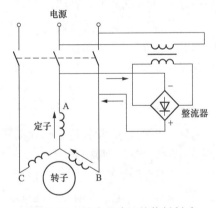

图 18-17　异步电动机的能耗制动

三、能耗制动

将正在运行的异步电动机的定子绕组从电网断开，而接到一直流电源上，此时由直流电流产生的气隙磁场为一恒定磁场。于是转子绕组切割这一磁场产生感应电动势和电流，该电流和磁场作用产生的转矩起制动作用。这时转子的动能全部变换成电能消耗在转子回路的电阻上，故称能耗制动。能耗制动多用来使异步电动机迅速停车。

图 18-17 是能耗制动的一个典型线路图。在制动时，定子两相绕组接成串联，由整流器供给直流励磁，调节该励磁电流或改变绕线转子回路中的附加电阻可以控制制动转矩的大小。

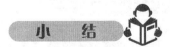

小　　结

（1）异步电动机起动性能的主要指标是最初起动电流倍数和最初起动转矩倍数。我们希望起动电流小，起动转矩足够大。增大转子电阻对改善起动性能十分有利，它一方面可以减小起动电流，另一方面因为提高了转子的功率因数，也增大了起动转矩。但转子电阻增大后，正常运行时转子铜耗增加，降低电动机的运行效率。

绕线转子异步电动机通过起动时串入电阻，正常运行时切除起动电阻来解决。深槽型和双笼型转子异步电动机则是利用起动过程中转子频率的变化，引起转子导体中电流的分布发生改变，从而使起动时转子的有效电阻自动增大，运行时基本回复到直流电阻值。普通笼型转子异步电动机采用降压起动虽然减小了最初起动电流，但最初起动转矩随电压的平方而减小，它仅适用于空载或轻载以及泵类负载起动。

（2）异步电动机的调速方法有变极调速、变频调速（属于改变同步速的调速）和变压调速、转子回路串入电阻和附加电动势调速（属于不改变同步速的调速）等五种。

变极调速是通过在定子内嵌置几套绕组或改变绕组的连接来得到不同的极数和转速，这种调速方法适用于不需平滑调速的地方。

变频调速和转子回路串入附加电动势调速，都可以平滑地调速，电动机效率也不会降低，但需要一套复杂的设备。随着电力电子技术的发展，这两种调速方法，在工业中的应用日益增多。

绕线转子异步电动机转子回路串入电阻调速，使转子回路铜耗增大，因而转差率增大，达到调速的目的，这种方法的缺点是效率低。但因为比较简单，所以在中、小型绕线转子异步电动机中应用较多。

变压调速对于恒转矩负载由于调速范围窄，过载能力下降，所以一般不用，它可用于小容量的通风机负载。

（3）异步电动机的制动运行是指电动机产生的电磁转矩和转子转向相反的运行状态，可采用反接制动、回馈制动和能耗制动等方法实现。

第十九章　不对称供电电源下三相异步电动机的运行和单相异步电动机

本章学习目标：
（1）了解对称分量法在多相异步电动机不对称运行分析中的应用。
（2）了解三相异步电动机在不对称供电电源下运行的物理情况及后果。
（3）了解单相异步电动机的起动方法及基本运行情况。

第一节　不对称供电电源下三相异步电动机的运行

异步电动机在实际运行中，供电电压一般总是对称的。前面各章分析了异步电动机在三相正弦供电电源下的运行。但在电网有很大的单相负载（例如有电气机车、电炉、电焊机等负载）时，以及在电网发生故障的情况下，电源电压就可能发生不对称现象，此时对连接在该电网上的异步电动机的运行将产生影响。本章主要分析三相异步电动机在不对称电源供电时的运行以及单相异步电动机。

分析三相异步电动机在不对称供电电源下的运行情况，可采用对称分量法，即不对称的系统可以分解为正序系统、负序系统和零序系统三个相序系统。因为异步电动机一般没有中线，所以不论定子绕组接成星形还是三角形，在电动机内不存在零序电压、零序电流和零序磁场，于是我们只需对正序和负序两个对称系统进行分析。根据对称分量法，不对称的供电电压分解出的正序和负序电压为

$$\begin{pmatrix} \dot{U}_A^+ \\ \dot{U}_A^- \end{pmatrix} = \frac{1}{3} \begin{pmatrix} 1 & a & a^2 \\ 1 & a^2 & a \end{pmatrix} \begin{pmatrix} \dot{U}_A \\ \dot{U}_B \\ \dot{U}_C \end{pmatrix} \tag{19-1}$$

一、在正序电压下的响应

异步电动机在三相对称正序电压的作用下，与前面三相正弦供电电源下的运行情况完全相同，这时电动机的气隙中产生正转的正序旋转磁场，其转向与转子相同。此时的转差率称为正序转差率，其大小为

$$s^+ = \frac{n_1 - n}{n_1} = s \tag{19-2}$$

利用第 16 章的 T 型等效电路即可计算出正序电压激励下的定转子电流、功率、转矩等［见图 19-1(a)]。

二、在负序电压下的响应

异步电动机在三相对称负序电压的作用下，定、转子绕组中产生负序电流，此时气隙中将产生反转的负序旋转磁场，其转向与正序磁场以及转子相反，此时的转差率称为负序转差率，其大小为

$$s^- = \frac{-n_1 - n}{-n_1} = \frac{n_1 + n}{n_1} = \frac{2n_1 - (n_1 - n)}{n_1} = 2 - s \tag{19-3}$$

这时要将第十六章的 T 型等效电路稍做修改才能使用，只要将其中的转差率 s 用 $(2-s)$ 代替即可，如图 19-1（b）所示。由此即可计算出负序电压激励下的定转子电流、功率、转矩等。

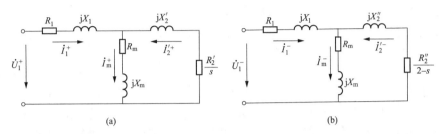

图 19-1 异步电动机在不对称电压下的等效电路

（a）正序等效电路；（b）负序等效电路

因为负序旋转磁场在转子中引起的电流频率 $f_2^- = s^- f_1 = (2-s)f_1$，频率较高，集肤效应较强，所以转子侧的参数与正序时不同，用 R_2''、X_2'' 分别表示负序时的转子每相电阻和漏抗的归算值。

三、异步电动机在不对称电压下的运行

由图 19-1 的等效电路求出定转子的相序电流后，即可求出其他物理量。

定子中的实际电流可采用对称分量法求出

$$\begin{pmatrix} \dot{I}_A \\ \dot{I}_B \\ \dot{I}_C \end{pmatrix} = \begin{pmatrix} 1 & 1 \\ a^2 & a \\ a & a^2 \end{pmatrix} \begin{pmatrix} \dot{I}_A^+ \\ \dot{I}_A^- \end{pmatrix} \tag{19-4}$$

各项功率和转矩可由以下方法计算：

输入功率 $\qquad P_1 = U_A I_A \cos\varphi_A + U_B I_B \cos\varphi_B + U_C I_C \cos\varphi_C \tag{19-5}$

定子铜耗 $\qquad P_{cu1} = I_A^2 R_1 + I_B^2 R_1 + I_C^2 R_1 \tag{19-6}$

因为在正序电压作用下产生的电磁转矩 T_M^+ 与转子转向相同，为拖动性质的转矩，而在负序电压作用下产生的电磁转矩 T_M^- 与转子转向相反，为制动性质的转矩，所以电动机中实际的电磁转矩为正向转矩和反向转矩的合成，即 $T_M = T_M^+ - T_M^-$。

电磁功率为 $\quad P_M = T_M \Omega_1 = P_M^+ - P_M^-$。

P_M^+ 和 P_M^- 可由下式给出：

$$P_M^+ = 3I_2'^{+2} \frac{R_2'}{s}, \; P_M^- = 3I_2'^{-2} \frac{R_2''}{2-s} \tag{19-7}$$

所以电磁功率为

$$P_M = P_M^+ - P_M^- \tag{19-8}$$

转子铜耗是转子电流在转子电阻上消耗的能量，所以

$$P_{cu2} = 3I_2'^{+2} R_2' + 3I_2'^{-2} R_2'' \tag{19-9}$$

转子轴上获得的总机械功率为

$$P_\Omega = P_M - P_{cu2} \tag{19-10}$$

输出的机械功率为

$$P_2 = P_\Omega - (P_m + P_{ad}) \tag{19-11}$$

电动机的电磁转矩为

$$T_M = \frac{P_M}{\Omega_1}, \Omega_1 = \frac{2\pi n_1}{60} = \frac{2\pi f_1}{p} \tag{19-12}$$

输出转矩为

$$T_2 = \frac{P_2}{\Omega}, \Omega = \frac{2\pi n}{60} \tag{19-13}$$

电动机在对称情况下运行时，电动机内的气隙磁场是一均匀的圆形旋转磁场，其电磁转矩为恒值；而在不对称情况下运行时，电动机内的气隙磁场是一个椭圆形旋转磁场，因此电动机的电磁转矩也将相应变化而不是一个恒值。因而引起电动机振动、转速不均和电磁噪声。同时由于电动机的合成转矩减小了，起动性能和过载能力下降。在负载不变的情况下，电动机的转差率将增加，致使电动机的功率因数和效率降低，并可能发生过热。

综上所述，电动机在三相电压严重不对称情况下运行是不允许的。所以规程规定：电动机在额定负载下运行时，相间电压的不对称度不得超过 5%。

第二节　单相异步电动机

单相异步电动机（single-phase asynchronous motor）工作时，只需单相交流电源供电，因此，它适用于只有单相电源的地方，如在家用电器或医疗器械中得到了广泛的应用。与同容量的三相异步电动机相比较，单相异步电动机的体积大，运行性能差，因此一般只做成小容量的，自几瓦到几百瓦。

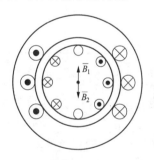

图 19-2　单相异步电动机的磁场

单相异步电动机的定子绕组若只有一相绕组，接到单相电源上，产生的磁场不是旋转磁场，而是一空间位置不动的脉振磁场。这一空间位置不动、大小随时间变化的脉振磁场穿过转子绕组，在转子绕组中感应变压器电动势，由于转子绕组短路，转子中产生电流，转子电流产生的磁场也是一脉振磁场，空间位置与定子磁场相同，如图 19-2 所示。

根据 $T_M = k\bar{B}_2 \times \bar{B}_1$ 可知，定转子磁场相互作用不能产生电磁转矩。因为没有起动转矩，所以转子不能转动起来，因而单相异步电动机不能自起动。

一、单相异步电动机的起动

为了使单相异步电动机能产生起动转矩，必须设法使电动机起动时其内部能够产生一旋转磁场。产生旋转磁场必须有两个条件：①至少有两个在空间上有相位差的绕组；②绕组中通过时间上有相位差的电流。为了达到这两个条件，常采用分相起动（split phase starting）和罩极起动（shaded-pole starting）。不管哪种方法起动电动机，单相异步电动机的转子都是普通的笼型转子。

1. 分相起动

采用分相起动的单相异步电动机，定子上有两个绕组，它们在空间上相差 90°电角度：一个称为工作绕组或主绕组（main winding）；另一个称为辅助起动绕组（auxiliary starting winding）。为了使电动机在起动时能够建立气隙旋转磁场，主绕组及辅助起动绕组中的电流 $\dot{I}_m$ 和 $\dot{I}_a$ 在时间上还要有相位差，通常采用在起动绕组中串联电容器的办法来满足这一要求。

一般情况下，起动绕组是按短时工作设计的，为了避免过热损坏，通常只在起动时接入，当转速达到同步转速的 70%～80%时，装在轴上的离心开关 K 动作，自动将起动绕组断开，这种电动机称为电容起动电动机（capacitor start motor）。电动机正常运行时，只有一个主绕组接在电源上工作，如图 19-3（a）所示。

如果设计时考虑起动绕组不仅能供起动用，而且能长期接在电网上工作，则从电动机内部来说，就是一台两相异步电动机，它可以提高过载能力和功率因数，这种电动机称为电容电动机（capacitor motor）。由于电动机在工作时所需的电容比起动时小，因此当电动机起动后，必须利用离心开关 K 把多余的电容器 C_2 切除，如图 19-3（b）所示。

起动绕组也可以不串电容器而将其设计得具有较大的电阻，这时 $\dot{I}_m$ 和 $\dot{I}_a$ 也有一定的相位差，因而也能产生一定的起动转矩，但数值较小，只用于比较容易起动的场合。

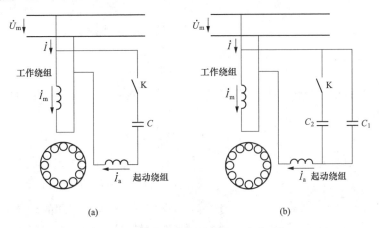

图 19-3 电容起动电动机和电容电动机
（a）电容起动电动机；（b）电容电动机

若在起动绕组中串联电容器，这时起动绕组中的电流 $\dot{I}_a$ 超前电网电压 $\dot{U}_m$ 一个 φ_a 角，而主绕组中的电流 $\dot{I}_m$ 滞后 $\dot{U}_m$ 一个 φ_m 角。当电容 C 配置适当时，可使 $\varphi_m + \varphi_a = 90°$，如图 19-4 所示。此外，为了在电动机气隙中产生一圆形旋转磁场，像三相异步电动机在对称电压下起动一样，产生较大的起动转矩，应设计成 $I_m N_m k_{Nm} = I_a N_a k_{Na}$，式中 $N_m k_{Nm}$ 和 $N_a k_{Na}$ 分别为主绕组和起动绕组的有效匝数。

电动机的转向视其两个绕组的接法而定，若两绕组的同极性端接在一起，则旋转磁场和转子的转向为从流过超前电流的绕组轴线转到流过滞后电流的绕组轴线。若要改变转向，只要将两个绕组中任一个倒换一下接线即可。

2. 罩极起动

罩极起动电动机的定子铁芯大多做成凸极式，铁芯由硅钢片叠压而成，每个磁极上都装有工作绕组，接到单相电源上。在每个磁极的 1/3 极靴处开一个小槽，槽内安放一个铜环作为起动绕组，如图 19-5（a）所示。

当工作绕组接到电源而有单相交流电流通过时，由它产生的脉振磁通可分为两部分：一部分磁通 $\dot{\Phi}_1$ 不穿过短路环；另一部分磁通 $\dot{\Phi}_2$ 则穿过短路环，显然 $\dot{\Phi}_1$ 和 $\dot{\Phi}_2$ 同相位，因为它们都随工作绕组中的电流而变化。磁通 $\dot{\Phi}_2$ 要在短路环中感应电动势和电流，短路环中的电流产生对 $\dot{\Phi}_2$ 起去磁作用的磁通 $\dot{\Phi}_k$，磁极被罩部分的磁通实际上是 $\dot{\Phi}_3 = \dot{\Phi}_2 + \dot{\Phi}_k$。短路环中的电动势 $\dot{E}_k$ 应滞后于 $\dot{\Phi}_3$ 以 90°，$\dot{I}_k$ 滞后于 $\dot{E}_k$ 以 Ψ_k 角，Ψ_k 为短路环的阻抗角。不考虑铁耗时，$\dot{I}_k$ 和 $\dot{\Phi}_k$ 同相位，相量图如图 19-5（b）所示。

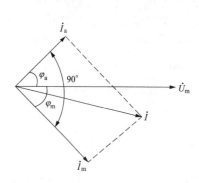

图 19-4　电容起动电动机的相量图

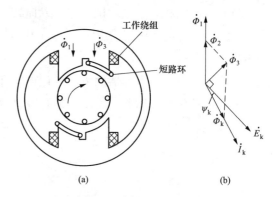

(a)　　　　　　(b)

图 19-5　罩极起动电动机

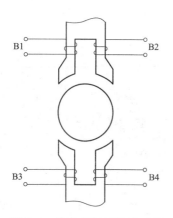

图 19-6　能正反转的罩极电动机

从以上分析可见，未罩部分磁通 $\dot{\Phi}_1$ 和罩住部分磁通 $\dot{\Phi}_3$ 在空间上和时间上都有一定的相位差，因此它们的合成磁场将是一个沿超前磁通 $\dot{\Phi}_1$ 推向落后磁通 $\dot{\Phi}_3$ 方向的旋转磁场，并产生一定的起动转矩，从而使转子朝磁场旋转方向旋转。

罩极起动电动机的起动转矩小，但结构简单，制造方便，多用于小型电扇、电唱机和录音机中，容量一般在 30～40W 以下。这种电动机不能用改变定子接线来改变转子的转向。为了使罩极电动机能够正反方向旋转，其短路线圈可采用图 19-6 所示结构，主极设两个罩极线圈，各罩住半个磁极，短接 B1 和 B4 或者 B2 和 B3，则可改变转子的转向。

二、电容电动机的运行分析

电容电动机完成起动后，一部分电容被切除，起动绕组仍然接在电源上工作，这时可以把它看作一台两相异步电动机的不对称运行情况，可以采用对称分量法分析。与分析三相异步电动机的不对称运行方法一样，只不过在求功率时，要将相数由 3 改为 2。

以下以电流为例，说明两相绕组采用对称分量法时的分解方法。两相不对称电流 $\dot{I}_m$ 和 $\dot{I}_a$ 分别分解为正序分量和负序分量，即

$$\dot{I}_m = \dot{I}_m^+ + \dot{I}_m^- \tag{19-14}$$

$$\dot{I}_a = \dot{I}_a^+ + \dot{I}_a^- \tag{19-15}$$

正序分量有下列关系

$$\dot{I}_a^+ = -j\dot{I}_m^+ \tag{19-16}$$

负序分量有下列关系

$$\dot{I}_a^- = j\dot{I}_m^- \tag{19-17}$$

根据式（19-14）～式（19-17），可得

$$\begin{pmatrix} \dot{I}_m \\ \dot{I}_a \end{pmatrix} = \begin{pmatrix} 1 & 1 \\ -j & j \end{pmatrix} \begin{pmatrix} \dot{I}_m^+ \\ \dot{I}_m^- \end{pmatrix} \tag{19-18}$$

可求出

$$\begin{pmatrix} \dot{I}_m^+ \\ \dot{I}_m^- \end{pmatrix} = \frac{1}{2} \begin{pmatrix} 1 & j \\ 1 & -j \end{pmatrix} \begin{pmatrix} \dot{I}_m \\ \dot{I}_a \end{pmatrix} \tag{19-19}$$

三、电容起动电动机的运行分析

电容起动电动机完成起动后，起动绕组被切除，所以电动机在正常工作时，只有主绕组中有电流，这时可以把它看作是两相异步电动机一相开路情况，只要令电容电动机分析中的 $\dot{U}_a = 0$，$\dot{I}_a = 0$ 即可。其他与电容电动机分析完全相同。

此时有

$$\dot{U}_m^+ = \dot{U}_m^- = \frac{1}{2}\dot{U}_m, \quad \dot{I}_m^+ = \dot{I}_m^- = \frac{1}{2}\dot{I}_m \tag{19-20}$$

因为正序电流与负序电流大小相等，均为一相电流的 0.5 倍；相应的正向旋转磁场和反向旋转磁场的大小也相等，各为单相脉振磁场最大幅值的 0.5 倍。

与三相异步电动机对称运行时的分析一样，可分别给出在正序气隙旋转磁场作用下的 $T_M^+ - s^+[T_M^+ = f(s)]$ 曲线以及在负序气隙旋转磁场作用下的 $T_M^- - s^-[T_M^- = f(2-s)]$ 曲线，两者合成即为单相异步电动机的 T_M-s 曲线，如图 19-7 所示。需要注意的是由于正序磁场与负序磁场的幅值相等，两种磁场作用下的最大转矩也相同，另外 T_M^- 与 T_M^+ 方向相反。

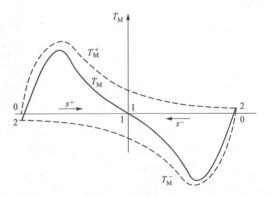

图 19-7　单相异步电动机的 T_M-s 曲线

因为 $\dot{U}_a = 0$，$\dot{I}_a = 0$，也可给出其统一的等效电路。由等效电路可直接计算电动机的电流、功率及转矩。

假如转子静止，那么大小相等、转速相同的正向旋转磁场和反向旋转磁场对转子的作用相同，在转子绕组中感应相同的电阻压降和电抗压降，因此可以将等效电路中的转子部分一分为二，分别对应正序磁场和负序磁场的影响。

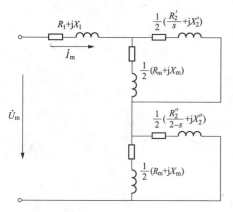

图 19-8　单相异步电动机等效电路

当转子旋转起来后，正转旋转磁场相对于转子的转差率为 $s^+ = \dfrac{n_1 - n}{n_1} = s$，因此，在与正序磁场相关的转子电路中，转子电阻为 $\dfrac{0.5R_2'}{s}$；负序旋转磁场相对于转子的转差率为 $s^- = \dfrac{-n_1 - n}{-n_1} = 2 - s$，因此，在与负序磁场相关的转子电路中，转子电阻为 $\dfrac{0.5R_2'}{2-s}$，其等效电路如图 19-8 所示。

图 19-8 中 R_2''、X_2'' 为对应于负序电流的转子电阻和转子静止时的漏电抗的归算值，由于负序磁场在转子中引起的电流频率很高，集肤效应使得负序情况下的转子电阻和漏抗与正序时不同。

因为单相异步电动机始终存在一个反向旋转磁场，因此单相异步电动机的性能总是较次于三相异步电动机。例如，反向旋转磁场产生的制动转矩部分地抵消了正向电磁转矩，因此单相异步电动机的最大转矩较小，过载能力较低。其次，单相异步电动机中的负序电流引起转子铜耗，而且与三相异步电动机相比，在同容量、同电压情况下，单相电动机的电流大，定子铜耗较大，这样使得单相异步电动机的损耗较大，效率较低，功率因数也较低。

最后还应指出，当转子旋转起来后，正转磁场对转子的相对速度很小，所以转子中感应的正序电动势很小，该电动势产生的电流的去磁作用也小，因此正转磁场较强。反转磁场对转子的相对速度大（近于两倍同步速），所以转子中感应的负序电动势很大，该电动势产生的电流的去磁作用强，因此反转磁场弱。由此可知，正常运行时，基本上具有圆形旋转磁场的性质。

小 结

三相异步电动机在不对称供电电源下运行时，由于负序磁场的影响，电动机内部磁场为椭圆形旋转磁场，它引起电动机振动和噪声。同时通过对称分量法分析电动机有效转矩减小，转差率增大，电流增大，功率因数和效率变坏，严重时可使电动机过热烧毁。

单相异步电动机从原理上看是一种特殊的不对称三相异步电机，它的工作绕组产生的是脉振磁动势，所以不产生起动转矩，必须采用分相起动或罩极起动。一旦电动机旋转起来后，正向和反向旋转磁场切割转子导条的速度不同，转子的反应也不相同，因而能产生一定的电磁转矩，带动负载运行。

第五篇

直 流 电 机

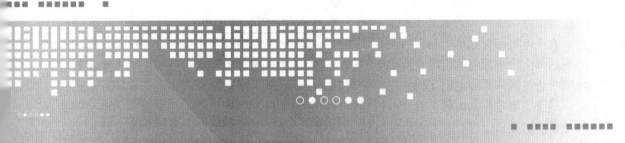

第二十章 直流电机的基础知识

本章学习目标：

(1) 了解直流电机的基本结构，掌握直流电机电枢绕组的特点。

(2) 掌握直流电机的额定值及基本工作原理。

(3) 掌握直流电机的电枢电动势和电磁转矩的计算。

(4) 掌握直流电机电枢反应的作用。

(5) 了解直流电机的换向过程以及改善换向的方法。

第一节 直流电机的基本结构

直流电机也是一种旋转电机，同样具有可逆性，即可作发电机运行，又可作电动机运行。直流电机与交流电机具有共同点，其内部都是交流电动势与电流，直流电机之所以能够实现内部交流电能与输出端直流电能的转换，是由于直流电机有换向器和电刷两个部件，直流电机通过换向器和电刷实现了内部交流电能与输出端直流电能的转换。

尽管直流电机从内部来看，可以看作一台交流电机，但是历史上最早发明的电机却是直流电机，这是由于当时只有蓄电池可用。20 世纪 60 年代以前，直流电机一直广泛应用于工业领域。直流电动机具有良好的起动性能和调速性能，能实现宽广范围内平滑经济地调速，所以广泛应用于对起动性能和调速性能要求较高的机械上，如发电厂中锅炉给粉系统、矿井卷扬机械、大型机床和电力机车以及城市无轨电车，都采用直流电动机拖动。直流发电机可作为各种直流电源，如直流电动机的电源，同步电机的励磁机以及化学工业中的电解、电镀低压大电流直流电源等。

随着电力电子技术与控制技术的发展，交流电机的调速性能得以不断提高，而直流电源可以利用大功率晶闸管整流电路将交流电转换成直流电。所以结构复杂、维护成本高的直流电机越来越不受关注。尽管如此，如今直流电机在一些场合还有应用价值。

与所有旋转电机一样，直流电机主要由静止不动的定子部分与旋转的转子部分两部分组成。直流电机的定子有一个圆柱形的机座，中间开一个很大的孔，用来放置转子，定转子之间的间隙称为气隙。图 20-1 是一台直流电机的结构图。

一、定子部分

直流电机的定子包括一个起机械支撑作用的机座，一般用铸钢或厚钢板焊接而成，它借助于底脚将电机固定在基础上，并用来固定主磁极、换向极、端盖、轴承和电刷等部件。机座两端装有带轴承的端盖，电刷固定在机座或者端盖上。

机座中作为电机主磁路部分（称为磁轭）的铁芯通常由叠片式的铁磁材料构成，并附有偶数个突出的部分，这些突出的部分称为主磁极。主磁极的作用是产生主磁通，它可以由永磁材料构成，也可以由绕有励磁线圈的铁磁材料（主极铁芯）构成，前者称为"永磁电机"，后者称为"电励磁式电机"。本书主要讨论"电励磁式电机"。主极铁芯一般由 1～1.5mm 厚

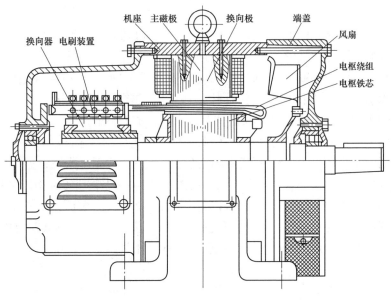

图 20-1 直流电机结构图

的钢板冲片叠压而成，主磁极总是成对的，各主极上的励磁绕组串联连接并保证相邻磁极的极性按 N 极和 S 极相间出现。为了减少气隙中有效磁通所遇到的磁阻，改善气隙磁密的分布，磁极下的极掌（或称极靴）较极身宽，这样还可使励磁绕组牢固地套在磁极上，整个磁极用螺钉固定在机座上，如图 20-2 所示。

大多数直流电机还装有用来改善换向的换向极，它也由铁芯和套在铁芯上的绕组组成，换向极绕组与电枢绕组串联，其极性根据换向要求确定，如图 20-3 所示。换向极位于相邻的两个主磁极中间的位置上，并用螺钉固定在机座上。换向极的数目一般与主磁极相同，但是小功率的电机中，换向极的数目可少于主磁极，甚至不装换向极。

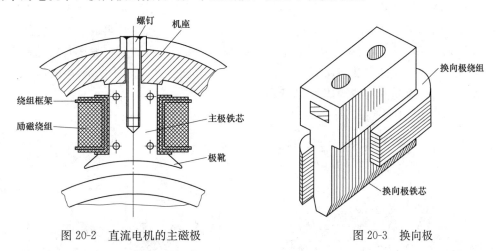

图 20-2 直流电机的主磁极   图 20-3 换向极

电刷一般采用碳、金属石墨或者碳与石墨的混合材料制成，它们具有高导电性和小的摩擦系数，以减小电气损耗和磨损。电刷的数目一般与主磁极的数目相同，各电刷在换向器上的距离是相等的。

二、转子部分

直流电机的转子又称为电枢。它主要由电枢铁芯、电枢绕组、换向器、转轴和风扇等部件组成。它的主要作用是用来感应电动势，通过电流，实现机电能量转换。

电枢铁芯也是电机主磁路的一部分，采用 0.5mm 厚、两面涂有绝缘漆的硅钢片叠成，以减少磁滞和涡流损耗。电枢铁芯呈圆柱体，外表面开有轴向的平行槽，槽内放置电枢绕组。转子通过轴承固定在转轴上，可绕轴自由转动。为了加强通风冷却，有的电枢铁芯冲有轴向通风孔，较大容量的电机还有径向通风槽。图 20-4 为电枢铁芯冲片。

电枢绕组用带有绝缘的圆导线或矩形截面的导线绕成的线圈组成，以感应电动势和通过电流，使电机实现能量转换。每个线圈有两个端头，按一定规律连接到换向片上，所有线圈组成一个闭合的电枢绕组，其连接规律将在后面介绍。绕组嵌入槽后，用槽楔压紧，线圈与铁芯间及上下层线圈之间均要妥善绝缘，如图 20-5 所示。为防止电枢旋转时将导线甩出，绕组伸出槽外的端接部分需用无纬玻璃丝带或非磁性钢丝扎紧。

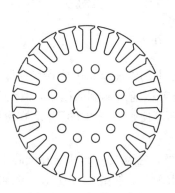

图 20-4　电枢铁芯冲片

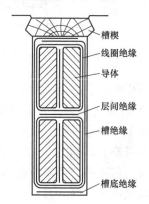

图 20-5　电枢槽内绝缘

换向器由彼此绝缘的换向片组成一个圆筒，换向片用呈燕尾形的铜片制成。两端用两个 V 形钢环借金属套筒和螺旋压圈拧紧成一整体，在 V 形钢环与换向片组成的圆筒之间，用两个特制的 V 形云母环进行绝缘。为了缩小换向器的外径和节约铜材，一般换向器都带有升高片，线圈的出线端则焊接在升高片上。对于小型直流电机现已广泛采用塑料换向器，可简化工艺，节约材料。换向器的结构如图 20-6 所示。

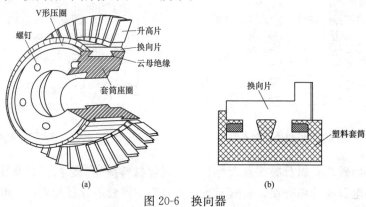

图 20-6　换向器

（a）拱形换向器；（b）塑料换向器

第二节 直流电机的电枢绕组

电枢绕组是直流电机的重要部件。在电机的运行过程中，电枢绕组感应电动势，流过电流并产生电磁转矩，所以它是电机实现机电能量转换的枢纽。本节主要分析电枢绕组的连接方法及其特点。

一、电枢绕组的分类

直流电机的电枢绕组是由许多结构和形状相同的线圈构成。每个线圈的两个有效边所跨过的电枢槽数等于或近似于电机的极距，两个出线端分别与两片换向片连接，所以直流电机的线圈数等于换向片数。线圈两端所连接的换向片之间在换向器表面上所跨的换向片数，称为换向器节距 y_K。

按照线圈与换向片的连接顺序，电枢绕组分为叠绕组（lap winding）和波绕组（wave winding）。

叠绕组是一个线圈的两出线端分别接在相邻或相隔几片的换向片上，前者称为单叠绕组，后者称为复叠绕组，如图 20-7 所示。

波绕组是一个线圈的两出线端分别接在相距约为两个极距的换向片上，连接的线圈像波浪一样，如图 20-8 所示。若串联的线圈绕电枢一周（串联 p 个线圈）后，回到与起始片相邻的换向片上，则称为单波绕组；若回到与起始片相隔几片的换向片上，则称为复波绕组。

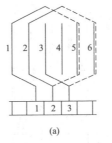
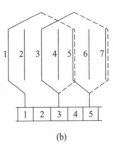

图 20-7 叠绕组的连接

(a) 单叠绕组；(b) 复叠绕组

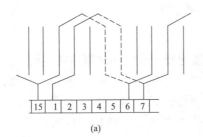
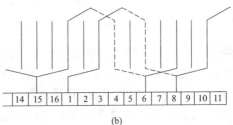

图 20-8 波绕组的连接

(a) 单波绕组；(b) 复波绕组

因为单叠绕组和单波绕组是最基本的两种形式，掌握了单叠绕组和单波绕组两种绕组的连接规律，就不难掌握复叠绕组和复波绕组的连接规律。因此，本书只介绍单叠绕组和单波绕组。

二、单叠绕组

一个线圈的两个出线端接到相邻两换向片上，紧接着连接另一个线圈，直到所有线圈的出线端均连接到换向片上，形成一条闭路，称为单叠绕组（simplex lap winding）。单叠绕组绕制时，如果 $y_K = +1$，则绕组向右移动，称为右行绕组；如果 $y_K = -1$，则绕组向左移动，称为左行绕组。左行绕组由于端接线交叉，用铜较多，故叠绕组常采用右行绕组。以下以一台具有 16 个转子槽的 4 极直流电机为例说明单叠绕组的连接方法和特点。

取线圈的节距等于极距，即 $y = \dfrac{Z}{2p} = \dfrac{16}{4} = 4$。类似于交流绕组，采用绕组展开图说明电枢绕组的连接，如图 20-9 所示。图中，4 个磁极均匀排列，以实线代表线圈的上层边，虚线代表线圈的下层边，并编上号码。该号码既是槽号，也是线圈号。电枢槽的下面画出了 16 个换向片。电枢与换向片相对于主磁极运动，图中给出的是某个时刻的电枢位置。

1 号线圈的上层边嵌入 1 号槽内，下层边嵌入 5 号槽内；上层边的出线端（首端）接到 1 号换向片上，下层边的出线端（尾端）接到 2 号换向片上。线圈的两个出线端应该对称地连接到换向片上，所以在选取线圈所连的换向片时，应在两线圈边居中的位置。换向片的编号与它所连接的线圈的上层边编号相同。

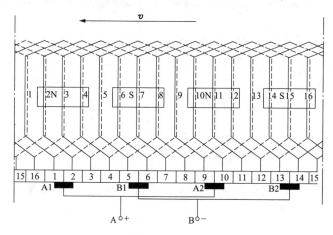

图 20-9　单叠绕组展开图

注：$2p = 4$，$Z = K = S = 16$。

2 号线圈紧与 1 号线圈串联，故 2 号线圈的首端应和 1 号线圈的尾端接在同一换向片上。所以 2 号线圈的上层边嵌入 2 号槽内，首端连接到 2 号换向片，下层边嵌入 6 号槽内，尾端连接到 3 号换向片上。这样依次连接 16 个线圈，最后回到 1 号换向片，得到一个闭合绕组。

4 只电刷均匀地分布在换向器圆周上。放置电刷的原则是：电机空载时，正、负电刷之间获得的电动势最大，而且被电刷短路的线圈的感应电动势等于零。因此，电刷通过换向片所接触的线圈边应该位于相邻两个磁极之间的中间位置，即磁密为零的位置。因为线圈的两个有效边所连接的换向片位于线圈的中心线位置处，所以电刷的实际位置应该在位于主磁极中心线处的换向片上（称为换向器的几何中性线），所以也可以说电刷是放在换向器的几何中性线上，通常简称为"电刷放在几何中性线上"。

为了进一步说明图 20-9 中各线圈的连接情况和线圈的电动势分布情况，我们将展开图画成如图 20-10 所示的电路示意图，图中各线圈标以和展开图相同的编号，用箭头表示线圈电动势的方向。从图 20-10 可见，此瞬间线圈 1、5、9、13 中的电动势为零。原因是这些线圈的线圈边都处于几何中性线（两相邻主磁极之间的中心线）上，空载时，此中心线所通过的电枢表面上的磁密为零。为了获得最大电动势，电刷应与电动势为零的线圈 1、5、9、13 所连的换向片接触。这样，正、负电刷间每段电路所串联的三个线圈的电动势方向都相同，故正、负电刷间的电动势达到最大值，此时电刷位置，如图 20-10 所示。如果电刷偏离这一位置，则正、负电刷间每段电路所串联的三个线圈电动势，或有的方向相反，或有的电动势为零，将造成正、负电刷间电动势减小的结果。同时，由于被电刷短路的线圈电动势不为零，还将产生环流引起不良后果。

由图 20-10 可见，电刷 A1、A2 的极性为正，B1、B2 的极性为负，将相同极性的电刷连在一起，于是电枢绕组构成四条并联支路。实际上，任何瞬间，上线圈边处在同一主磁极底下的线圈具有相同的电动势方向，它们串联起来形成一条支路，因此一个主磁极对应着一条支路，即电枢绕组的并联支路数恒等于电机的主磁极数。而电刷的个数也等于电机的主磁极数，所以在单叠绕组中，电枢绕组的并联支路数、主磁极数与电刷数三者相等。由此可见，单叠绕组是低电压、大电流直流电机的理想选择。

为了作图上的简便，在以后的直流电机示意图中，常省去换向器而把电刷直接画在电枢的几何中性线上，如图 20-11 所示。

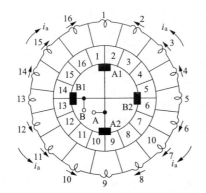

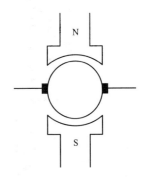

图 20-10　单叠绕组的电路图（电刷在几何中性上）　　图 20-11　直流电机示意图

三、单波绕组

单波绕组（simplex wave winding）的线圈节距与叠绕组一样，等于或接近于一个极距。而换向器节距 y_K 接近于两个极距所跨的换向片，一般取

$$y_K = \frac{K \pm 1}{p} = 整数$$

式中：K 为线圈数；p 为极对数。

式中如取负号，则绕行一周后将落到出发换向片的左边一片上，称为左行绕组；如取正号，则绕行一周后落到出发换向片的右边一片上，称为右行绕组。右行绕组的端接线交叉，且比左行绕组的端接线略长，故波绕组常采用左行绕组。

单波绕组绕制时，从某一换向片出发，沿电枢圆周和换向器绕一周，串联 p 个线圈后回到原来出发的那个换向片相邻的一片上，然后再绕第二周、第三周……，最后把全部线圈串联完毕，并与最初的出发点相接而构成一闭合绕组。

以下以一台具有 15 个电枢槽的 4 极电机为例说明单波绕组的连接方法和特点。

取线圈节距 $y \approx \frac{Z}{2p} = \frac{15}{4} \approx 3$（短距绕组），换向器节距 $y_K = \frac{K-1}{p} = \frac{15-1}{2} = 7$（左行绕

组）。绕组展开图上的编号方法与单叠绕组相同。

　　假定从 1 号换向片开始，将 1 号线圈的上层边嵌入 1 号槽，首端接 1 号换向片，下层边嵌入 4 号槽，尾端接到 8 号换向片上；然后，把 8 号线圈的上层边嵌入 8 号槽，首端接 8 号换向片，把 8 号线圈的下层边嵌入 11 号槽，尾端应接到 15 号换向片上。这时，绕组已沿电枢绕行一周，刚好回到起始片的左边一片上。从 15 号换向片出发又串联第三个线圈（第 15 号线圈）……，按此规律连续绕下去，可将 15 个线圈全部绕完，并回到 1 号换向片，构成一个闭合绕组。线圈的连接次序是 1—8—15—7—14—6—13—5—12—4—11—3—10—2—9—1。

　　电刷的放置原则和单叠绕组相同，当线圈端接对称时，应将电刷放在主磁极中心线所对应的换向器表面上。或者说电刷应放在换向器的几何中性线上，如图 20-12 所示。

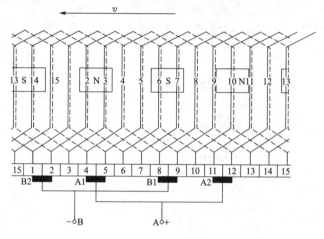

图 20-12　单波绕组展开图

　　为了清楚起见，图 20-13 给出了单波绕组各线圈串接的电路示意图。由图可知，单波绕组是将所有上层在 N 极下的绕组线圈串联为一条支路，所有上层在 S 极下的绕组线圈串联为另一条支路，然后将这两条支路并联起来，故单波绕组的并联支路数与主磁极对数无关，只有两条并联支路。因此单波绕组适用于高电压、低电流的直流电机。

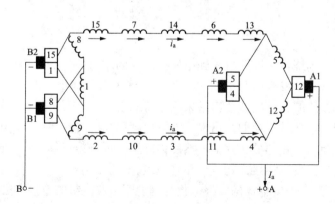

图 20-13　单波绕组的电路图

第三节 直流电机的额定值

直流电机的机座上有一块铭牌，上面标明电机的型号和主要技术数据（称为额定值）。

1. 额定功率 P_N

额定功率是指电机的额定输出功率。对于发电机来说是指发电机出线端输出的电功率；对于电动机来说是指电动机轴上输出的机械功率，用 W 或 kW 作为单位。

2. 额定电压 U_N

额定电压是指额定工作情况时，电机出线端的电压值，用 V 作为单位。直流电机的额定电压一般不高，一般中、小型直流电动机的额定电压为 110、220、440V 各级；发电机的额定电压为 115、230、460V 各级。

3. 额定电流 I_N

额定电流是指在额定电压下，电机输出额定功率时的线端电流，用 A 作为单位。

直流发电机的额定电流为

$$I_N = \frac{P_N \times 10^3}{U_N} \tag{20-1}$$

直流电动机的额定电流为

$$I_N = \frac{P_N \times 10^3}{U_N \cdot \eta_N} \tag{20-2}$$

式中：η_N 为电动机在额定状况下运行时的效率。

4. 额定转速 n_N

额定转速指额定功率、额定电压、额定电流时转子旋转的速度，用 r/min 作为单位。

此外，铭牌上还标有额定温升（或绝缘等级）、防护等级、励磁方式、工作定额等。

第四节 直流电机的基本工作原理

以一台最简单的两极直流电机原理模型说明直流电机的工作原理，该电机的转子上只有一个线圈 abcd，它通过换向器和电刷（A 和 B）与外电路接通，如图 20-14 所示。

一、直流发电机的工作原理

在原动机拖动下，电枢以恒定的转速沿顺时针方向旋转，根据法拉第电磁感应定律，线圈 abcd 中只有导体 ab 与导体 cd 感应电动势，其方向可用右手定则确定。随着转子的旋转，导体 ab（或 cd）将轮流在 N 极下及 S 极下切割磁力线，所以导体 ab（或 cd）中的感应电动势是交变电动势。如图 20-14 所示，在图 20-14（a）所示瞬间，线圈 abcd 中感应电动势的方向为由 a 指向 d；而在图 20-14（b）所示瞬间，线圈 abcd 中感应电动势的方向为由 d 指向 a。

线圈电动势的瞬时值为

$$e = 2B_x l v \tag{20-3}$$

式中：B_x 为导体所处位置的气隙径向磁密；l 为导体切割磁力线部分的长度；v 为导体

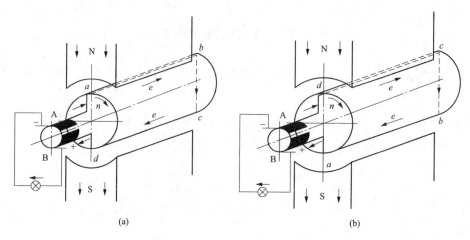

图 20-14　直流发电机工作原理图

（a）旋转的线圈在某一时刻的情况；（b）线圈旋转半圈后的情况

相对于磁场运动的线速度。

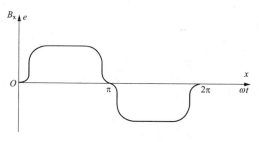

图 20-15　直流电机气隙中磁密的分布曲线和
线圈电动势随时间变化曲线

对于已制成的电机，l 一定，而且 v 为恒值，所以电动势 e 正比于气隙磁密 B_x。这表明，导体切割磁场感应电动势随时间变化的规律与气隙磁密沿气隙空间的分布规律相同，只要选用合适的比例尺，磁密随空间的分布曲线也可用来表示线圈电动势 e 随时间变化的曲线，如图 20-15 所示。

但是从电刷 A 和 B 之间所测得的电动势却是单方向的，这是因为换向器随电枢旋转，而电刷静止不动，这样电刷接触的换向片是不断变化的，电刷 A 只与处于 N 极下的换向片和导体相接触，电刷 B 只与处于 S 极下的换向片和导体相接触。当导体 ab 在 N 极、导体 cd 在 S 极下时〔如图 20-14（a）所示瞬间〕，电动势方向由 a 到 d，此时电刷 A 的极性为"－"，电刷 B 的极性为"＋"；在另一时刻〔如图 20-14（b）所示瞬间〕，当导体 cd 转到 N 极、导体 ab 在 S 极下时，电刷 A 则与导体 cd 相接触，电刷 B 与导体 ab 接触，电动势方向由 d 到 a，此时电刷 A 的极性仍为"－"，电刷 B 的极性仍为"＋"。可见电刷 A 的极性永远为"－"，电刷 B 的极性则永远为"＋"，故电刷 A 与电刷 B 之间的电动势 e_{AB} 为一脉动的直流电动势，如图 20-16 所示。若在电刷 A、B 间接一负载，则流过负载的电流为一单方向的直流。不过，其电压、电流脉动程度很大而已。可见换向器与电刷的作用如同整流器，将线圈中的交变感应电动势变换为电刷间的直流电动势。

为了减小电压的脉动程度，在实际电机中，电枢上不是一个线圈，而是由许多线圈组成电枢绕组，这些线圈均匀分布在电枢表面，按一定的规律连接起来，这样在电刷间得到的直流电动势脉动的幅度很小。

直流发电机的电刷 A、B 接上负载后，就有电流流过线圈，载流导体 ab、cd 处于磁场中，必然受到一电磁力。由左手定则可知，该电磁力产生的转矩与转向相反，为制动转矩。原动机为了保持电机以恒定转速旋转，就必须克服电磁制动转矩做功，从而把原动机向电机输入的机械能转换成电能供给负载使用。

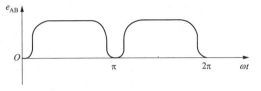

图 20-16　换向后的电动势

二、直流电动机的工作原理

将电刷 A、B 两端接在直流电压为 U 的电源上，产生的电流通过电刷和换向器流入线圈。与直流发电机一样，由于换向器随电枢旋转，而电刷静止不动，电刷 A 只与处于 N 极下的换向片和导体相接触，电刷 B 只与处于 S 极下的换向片和导体相接触。若电刷 A 接直流电源的正极，电刷 B 接直流电源的负极，那么电流由电刷 A 流经线圈 $abcd$ 后，由电刷 B 流出，所以处于 N 极下的导体中的电流总是流入纸面，处于 S 极下的导体中的电流总是流出纸面，线圈通过的是交流电流，如图 20-17 所示。载流导体在磁场中受到电磁力，根据左手定则，N 极下的导体受电磁力的方向向左，S 极下的导体受电磁力的方向向右，因此电枢受到逆时针方向的力矩（电磁转矩），保持电枢始终向一个方向旋转，从而带动机械负载工作。

电枢旋转时，电枢导体切割气隙磁场感应电动势。根据右手定则可以判定，线圈的电动势方向与电流方向相反，起反电势的作用。所以为了克服反电势的作用，直流电源向电枢绕组输入电能，通过气隙磁场转换为机械能拖动机械负载工作。

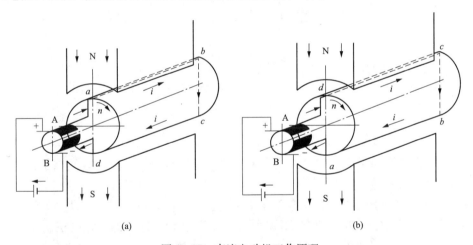

图 20-17　直流电动机工作原理

（a）旋转的线圈在某一时刻的情况；（b）线圈旋转半圈后的情况

第五节　直流电机电枢绕组的感应电动势和电磁转矩

由直流电机的基本工作原理可知，电机在工作过程中，电枢旋转使得电枢绕组切割气隙磁场而感应电动势；当电机带上负载后，电枢绕组中流过电流，载流导体在磁场中受到电磁力的作用，从而产生电磁转矩。那么，直流电机中电枢绕组感应的电动势以及产生的电磁转矩有多大呢？

一、电枢绕组的感应电动势

电枢绕组的感应电动势是指正、负电刷之间的感应电动势，即每条支路中各串联导体感应电动势的总和。如图 20-18 所示为电机空载运行时一个主磁极下的气隙磁密分布曲线，支路内各导体分布在磁场内各个不同的位置，各个导体内感应电动势的大小是不同的。假设电枢绕组为整距，电刷放在几何中性线上，那么一条支路串联的各个导体位于同一个磁极下，如图 20-18 所示两个电刷间为一条支路中串联的导体。

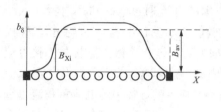

图 20-18　支路内各导体在
气隙磁场中的位置

第 i 根导体的感应电动势为 $e_i = B_{xi} l v$。其中，B_{xi} 为导体所处位置的气隙径向磁密；l 为导体切割磁力线部分的长度；v 为导体相对于磁场运动的线速度。若电机的主极极数为 $2p$，电枢表面的极距为 τ，则电枢表面周长为 $2p\tau$。如果电枢的转速 n 为每分钟转数，则电枢表面导体切割磁场的线速度为 $v = 2p\tau \dfrac{n}{60}$。

假设电枢绕组的总导体数为 N，并联支路数为 $2a$，那么一条支路中串联的导体数为 $\dfrac{N}{2a}$。所以，正负电刷间的感应电动势（电枢绕组的感应电动势）为

$$E_a = \sum_{i=1}^{N/2a} e_i = lv \sum_{i=1}^{N/2a} B_{xi} \tag{20-4}$$

$$= l\left(2p\tau \frac{n}{60}\right)\left(\frac{N}{2a} B_{av}\right) = \frac{pN}{60a}(B_{av} l\tau)n$$

$$= C_e \Phi n$$

$$\Phi = B_{av} l\tau$$

$$C_e = \frac{pN}{60a}$$

式中：B_{av} 为主极磁场的平均磁密；Φ 为每极下的气隙磁通量；C_e 为直流电机的电动势常数（e. m. f. constant）。

当每极磁通量 Φ 的单位用 Wb，转速 n 的单位为 r/min，则算出的电动势单位为 V。

由式（20-4）可知：电枢电动势 E_a 与每极磁通量 Φ 及转速 n 的乘积成正比。

当线圈为短距时，电枢电动势将减少一些，但在直流电机中，短距一般短得不多，实际上并无多大影响，可以不予考虑。

二、直流电机的电磁转矩

当电枢绕组中流过电流时，电枢电流产生的磁场与气隙磁场相互作用产生电磁转矩。为便于分析，这里仍假定：电枢绕组为整距，电刷放在几何中性线上。

此时任一导体所受到的切向电磁力为

$$f_i = B_{xi} l i_a$$

式中：i_a 为导体中流过的电流，即为一条支路的电流。$i_a = \dfrac{I_a}{2a}$，I_a 为电枢回路的总电流。

设电枢外径为 D，且 $D = \dfrac{2p\tau}{\pi}$，则该电磁力所产生的电磁转矩为

$$T_i = f_i \times \frac{D}{2} = B_{xi}l\frac{I_a}{2a}\frac{p\tau}{\pi} = \frac{p}{2\pi a}I_a(l\tau)B_{xi}$$

由于每极下导体中的电流方向相同，故同一极下各导体所产生的电磁转矩方向相同；相邻极下的磁场和导体电流方向同时反向，如图 20-19 所示，故电磁转矩方向保持不变。电枢所受到的总电磁转矩应为各导体所产生的转矩之和，即

$$\begin{aligned}
T_M &= \sum_{i=1}^{N} T_i = \frac{p}{2\pi a}I_a(l\tau)\sum_{i=1}^{N}B_{xi} \\
&= \frac{p}{2\pi a}I_a(l\tau)(NB_{av}) \\
&= \frac{pN}{2\pi a}I_a(B_{av}l\tau) \\
&= C_M\Phi I_a
\end{aligned}$$

(20-5)

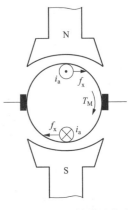

图 20-19　电磁转矩的方向

其中，$C_M = \dfrac{pN}{2\pi a}$，对已制成的电机来说 C_M 为一常值，称为直流电机的转矩常数（torque constant）。

$$C_M = \frac{60}{2\pi}\frac{pN}{60a} = 9.55C_e$$

(20-6)

若 Φ 用 Wb 作单位，I_a 用 A 作单位，则算出的电磁转矩 T_M 单位为 N·m。若用 kg·m 表示，则应除以 9.80。

上式表明，电磁转矩与每极磁通量和电枢电流的乘积成正比。

第六节　直流电机的磁场和电枢反应

直流电机中，当励磁绕组通有励磁电流时，励磁磁动势就在电机内产生主磁场；电机带上负载后，电枢绕组中的电流将产生电枢磁动势，电枢磁动势产生的磁场使主磁场产生畸变，畸变的程度与电枢磁场的强弱有关。我们把负载时电枢磁动势产生的磁场对主磁场的影响称为电枢反应。电枢反应对电机的性能有着重要的影响。

一、空载时的主磁场

当电机空载运行时，电枢中没有电流，若励磁绕组通入直流励磁电流，励磁磁动势产生恒定的主极磁场，如图 20-20 所示。主极磁通中的大部分经过气隙进入电枢，同时与定、转子绕组相交链，称为主磁通，用 Φ_0 表示。主磁通将在电枢绕组中感应电动势，主磁通和电枢电流相互作用产生电磁转矩，因此，主磁通是直流电机中起有效作用的磁通，另一小部分磁通不通过气隙，仅与励磁绕组交链，称为主极漏磁通，用 Φ_σ 表示。漏磁通只增加磁极和定子轭的饱和程度，而不能在电枢中产生电动势和转矩，通常主极漏磁通占主磁通的 15%～25%。

根据磁路欧姆定律，气隙某处磁通或磁密的大小取决于该处的磁动势和磁阻的大小。在极弧范围内的气隙大小相等，各点的磁阻相同，因而各点的磁密大小相同，都为 B_δ；而在极弧范围以外，磁路的气隙长度增大，因而磁密显著减小，到两极之间的几何中性线上，磁密为零。整个磁极下磁密的分布为一平顶波，若规定磁力线方向由定子指向转子为正，其磁

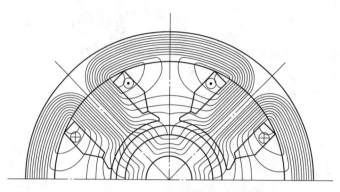

图 20-20 主磁通和漏磁通的分类

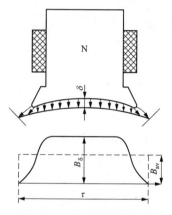

图 20-21 气隙磁密的分布

密 B_{0x} 的分布如图 20-21 所示。

二、电枢磁动势、磁场和电枢反应

直流电机带有负载时，电枢绕组中的电流将产生电枢磁动势。电枢磁动势产生的磁场对电机有着重要的影响，主要表现如下：

（1）它与主极磁场相互作用使气隙磁场发生扭斜，从而产生电磁转矩，并且使物理中心线的位置发生偏移。

（2）对气隙磁场的强弱产生作用，使电机的电压或转速发生变化。

（3）影响电机的换向。

因为电枢绕组各支路中的电流是通过电刷引出或引入，故电刷是电枢表面电流分布的分界线。电枢磁动势和磁场沿电枢表面的分布规律与电刷的位置有关。为了简化分析，设电枢绕组为整距绕组；电刷通过换向片与电枢导体相接触，画图时省掉换向器而将电刷直接画在所接触的电枢导体处。以下就电刷在几何中性线和不在几何中性线上两种情况进行分析。

（一）电刷位于几何中性线时的情况

图 20-22（a）是一台两极直流电机，以电刷为界，假设电枢上半圆周的导体电流方向流出纸面，则下半圆周的导体电流方向必为流入纸面，根据右手螺旋定则，该电枢磁动势建立的磁场分布如图 20-22 中虚线所示。由图 20-22 可知，当电刷放在几何中性线上时，电枢磁动势的轴线也在几何中性线上，几何中性线又称为交轴，所以这种电枢磁动势称为交轴电枢磁动势。

1. 电枢磁动势

为了研究电枢磁动势的大小和分布，把电枢外圈展开成一直线，并把电刷、主极等绘出，如图 20-22（b）所示。以主极轴线与电枢表面的交点 O 为原点，距原点为 $\pm x$ 处取一闭合回线，则该闭合回线包围的电枢导体总电流为

$$\sum i = \frac{Ni_a}{\pi D} \times 2x = A \times 2x$$

$$A = \frac{Ni_a}{\pi D}$$

式中：N 为电枢绕组总导体数；D 为电枢外径；A 为电枢圆周单位长度内的安培导体数，称为电枢的线负荷，当 i_a 一定时，A 为常数。

根据全电流定律，消耗在这段闭合回线的总磁动势应等于该回线所包围的全电流。假设铁芯磁阻忽略不计，全部磁动势只消耗在两个气隙上，则每个气隙的电枢磁动势为

$$F_{ax} = \frac{1}{2} A \times 2x = A \times x \tag{20-7}$$

上式表明，电枢表面上不同点的电枢磁动势是不同的，且与 x 成正比变化。若仍规定磁动势产生的磁通从定子（主磁极）进入转子（电枢）时为正，根据上式，即可作出电枢磁动势沿电枢表面分布的波形，如图 20-22（b）所示，呈三角形波。在 $x=0$ 处，$F_{ax}=0$；$x=\dfrac{\tau}{2}$ 处，磁动势最大，故交轴电枢磁动势的最大值为

$$F_{aq} = F_a = \frac{A\tau}{2} \tag{20-8}$$

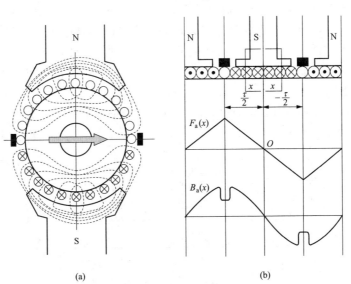

图 20-22　电刷放在几何中性线上的电枢磁动势和磁场
（a）电枢磁场；（b）电枢磁动势

2. 电枢磁场

根据电枢圆周各点气隙的磁路长度可求得电枢磁场沿气隙的磁密 B_{ax} 为

$$B_{ax} = \mu_0 H_{ax} = \mu_0 \frac{F_{ax}}{\delta'} \tag{20-9}$$

式中：δ' 为气隙有效长度。

因为极弧范围内的气隙基本上是均匀的，所以 B_{ax} 与 F_{ax} 成正比，磁密分布是一条通过原点的直线；但在极间区域气隙显著地增大，故磁密 B_{ax} 大为减小，因此电枢磁密分布呈马鞍形曲线，如图 20-22（b）所示。

由此可知：当电刷位于几何中性线上时，电枢磁动势呈三角形波分布，且幅值位于几何中性线（交轴）上，此时的电枢磁动势又称交轴磁动势，电枢磁密沿电枢圆周成马鞍形分布。

3. 交轴电枢反应

因电刷放在几何中性线上，电枢磁动势全部为交轴电枢磁动势，交轴电枢磁动势对主磁场的影响，称为交轴电枢反应（quadrature axis armature reaction）。

电机带负载时，气隙中的合成磁场 $B_{\delta x}$ 由主极磁场 B_{0x} 与电枢磁场 B_{ax} 合成，如图 20-23 所示。比较 $B_{\delta x}$ 与 B_{0x} 曲线，可以看出交轴电枢磁场对主极磁场的影响，即可看出交轴电枢反应的表现如下：

（1）使气隙磁场发生畸变，每个主极下的磁场，一半被削弱，另一半被加强。以发电机为例，前极尖（电枢转动时进入的磁极边）被削弱，后极尖（电枢离开的磁极边）被加强；对于电动机而言，若电枢电流的方向保持不变，和发电机的情况恰恰相反。

（2）磁路不饱和时，合成磁场 $B_{\delta x}$ 为主极磁场 B_{0x} 与电枢磁场 B_{ax} 的线性叠加，如图 20-23 中实线所示。主极磁场被电枢反应加强的数量恰好等于被电枢反应削弱的数量，因此每极磁通 Φ 保持不变。

不过在实际情况下，电机的磁路总是饱和的。主极磁场被电枢反应加强的半个磁极内，饱和程度提高，所以气隙合成磁场只是略有增加；主极磁场被电枢反应削弱的半个磁极内，饱和程度降低，气隙合成磁场将有较大幅度的减少，如图 20-24 所示，所以负载时每极的合成磁通比空载时每极磁通小（称为附加去磁作用）。考虑饱和时，气隙合成磁密的分布曲线将如图 20-23 中虚线所示。

（3）使物理中性线偏离几何中性线一个角度 α。对于发电机，顺电枢转向移过 α 角；对于电动机来说，则逆着电枢转向移过 α 角。其物理中性线定义为通过电枢表面气隙磁密等于零处的直线。

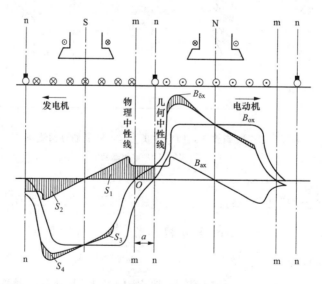

图 20-23　交轴电枢反应

（二）电刷不在几何中性线时的情况

1. 电枢磁动势

由于电机装配误差或其他原因，电刷有时不能恰好在几何中性线上。设电刷偏离几何中性线 β 角，相当于在电枢表面移动 b_{β} 的距离，如图 20-25（a）所示。因为电枢导体中的电流

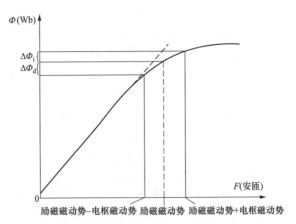

图 20-24　典型的磁化曲线，磁路的饱和作用

$\Delta\Phi_i$—磁动势相加的极面下磁通的增大量；$\Delta\Phi_d$—磁动势相减的极面下磁通的减小量

方向总是以电刷为分界线，所以电枢磁动势轴线也随之移动 β 角度。为了分析方便，可把电枢磁动势分解为两部分，一部分为 2β 角以外，由（$\tau-2b_\beta$）范围内的导体电流产生的与以上情况相似的交轴电枢磁动势，如图 20-25（b）所示，其最大值为

$$F_{aq}=A\left(\frac{\tau}{2}-b_\beta\right) \tag{20-10}$$

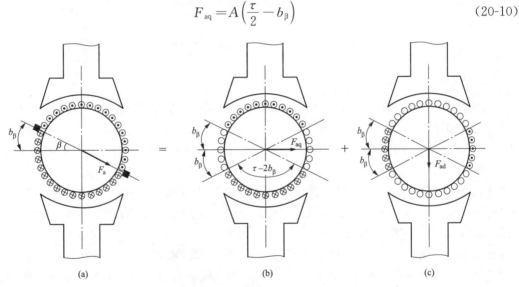

图 20-25　电刷不在几何中性线上的电枢磁动势

（a）电枢磁动势；（b）交轴分量；（c）直轴分量

另一部分由 $2b_\beta$ 范围内的导体电流产生的磁动势，此磁动势的轴线在主极轴线上，如图 20-25（c）所示。主极轴线称为直轴，所以这部分磁动势称为直轴电枢磁动势，其最大值为

$$F_{ad}=Ab_\beta\quad（安／极） \tag{20-11}$$

2. 直轴电枢反应

直轴电枢磁动势对主磁场的影响，称为直轴电枢反应（direct axis armature reaction）。从上述分析可知，电刷不在几何中性线上时，电枢磁动势的幅值偏离交轴位置，此时可

以将电枢磁动势分解为交轴和直轴两个分量。交轴电枢磁动势产生的电枢反应和前面分析的一样。直轴电枢磁动势和主磁极轴线重合，若 F_{ad} 与 F_f 方向相同，则起加磁作用；若 F_{ad} 与 F_f 方向相反，则起去磁作用。综合电刷移动方向和电机运行状态，可得如下结论：

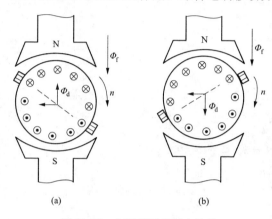

图 20-26　电刷离开几何中性线
时的电枢反应（发电机）
（a）直轴去磁电枢反应；（b）直轴增磁电枢反应

当电机作为发电机运行时，若电刷顺着电枢旋转方向从几何中性线移过一个角度 β 时，电枢磁动势的直轴分量 F_{ad} 起去磁作用，如图 20-26（a）所示；若逆着电枢旋转方向移动，则 F_{ad} 起加磁作用，如图 20-26（b）所示。

当电机作为电动机运行时，则恰好与发电机时的结论相反。

如上所述，直流电机有负载时，因为电枢反应的附加去磁作用和电枢电阻压降，使发电机端电压比空载时低，为了保持发电机的端电压不变，负载时必须增加主磁极的励磁电流，以补偿电枢反应和电阻压降对端电压的影响。对于电动机而言，电枢反应的附加去磁作用会使转子转速增大。

第七节　直流电机的换向

一、换向过程

直流电机电枢绕组中的电动势和电流是交变的，只是借助于旋转着的换向器和静止的电刷装置配合工作，才在电刷间获得直流电压和电流。当旋转的电枢线圈从一条支路经过电刷底下而进入另一条支路时，该线圈中的电流从一个方向变换为另一个方向，这种电流方向的变换称为换向（commutation）。

以下还以前面具有 16 个转子槽的 4 极直流电机为例说明单叠绕组中线圈的换向过程。图 20-10 是该单叠绕组的电路示意图。这里以 1 号线圈经过电刷 A1 时来说明线圈中电流的换向过程，图中电刷宽度等于换向片宽。

电刷静止不动，且位于几何中性线上，转子（包括换向器）逆时针方向旋转，如图 20-27 所示。当电刷和换向片 1 接触时，此时线圈 1 属于右边支路，电流方向为逆时针，设其电流为 $+i_a$，如图 20-27（a）所示；当电刷与换向片 1 和 2 同时接触时，线圈 1 被电刷短路，如图 20-27（b）所示；当电刷与换向片 2 接触时，线圈 1 转入电刷左边一条支路，电流方向改变，为顺时针，电流变为 $-i_a$，如图 20-27（c）所示。线圈中电流的这种变化过程称为换向过程，正在进行换向的线圈称为换向线圈。从换向开始到换向结束所需的时间称为换向周期，以 T_K 表示，T_K 通常为千分之几秒。

在实际直流电机中，如果不采取任何措施，在换向过程中，换向线圈内会产生环流。这是由于换向线圈内有感应电动势，而电刷通过换向片使其短路，那么两个换向片间的电位差就会在换向线圈内产生环流，环流的存在使得电刷与换向片接触面上的电流分布不均匀，并

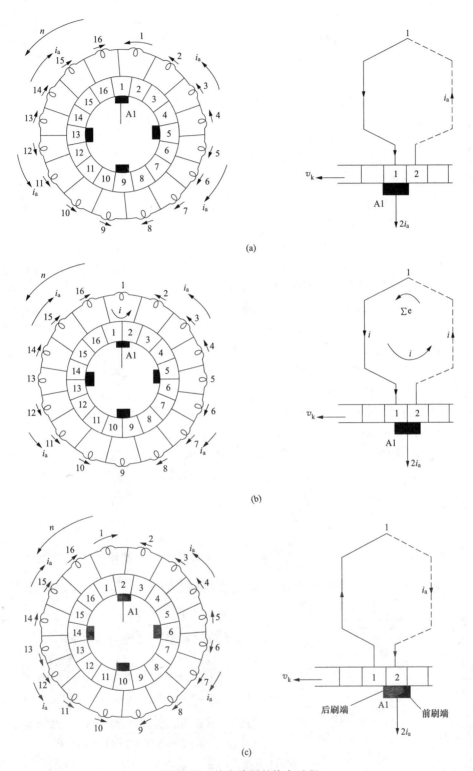

图 20-27　换向线圈的换向过程

（a）换向开始；（b）正在换向；（c）换向结束

且当电流支路随着换向片离开电刷而断开时，在电刷处将产生大的火花。电刷处的火花通常会使电刷附近的空气电离，当相邻两个换向片间的电压足够高以至于使周围被电离的空气形成电弧时，就会出现火花。严重时产生环火不仅可以把换向器和电刷烧坏，而且将使电枢绕组受到损害。

引起换向线圈内感应电动势的因素主要有以下两个，分析如下：

（1）如前所述，在换向周期内，换向线圈内的电流由换向前的 $+i_a$ 变为 $-i_a$，电流的变化在线圈中产生感应电动势，称为电抗电动势 e_r，$e_r = L\dfrac{di}{dt}$。因为换向周期非常短，所以即使换向线圈中有微小的电感，也会感应比较大的电动势 e_r。根据电磁感应定律，电抗电动势的方向应是阻碍换向线圈内电流变化的方向，因此，电抗电动势 e_r 的方向与换向前电流方向一致。

（2）换向线圈一般处于几何中性线上或其附近，该处主极磁场为零或近于零，但是当电机带上负载，电枢绕组的电流产生交轴电枢反应磁动势，其幅值位于交轴处，即几何中性线处，也就是说，在几何中性线处存在着交轴电枢反应磁场。换向线圈切割交轴电枢反应磁场就会感应电动势 e_{K1}，根据电磁感应定律，感应电动势 e_{K1} 的方向也总是与换向前的电流相同。也就是说，由交轴电枢反应磁场在换向线圈内感应的电动势 e_{K1} 也是阻碍换向的。所以为了改善换向，一般在交轴处加装换向极，用来产生与交轴电枢磁场反向的换向极磁场，且比后者稍强，这两个磁场合成后形成了换向区的合成磁场 B_K。换向线圈切割 B_K 感应电动势，称为旋转电动势，用 e_K 表示。e_K 的方向应与 e_r 相反。

可见，在换向过程中，换向线圈内将产生两个方向相反的电动势，即电抗电动势及旋转电动势。所以换向线圈的总电动势为 $\sum e = e_r - e_K$。

如果 $e_r = e_K$，则 $\sum e = 0$，换向线圈内不会产生环流。线圈电流在一个换向周期中，电流由 $+i_a$ 变为 $-i_a$，则换向电流 i_a 与时间呈线性关系，如图 20-28 中的曲线 1 所示，称为直线换向。换向的时刻为 $\dfrac{T_K}{2}$，这是最理想的情况。

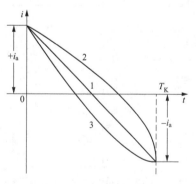

图 20-28　换向电流曲线

1—直线换向；2—延迟换向；3—超越换向

如果 $e_r > e_K$，则 $\sum e > 0$，$\sum e$ 产生的环流 i 与换向前的电流同方向，因此电流方向改变的时间将延长（即换向的时刻大于 $\dfrac{T_K}{2}$），换向电流 i_a 与时间的关系如图 20-28 中的曲线 2 所示，称为延迟换向。此时前刷端（即换向片进入电刷的一端）的电流密度减少，后刷端（即换向片离开电刷的一端）的电流密度增大。如果 $\sum e$ 很大，以致形成过分延迟换向时，后刷端的电流密度可能很大。古典换向理论认为：电流密度过大是产生火花的电磁原因，因此延迟换向时，在后刷端可能产生火花。

如果 $e_r < e_K$，则 $\sum e < 0$，$\sum e$ 产生的环流 i 与换向前的电流反方向，因此电流方向改变的时间将缩短（即换向的时刻小于 $\dfrac{T_K}{2}$），换向电流 i_a 与时间的关系如图 20-28 中的曲线 3 所

示，称为超越换向。超越换向时前刷端电流密度增加，后刷端电流密度减少，当过分超越换向时，在前刷端可能产生火花。

以上分析的是换向的电磁过程。换向过程不仅是单纯的电磁现象，同时还存在机械、电化学、电热等方面的现象，彼此互相影响，十分复杂，因此给换向问题的研究带来了很大的困难。换向不良表现在电刷下发生火花，当火花超过一定程度时就会使电刷和换向器表面损坏，以致使电机不能正常工作。同时，电刷下的火花也是一个电磁波的来源，对附近的无线电通信产生干扰。所以良好的换向是直流电机持久运行的必要条件。

二、改善换向、防止火花的方法

上面分析了换向过程中产生火花的原因，而环流是引起换向火花的主要电磁因素之一。所以为了改善换向，应消除换向线圈内的环流，使换向线圈内的 $\sum e = 0$。可在电机中引入一个附加的磁场，使换向线圈切割该附加磁场感应的电动势 e_{K2} 与 $(e_{K1} + e_r)$ 大小相等、方向相反。产生该附加磁场的方法之一，就是加装换向极，前面已做了简单分析，另外一种方法是加装补偿绕组。

1. 加装换向极改善换向

换向线圈总在几何中性线或其附近，所以换向极应装设在几何中性线上，即相邻的两个主磁极之间的中间位置。由于 e_{K1} 与 e_r 的方向均与线圈换向前的电流方向相同，为了抵消换向线圈中 e_{K1} 与 e_r 的影响，换向极线圈电流产生的磁场方向应与几何中性线处的交轴电枢反应磁场方向相反，因此换向极磁场应有正确的极性。如图 20-29 所示，若该电机上半部导体中电流的方向为穿出纸面，下半部为进入纸面，则交轴电枢反应的磁场方向由左指向右，而换向极产生的磁场应与交轴电枢反应磁场反方向，所以左侧的换向极为 S 极，右侧的为 N 极。由图 20-29 可见，若该电机作为发电机运行，电枢的旋转方向为逆时针，换向极的极性应与沿电枢旋转方向看去的下一个主极的极性相同；而在电动机中，换向极极性应与沿电枢旋转方向看去的下一个主极的极性相反。

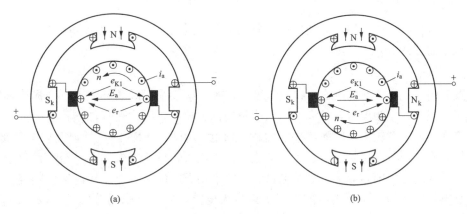

图 20-29　用换向极改善换向
(a) 发电机运行；(b) 电动机运行

由于负载增加，电枢电流增大，相应地 e_{K1} 和 e_r 也增大，因此，换向极磁场应该随之加强，故必须把换向极绕组和电枢绕组串联连接，同时在设计电机时，应使换向极磁路不饱和，后者通常用降低换向极铁芯磁密和增加换向极磁路气隙等办法来实现。

此外，换向极并不会改变电机的运行性能，因为它们很小，只能影响正在换向的导体及其附近很少的几个导体；对主磁极极面下的磁场几乎没有影响。因为加装换向极能以较低的成本解决直流电机的火花问题，所以大多数通用直流电机中都有换向极。

2. 加装补偿绕组（compensating winding）改善换向

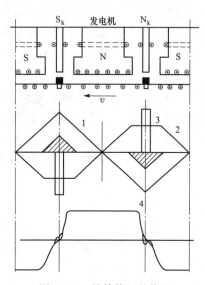

图 20-30　补偿绕组的作用

1—电枢反应磁动势曲线；2—补偿绕组磁动势曲线；
3—换向极绕组磁动势曲线；4—气隙磁密分布

在关于电枢反应一节中，我们看到：当电机带上负载后，电枢电流产生的交轴电枢反应磁动势会引起气隙磁场的畸变，使一半磁极下的磁场加强，另一半磁极下的磁场削弱，极面下的磁场的分布不均匀。这样使得处于磁场下的换向片之间出现电位差，正如前面所分析的，当相邻两个换向片间的电压足够高以至于使周围被电离的空气形成电弧时，就会出现环火。所以为了消除这种现象，可以在电机中加装补偿绕组，补偿绕组产生的磁场与交轴电枢反应磁场反方向，这样既可消除气隙磁场的畸变，又能补偿电枢反应的去磁作用。在电机主极极靴上专门冲出一些与转子导体方向平行且均匀分布的槽，槽内嵌放补偿绕组，如图 20-30 所示。补偿绕组与电枢绕组串联，其线负荷与电枢的线负荷大小相等，方向相反，两者互相抵消，从而基本上消除了电枢反应的影响。

装有补偿绕组的直流电机中，还必须装有换向极，这是因为虽然补偿绕组产生的磁通基本上抵消了交轴电枢反应磁通，但是它不能抵消电抗电动势 e_r，不过这时换向极所需磁动势可相应减少。

补偿绕组虽有上述作用，但使电机结构复杂，成本增高，因此仅在负载经常变化的大、中型电机（如轧钢机）中采用。

3. 选择合适的电刷改善换向

实践表明，选择合适的电刷可以改善换向。为了减少换向时的环流，宜选择接触电阻较大的电刷，但这时接触电压降较大。因而能量损耗和换向器的发热也加剧；另一方面，这种电刷的容许电流密度较小，因而增加了电刷的接触面积和换向器的尺寸以及电刷摩擦损耗。因此选用电刷时应考虑接触电阻、允许电流密度等因素，权衡得失，参考经验慎重选择。一般说，对于换向并不困难的中、小型电机，通常采用石墨电刷；对于换向比较困难的电机常采用接触电阻较大的碳—石墨电刷；对于低压大电流电机，常采用接触电阻较小的青铜-石墨或紫铜-石墨电刷；对于换向困难和较重要的大型直流电机，选择电刷应以制造厂的长期试验和运行经验为依据。

小　　结

直流电机也有定子和转子两大部分，定子和转子之间存在气隙。直流电机的磁极是固定不动的，用来建立主磁场；电枢是旋转的，用来感应电动势、通过电流，起着机电能量转换的作用。

直流电机的电枢绕组都是由线圈通过换向片串联起来构成的双层闭路绕组，其形式可分为叠绕组和波绕组两大类。单叠和单波是这两类绕组的基本形式。在单叠绕组中，构成一条支路的线圈上层边处于同一磁极下，因此支路数等于极数。单波绕组的支路线圈处于同一极性的不同磁极下，因此支路数与极数无关。为了在正、负电刷间得到最大电动势，电刷应放在主磁极中心线所对应的换向器上，此时被电刷短路的线圈感应电动势为零。

电枢上的线圈内感应的电动势是交流电动势，经电刷和换向器的机械整流作用，使电刷间的电动势成为直流电动势。直流发电机是利用导线切割磁力线而感应电动势，发出电能。直流电动机是利用载流导体在磁场中受到电磁力的作用而旋转，带动生产机械。

直流电机的电枢电动势 $E_a = C_e n \Phi$，对于已制成的电机，E_a 的大小仅决定于每极气隙磁通量和转速。直流电机的电磁转矩 $T_M = C_M \Phi I_a$，对于已制成的电机，T_M 的大小与每极磁通量和电枢电流的乘积成正比。对于发电机，电磁转矩为制动性质的转矩，原动机克服电磁转矩做功，把机械能转换成电能。对于电动机，电磁转矩为驱动性质的转矩，电磁转矩克服机械负载转矩做功，把电能转换成机械能。

当电机有负载时，气隙磁场由励磁磁动势和电枢磁动势共同建立。电枢磁动势对励磁磁动势的影响称为电枢反应。当电刷位于几何中性线时，仅有交轴电枢反应。它引起气隙磁场畸变，使物理中性线偏移。在磁路饱和时，交轴电枢反应还有附加去磁作用。当电刷不在几何中性线时，除了交轴电枢反应外，还有直轴电枢反应对主极磁场起去磁或加磁作用。对于发电机，顺转向移刷，直轴电枢磁动势对励磁磁动势起去磁作用；逆转向移刷，则起加磁作用。电动机的情况则与此相反。

所谓换向是指绕组线圈从一条支路经过电刷而进入另一条支路时，线圈内电流方向改变的整个过程。换向不良的后果是电刷下面产生危险的火花。改善换向有效的方法是装置换向极，换向极的极性，对于发电机应与沿电枢旋转方向看去的下一个主磁极极性相同，对于电动机，则与此相反。换向极绕组应与电枢绕组串联，而且换向极磁路不应饱和。

第二十一章 直流发电机和直流电动机

本章学习目标：

（1）掌握直流发电机和直流电动机的电动势、功率及转矩方程式。

（2）掌握各种励磁方式下直流发电机的外特性及端电压调节方法。

（3）掌握并励直流发电机的自励条件。

（4）掌握各种励磁方式下直流电动机的机械特性。

（5）掌握直流电动机的起动、调速和制动方法及其特点。

第一节 直流电机的磁化曲线

直流电机的运行特性与励磁绕组获得励磁电流的方式（称为励磁方式）有关。直流电机按励磁方式分为他励和自励两大类；根据励磁绕组与电枢绕组的连接方式不同，自励又可分为并励、串励和复励。

（1）他励直流电机。电机的励磁绕组与电枢绕组没有连接，励磁电流由其他独立的直流电源供给，如图 21-1（a）所示。永磁式直流电机也属于这一类。

（2）并励直流电机。电机的励磁绕组和电枢绕组并联连接，励磁回路的端电压 U_f 等于电枢端电压 U_a，如图 21-1（b）所示。

（3）串励直流电机。电机的励磁绕组和电枢绕组串联连接，两个绕组中流过相同的电流，即励磁电流 I_f 等于电枢电流 I_a，如图 21-1（c）所示。

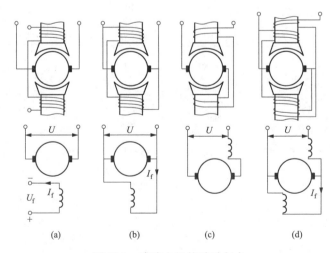

图 21-1 直流电机的励磁方式

（a）他励；（b）并励；（c）串励；（d）复励

（4）复励直流电机。这类电机既有并励绕组，又有串励绕组，如图 21-1（d）所示。并励绕组是产生主磁场的主要绕组，通过的电流小，所以它的线圈匝数多，导线细，电阻大；而串励绕组一般只对主磁场起补偿作用，因为它和电枢绕组串联连接，流过的电流大，所以线圈匝数少，导线粗，电阻小。当串励绕组产生的磁动势与并励绕组产生的磁动势方向相同时，称为积复励；当串励绕组产生的磁动势与并励绕组产生的磁动势方向相反时，称为差复励。直流电机一般采用积复励。

本章主要探讨各种电励磁方式下直流电机的特点和性能。

直流电机的励磁电流产生励磁磁动势，励磁磁动势产生电机的主磁通。主磁通经过的磁路由主极铁芯、气隙、电枢齿、电枢铁芯、定子磁轭五部分组成。因为主磁路中的大部分材料是铁磁材料，所以电机的磁化曲线，即主磁通 Φ 与所需的励磁磁动势 F_f 之间的关系曲线 $\Phi = f(F_f)$ 为一饱和曲线，如图 21-2 所示。当电机的主磁通较小时，磁路中的铁磁材料部分没有饱和，磁化曲线是直线关系。因为气隙磁阻比未饱和时铁芯的磁阻大很多倍，此时的励磁磁动势基本上都消耗于气隙中，所以将磁化曲线的直线段延长，该线称为气隙线（air gap line）。随着 Φ 的增大，铁芯部分所需的磁动势增长很快，磁化曲线呈现饱和状。为了经济地利用材料，在额定电压时，电机一般运行在磁化曲线开始弯曲处，如图 21-2 中的 c 点（称为膝点）。

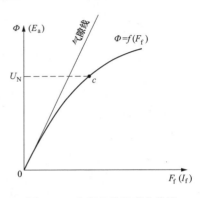

图 21-2 直流电机的磁化曲线

由于 $E_a = C_e \Phi n$，当转速不变时，电枢电动势 E_a 与气隙磁通 Φ 成正比，励磁磁动势 F_f 又与励磁电流 I_f 成正比，所以习惯上将磁化曲线表示成给定转速下的电枢电动势（空载电压）与励磁电流的关系曲线，即 $E_a = f(I_f)$，这条曲线也称为空载特性曲线 $U_0 = f(I_f)$。当转速为不同数值时，空载特性将与转速成正比上升或下移。空载特性曲线可通过电机的空载实验测取。

第二节 直流电机的功率和转矩

一、功率平衡方程式

直流电机是实现机械能与直流电能相互转换的设备，输出的功率总是小于输入的功率，输入功率与输出功率之差，即为消耗在电机内部的功率，用来供给电机内部的各种损耗，并转换为热能，使电机发热。在直流电机功率转换的过程中，内部的损耗主要有以下 4 种：

（1）绕组损耗。励磁绕组和电枢绕组流过电流都会产生损耗。励磁绕组损耗 $P_f = I_f^2 R_f = U_f I_f$，$R_f$ 为励磁回路的电阻；电枢绕组损耗 $P_{Cua} = I_a^2 R_a$，R_a 为电枢回路的总电阻，包括电枢电阻和电刷接触电阻。

（2）铁芯损耗 P_{Fe}。由铁芯中的交变磁场产生的磁滞损耗和涡流损耗（总称为铁耗）。

（3）机械损耗 P_m。电机中存在旋转部分，必然存在摩擦，消耗的能量称为机械摩擦损耗；另外，转子在空气中旋转时，与空气摩擦也会消耗能量，称为风摩耗。我们把机械摩擦损耗和风摩耗之称为机械损耗。转子转速越高，机械损耗越大。

（4）附加损耗 P_{ad}。附加损耗是由定转子开槽以及磁场畸变等原因引起的损耗。

所以直流电机中的总损耗 $\sum P = P_f + P_{Cua} + P_m + P_{Fe} + P_{ad}$。

根据能量守恒定律，电机中的输入功率 P_1、输出功率 P_2 与电机的总损耗 $\sum P$ 三者之间应满足以下平衡关系：

$$P_1 = P_2 + \sum P = P_2 + P_f + P_{Cua} + P_m + P_{Fe} + P_{ad} \tag{21-1}$$

应该注意的是，在他励直流电机中，励磁绕组损耗是由励磁电源提供的，所以上述的功率守恒关系中，不应该包括励磁绕组损耗 P_f。

所以直流电机的效率可表示为

$$\eta = \frac{P_2}{P_1} \times 100\% = \frac{P_1 - \sum P}{P_1} \times 100\% = \left(1 - \frac{\sum P}{P_2 + \sum P}\right) \times 100\% \tag{21-2}$$

通常直流电机的额定效率约在以下范围内：10kW 以下的小型电机，$\eta_N = 70\% \sim 86\%$；10～100kW 的电机，$\eta_N = 80\% \sim 91\%$；100～1000kW 电机，$\eta_N = 86\% \sim 94\%$；1000～10 000kW 电机，$\eta_N = 91\% \sim 96\%$。

由直流电机的工作原理可知，电机中的能量转换，是由于气隙磁场在电枢绕组中感应了电动势、电枢绕组流过电流，电枢电流与气隙磁场相互作用产生了电磁转矩，才实现了机械能与电能之间的转换，这部分功率称为电磁功率 P_M。

从电学的观点来看，电磁功率 P_M 就是电枢绕组吸收的电功率 $E_a I_a$；从力学的观点来看，电磁功率是在电磁转矩 T_M 的作用下产生的功率 $T_M \Omega$（其中 Ω 是电枢的机械角速度）。因此电磁功率可表示为

$$P_M = E_a I_a = T_M \Omega \tag{21-3}$$

直流发电机将机械能转换为电能；而电动机正相反，将电能转换为机械能。

1. 直流发电机

直流发电机中，由原动机输入机械功率，通过气隙磁场，转换为电功率，由电枢两端输出。功率的传递关系如下：

原动机输入的机械功率 P_1，驱动电机旋转，除了供给机械损耗 P_m、铁耗 P_{Fe} 和附加损耗 P_{ad} 外，全部转换为电磁功率。所以有以下关系：

$$P_1 = P_M + P_m + P_{Fe} + P_{ad} \tag{21-4}$$

从电磁功率 P_M 中扣除电枢绕组损耗和励磁绕组损耗，即为输出的电功率 P_2

$$P_M = P_2 + P_f + P_{Cua} \tag{21-5}$$

他励直流发电机的励磁绕组损耗 P_f，由励磁电源单独供给。

根据上述关系，可画出自励直流发电机的功率流程图，如图 21-3 所示。

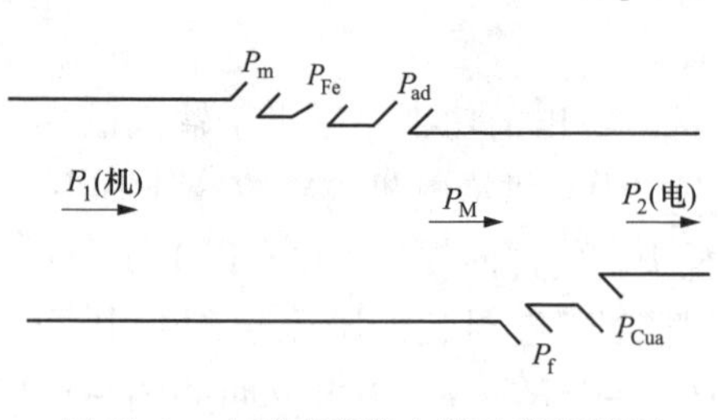

图 21-3　自励直流发电机功率流程图

2. 直流电动机

直流电动机中，由电源供给其电功率，一部分供给了电机内的各种损耗，其余变换为机械功率输出给负载，拖动负载旋转。

由电源输入电机的电功率 P_1，除去电枢回路的铜耗（包括电刷接触损耗）P_{Cua} 及励磁回路的铜耗 P_f 外，便是转子上获得的电磁功率 P_M，即

$$P_1 = P_{Cua} + P_f + P_M \tag{21-6}$$

他励直流电动机的励磁绕组损耗 P_f 由励磁电源单独供给。

转子上获得的电磁功率 P_M，尚需补偿机械损耗 P_m、铁耗 P_{Fe} 和附加损耗 P_{ad}，剩下来的才是有效的机械功率，即输出功率 P_2，故得

$$P_M = P_2 + P_m + P_{Fe} + P_{ad} \tag{21-7}$$

自励直流电动机的功率流程如图 21-4 所示。

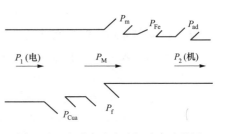

图 21-4 自励直流电动机功率流程图

二、转矩平衡方程式

直流电机在运行过程中，作用于转子上的转矩满足守恒关系。

从动力学可知，转矩等于功率除以转子机械角速度 Ω。

$$\Omega = \frac{2\pi n}{60}$$

1. 直流发电机

把式（21-4）两边同时除以转子机械角速度 Ω，即可得

$$\frac{P_1}{\Omega} = \frac{P_M}{\Omega} + \frac{P_m + P_{Fe} + P_{ad}}{\Omega}$$

于是

$$T_1 = T_M + T_0 \tag{21-8}$$

$$T_1 = \frac{P_1}{\Omega}$$

$$T_M = \frac{P_M}{\Omega}$$

$$T_0 = \frac{P_m + P_{Fe} + P_{ad}}{\Omega}$$

式中：T_1 为原动机拖动发电机的驱动转矩；T_M 为电磁转矩；T_0 为空载转矩。

式（21-8）说明，当发电机稳态运行时，原动机的拖动转矩 T_1 应与发电机内部产生的制动性质的电磁转矩 T_M 和空载转矩 T_0 相平衡。发电机也正是依靠电磁反转矩来吸收机械功率，并将其转换成电功率输出给负载。

2. 直流电动机

将式（21-7）两边同时除以转子的机械角速度 Ω，即

$$\frac{P_M}{\Omega} = \frac{P_2}{\Omega} + \frac{P_m + P_{Fe} + P_{ad}}{\Omega}$$

$$T_M = T_2 + T_0 \tag{21-9}$$

$$T_M = \frac{P_M}{\Omega}$$

$$T_2 = \frac{P_2}{\Omega}$$

$$T_0 = \frac{P_m + P_{Fe} + P_{ad}}{\Omega}$$

式中：T_M 为电磁转矩；T_2 为输出转矩；T_0 为空载转矩。

在直流电动机中，正是因为电磁转矩的拖动作用，才能驱动转子旋转，从而将吸收的电能转换为机械能输出给机械负载。

电磁转矩的表达式与第二十章是一致的，即

$$T_M = \frac{P_M}{\Omega} = C_M \Phi I_a \tag{21-10}$$

第三节　直流发电机的外特性和电压调节

由第二十章直流发电机的基本工作原理可知，直流发电机运行过程中，在原动机的驱动下，电枢旋转，切割气隙磁场，从而在电枢绕组中感应电动势 E_a；当电机输出端接有负载时，在电枢电动势的作用下，产生电流 I_a。在直流发电机中电枢电动势 E_a 与电枢电流 I_a 同方向，电枢电动势为主电动势，所以发电机向负载输出电能。根据电路中的基尔霍夫电压定律、基尔霍夫电流定律、欧姆定律，可以得到各种励磁方式下发电机的电压和电流方程式。

直流发电机的主要性能有输出电压、输出电流（电枢电流）、效率和电压调整率。电压调整率是指发电机在额定转速下，从额定负载（$I = I_N$，$U = U_N$）过渡到空载（$U = U_0$，$I = 0$）时，端电压变化的数值与额定电压的比值，即

$$\Delta U = \frac{U_0 - U_N}{U_N} \times 100\% \tag{21-11}$$

显然，电压调整率表征了发电机的端电压随负载变化的程度。

在本章中，各符号的意义如下：E_a 为电枢电动势；U 为电机两个出线端之间的电压；I_a 为电枢电流；I_f 为励磁电流（并励绕组的励磁电流）；I_{fs} 为串励绕组的励磁电流；在发电机中，I 为电机输出给负载的电流（即负载电流）；在电动机中，I 为电源供给电机的电流；R_f、R_{fs} 分别为励磁（并励）绕组和串励绕组的电阻；$R_a = R_a + \frac{2\Delta U_b}{I_a}$ 称为电枢回路总电阻，其中 R_a 为电枢回路各绕组的总电阻（包括电枢绕组、换向极绕组等的电阻），$\frac{2\Delta U_b}{I_a}$ 为两组电刷的接触电阻（对于一般电刷，通常取 $\Delta U_b = 1V$）。

一、直流发电机的外特性

直流发电机的外特性是指在恒定转速下（通常为额定转速），发电机的输出电压（端电压）与输出电流（负载电流）之间的关系曲线，即 $U = f(I)$，故又称为电压调整特性。不同的励磁方式，发电机外特性的形状有所不同。

1. 他励直流发电机

他励直流发电机的等效电路和方程式如图 21-5 所示。可见，发电机的电枢电动势 E_a 一定大于其端电压 U。

在他励直流发电机中，从电动势方程 $U = E_a - I_a R_a$ 和电动势公式 $E_a = C_e n \Phi$ 可知，当负载电流（电枢电流）增加时，电枢回路的电阻压降 $I_a R_a$ 增大，电枢反应的去磁作用增强，而电枢反应的去磁作用使得气隙磁通 Φ 减小，导致电枢电动势 E_a 减小，这两个因素都使得端电压下降，所以其外特性是一条略微下垂的曲线，如图 21-6 所示。

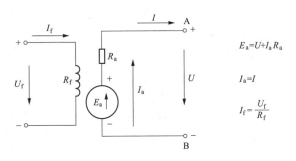

图 21-5 他励直流发电机的等效电路和方程式

当负载电流增加时，由于 $I_a R_a$ 的增加量和气隙磁通减小量相对较小，所以他励直流发电机的外特性下降的幅度很小，其电压调整率 ΔU 在 $5\%\sim10\%$ 范围内，负载变化时端电压变化不大，基本上可以看成为恒压直流电源。

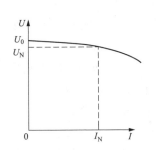

图 21-6 他励直流发电机的外特性

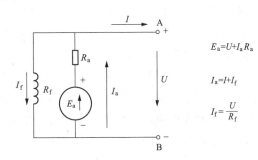

图 21-7 并励直流发电机的等效电路和方程式

2. 并励直流发电机

并励直流发电机的等效电路和方程式如图 21-7 所示。

并励直流发电机的外特性与他励直流发电机不同，这是由于并励发电机的励磁电流随端电压变化而变化，其外特性如图 21-8 所示，为了便于比较，图中还画出了该电机接成他励，且保持同一空载电压 U_0 时的外特性。从图 21-8 可见，与他励时比较，当负载电流增加时，并励发电机的端电压比他励时下降得多，且负载电流有一个最大值（临界值），而稳定短路电流较小，在曲线上出现了一个"拐点"。

前面已经分析了他励直流发电机外特性下降的原因，是由于电枢回路的电阻压降和电枢反应的去磁作用，不过他励直流电机的励磁电流 I_f 不受端电压 U

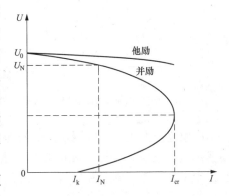

图 21-8 并励直流发电机的外特性

变化的影响。并励发电机除以上两个原因会使端电压下降外，由于励磁电流 $I_f=\dfrac{U}{R_f}$，端电压下降时，励磁电流将减小，而 I_f 的减小将引起主磁通和感应电动势的进一步下降，因此并励时的外特性要比他励时下降得多。并励发电机的电压调整率一般为 20% 左右。

外特性出现"拐点"的原因分析如下：在外特性的上半部，电压较高，磁路处于饱和状态，当负载电流增加时，电枢回路的电阻压降和电枢反应的去磁作用较弱，使电压下降的程度较小，励磁电流能够维持在较高的水平，但是当电压较小时，相应地励磁电流也较小，磁路处于不饱和状态，相对而言，电枢回路的电阻压降和电枢反应的去磁作用较强，使端电压更低，负载电流无法增大，出现最大值［临界值 $I_{cr} \approx (2 \sim 3) I_N$］，如外特性的下半部。当电机端部短路时，端电压 $U=0$，励磁绕组内将无电流流过，此时电枢内的短路电流将由电枢的剩磁电动势产生，即 $I_k = \dfrac{E_r}{R_a}$。由于剩磁电动势 E_r 不大，故并励发电机的稳态短路电流不大，I_k 常小于额定电流。但如果发生突然短路，则由于励磁绕组有很大的电感，励磁电流及其所建立的磁通不能立即变为零，因此突然短路电流的最大值仍可达额定电流的 $8 \sim 12$ 倍，有损坏电机的危险，故并励发电机也须装置短路保护设备。

3. 串励直流发电机

串励直流发电机的等效电路和方程式如图 21-9 所示。

串励直流发电机空载时，电枢电流与励磁电流都为零，所以端电压仅为很小的剩磁电压；当负载电流增加时，励磁电流随之增大，电枢电动势 E_a 迅速上升，同时电阻压降 $I_a(R_a+R_f)$ 也增大，电枢反应的去磁作用增强；开始时 E_a 起主要作用，所以随着负载电流的增加，端电压增大，当磁路达到饱和时，E_a 基本不变，电阻压降 $I_a(R_a+R_f)$ 及电枢反应的去磁作用占主导地位，所以端电压又开始下降。当电机的电枢反应作用较强时，其外特性如图 21-10 所示。

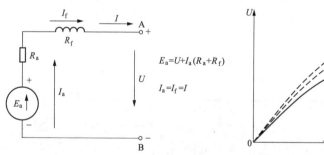

$$E_a = U + I_a(R_a + R_f)$$
$$I_a = I_f = I$$

图 21-9 串励直流发电机的等效电路和方程式　　图 21-10 串励直流发电机的外特性

串励直流发电机仅应用在很少的场合，如电弧焊所用的串励直流发电机专门设计成具有很强的电枢反应。在焊接开始之前，当焊极相互接触时，会有大电流流过，再将焊极分开时，发电机电压急剧上升，同时电流仍然保持很大的值，这个高电压能确保维持焊极之间空气中的焊弧。

4. 复励直流发电机

复励直流发电机根据并励绕组与串励绕组不同的连接方式，有短并联和长并联两种形式。复励直流发电机又分积复励和差复励发电机，当串励绕组与并励绕组的磁场相加时，称为积复励，反之称为差复励。用得较多的是积复励。

复励直流发电机的等效电路和方程式如图 21-11（a）、（b）所示。

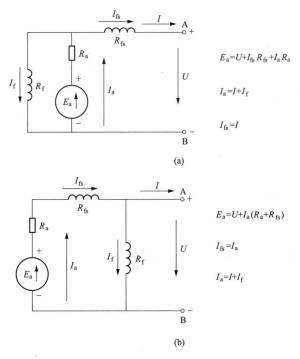

图 21-11　复励直流发电机的等效电路和方程式

（a）短并联复励；（b）长并联复励

由前面分析可知，并励直流发电机虽有自励而不必外加励磁电源的优点，但它的电压调整率比他励发电机的大。如果在并励直流发电机的基础上，加上串励绕组以加强并励磁场，则可改善发电机的性能。

在积复励发电机中，并励绕组起主要作用，以保证空载时能产生额定电压，串励绕组则用来补偿负载时电枢回路的电阻压降及电枢反应去磁作用的影响，因此发电机的电压能在一定程度内自动地得到调整。若要求额定负载电流下，端电压正好等于空载电压，则称为平复励；若串励绕组过度补偿，使额定负载时的端电压比空载电压高，称为过复励；反之，若为欠补偿，使额定负载时的端电压比空载电压低，则为欠复励。上述特性可以通过在串励绕组两端并联一个可调电阻来实现。

在差复励发电机中，因为负载时串励绕组的磁动势使电机的磁通和电动势进一步减小，所以其外特性急剧下降。利用这种特点，可把差复励发电机作为恒流发电机使用，如作为直流电焊发电机等。

复励发电机的外特性如图 21-12 所示。

根据不同电机的外特性，在不同的应用场合，可选择适当的电机达到目的。

二、直流发电机的端电压调节

通过直流电机的外特性可以知道：当直流发电机所带的负载变化时，发电机的端电压相应地发生

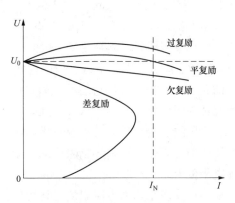

图 21-12　复励发电机的外特性

变化。如果要求发电机能够向负载提供一定的电压（通常为额定电压），应当如何调节发电机呢？

在各种励磁方式下的直流发电机中，随着负载电流的增加，发电机中的电阻压降以及电枢反应的去磁作用增强，由它们的电压方程式 $U=E_a-IR$ 可见（在他励和并励直流发电机中 IR 为电枢回路总电阻上的压降 I_aR_a；在串励和复励电动机中，IR 中除了包括电枢回路总电阻上的压降 I_aR_a 外，还有串励绕组上的电压降），若要维持一定的端电压，必须提高电枢电动势 E_a。因为 $E_a=C_en\Phi$，所以改变 E_a，有以下两个途径：

（1）调节原动机，来改变发电机的旋转速度 n。因为原动机的调节是一个机械过程，所以尽量保持转子转速为恒值。

（2）调节发电机的励磁电流。在直流发电机的励磁回路中通常串入一个可调电阻，显然，改变可调电阻的值，即可调节励磁电流。

第四节　并励直流发电机的自励过程和条件

并励直流发电机是自励式发电机中最常用的一种。它的励磁电流不需要其他的直流电源供给，而是取自发电机本身，所以称为"自励"。那么并励直流发电机的电压是如何建立起来的？

并励直流发电机在电压尚未建立之前，励磁电流 $I_f=0$，此时要使旋转的电枢能够产生电动势并开始发电，则发电机内部必须要有剩磁，所以发电机有剩磁是自励的第一个条件。

当发电机有剩磁时，若电枢在剩磁磁场内旋转，就会感应剩磁电动势。在剩磁电动势的作用下，励磁绕组中就会产生一个不大的励磁电流，并产生励磁磁场，如果产生励磁磁场的方向和剩磁方向相同，主磁场就会得到加强，并使电枢电动势和端电压上升，而端电压的上升又使励磁电流进一步增加，进而使磁场进一步加强，如此往复，电压便有可能建立起来。由剩磁电动势产生的励磁电流能否激励与剩磁方向相同的磁通，取决于转子的转向与励磁绕组的连结是否配合得当。如果转子转向与励磁绕组的连接配合不当，励磁电流对剩磁起去磁作用，则不能建立电压，所以电枢转向和励磁绕组的接法必须正确地配合，以便产生的励磁磁场和剩磁方向一致，这是自励的第二个条件。

励磁电流和端电压往复上升，到什么时候才能稳定呢？对于并励直流发电机，空载端电压 U_0 与励磁电流 I_f 之间应满足两个关系：一个是空载特性 $U_0=f(I_f)$；另一个是励磁回路应满足欧姆定律，即 $U_0=I_fR_f$，当 R_f 一定时，U_0 与 I_f 成直线关系，该直线称为磁场电阻线，简称场阻线，其斜率为 R_f，如图 21-13 所示。因此，空载特性和场阻线的交点（如图 21-13 中的 A 点）即为空载电压的稳定点。R_f 越大，则场阻线斜率越大，当场阻线与空载特性的直线部分相切时，它们没有固定的交点，因此自励所建立的电压不能稳定在某一值上，我们称为建压的"临界"状态，此时励磁回路的电阻称为临界电阻 R_{fcr}。由此可见，空载特性和场阻线能否有唯一交点取决于两个因素：首先电机的磁化曲线必须是饱和曲线，另外场阻线的斜率必须小于临界场阻线的斜率。所以自励的第三个条件是励磁回路的总电阻小于临界电阻值 R_{fcr}。

这里要注意，临界电阻值与运行转速有关。当转速低于 n_N 时，发电机的空载特性随转速的下降而正比地变化，与之相切的临界场阻线将随之下移，因而相应的临界电阻值也将减小。如图 21-14 所示。

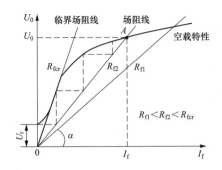

图 21-13　并励直流发电机的自励过程

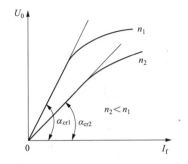

图 21-14　不同转速时的临界电阻

以上分析了并励直流发电机的自励条件，这些条件也适用于串励和复励发电机。

例 21-1　国产 Z2-112 型他励直流发电机，$P_N = 115\text{kW}$，$U_N = 230\text{V}$，$n_N = 960\text{r/min}$，$2p = 4$，他励绕组的额定电压 $U_{fN} = 220\text{V}$，电枢回路总电阻 $R_a = 0.021\,9\Omega$。励磁绕组电阻 $R_f = 20.4\Omega$，励磁绕组每极有 640 匝，额定负载时电枢反应的等效去磁安匝 $F_{qdN} = 880$ 安/极；$P_{Fe} = 1.127\text{kW}$，$P_m = 1.444\text{kW}$，附加损耗为额定功率的 1%；额定转速时电机的空载曲线如图 21-15 所示。试求：

（1）额定负载时电枢的感应电动势和电磁功率；

（2）发电机的额定励磁电流和电压调整率；

（3）额定效率。

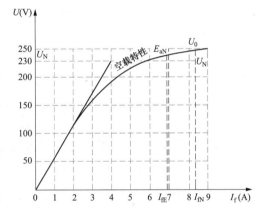

图 21-15　例 21-1 发电机的空载特性

解：

（1）发电机的额定电流为

$$I_N = \frac{P_N}{U_N} = \frac{115 \times 10^3}{230} = 500(\text{A})$$

额定负载时电枢的感应电动势为

$$\begin{aligned}
E_{aN} &= U_N + I_a R_a \\
&= 230 + 500 \times 0.021\,9 \\
&= 240.95(\text{V})
\end{aligned}$$

电磁功率为

$$\begin{aligned}
P_M &= E_{aN} I_N \\
&= 240.95 \times 500 \times 10^{-3} \\
&= 120.48(\text{kW})
\end{aligned}$$

（2）按图 21-15 由空载特性可找出产生 E_{aN} 所需的励磁电流，$I_{fE} \approx 6.87(\text{A})$。除产生 E_{aN} 外，还要有部分励磁电流用以抵消去磁的电枢反应，故额定励磁电流应为

$$I_{fN} = I_{fE} + \frac{F_{qdN}}{w_f}$$

$$= 6.87 + \frac{880}{640} \approx 8.25(A)$$

与 I_{fN} 对应的空载电压 $U_0 = 247V$，故电压调整率为

$$\Delta U = \frac{U_0 - U_N}{U_N} \times 100\% = \frac{247 - 230}{230} \times 100\% = 7.39\%$$

（3）额定负载时电机的损耗为

$$P_{Cua} = I_N^2 R_a = 500^2 \times 0.021\ 9 \times 10^{-3} = 5.475(kW)$$

$$P_{Fe} = 1.127(kW)$$

$$P_m = 1.444(kW)$$

$$P_{ad} = 1\% P_N = 1\% \times 115 = 1.15(kW)$$

$$\sum P = P_{Cua} + P_{Fe} + P_m + P_{ad} \approx 9.2(kW)$$

故额定效率为

$$\eta_N = \left(1 - \frac{\sum P}{P_2 + \sum P}\right) \times 100\%$$

$$= \left(1 - \frac{9.2}{115 + 9.2}\right) \times 100\% = 92.6\%$$

例 21-2 已知并励直流发电机额定数据如下：$P_N = 15kW$，$U_N = 220V$，$n_N = 1450r/min$。并励回路电阻 $R_f = 111\Omega$，电枢回路电阻 $R_a = 0.216\Omega$，$2\Delta U_b = 2V$。其空载特性数据见表 2-1。

表 2-1　　　　　　　　　　　　并励直流发电机的空载特性数据

$I_f(A)$	2.7	2.05	1.4	1.1	0.9	0.75	0.6	0.45
$U_0(V)$	252	240	214	187	160	134	107	80

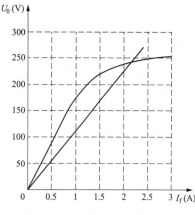

图 21-16　例题 21-2 发电机的空载
特性和磁场电阻线

试求：（1）额定负载时的电压调整率；

（2）额定负载时的电枢电动势。

解：

（1）作空载特性和磁场电阻线，如图 21-16 所示。额定负载时的励磁电流为

$$I_f = \frac{U}{R_f} = \frac{220}{111} = 1.98(A)$$

由空载特性与磁场电阻线交点求得：$I_f = 2.2A$，$U_0 = 244V$，故电压调整率为

$$\Delta U = \frac{U_0 - U_N}{U_N} \times 100\%$$

$$= \frac{244 - 220}{220} \times 100\% = 10.9\%$$

(2) $I_N = \dfrac{P_N}{U_N} = \dfrac{15 \times 10^3}{220} = 68.2$ (A)

$$I_a = I_N + I_f = 68.2 + 1.98 = 70.18 \text{(A)}$$

额定负载时电枢电动势为

$$E_{aN} = U_N + I_a R_a + 2\Delta U_b = 220 + 70.18 \times 0.216 + 2$$
$$\approx 237.16 \text{(V)}$$

例 21-3 设有一台并励直流发电机，$I_{aN} = 40.5\text{A}$，$U_N = 230\text{V}$，$R_a = 0.516\Omega$，$\Delta U_b = 1\text{V}$，满载时电枢反应的去磁效应相当于并励绕组的励磁电流 $I_{faN} = 0.05\text{A}$。当 $n_N = 1450\text{r/min}$ 时测得空载曲线数据见表 21-2。

表 21-2 　　　　　　　　　　　并励直流发电机的空载曲线数据

I_f(A)	0.64	0.89	1.38	1.73	2.07	2.75
U_0(V)	101.5	145	218	249	264	284

试求：(1) 并励回路的总电阻 R_f；

(2) 励磁回路电阻保持不变时的空载电压 U_0；

(3) R_f 保持不变，该机满载运行，如在每一磁极上加绕串励绕组 5 匝，则可将满载时端电压提升至 240V，在每一磁极上的并励绕组有多少匝？

解：

(1) 满载时的感应电动势为

$$E_{aN} = U_N + I_{aN} R_a + 2\Delta U_b = 230 + 40.5 \times 0.516 + 2$$
$$= 252.90 \text{(V)}$$

查空载曲线表并用插值法求得

$$I_{fE} = 1.73 + (2.07 - 1.73) \times \frac{252.9 - 249}{264 - 249} = 1.82 \text{(A)}$$

考虑电枢反应的去磁效应后　$I_{fN} = I_{fE} + I_{faN} = 1.82 + 0.05 = 1.87 \text{(A)}$

故并励回路的电阻为

$$R_f = \frac{U_N}{I_{fN}} = \frac{230}{1.87} = 123 \text{(}\Omega\text{)}$$

(2) 估计空载电压在 264V 与 284V 之间，故 U_0 与 I_f 之间必须满足下列关系式：

$$U_0 = R_f I_f = 123 I_f$$

$$\frac{U_0 - 264}{284 - 264} = \frac{I_f - 2.07}{2.75 - 2.07}$$

把上两式联立求解得

$$I_f = 2.17 \text{(A)}$$
$$U_0 = 123 \times 2.17 = 266.91 \text{(V)}$$

(3) 满载时 $U = 240\text{V}$，其感应电动势为

$$E_a = U + I_{aN} R_a + 2\Delta U_b$$
$$= 240 + 40.5 \times 0.516 + 2$$
$$= 262.9 \text{(V)}$$

因保持 R_f 不变，故实有的励磁电流为

$$I_f = \frac{U}{R_f} = \frac{240}{123} = 1.95(\text{A})$$

如不考虑电枢反应，磁极上未加串励绕组时所需的励磁电流，查找空载曲线可得：

$$I_{fE} = 1.73 + (2.07 - 1.73) \times \frac{262.90 - 249}{264 - 249} = 2.05(\text{A})$$

因实际运行时，总安匝数为并励安匝、串励安匝与电枢反应的去磁安匝之和，即

$$w_f I_{fE} = w_f I_f + w_s I_{aN} - w_f I_{faN}$$

$$w_f \times 2.05 = w_f \times 1.95 + 5 \times 40.5 - w_f \times 0.05$$

故所需并励绕组匝数为

$$w_f = \frac{5 \times 40.5}{2.05 - 1.95 + 0.05} = \frac{202.5}{0.15} = 1350(\text{匝／极})$$

第五节 直流电动机的机械特性和机组的稳定性

由第二十章直流电动机的基本工作原理可知，直流电动机运行过程中，电枢绕组的出线端接到直流电源上，电枢绕组流过电流 I_a，电枢电流与气隙磁场相互作用产生电磁转矩；电磁转矩拖动转子旋转，电枢绕组切割气隙磁场，感应电动势 E_a。在直流电动机中电枢电动势 E_a 与电枢电流 I_a 反方向，电枢电动势为反电动势，所以电动机从电源吸收电能。根据电路中的基尔霍夫电压定律、基尔霍夫电流定律、欧姆定律，可以得到各种励磁方式下电动机的电压和电流方程式。

直流电动机的主要性能有电磁转矩、转子转速、效率和转速调整率。电动机的转速调整率 Δn 是指电动机的空载转速 n_0 与额定转速 n_N 之差与额定转速的比值，即

$$\Delta n = \frac{n_0 - n_N}{n_N} \times 100\% \tag{21-12}$$

在串励直流电动机中，由于不允许电动机空载运行，所以上式中的空载转速 n_0 用 $\frac{1}{4}$ 额定负载下的转速 $n_{1/4}$ 来代替。

一、直流电动机的机械特性

直流电动机的机械特性是指 $U = U_N =$ 常值，励磁回路和电枢回路的电阻保持不变时，电动机的转速与电磁转矩之间的关系，即 $n = f(T_M)$。加在电枢上的端电压为额定电压、电枢回路和励磁回路不串入电阻时的机械特性称为自然机械特性，否则称为人工机械特性。

机械特性可用试验法或通过电动机的基本关系式推导求得。

1. 他励和并励直流电动机

他励和并励直流电动机的等效电路和方程式如图 21-17 所示。可见，如果给电动机供电的电源电压恒定，这两种电动机的运行特性没有本质区别。

将 $E_a = C_e n\Phi$ 和 $I_a = \frac{T_M}{C_M \Phi}$ 代入 $U = E_a + I_a R_a$，可得转速与电磁转矩之间的关系：

$$n = \frac{U - I_a R_a}{C_e \Phi} = \frac{U}{C_e \Phi} - \frac{R_a}{C_e C_M \Phi^2} T_M = n_0 - K T_M \tag{21-13}$$

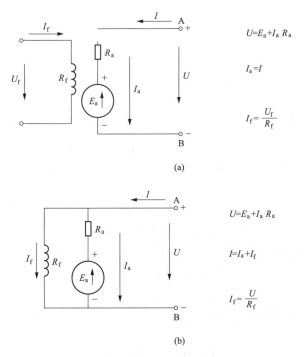

$U=E_a+I_a R_a$

$I_a=I$

$I_f=\dfrac{U_f}{R_f}$

(a)

$U=E_a+I_a R_a$

$I=I_a+I_f$

$I_f=\dfrac{U}{R_f}$

(b)

图 21-17 他励和并励直流电动机的等效电路和方程式

（a）他励电动机；（b）并励电动机

其中，$n_0=\dfrac{U}{C_e\Phi}$ 称为理想空载转速，因为转子空载时电枢电流并不为零，所以实际空载转速略低于 n_0；$K=\dfrac{R_a}{C_e C_M\Phi^2}$ 为机械特性的斜率。

从上式可见，当 U 和 I_f 为常值时，如果忽略电枢反应的影响，则 Φ 不变，$n=f(T_M)$ 为一略微下垂的直线，如图 21-18 中曲线 1 所示。若电动机中存在电枢反应的去磁作用，当负载增大，电磁转矩增加时，电枢反应的去磁作用增强，主磁通 Φ 下降，转速增加，其机械特性略微上翘，如图 21-18 中曲线 2 所示。由于通常 $R_a\approx C_e C_M\Phi^2$，故他励和并励电动机的自然机械特性很接近于水平线，即当 T_M 增加时，n 下降不多，这种特性称为硬特性，其转速调整率 Δn 为 $3\%\sim8\%$，因此，他励和并励电动机基本上是一种恒速电动机。

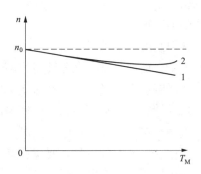

图 21-18 他励和并励电动机的机械特性

1—Φ 不变；2—有电枢反应的去磁作用

2. 串励直流电动机

串励直流电动机的等效电路和方程式如图 21-19 所示。

串励电动机中 $I_f=I_a$，若磁路不饱和，$\Phi=kI_f=kI_a$。将 $E_a=C_e n\Phi$ 和 $I_a=\dfrac{\Phi}{k}$ 代入 $U=E_a+I_a(R_a+R_f)$，可得

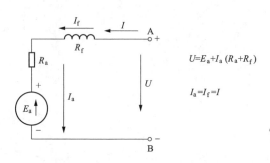

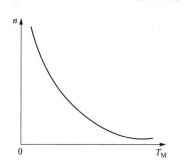

$U = E_a + I_a(R_a + R_f)$

$I_a = I_f = I$

图 21-19　串励直流电动机的等效电路和方程式

$$n = \frac{U - I_a(R_a + R_f)}{C_e\Phi} = \frac{U}{C_e\Phi} - \frac{(R_a + R_f)}{kC_e}$$

$$(21\text{-}14)$$

由 $C_M = 9.55C_e = \dfrac{C_e}{k_1}$，$T_M = C_M\Phi I_a = \dfrac{C_e}{k_1 k}$

Φ^2 可得 $\Phi = \sqrt{\dfrac{k_1 k T_M}{C_e}}$，将其代入上式，即可得到转速与电磁转矩之间的关系：

$$n = \frac{U}{\sqrt{C_e k_1 k}} \frac{1}{\sqrt{T_M}} - \frac{(R_a + R_f)}{kC_e}$$

$$(21\text{-}15)$$

　　由上式可得串励直流电动机的机械特性曲线，转子转速随电磁转矩平方根的倒数变化，如图 21-20 所示。对于串励直流电动机，电磁转矩增大时，转速将迅速下降，因为 T_M 的增大由 I_a 增大引起，I_a 增大时，$I_a R_a$ 和 Φ 均增大，故转速下降很快，这种电磁转矩增大时转速迅速下降的特性称为软特性。

　　如果串励直流电动机空载或轻载运行，$I_f = I_a$ 很小或趋于零，使 Φ 变得很小，因此电枢必须以非常高的转速旋转，才能产生足够大的反电动势 E_a 来与电网电压 U 平衡，以至转速达到危险的高速，这种现象俗称为"飞速"。

图 21-20　串励直流电动机的机械特性

　　由此可见，串励直流电动机绝对不允许在空载或很轻的负载下运行，否则将发生飞速现象而使转子遭到破坏。为了防止意外，通常规定：串励直流电动机与生产机械连接时，不允许采用皮带等容易发生滑脱的传动机构，而应采用齿轮或直轴联轴器来拖动。

　　在串励直流电动机中，$I_f = I_a$，$T_M = C_M\Phi I_a$，在磁路高度饱和时，Φ 的增加量很小，接近于不变，由此可见，电磁转矩将高于电枢电流一次方比例而变化，它对电动机的起动和过载能力具有重要意义，这一点对于某些生产机械特别有利。当负载增大，电磁转矩增加时，电动机的转速会自动下降，从而使输出功率 $P_2 = T_2\Omega$ 变化不大，电动机不会因负载转矩增大而过载过多。因此，串励直流电动机常用在电力机车上。串励直流电动机不足之处是空载时会产生"飞速"的危险。要保持串励直流电动机的优点，而又能保证不发生"飞速"现象，可采用复励直流电动机。

　　3. 复励直流电动机

　　复励直流电动机根据并励绕组与串励绕组不同的连接方式，有短并联和长并联两种形式。复励直流电动机又分积复励和差复励电动机。复励直流电动机的等效电路和方程式如图 21-21 所示。

　　在差复励直流电动机中，串励磁动势产生的磁通对并励磁通起削弱作用，当负载增加、电枢电流增加时，主磁通将非常小，引起转子转速增加，转速的增大又引起电磁转矩（电枢电流）的增加，进一步减小了磁通，最终使电动机"飞速"。差复励直流电动机这种运行的

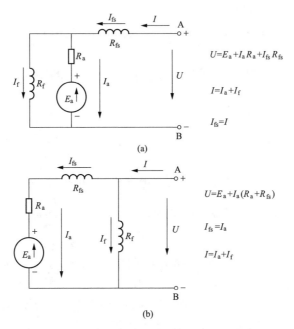

$$U=E_a+I_aR_a+I_{fs}R_{fs}$$

$$I=I_a+I_f$$

$$I_{fs}=I$$

(a)

$$U=E_a+I_a(R_a+R_{fs})$$

$$I_{fs}=I_a$$

$$I=I_a+I_f$$

(b)

图 21-21　复励直流电动机的等效电路和方程式

（a）短并联复励；（b）长并联复励

不稳定性使其不适合于任何应用场合，所以为避免运行时产生不稳定现象，复励直流电动机通常接成积复励。

　　在积复励直流电动机中，并励绕组产生的磁通基本不变，串励绕组产生的磁通与电枢电流近似成正比。当电动机轻载、电磁转矩较小时，由于串励电流小，串励磁场的作用小，所以并励绕组起主要作用，其运行特性接近于并励电动机；随着负载的增加，串励电流产生的磁通增大，串励绕组开始起主要作用，其运行特性接近于串励电动机。因此积复励电动机的机械特性介于并励和串励电动机二者之间（见图 21-22），在空载或轻载时电动机不会有"飞速"的危险，而在负载较大、电枢反应的去磁作用较强时，仍能获得下降的转速特性，从而保证电动机的稳定运行，所以复励直流电动机的串励绕组又称为"稳定绕组"。

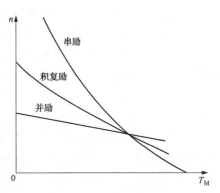

图 21-22　并励、串励和积复励直流
电动机的机械特性

二、电动机组稳定运行的条件

　　直流电动机的稳定运行分析与异步电动机相同，这里不再详细讨论。

　　判断直流电动机稳定运行的条件与异步电动机一样，在电动机和负载的机械特性交点上，若 $\dfrac{\mathrm{d}T_M}{\mathrm{d}n}<\dfrac{\mathrm{d}T_L}{\mathrm{d}n}$，机组则是稳定的；否则，机组就是不稳定的。

　　通常负载转矩不随转速而变（恒转矩负载），或者随转速上升而增大（风机类负载），因此只要电动机的机械特性是下降的，整个机组就能稳定运行。若电动机的机械特性是上升的，则在某些负载下就可能不稳定。因此，为扩大电动机的使用范围，电动机应设计成具有下降的机械特性。积复励电动机中的串励绕组（也称为稳定绕组）就具有这种作用。

第六节　直流电动机的起动、调速和制动

一、直流电动机的起动

直流电动机投入运行，与异步电动机一样，也存在起动问题。本节主要讨论直流电动机的起动性能和起动方法。

直流电动机的起动过程是一个瞬态过程。电动机起动瞬间，转子还没有旋转起来，转子转速 $n=0$，电枢电动势 $E_a=0$，所以电枢电流 $I_a=\dfrac{U-E_a}{R_a}=\dfrac{U}{R_a}$。若在直流电动机的两个出线端直接施加额定电压的电源起动电动机，由于直流电动机的电枢电阻 R_a 的数值很小，电枢电流 I_a 将达到很大的数值，通常可达额定电流的 $10\sim20$ 倍。这样大的起动电流，即使持续很短时间，也有可能损坏电动机，并且对电网产生不利的影响，因此应该将起动电流控制在安全的范围内。但是因为电磁转矩 $T_M=C_M\varPhi I_a$ 与电枢电流 I_a 成正比，所以若要获得较大的起动转矩，还需一定的电枢电流。因此直流电动机起动时，应综合考虑上述两个因素，将起动电流控制在一定的范围内，另外起动设备还要简单可靠。

为了满足上述要求，直流电动机起动时，通常采用在电枢电路串变阻器或者降低电源电压的方法。

1. 电枢电路串变阻器起动

起动直流电动机时，在其电枢回路中串入变阻器即可限制起动电流。当电动机旋转起来后，随着转速 n 的上升，电枢电动势 E_a 增加，电枢电流 I_a 随之减小，产生的电磁转矩也减小，转子加速缓慢下来。为了缩短起动时间，保证转速上升的加速度，一般电动机的起动电流保持在一定的范围内，即最大起动电流 I_{stmax} 与最小起动电流 I_{stmin} 之间，为此，可将变阻器的电阻逐级切除。通常情况下，直流电动机的最大起动电流 $I_{stmax}=(2\sim2.5)I_N$，最小起动电流 $I_{stmin}=(1\sim1.3)I_N$。

串变阻器起动的线路如图 21-23 所示。起动时，先合上接触器 K1，保证励磁电路先接通，然后合上 K2，此时电动机开始起动。当电动机的转速上升到某一转速时，利用接触器动作，C1 触头闭合，切除电阻 R_{s1}。之后，陆续闭合 C2、C3 触头，使电动机的转速 n 最终达到预定的稳定数值。如果选择的电阻值合适，并用起动电流的大小去控制接触器动作的时间，可以调整每次电枢电流减小到 I_{stmin} 时，闭合接触器的触头，切除所串电阻，电枢电流又增到 I_{stmax} 值。其中起动电流 I_{stmax} 和 I_{stmin}，要根据电动机的换向和温升情况来定，起动电阻 R_s 的容量选择，则可按短时运行发热的条件来考虑。起动过程如图 21-24 所示。

在小容量直流电动机中，有时用人工手动起动。常用的三点起动器起动就是其中一种，其接线如图 21-25 所示。起动时，把手柄从触点 0 拉到触点 1 上时，电动机开始起动，此时全部电阻串在电枢回路内。把手柄移过一个触点，即切除一段电阻，其过程和前述闭合接触器一样。当手柄移至触点 5 时，起动电阻就被全部切除了，此时电磁铁 DT 把手柄吸住。在正常运行中，如果电源停电或励磁回路断开，则电磁铁 DT 失去吸力，手柄上的弹簧把手柄拉回到起动位置 0 点，以起保护作用。

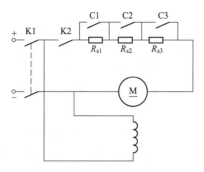

图 21-23 并励直流电动机
串变阻器起动线路图

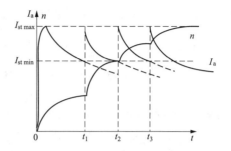

图 21-24 并励直流电动机串变阻器起动时
电枢电流和转速的变化过程

串接变阻器起动所需设备不多，广泛地用于各种直流
电动机中。但是在起动频繁的大容量电动机时，采用的起
动变阻器将十分笨重，并且在起动过程中消耗大量电能，
很不经济。因此，在许多场合下都采用降压起动。

2. 降压起动

如果直流电动机有专用电源，可采用降压起动，此时
直流电动机采用他励以保证足够大的励磁电流。起动过程
中，逐步增大电源电压，以限制起动电流，并使电动机转
速按需要的加速度上升，从而达到电动机升速平稳、起动
时间短且能量消耗小的目的。

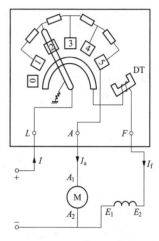

二、直流电动机的调速

直流电动机在调速方面具有良好的性能，它能在宽广
的范围内平滑而经济地调速。具有不同励磁方式的直流电
动机的转速可统一表示为

图 21-25 三点起动器及其接线图

$$n = \frac{U - IR}{C_e \Phi} \tag{21-16}$$

在他励和并励直流电动机中 IR 为电枢回路总电阻上的压降 $I_a R_a$；在串励和复励直流电
动机中，IR 中除了包括电枢回路总电阻上的压降 $I_a R_a$ 外，还有串励绕组上的电压降。

从上式可见，具有不同励磁方式的直流电动机调速方法是类似的。为了调节直流电动机
的转速，可采用以下三种方法：

（1）改变加在电枢两端的电压调速。

（2）改变励磁电流（主磁通）调速。在励磁回路中串入可调电阻器，通过改变可调电阻
的大小，即可调节励磁电流，从而达到调速的目的。

（3）改变串入电枢回路中的电阻调速。在电枢回路中串入可调电阻器，通过改变可调电
阻的大小改变电动机的速度。

1. 改变电枢端电压调速

从转速公式可见，降低电枢的端电压 U 而不改变其励磁电流，转子转速将下降，这种调
速方法最适合他励直流电动机。以下以他励直流电动机为例，说明改变电枢端电压调速时的

物理过程。

设调速前 $n=n_1$、$I_a=I_{a1}$，且调速过程中励磁电流 I_f 和负载转矩 $T_L=T_2+T_0$ 均保持不变。如果减小电枢端电压 U，电枢电流（$I_a=\dfrac{U\downarrow-E_a}{R_a}$）将降低，同时电磁转矩（$T_M=C_M\Phi I_a\downarrow$）也随之下降，使得电磁转矩小于负载转矩（$T_M<T_L$），因此转子转速 n 开始下降。

随着转速 n 的下降，电枢电动势 E_a 开始下降，于是电枢电流和电磁转矩逐渐回升，直到在低于最初转速 n_1 的某一转速 n_2 下，电磁转矩和负载转矩重新达到平衡（$T_M=T_L$），于是电动机稳定在转速 n_2 下运行。

其调速过程中电枢电流和转速的变化情况如图 21-26 所示。

在新的稳定状态下，因为励磁电流不变、负载转矩和与之平衡的电磁转矩 T_M 也保持不变，所以调速后的电枢电流等于调速前的电枢电流，即

$$T_M=C_M\Phi I_{a1}=C_M\Phi I_{a2}$$
$$I_{a1}=I_{a2} \tag{21-17}$$

减小电枢端电压前后，他励直流电动机的机械特性以及转速变化过程如图 21-27 所示。减小电枢端电压后，理想空载转速下降，机械特性的斜率不变。

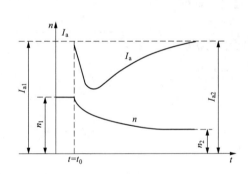

图 21-26　他励直流电动机改变
电枢端电压的调速过程

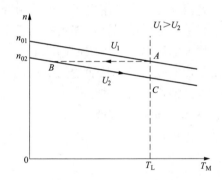

图 21-27　减小电枢端电压前后他励直流
电动机的机械特性及转速变化过程

2. 改变励磁电流调速

从转速公式可见，当 $U=$ 常值时，增加励磁回路的电阻，励磁电流相应减少，从而使主磁通减少，电动机的转速将上升。以下以他励和并励电动机为例，说明改变励磁电流调速时的物理过程。

设电动机调速前，$n=n_1$、$\Phi=\Phi_1$、$I_a=I_{a1}$，且调速过程中负载转矩 $T_L=T_2+T_0$ 不变。现增加励磁回路的电阻，励磁电流 $I_f=\dfrac{U}{R_f}$ 减少，随之主磁通 Φ 下降，由 Φ_1 减小到 Φ_2，而主磁通 Φ 的减少使得电枢电动势 $E_a=C_e n\Phi$ 瞬间减少，于是电枢电流（$I_a=\dfrac{U-E_a}{R_a}$）将上升。

主磁通 Φ 减少，电枢电流 I_a 上升，而电磁转矩 $T_M=C_M\Phi I_a$，那么电磁转矩如何变化呢？以下通过一个例子可以说明这一问题。

例 21-4 某台并励直流电动机，$U=220\text{V}$，$E_a=210\text{V}$，$R_a=0.2\Omega$，则 $I_a=\dfrac{U-E_a}{R_a}=$ 50A；现主磁通减少 5%，则电枢电动势正比地减少 5%，$E_a=0.95\times210=199.5$（V），则 $I_a=\dfrac{220-199.5}{0.2}=102.5$（A），电枢电流增加了 105%。

可见电枢电流 I_a 增加的数量远大于主磁通 $\varPhi$ 减少的数量，因此电磁转矩由原来的 $T_M=C_M\varPhi I_a$ 增加到 $T_M=C_M0.95\varPhi\times2.05I_a=1.95C_M\varPhi I_a$，电磁转矩增加了 95%，增大了很多，结果电磁转矩大于负载转矩，使电动机转速逐步上升。

随着转速的上升，电枢电动势开始上升，于是电枢电流下降，电磁转矩也随电流的下降而降低，直到在高于最初转速 n_1 的某一转速 n_2 下，电磁转矩和负载转矩重新达到平衡（$T_M=T_L$），于是电动机稳定在转速 n_2 下运行。

上述过程可简单描述如下：

（1）增加励磁电阻 R_f，使得励磁电流 $\left(I_f=\dfrac{U}{R_f\uparrow}\right)$ 减少；

（2）励磁电流 I_f 减少，引起主磁通 $\varPhi$ 下降；

（3）主磁通 $\varPhi$ 下降，使得电枢电动势 $(E_a=C_e n\varPhi\downarrow)$ 瞬间减少；

（4）电枢电动势 E_a 的瞬间减少，使得电枢电流 $\left(I_a=\dfrac{U-E_a\downarrow}{R_a}\right)$ 迅速上升；

（5）由于电枢电流 I_a 增加的数量远大于主磁通 $\varPhi$ 减少的数量，因此电磁转矩 $(T_M=C_M\varPhi\downarrow I_a\uparrow\uparrow)$ 增大；

（6）电磁转矩大于负载转矩（$T_M>T_L$），使电动机转速 n 逐步上升；

（7）转速 n 的增大，又使电枢电动势 $(E_a=C_e n\uparrow\varPhi)$ 增加；

（8）电枢电动势 E_a 增加，使得电枢电流 I_a 减小；

（9）电枢电流 I_a 减小，导致电磁转矩下降，直到在更高转速下 $T_M=T_L$。

其调速过程中电枢电流和转速的变化情况，如图 21-28 所示。

在新的稳定状态下，因为磁通从 $\varPhi_1$ 减小到 $\varPhi_2$，而负载转矩和与之平衡的电磁转矩 T_M 保持不变，所以电枢电流将从 I_{a1} 增大到 I_{a2}，即

$$T_M=C_M\varPhi_1 I_{a1}=C_M\varPhi_2 I_{a2}$$

$$\frac{I_{a2}}{I_{a1}}=\frac{\varPhi_1}{\varPhi_2} \qquad (21\text{-}18)$$

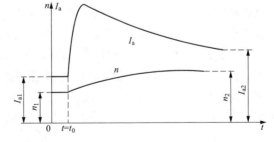

图 21-28 并励直流电动机减少励磁电流时的调速过程

从以上分析可知，减少励磁时可使电动机的转速升高。在负载转矩不变的情况下，电枢电流将增加，输入和输出功率同时增加，电动机的效率几乎不变，所以改变励磁电流调速，效率高，设备简单，调节方便。

增加励磁电阻、减小励磁电流时，他励和并励电动机的机械特性发生变化。当忽略电枢反应时，减小励磁电流前后他励和并励电动机的机械特性如图 21-29 所示。减小励磁电流后，理想空载转速和机械特性的斜率都增大。

以上分析仅就他励和并励直流电动机而言，对于复励电动机来说，可在其并励回路中接

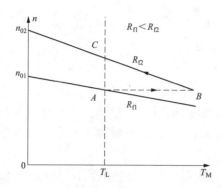

图 21-29　减小励磁电流前后他励和并励直流
电动机的机械特性及转速变化过程

入可调电阻器来调速。而对于串励电动机，则采用与串励绕组并联可调电阻来分流，从而改变励磁电流，达到调速的目的。

3. 改变串入电枢回路中的电阻调速

从转速公式可见，当 $U=$ 常值、$I_f=$ 常值时，若在电枢回路串入调节电阻 R_j，即可降低转子转速，可调电阻 R_j 越大，电动机转速越低。以下以他励和并励直流电动机为例，说明改变电枢回路电阻调速时的物理过程。

设调速前，$n=n_1$，$I_a=I_{a1}$，且调速过程中 U、I_f 和 T_L 都保持不变。当增大电枢回路的可调电阻 R_j 时，电枢电流（$I_a=\dfrac{U-E_a}{R_a+R_j\uparrow}$）将下降，同时电磁转矩 $T_M=C_M\Phi I_a\downarrow$ 也随之下降，使得电磁转矩小于负载转矩（$T_M<T_L$），因此电动机开始减速。

随着转速 n 的下降，电枢电动势 E_a 开始下降，于是电枢电流和电磁转矩逐渐回升，直到在低于最初转速 n_1 的某一转速 n_2 下，电磁转矩和负载转矩重新达到平衡（$T_M=T_L$），于是电动机稳定在转速 n_2 下运行。

可见，其调速过程中电枢电流和转速的变化情况与降低电枢端电压调速时相同，如图 21-26 所示。同样因为励磁电流不变、负载转矩和与之平衡的电磁转矩 T_M 也保持不变，所以调速后的电枢电流等于调速前的电枢电流。

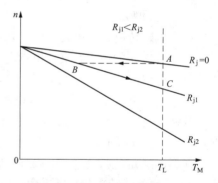

图 21-30　改变电枢回路串入
电阻 R_j 时他励和并励电动机的
机械特性及转速变化过程

改变电枢回路串入电阻 R_j 时，他励和并励电动机的机械特性如图 21-30 所示。当增加 R_j 时，理想空载转速不变，机械特性的斜率增大，机械特性变软。

这种调速方法，以 $R_j=0$ 时的转速为最高转速，只能"调低"，不能"调高"，串入电枢回路的电阻越大则转速越低。由于调速前后电枢电流 I_a 不变，电动机的输入功率 $P_1=U(I_a+I_f)$ 也不变，但输出功率 $P_2=T_2\dfrac{2\pi n}{60}$，却正比于转速 n 而下降。因此电动机的效率随转速成正比地下降。这从物理概念极易理解，在输入功率和电枢电流不变的情况下，串入电枢回路中的电阻越大，则消耗在该电阻上的功率越多，因此效率越低。由此可见，电枢回路串电阻调速很不经济，因此较少使用。

4. 调速时应注意的一些问题

由以上分析可知，由于第三种方法（电枢回路串电阻调速）增加了损耗，降低了效率，是一种不太经济的调速方法，较少采用，因此，直流电动机最常用的调速方法是改变电枢端电压调速以及改变励磁电流调速两种。

当电动机运行在额定功率、额定电压以及额定励磁电流时，其转子转速为额定转速。

若改变电枢端电压调速，提高或者降低电枢端电压 U，转子转速将随之增大或者减小；但是，当电枢端电压 $U > U_N$ 时，电枢电流将增加，电动机温升增大，可能损坏电枢绕组；所以改变电枢端电压调速时，应降低电压，使转子转速低于额定转速。

若改变励磁电流调速，励磁电流越大，转速越低，反之转速越高。因为励磁电流的增加也可能损坏励磁绕组，所以改变励磁电流调速时，应降低励磁电流，使转子转速高于额定转速。但是转速和电枢电流的增加，也要受到电动机发热、换向条件恶化以及转子机械强度的限制。

由此可见，改变电枢端电压的调速方法，适用于低于额定转速的调速；改变励磁电流的调速方法，适用于高于额定转速的调速。显然，这两种调速方法是可以互补的，将两种方法结合，可以获得宽广的调速范围。因此，他励和并励直流电动机都有非常好的调速性能。

三、直流电动机的制动

在生产过程中，常常需要尽快地使电动机停转或从高速运行降到低速运行；有时也需要将机组的转速限制在一定的数值以内，以免发生危险。为此，可采用一定的方法使电动机产生与旋转方向相反的电磁转矩，这种方法称为制动方法。常用的制动方法有反接制动、回馈制动和能耗制动三种。三种方法的共同点是：在保持原来磁场大小和方向不变的情况下，改变电枢电流方向，以获得和转子转向相反的电磁制动转矩，从而使机组迅速停车或者由高速运行很快进入低速运行。

1. 反接制动

直流电动机的反接制动和异步电动机一样，可分为正转反接和正接反转两种。

（1）正转反接。利用倒向开关将运行中的直流电动机电枢两端反接到电源上，如图 21-31 所示。反接时，电枢电流极大 $\left(I_a = \dfrac{-U - E_a}{R_a}\right)$，随之产生很大的制动转矩，使电动机迅速停转。

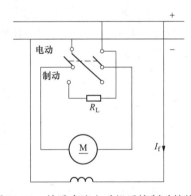

图 21-31 并励直流电动机反接制动接线图

为了限制电枢电流，反接制动时，电枢回路内应串入一个限流电阻。此外，当转速 $n = 0$ 的瞬间，应迅速将开关断开，否则电动机将反向旋转，这种反接制动的机械特性方程式为

$$n = \frac{-U - I_a(R_a + R_L)}{C_e \Phi}$$
$$= -\frac{U}{C_e \Phi} - \frac{R_a + R_L}{C_e C_M \Phi^2} T_M = -n_0 - K T_M \tag{21-19}$$

它为处于 Ⅱ、Ⅲ 象限的直线，如图 21-32 所示。

（2）正接反转。如果他励直流电动机用在起重机上，可在电枢回路串入电阻 R_j，并通过调节 R_j 的值控制电动机的转速，R_j 越大，电动机转速越低，当 R_j 增大到一定值后，可使电动机反转。不同 R_j 下的机械特性如图 21-33 所示。

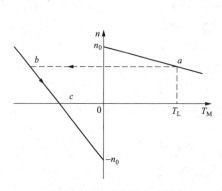

图 21-32　反接制动时的
机械特性（正转反接）

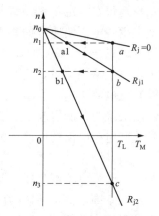

图 21-33　反接制动时的
机械特性（正接反转）

2. 回馈制动

对串励直流电动机所拖动的电车或电力机车，在机车往下坡滑行时，如果不加以制动，则机车可能达到很高的速度。此时可将串励电动机改为并励或他励，并保证适当的励磁电流，同时电枢仍然接在电网上。当电动机的转速升高到某一数值时，电动机的电枢电动势 E_a 大于电网电压 U，此时电动机的电枢电流反向，电动机便转变为发电机而向电网送出电能；相应地，电磁转矩 T_M 将由驱动转矩变为制动转矩，以限制机车的速度不让其继续上升，这种把能量回馈给电网，同时产生制动性的电磁转矩，使电动机的转速不致过高的制动方法，称为回馈制动。

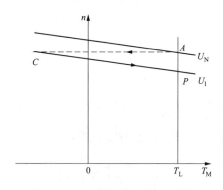

图 21-34　回馈制动时的机械特性

在调压调速系统中，当电源电压从 U_N 降为 U_1 时，如图 21-34 所示，运行点从 A 到 C，此时电动机处于回馈制动状态，制动转矩使电动机由高速降为低速，最终在 P 点稳定运行。

3. 能耗制动

如果要使运行中的直流电动机快速停转，也可以在保持励磁电流不变的情况下，将其从电源上断开，然后将电枢两端从电网改接到一个适当的电阻 R_L 上，如图 21-35 所示。此时转子因惯性而继续旋转，该电机便成为一台向电阻 R_L 供电的他励直流发电机，从而使电磁转矩与电机转向相反，起到制动作用，使电机较快地停转，这种能耗制动的机械特性方程式为

$$n = \frac{-I_a(R_a + R_L)}{C_e\Phi} = -\frac{R_a + R_L}{C_e C_M \Phi^2} T_M = -K T_M \tag{21-20}$$

可见能耗制动的机械特性为通过零点的直线，R_L 越大则斜率越大。图 21-36 第Ⅱ象限的直线 bc 表示并励直流电动机能耗制动的机械特性。

例 21-5　一台并励直流电动机，$P_N = 7.5\text{kW}$，$U_N = 110\text{V}$，$I_N = 82.2\text{A}$，$n_N = 1500\text{r/}$min。电枢回路总电阻 $R_a = 0.101\,4\Omega$，励磁绕组电阻 $R_f = 46.7\Omega$，忽略电枢反应作用。

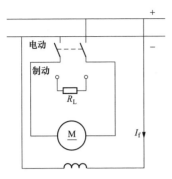

图 21-35 并励电动机能耗制动接线图

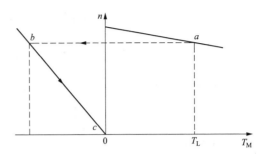

图 21-36 能耗制动时的机械特性

（1）求电动机电枢电流 $I_a=60A$ 时的转速；

（2）假若负载转矩不随转速而改变，当电动机的主磁通减少 15％时，求达到稳定状态时的电枢电流及转速。

解：从已知条件求得励磁电流为

$$I_f = \frac{U_N}{R_f} = \frac{110}{46.7} = 2.36(A)$$

电枢电流为

$$I_a = I_N - I_f = 82.2 - 2.36 = 79.84(A)$$

从电动势方程式可求得额定负载时的反电动势为

$$E_a = U - I_a R_a = 110 - 79.84 \times 0.101\ 4 = 102(V)$$

（1）当 $I'_a=60A$ 时，其反电动势为

$$E'_a = U - I'_a R_a = 110 - 60 \times 0.101\ 4 = 104(V)$$

因为转速和电动势成正比，所以

$$n' = \frac{E'_a}{E_a} \cdot n = \frac{104}{102} \times 1500 = 1529.4(r/min)$$

（2）磁通 Φ 减少 15％，即 $\Phi''=(1-15\%)\Phi=0.85\Phi$，由于负载转矩不变，根据 $T_M = C_M \Phi I_a$，得稳定时电枢电流为

$$I''_a = \frac{\Phi}{\Phi''} I_a = \frac{1}{0.85} \times 79.84 = 93.9(A)$$

稳定时反电动势为

$$E''_a = U - I''_a R_a = 110 - 93.9 \times 0.101\ 4 = 100.5(V)$$

稳定时电动机转速为

$$n'' = n \frac{E''_a}{E_a} \cdot \frac{\Phi}{\Phi''} = 1500 \times \frac{100.5}{102} \times \frac{1}{0.85} = 1793(r/min)$$

例 21-6 一台 220V 的并励直流电动机，电枢回路总电阻 $R_a=0.316\Omega$，空载时电枢电流 $I_{a0}=2.8A$，空载转速为 1600r/min。

（1）在电枢电流为 52A 时，将转速下降到 800r/min，问在电枢回路中须串入的电阻值为多大（忽略电枢反应）？

（2）这时电源输入电枢回路的功率只有百分之几输入到电枢中？这说明什么问题？

解：（1）根据电势方程式可得

$$C_e\Phi = \frac{U_N - I_{a0}R_a}{n_0}$$

$$= \frac{220 - 2.8 \times 0.316}{1600} = 0.137$$

$I_a = 52A$ 时，$n = 800r/min$，此时电枢回路总电阻为

$$R_a + R_j = \frac{U - E_a}{I_a} = \frac{220 - 0.137 \times 800}{52} = 2.12(\Omega)$$

所以电枢回路须串入电阻为

$$R_j = 2.12 - 0.316 = 1.8(\Omega)$$

（2）电源输入电枢回路的功率为

$$P_{1a} = U_N I_a = 220 \times 52 = 11\ 440(W)$$

输入电枢中的功率为

$$P_1' = P_{1a} - I_a^2 R_j = 11\ 440 - 52^2 \times 1.8 = 6572.8(W)$$

占电源输入功率的百分数为

$$\frac{P_1'}{P_{1a}} = \frac{6572.8}{11\ 440} = 57.45\%$$

这说明有相当一部分功率消耗在调节电阻 R_j 上。

例 21-7 一台他励直流电动机，$P_N = 10kW$，$U_N = 220V$，$I_N = 53A$，$n_N = 1100r/min$，$R_a = 0.328\Omega$，用晶闸管整流器供电，电源内阻 R_0 为 0.1Ω。求：

（1）在额定负载下，达到 1000r/min 的转速时，电源电压应调至多大？

（2）如果电源电压可以连续调节，起动时最大电流限制在 $2I_N$，问起动开始允许加上的端电压为多少？

解：（1）$C_e\Phi = \dfrac{U_N - I_a R_a}{n_N} = \dfrac{220 - 53 \times 0.328}{1100} = 0.184$

电源电压应调至

$$U = E_a + I_a R_a = C_e\Phi n + I_N(R_a + R_0)$$
$$= 0.184 \times 1000 + 53 \times (0.328 + 0.1)$$
$$= 206.7(V)$$

（2）起动时，$n = 0$，$E_a = 0$，$I_{st} = 2I_N$，端电压为

$$U = I_{st}R = 2I_N(R_a + R_0) = 2 \times 53(0.328 + 0.1) = 45.4(V)$$

小 结

直流电机的励磁方式可分为他励和自励两种。自励的方式主要有并励、串励和复励。

直流电机是实现机械能与直流电能相互转换的旋转机械。电磁转矩是机电能量转换的关键。$T_M\Omega = E_a I_a = P_M$，显示了机械功率与电磁功率的转换关系。电动势平衡方程式、功率平衡方程式和转矩平衡方程式是直流电机的基本方程式，它们把直流电机中电气和机械方面的物理量联系了起来。直流发电机运行时，$E_a > U$，I_a 与 E_a 同向，T_M 与 n 反向，故 T_M 为制动转矩，将机械能转换为电能；直流电动机运行时，$E_a < U$，I_a 与 E_a 反向，T_M 与 n 同

向，故 T_M 为驱动转矩，将电能转换为机械能。

直流发电机的外特性是发电机的输出电压（端电压）与输出电流（负载电流）之间的关系特性，它表征发电机的端电压随负载电流变化的情况，又称为电压调整特性，是直流发电机的一种重要特性。不同的励磁方式，发电机外特性的形状有所不同。

发电机自励必须满足以下三个条件：

（1）发电机中必须有剩磁；

（2）励磁绕组与电枢的连接和电枢旋转方向必须正确配合；

（3）励磁回路的电阻必须小于与发电机运行转速相对应的临界电阻。

机械特性表征电动机最重要的两个物理量转速和转矩之间的关系。并励电动机在电磁转矩变化时，其转速基本不变，而串励电动机的转速则随电磁转矩的增加而急剧下降，空载或轻载时有"飞速"的危险。复励电动机的特性介于二者之间。从机械特性可以了解电动机组能否稳定运行。

直流电动机起动性能的主要要求是：最初起动电流不大于电网和电动机所允许的数值；最初起动转矩不低于传动机组所需要的数值，以使机组尽快起动。常用的起动方法是电枢回路串变阻器起动和降压起动。

直流电动机能在宽广的范围内平滑而经济地调速，这是直流电动机的突出优点。调速的方法有改变励磁电流调速、改变串接于电枢回路的电阻调速和改变外施电压调速三种。

直流电动机制动包括使电动机停转及限制其转速不断上升两种方式。反接制动时，制动转矩大，但消耗电能多；能耗制动时，经济性好些但制动转矩小；回馈制动是最经济的，但只能用于限制电动机升速的场合。

附录　电机学习题集

Ⅰ　概　　论

习题一　感应电动势和电磁力

一、思考题

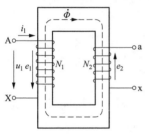

图1　变压器原理图

1. 变压器电动势、运动电动势、自感电动势和互感电动势产生的原因有什么不同？其大小与哪些因素有关？

2. 自感系数的大小与哪些因素有关？有两个匝数相等的线圈，一个绕在闭合铁芯上，一个绕在木质材料上，哪一个的自感系数是常数？哪一个是变数？导致系数变化的原因是什么？

3. 在图1中，当给一次绕组外加正弦电压 u_1 时，绕组内要感应电动势。

（1）当电流 i_1 按图1中方向减小时，标出此时感应电动势实际方向。

（2）如果 i_1 在铁芯中建立的磁通 $\Phi = \Phi_m \sin\omega t$，二次绕组匝数是 N_2，试求二次绕组内感应电动势有效值的计算公式（用频率 f_1、二次侧匝数 N_2 和磁通最大值 Φ_m 表示）。

4. 电磁感应定律有时写成 $e = -\dfrac{\mathrm{d}\psi}{\mathrm{d}t}$，有时写成 $e = -N\dfrac{\mathrm{d}\Phi}{\mathrm{d}t}$，有时写成 $e = -L\dfrac{\mathrm{d}i}{\mathrm{d}t}$，这三种表示法之间有什么差别？哪一种写法具有普遍性？从一种写法改为另一种写法需要什么附加条件？在什么情况下把电磁感应定律写成 $e = \dfrac{\mathrm{d}\psi}{\mathrm{d}t}$？试分析说明之。

5. 如图2所示，磁通限定在虚线所围的范围内，"+"表示磁力线垂直进入纸面，在图示各种情况下，导电环移动到虚线位置时，试问在运动时环内是否产生感应电动势，若有感应电动势，试确定其方向。

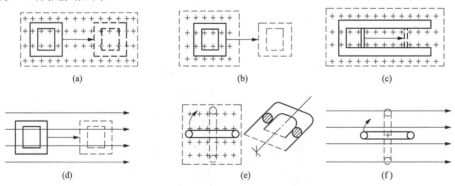

图2　导电环在磁场中的六种运动方式

二、计算题

1. 设有 100 匝长方形线框，如图 3 所示，线框尺寸为 $a=0.1m$，$b=0.2m$，线圈在均匀磁场中环绕着连接长边中心点的轴线以均匀转速 $n=1000r/min$ 旋转。均匀磁场的磁密 $B=0.8T$，试求：

(1) 线圈中感应电动势的时间表达式。

(2) 感应电动势的最大值及出现最大值的位置。

(3) 感应电动势的有效值。

2. 线圈匝数尺寸长为 0.1m，宽为 0.2m，如图 3 所示。位于均匀的恒定磁场中，磁通密度 $B=0.8T$，设在线圈中通以 10A 电流且按顺时针流动，求：

(1) 当线圈平面与磁力线垂直时，线圈各边所受的力是多少？作用的方向如何？作用在该线圈上的转矩为多少？

(2) 当线圈平面与磁力线平行时，线圈各边所受的力是多少？作用的方向如何？作用在该线圈上的转矩为多少？

(3) 线圈受转矩后便要转动，试求线圈在不同位置时转矩的表达式。

3. 图 4 所示的直线电机由一个可移动导体组成，该导体与静止的无限长 U 形导体保持电接触，其边距为 0.5m，并包围一个 0.8T 的均匀磁场。电流发生器在闭环中保持恒定电流。经过一个加速周期后，10N 的力将保持运动导体的 10m/s 稳态速度。试求：

(a) 电流的大小是多少？

(b) 在闭环中感应的电压是多少？

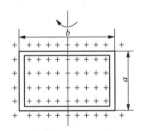
图 3 线圈在磁场中匀速旋转示意图

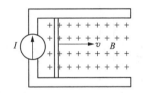
图 4 直线电机工作原理示意图

习题二 磁 路 计 算

一、思考题

1. 试比较磁路和电路的相似点与不同点，并叙述磁路计算的一般方法。

2. 电机和变压器的磁路常采用什么材料制成？这种材料有哪些主要特性？

二、计算题

1. 一铁环的平均半径为 0.3m，铁环的横截面积为一直径等于 0.05m 的圆形，在铁环上绕有线圈，当线圈中的电流为 5A 时，在铁芯中产生的磁通为 0.003Wb，试求线圈应有的匝数。

铁环所用的材料为铸铁，其磁化曲线有如下数据，见表 1。

表 1 铸铁磁化曲线数据表

$H\times100$(A/m)	5	10	20	30	40	50	60	80	110
$B\times0.1$(T)	6	11.0	13.6	14.8	15.5	16.0	16.4	17.2	17.3
$H\times100$(A/m)	140	180	250						
$B\times0.1$(T)	18.3	18.8	19.5						

2. 对于图 5，如果铁芯用 D_{23} 硅钢片叠成，截面积 $A_c=12.25\times10^{-4}\,\mathrm{m^2}$，填充系数 $k=0.92$，铁芯的平均长度 $l_c=0.4\,\mathrm{m}$，空气气隙 $\delta=0.5\times10^{-3}\,\mathrm{m}$，线圈的匝数为 600 匝。试求产生磁通 $\Phi=11\times10^{-4}\,\mathrm{Wb}$ 时所需的励磁磁动势和励磁电流（不考虑气隙的边缘效应）。

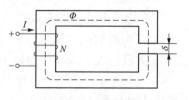

图 5　铁芯磁路示意图

D_{23} 硅钢片磁化曲线数据（50Hz，0.5mm 厚）见表 2。

表 2 D_{23} 硅钢片（厚度为 0.5mm）在额定频率下的磁化曲线数据表

B(T)	0.5	0.6	0.7	0.8	0.9	1.0	1.1	1.2	1.3	1.4	1.5	1.6
$H\times100$(A/m)	1.58	1.81	2.10	2.50	3.06	3.83	4.93	6.52	8.90	12.6	20.1	37.8

3. 已知磁路如图 6 所示，材料是 D_{11} 硅钢片（填充系数 $k=0.92$），若线圈接在 220V、50Hz 的交流电源上，线圈匝数 $N=200$ 匝，求励磁电流（忽略线圈电阻和漏磁）。

D_{11} 硅钢片磁化曲线数据见表 3。

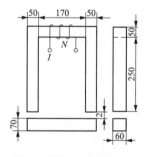

图 6　磁路图及尺寸标注

表 3 D_{11} 硅钢片磁化曲线数据表

$B\times0.1$(T)	5	10	11	12	13	14
$H\times100$(A/m)	1.2	3.6	4.6	6	8	11.2
$B\times0.1$(T)	15	16	17	18	19	
$H\times100$(A/m)	17	30	58	100	165	

Ⅱ 变 压 器

习题三　变压器的空载运行（一）

一、思考题

1. 变压器一、二次侧电压、电动势正方向如图 7（a）所示，设变比 $k=2$，一次侧电压 u_1 波形如图 7（b）所示，画出 e_1、e_2、Φ 和 u_2 的时间波形，并用相量图表示 $\dot{E}_1$、$\dot{E}_2$、$\dot{\Phi}$、$\dot{U}_2$ 和 $\dot{U}_1$ 的关系（忽略漏阻抗压降）。

2. 图 8（a）、（b）中的 u、i、e 等量的规定正方向不同，试分别写出两图中变压器的一、二次侧电压平衡方程式。

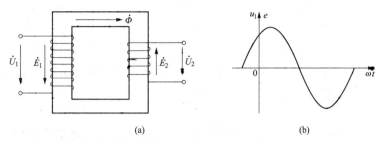

图 7　题 1. 图

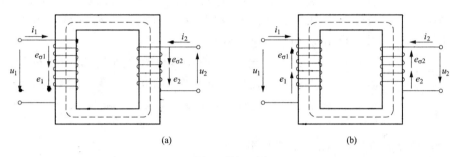

图 8　题 2. 图

3. 图 7（a）中所标的正方向符合关系式 $e=-N\dfrac{\mathrm{d}\Phi}{\mathrm{d}t}$，试问当主磁通在 $\Phi(t)$ 增加时，e_1 和 e_2 的瞬时方向如何？减小时又如何？

二、计算题

1. 某三相变压器 $S_N=5000\mathrm{kVA}$，$U_{1N}/U_{2N}=10/6.3\mathrm{kV}$，Yd 联结，试求一次侧、二次侧的额定电流。

2. 设有一 500kVA、50Hz 的三相变压器，10 000/400V，Dyn 联结，忽略漏阻抗压降，试求：

（1）原方额定线电流及相电流，二次侧额定线电流；

（2）如原方每相绕组有 960 匝，问二次侧每相绕组有几匝？每匝的感应电动势为多少？

（3）如铁芯中磁密最大值为 1.4T，求铁芯截面积；

（4）如在额定运行情况下绕组中电流密度为 3A/mm²，求一次侧、二次侧绕组各应有的导线截面积。

3. 变压器铭牌数据为 $S_N=100\mathrm{kVA}$，$U_{1N}/U_{2N}=6300/400\mathrm{V}$，Yyn 联结，如电压由 6300V 改为 10 000V，假定用改换高压绕组的办法来满足电源电压的改变，若保持低压绕组匝数每相为 40 匝不变，则新的高压绕组每相匝数应改为多少？如不改变会有什么后果？

习题四　变压器的空载运行（二）

一、思考题

1. 试述励磁阻抗 $Z_m=R_m+\mathrm{j}X_m$ 的物理意义。磁路饱和与否对 X_m 和 R_m 有何影响？为什么要求 X_m 大、R_m 小？为了使 X_m 大、R_m 小，变压器铁芯应该用什么材料制造？R_m 能用伏安法测量吗？

2. 变压器空载时，一方加额定电压，虽然线圈电阻很小，电流仍然很小，为什么？

3. 一台 50Hz 的单相变压器，如接在直流电源上，其电压大小和铭牌电压一样，试问此时会出现什么现象？二次侧开路和短路对一次侧电流的大小有无影响（均不考虑暂态过程）？

4. 变压器的额定电压为 220/110V，若不慎将低压边误接到 220V 电源上，试问励磁电流将会发生什么变化？变压器将会出现什么现象？

二、计算题

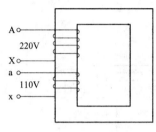

图 9 变压器示意图

1. 如图 9 所示，单相变压器电压为 220/110V，设高压侧加 220V 电压，空载励磁电流为 I_0，主磁通为 Φ_0。若 Xa 连在一起，在 Ax 端加电压 330V，问此时励磁电流多大？主磁通是多大？若 X、x 连接在一起，在 A、a 端加 110V 电压，问励磁电流和主磁通又为多大？

2. 将一台 1000 匝铁芯线圈接到 110V、50Hz 的交流电源上，由电流表和电压表的读数可得 $I_1 = 0.5$A，$P_1 = 10$W；把铁芯取出后电流和功率就变为 100A 和 10 000W，设不计漏磁，试求：

(1) 两种情况下的参数，等效电路和相量图；

(2) 有铁芯时的磁化电流和铁耗电流，无铁芯时的无功电流和有功电流；

(3) 两种情况下磁通的最大值。

3. 一台 500kVA、60Hz、一次绕组为 1100V 的变压器，在空载、额定电压和频率下，电流和功率分别为 3.35A、2960W。另一台变压器有一个铁芯，其所有线性尺寸是第一台变压器对应尺寸的 $\sqrt{2}$ 倍。两台变压器的铁芯材料和层压是相同的。

如果两台变压器的一次绕组匝数相同，当第二台变压器的一次绕组加 22 000V 的 60Hz 时，它的空载电流和功率是多少？

习题五 变压器的负载运行（一）

一、思考题

1. 若规定变压器电压、电动势、电流和磁通的正方向如图 10 所示。

(1) 写出变压器的基本方程式；

(2) 若二次侧带电容负载，画出相量图。

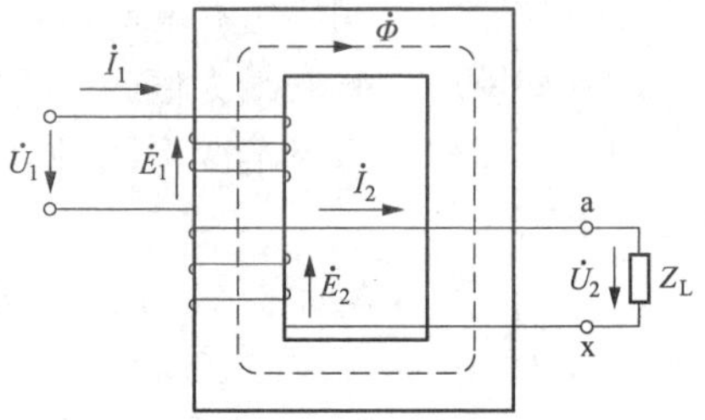

2. 变压器二次侧加电阻、电感或电容负载时，从一次侧输入的无功功率有何不同？为什么？

3. 变压器二次侧加电感性负载及电容性负载时，二次侧电压有何不同？二次侧电压在什么情况下才会高于空载值？

图 10 变压器原理图

二、计算题

1. 两台变压器的数据如下：

第一台：1kVA，240/120V，归算到高压边短路阻抗为 $4\angle 60°\Omega$。

第二台：1kVA，120/24V，归算到高压边短路阻抗为 $1\angle 60°\Omega$。

现将它们按图 11 联结，再接于 240V 交流电源做连续降压，忽略励磁电流。

（1）所接负载为 $Z_L = 10 + j\sqrt{300}$ Ω，求各级电压和电流的大小；

（2）若负载边短路，求各级电压和电流。

2. 一台 20kVA 的单相变压器，一次侧接额定电压 2400V，二次侧接有两个独立线圈，分别按图 12

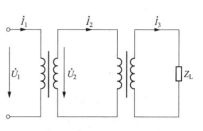

图 11 两台变压器联结示意图

（a）、（b）、（c）、（d）接负载，其中箭头表示线圈两端的电压相量。试求：图 12（a）、（b）、（c）、（d）各线圈中的电流值（忽略漏阻抗和励磁电流，图中负载电阻单位为欧姆）。

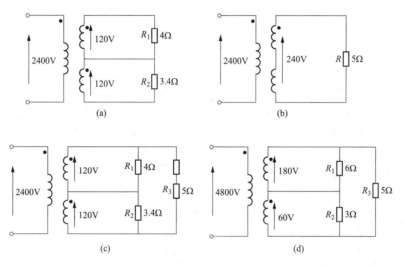

图 12 单相变压器副边不同的接线方式

3. 变压器一、二次侧匝数比 $N_1/N_2 = 3.5/1.5$，已知 $i_1 = 10\sin\omega t$（A），写出图 13（a）、（b）两种情况下二次侧电流 i_2 的表达式（忽略励磁电流）。

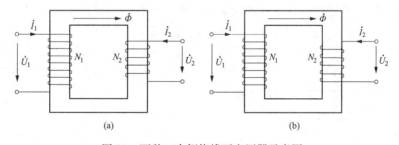

图 13 两种二次侧绕线下变压器示意图

4. 当 2400V、周期为 60 的正弦电压施加在高压绕组上时，认为变压器处于理想空载状态。在第二个绕组中感应出 239V 的电压。两个绕组的匝数分别为 1000 和 100。

（1）互磁通和漏磁通的最大值分别是多少？

（2）主要的漏磁通占总磁通的百分比是多少？

习题六　变压器的负载运行（二）

一、思考题

1. 什么是标幺值？在变压器中如何选择基准值？选取额定值作为基值有什么好处？工程分析计算为什么常用标幺值？

2. 变压器的电压调整率 $\Delta U(\%)$ 与阻抗电压 $u_k(\%)$ 有什么联系？阻抗电压的大小决定于哪些因素？其大小对变压器有什么影响？

3. 一台额定频率 60Hz 的电力变压器，接于 50Hz，电压为变压器额定电压的 5/6 倍的电网上运行，试问此时变压器的磁饱和程度、励磁电流、励磁阻抗、漏电抗以及铁耗等的实际值、标幺值与原设计值是否相同？

4. 铁耗和铜耗相等的变压器效率最高，但在设计时常是铁耗远小于额定电流下的铜耗，例如铁耗为铜耗的 1/3，这是为什么？

二、计算题

1. 三相变压器的额定容量 $S_N = 750\text{kVA}$，额定电压 $U_{1N}/U_{2N} = 10\,000/400\text{V}$，Yd 联结，在低压边做空载试验的数据为：电压 $U_{10} = 400\text{V}$，电流 $I_{10} = 65\text{A}$，空载损耗 $P_0 = 3.7\text{kW}$。在高压边做短路试验的数据为：电压 $U_{1K} = 450\text{V}$，电流 $I_{1K} = 35\text{A}$，短路损耗 $P_K = 7.5\text{kW}$。求：

（1）变压器参数的实际值和标幺值，画出 T 形等效电路（假设漏阻抗 $Z_1 = Z_2'$，其中电阻 $R_1 = R_2'$ 和电抗 $X_1 = X_2'$，实验时室温 $\theta = 25℃$）。

（2）满载且 $\cos\varphi_2 = 0.8$（滞后）时的电压调整率。

2. 三相变压器的额定容量 $S_N = 5600\text{kVA}$，额定电压 $U_{1N}/U_{2N} = 6000/3300\text{V}$，Yd 联结，空载损耗 $P_0 = 18\text{kW}$ 和短路损耗 $P_{KN} = 56\text{kW}$，求：

（1）当输出电流 $I_2 = I_{2N}$，$\cos\varphi_2 = 0.8$（滞后）时的效率 η。

（2）效率最大时的负载系数 β。

3. 一台三相变压器，$S_N = 20\text{kVA}$，$U_{1N}/U_{2N} = 6/0.4\text{kV}$，50Hz，$P_{KN} = 588\text{W}$，$u_K = 4\%$，Yyn0 联结。

（1）求短路参数及阻抗电压的有功和无功分量。

（2）作满载且 $\cos\varphi_1 = 0.8$（滞后）的简化相量图。

（3）计算按本题（2）运行时二次侧电压 U_2 及 $\cos\varphi_2$。

4. 假设：一个 50kVA、2400V：240V 的变压器，其功率因数为 $PF = 0.8$ 滞后，向负载供电，负载为额定变压器二次电流。计算：

（1）变压器等效电路的参数。

（2）效率。

（3）变压器的电压调整率。

变压器的供电侧仪表读数如下：

高压侧的短路测量：$|E_{sc}| = 48\text{V}$，$|I_{sc}| = 20.8\text{A}$，$|P_{sc}| = 617\text{W}$。

低压侧的开路测量：$|E_{oc}| = 240\text{V}$，$|I_{oc}| = 5.41\text{A}$，$|P_{oc}| = 186\text{W}$。

习题七　三相变压器（一）

1. 根据图 14 接线图，按电势位形图定出联结组别。

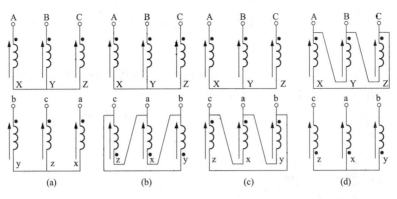

图 14　绕组连接图

2. 根据下列联结组别按电势位形图画出接线图：

(1) Yy2；(2) Yd5；(3) Dy1；(4) Yy8。

3. 设有一台 Yd5 联结的三相铁芯式变压器，一次侧线电压与二次侧线电压之间的变比为 k，设把一次绕组的 A 点与二次绕组的 a 点相接，然后把外电源合闸。试证明在 Bb 间测得的电压为

$$U_{Bb} = U_{ab}\sqrt{1 + \sqrt{3}k + k^2}$$

4. 设三相铁芯式变压器的绕组标志如图 15 所示，现把一次绕组接成星形，二次绕组接成三角形，如每一铁柱上一、二次绕组之间的变比为 k，问线电压间的变比为多少？由于二次侧各绕组联结的不同，实际上可得两种不同的 Yd 联结法，试为每种联结法画接线图，并证明若一种联结法为 Yd11，另一种为 Yd1。

5. Yd 接法的三相变压器一次侧加上额定电压，将二次侧的三角接开路，用伏特计量测开口处的电压，再将三角形连接闭合，用安培计量测回路电流，试问在三相变压器组和三铁芯柱变压器中各次量测电压、电流的大小有何不同？为什么？

6. 图 16 给出了 Dd 联结的 2400V：240V 变压器。二次绕组 ab、bc、ca 具有中心抽头 p、q、r。忽略漏阻抗电压下降，并假定额定初级外加电压。以次级电压 U_{ab} 作为参考相量，绘制一个相量图，显示电压 ab、bc、ca、pq、qr、rp、ap、bp、cp。找出这些电压的大小。

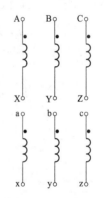

图 15　三相变压器绕组标志

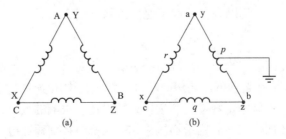

图 16　变压器绕组一次、二次侧联结图

习题八 三相变压器 (二)

一、思考题

1. 变压器的正序、负序、零序阻抗的物理意义是什么？为什么变压器的正序阻抗和负序阻抗值相等？变压器零序阻抗的大小与什么因素有关？

2. 如何测定变压器的零序励磁阻抗？若变压器线圈的接法和铁芯结构如下，试分析测得的零序励磁阻抗的大小？

（1）三相心式变压器，Yy 联结；

（2）三相变压器组，Yy 联结；

（3）三相变压器组，Dy 联结。

3. 为什么三相变压器组不宜用 Yyn 联结，而三相心式变压器却可以采用 Yyn 联结？

二、计算题

1. 将不对称系统分解成对称分量。已知：

（1）三相不对称电流 $\dot{I}_A = 200\text{A}$，$\dot{I}_B = 200e^{-\text{j}150°}\text{A}$，$\dot{I}_C = 200e^{-\text{j}240°}\text{A}$。

（2）三相不对称电压 $\dot{U}_A = 220\text{V}$，$\dot{U}_B = 220e^{-\text{j}120°}\text{V}$，$\dot{U}_C = 0\text{V}$。

2. 如图 17 所示，Yyn0 联结，已知一次侧对称相电压 $\dot{U}_A^+$、$\dot{U}_B^+$、$\dot{U}_C^+$ 及参数。当低压边 b 和 c 之间短路，试求一、二次侧每相电压与电流。

3. 如图 18 所示，Dy1 联结，已知一次侧对称电压 $\dot{U}_A^+$、$\dot{U}_B^+$、$\dot{U}_C^+$ 及参数。当低压边（二次侧）b 和 c 与其中点之间短路，试求一、二次侧每相的电压与电流以及中线电流。

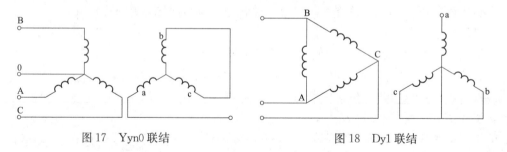

图 17 Yyn0 联结　　　　　　　图 18 Dy1 联结

4. 单相负载连接在变压器组二次侧的一对端子上，其中一次侧为星形连接，二次侧为三角形连接。画出相量图，显示一次侧和二次侧绕组中的电流分布。忽略励磁电流。

习题九 三绕组变压器和自耦变压器

一、思考题

1. 为什么三绕组变压器二次侧一个绕组的负载变化对另一个二次绕组的端电压会产生影响？在升压变压器中，为什么把低压绕组放在高压绕组与中压绕组之间可以减小这种影响？

2. 三绕组变压器二次侧额定容量之和为什么可以比一次侧的大？

3. 三绕组变压器的两个二次侧绕组均短路，一次绕组接到额定电压的电源上。试问这时如何计算三个绕组的短路电流？

4. 自耦变压器的绕组容量（即计算容量）为什么小于变压器额定容量？容量是如何传递

的?这种变压器最适合的变比范围是多大?

5. 与普通变压器相比,自耦变压器有哪些优缺点?

6. 使用电流互感器和电压互感器时,必须注意些什么?

二、计算题

1. 单相三绕组变压器电压为:高压侧100kV,中压侧20kV,低压侧10kV。在中压侧带上功率因数为 0.8（滞后）,10 000kVA 的负载,在低压侧带上 6000kVA 的进相无功功率（电容负载）时,求高压侧的电流（不考虑变压器的等效漏阻抗及励磁电流）。

2. 有一台三相变压器,铭牌数据为:$S_N = 31\ 500$kVA,$U_{1N}/U_{2N} = 400/110$kV,Yyn0 联结,$u_K = 14.9\%$,空载损耗 $P_0 = 105$kW,短路损耗 $P_{kN} = 205$kW,改装前后的线路如图 19（a）、（b）所示。求:

(1) 改为自耦变压器后的总容量 S_{aN} 及电磁容量 S_e、传导容量 S_c,改装后变压器增加了多少容量?

(2) 改为自耦变压器后,在额定负载及 $\cos\varphi_2 = 0.8$（滞后）时,效率 η_a 比未改前提高了多少?改为自耦变压器后在额定电压时稳态短路电流是改装前稳态短路电流（也是在额定电压下）的多少倍?上述改装前后稳态短路电流各为其额定电流的多少倍?

3. 对于具有高电压和电流额定值的测试设备,互感器通常用于降低实际数量并允许在 150V 和 5A 仪表上读数。对于变压器进行短路试验,仪表与互感器的接线如图 20 所示。电压互感器（TV）的匝数比为 10∶1,电流互感器（TA）的匝数比为 150∶1。在一次侧进行测试时,仪器读数为 105.8V、4.9A 和 33.3W。求一次侧的等效阻抗 R_{eq} 和 X_{eq}。

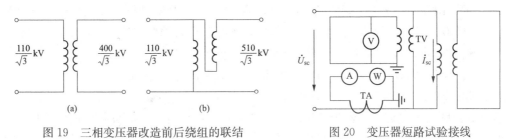

图 19 三相变压器改造前后绕组的联结   图 20 变压器短路试验接线

习题十 变压器的并联运行

一、思考题

1. 并联运行的变压器,若短路阻抗的标幺值或变比不相等,试问将会出现什么情况?如果各变压器的容量不相等,那么短路电阻和短路电抗对容量大些的变压器,是大些还是小些好?为什么?

2. 两台三相变压器组并联运行,由于一次侧输电线电压升高一倍（由 3300V 升为 6600V）,为了临时供电,利用两台原有变压器,将一次侧绕组串联,接到输电线上,二次侧仍并联供电。如果两台变压器的励磁电流相差一倍,二次侧并联时是否会出现很大的平衡电流?为什么?

3. 两台三相变压器,联结组号分别为 Yd11 和 Yd5,变比相等,试问能否经过适当改变标号进行并联运行。若可行,应如何改变其标号（内部接线不改）。

二、计算题

1. 如图 21 所示，将一台 Yy 联结的三相心式变压器和一台 Yd 联结的三相心式变压器高压边接到同一电网上，线电压比均为 6000/400V，试问：

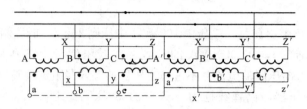

图 21　两台三相心式变压顺在电网中的接线

（1）这两台变压器各是什么联结组号？

（2）如将两台变压器的二次侧 a 和 a′端点连在一起，试问 bb′和 cc′端电压各为多少？

2. 某变电站共有三台变压器，其数据如下：

(a) S_N＝3200kVA，U_{1N}/U_{2N}＝35/6.3kV，u_k＝6.9%；

(b) S_N＝5600kVA，U_{1N}/U_{2N}＝35/6.3kV，u_k＝7.5%；

(c) S_N＝3200kVA，U_{1N}/U_{2N}＝35/6.3kV，u_k＝7.6%。

变压器均为 Yyn0 联结，求：

（1）变压器 a 与变压器 b 并联输出总负载为 8000kVA 时，每台变压器分担多少负载？

（2）三台变压器一起并联时，求输出的最大总负载？注意不许任何一台变压器过载。

3. 某工厂由于生产发展，用电量由 500kVA 增为 800kVA。原有变压器 S_N＝560kVA，U_{1N}/U_{2N}＝6300/400V，Yyn0 联结，u_k＝6.5%，现有三台备用变压器数据如下：

（1）S_N＝320kVA，U_{1N}/U_{2N}＝6300/400kV，Yyn0 联结，u_k＝5%；

（2）S_N＝240kVA，U_{1N}/U_{2N}＝6300/400kV，Yyn4 联结，u_k＝6.5%；

（3）S_N＝320kVA，U_{1N}/U_{2N}＝6300/440kV，Yyn0 联结，u_k＝6.5%。

试计算说明在不允许变压器过载情况下，选哪一台运行恰当？如负载增加后需用三台变压器并联运行，选两台变比相等的与已有的一台并联运行，问最大总负载容量可能是多少？哪一台变压器最先满载？

4. 一次侧为三角形、二次侧为星形的三个变压器组连接在 10 000V 传输线和 400V 配电电路之间。另一个类似的结构从 10 000V 降压到 2000V，2000V 端子连接到另一个类似的 Dy 联结，从 2000V 降压到 400V。如果将两条 400V 线路的两个相似放置的端子连接起来，那么另一对端子的对应放置的端子之间会存在什么电位差？这些三相变压器连接的组号为 Dy11。用相量图说明。

Ⅲ　交　流　绕　组

习题十一　交流绕组的电动势

一、思考题

1. 同步电机转子表面励磁气隙磁密分布的波形是怎样的？转子表面某一点的气隙磁密大

小随时间变化吗？定子表面某一点的气隙磁密随时间变化吗？

2. 定子表面在空间相距 α 电角度的两根导体，它们的感应电动势大小与相位有何关系？

二、计算题

1. 试求一台 $f=50\text{Hz}$，$n=3000\text{r/min}$ 的汽轮发电机的极数为多少？一台 $f=50\text{Hz}$，$2p=110$ 的水轮发电机的转速为多少？

2. 已知图 22 所示同步电机的气隙磁密分布为

$$b_\delta=\sum B_{\delta\nu m}\sin\nu\alpha(\nu=1,3,5,\cdots)$$

导体的有效长度为 l，切割磁通的线速度为 v，求：

（1）在 $t=0$ 时，处于坐标原点的导体及离坐标原点为 α_1 处的导体中的感应电动势随时间变化的表达式 $e_0=f(t)$ 及 $e_1=f(t)$。

（2）分别画出两导体中的基波电动势相量及三次谐波电动势相量。

3. 有一台同步发电机，定子槽数 $Z=36$，极数 $2p=4$，如图 23 所示，若已知第一槽中导体感应电动势基波瞬时值为 $e_{1槽}=E_{1m}\sin\omega t$，分别写出第 2 槽、第 10 槽、第 19 槽、第 28 槽和第 36 槽中导体感应电动势基波瞬时值的表达式，并写出相应的基波电动势相量。

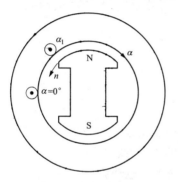 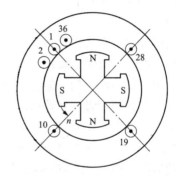

图 22　同步电机模型　　　图 23　同步发电机槽导体分布示意图

4. 同步电机的气隙磁密分布为

$$b_\delta=\sum B_{\delta\nu m}\sin\nu\alpha(\nu=1,3,5,\cdots)$$

导体的有效长度为 l，切割磁通的线速度为 v，求：

（1）$t=0$ 时，离坐标原点为 $\left(+\dfrac{y\pi}{2}\right)$ 电角度的导体 I 中感应电动势 $e_1=f(t)$ 的表达式，及离坐标原点为 $\left(-\dfrac{y\pi}{2}\right)$ 的导体 II 中感应电动势 $e_2=f(t)$ 的表达式（见图 24）。

（2）把导体 I 和导体 II 组成一匝线圈，写出 $e_T=f(t)$。

（3）画出导体、线匝基波电动势相量图。

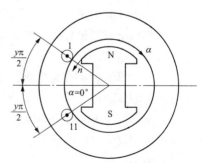

图 24　同步发电机导体
感应电动热示意图

5. 试由 $e=-\dfrac{\mathrm{d}\psi}{\mathrm{d}t}$ 导出第 4 题一匝线圈的基波电动势

e_{T1} 的表达式。

习题十二　交流绕组及其电动势

一、思考题

1. 什么是相带？在三相电机中为什么常用 60°相带绕组而不用 120°相带绕组？

2. 试述双层绕组的优点，为什么现代大、中型交流电机大多采用双层绕组？

3. 同步发电机中采用分布和短距绕组为什么能减少或消除电动势中的高次谐波？为了消除电动势中的 5 次或 7 次谐波，绕组的节距应选为多少？为什么分布因数总小于 1，节距因数呢？节距 $y_1 > \tau$ 的绕组节距因数会不会大于 1？

4. 为什么相带 A 与相带 X 的线圈串联时必须反向连接，不这样会引起什么后果？

二、计算题

1. 已知一个线圈的两个边感应的基波分别为 $E_1 \angle 0°$ 和 $E_1 \angle 150°$，求这个线圈的基波节距因数和基波电动势的大小。

2. 一交流绕组 $Z=36$，$2p=4$，$m=3$，$a=2$，$N_c=100$ 匝，单层绕组，定子内径 $D=0.15\text{m}$，铁芯长 $l=0.1\text{m}$，星形接法，$f=50\text{Hz}$，气隙磁密分布为 $b_\delta = \sin\alpha + 0.3\sin3\alpha + 0.2\sin5\alpha \, (\text{Wb/m}^2)$。

（1）作出绕组展开图（交叉式）；

（2）求每根导体的瞬时值表达式；

（3）求一相绕组（A 相）电动势的有效值；

（4）求相电动势和线电动势的有效值。

3. 有一三相同步发电机，$2p=23\,000\text{r/min}$，电枢的总槽数 $Z=30$，绕组为双层绕组，每相的总串联匝数 $N=20$，气隙基波磁通 $\Phi_1=1.505\text{Wb}$，试求：

（1）基波电动势的频率、整距时基波的绕组因数和相电动势。

（2）整距时五次谐波的绕组因数。

（3）如要消除五次谐波，绕组的节距应选多少？此时基波电动势变为多少？

（4）作出消除五次谐波电动势的绕组展开图。

4. 已知相数 $m=3$，极对数 $p=2$，每极每相槽数 $q=1$，线圈节距为整距。

（1）画出并联支路 $a=1$、2 和 4 三种情况的双层绕组展开图。

（2）若每槽有两根导线，每根导线产生 1V 的基波电动势（有效值），以上的绕组每相能产生多大的基波电动势。

（3）五次谐波磁密在每根导线上感应 0.2V（有效值）电动势，以上绕组每相能产生多大的五次谐波电动势。

5. 三相同步发电机有 12 极、144 个槽和 144 个八匝线圈。它以 600r/min 的速度驱动。线圈跨度为 10 槽。转子磁通为 0.026Wb/极。计算：

（1）频率；

（2）每相带的线圈数；

（3）每相串联匝数；

（4）k_{p1}；

（5）k_{d1}；

（6）k_{w1}；

（7）每相产生的电压和；

（8）U_0，相接星形时的开路端电压。

习题十三　交流绕组的磁动势（一）

一、思考题

1. 为什么说交流绕组所产生的磁动势既是空间函数，又是时间函数，试用单相整距集中绕组的磁动势来说明。

2. 磁动势相加为什么能用矢量来运算，有什么条件？

3. 单相交流绕组的磁动势具有哪些性质？

二、计算题

1. 一台两极电机中一个 100 匝的整距线圈。

（1）若通入正弦电流 $i=\sqrt{2}\times5\sin\omega t(\mathrm{A})$，试求出基波和三次谐波脉振磁动势的幅值。

（2）若通入一平顶波形的交流电流，其中除了有 $i_1=\sqrt{2}\times5\sin\omega t(\mathrm{A})$ 的基波电流外，还有一个幅值为基波幅值的 1/3 的三次谐波电流，试写出这个平顶电流所产生的基波和三次谐波脉振磁动势的表达式，并说明三次谐波电流能否产生基波磁动势。

（3）若通入 5A 的直流电，此时产生的磁动势的性质如何？这时基波的三次谐波磁动势幅值又各为多少？

2. 有一台四极单相电机，定子上有 24 槽，在 16 槽嵌了单层线圈，每个线圈 80 匝，这些线圈全部串联成一条支路，通入 60Hz 正弦交流电 $i_c=\sqrt{2}\times2\sin\omega t(\mathrm{A})$。

（1）试求每极脉振磁动势的最大振幅；

（2）若把它分解成两个旋转磁动势，试求每一旋转磁动势的幅值和转速。

习题十四　交流绕组的磁动势（二）

一、思考题

1. 一台三角形联结的定子绕组，当绕组内有一相断线时产生的磁动势是什么性质的磁动势？

2. 如不考虑谐波分量，在任一瞬间，脉振磁动势的空间分布是怎样的？圆形旋转磁动势的空间分布是怎样的？椭圆形旋转磁动势的空间分布是怎样的？如仅观察一瞬间，能否区分该磁动势是脉振磁动势、圆形旋转磁动势或椭圆形旋转磁动势三种中的哪种？

3. 试比较单相交流绕组和三相交流绕组所产生的基波磁动势的性质有何主要区别（幅值大小、幅值位置、极对数、转速、转向）。

二、用解析法或矢量分析法分析如下习题

1. 把三个绕组 A—X，B—Y 和 C—Z 叠在一起，如图 25 所示，分别在 A—X 绕组通入电流 $i_a=\sqrt{2}I\sin\omega t(\mathrm{A})$，在 B—Y 绕组里通入电流 $i_b=\sqrt{2}I\sin(\omega t-120°)(\mathrm{A})$，在 C—Z 绕组里通入电流 $i_c=\sqrt{2}I\sin(\omega t-240°)(\mathrm{A})$，求三相合成的基波和三次谐波磁动势。

2. 在图 26 所示的三相对称绕组中，通以电流为 $i_a=i_b=i_c=\sqrt{2}I\sin\omega t(\mathrm{A})$，求三相合成的基波和三次谐波磁动势。

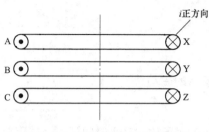

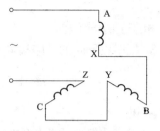

图 25　三个线圈叠放示意图　　　　　　图 26　三相对称绕组

3. 在空间位置互差 90°电角度的两相绕组，它们的匝数又彼此相等，如图 27 所示。

(1) 若通以电流 $i_a = i_b = \sqrt{2}\,I\sin\omega t\,(\mathrm{A})$，求两相合成的基波和三次谐波磁动势。

(2) 若通以 $i_a = \sqrt{2}\,I\sin\omega t\,(\mathrm{A})$ 和 $i_b = \sqrt{2}\,I\sin\left(\omega t - \dfrac{\pi}{2}\right)(\mathrm{A})$ 时，求两相合成的基波和三次谐波磁动势。

4. 两个绕组在空间相距 120°电角度。它们的匝数彼此相等，如图 28 所示。已知 A—X 绕组里流过的电流为 $i_a = \sqrt{2}\,I\sin\omega t$。问 B—Y 绕组里流过的电流 i_b 是多少才能产生图 28 所示的旋转磁动势（没有反转磁动势）。

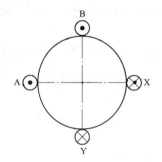

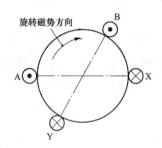

图 27　垂直放置的两相绕组　　　　　图 28　相差 120°电角度的两相绕组

5. 一台三相电机，定子绕组星形联结，接到三相对称的电源工作。因为某种原因使 C 相断线，问此时电机的定子三相合成基波磁动势的性质。

习题十五　交流绕组的磁动势（三）

一、思考题

1. 产生旋转磁动势和圆形旋转磁动势的条件有哪些？

2. 不计谐波时，椭圆形旋转磁场是气隙磁场的最普通形式，试述在什么情况下，椭圆形旋转磁场将演化成圆形旋转磁场？在什么条件下，椭圆形旋转磁场将演化为脉振磁场？

3. 交流电机漏抗的物理意义是什么？电机槽漏磁、端接漏磁和谐波漏磁的主要区别是什么？

二、作图计算题

1. 用三个等值线圈 A—X、B—Y、C—Z 代表的三相绕组，如图 29（a）所示，现通以电流 $i_a = 10\sin\omega t\,(\mathrm{A})$，$i_b = 10\sin(\omega t - 120°)\,(\mathrm{A})$ 和 $i_c = 10\sin(\omega t - 240°)\,(\mathrm{A})$。

（1）当 $i_A=10A$ 时，在图 29（a）坐标上画出三相合成基波磁动势波形。

（2）当 $i_A=5A$［见图 29（b）］时，在图 29（a）坐标上画出三相合成基波磁动势波形。

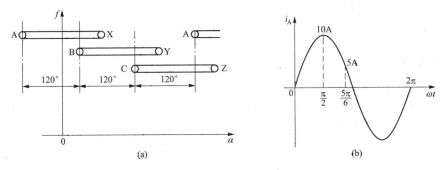

图 29　三相绕组及电流波形

2. 一台极对数 $p=2$ 的三相同步电机，定子上的 A 相绕组如图 30（a）所示。在此绕组里通入单相电流，问产生的基波磁动势为几对极？如果把其中的一线圈反接，如图 30（b）所示，再通入单相电流，问产生的基波磁动势为几对极？（可以根据磁动势积分法作出磁动势波形，然后决定极对数）

3. 有一台两极隐极式同步发电机，转子上共有 20 个槽，放置单层同心式绕组，如图 31 所示，每个线圈有 10 匝，线圈全部串联。试求：

（1）当直流励磁电流 $I_f=150A$ 时的磁动势分布曲线。

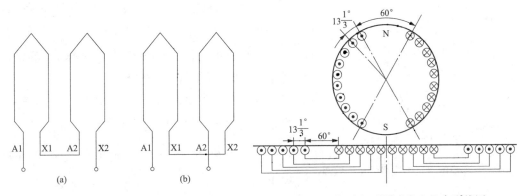

图 30　A 相绕组的正接与反接　　　　图 31　两极陷极式同步发电机串联线圈

（2）每极磁动势的幅值（包括其基波幅值与三次谐波幅值）。

4. 某四极交流电机定子三相双层绕组的每极每相槽数 $q=3$，每个线圈匝数 $N_c=2$，线圈节距 $y_1=7$ 槽，并联支路数为 1，a 相和 b 相绕组分别接到各自的电源上，并使 $i_a=20\sin\omega t(A)$，$i_b=-10\sin(\omega t-60°)(A)$，c 相开路，$i_c=0A$，试求出产生基波合成磁动势的最大、最小幅值及其对应的位置，说明合成磁动势的性质。

5. 以 120r/m 运行的三相 10MVA、60Hz 三角形连接发电机用于在端子之间产生 6893V 的电压。两层电枢绕组由 90 个线圈组成，每个线圈有 60 匝和 12 个槽的分布。当机器提供其额定电流时，每极安培匝数，确定电枢磁动势。

IV 同 步 电 机

习题十六　同步发电机的电枢反应

一、思考题

1. 一台转枢式三相同步发电机，电枢以转速 n 逆时针旋转，主极磁场对电枢是什么性质的磁场？对称负载运行时，电枢反应磁动势相对于电枢的转速和转向如何？对定子上主磁极的相对转速又是多少？主极绕组能感应出电动势吗？

2. 负载时同步发电机中电枢磁动势与励磁磁动势的幅值、位置、转速由哪些因素来决定？

3. 试说明同步电机中的 $\bar{F}_{\mathrm{fl}}$、$\bar{F}_{\mathrm{a}}$、$\bar{B}_0$、$\bar{B}_{\mathrm{a}}$、$\dot{E}_0$、$\dot{I}$ 等物理量哪些是空间矢量？哪些是时间相量？试述两种矢（相）量之间的统一性。如果不把相轴和时轴重合，那么时、空相（矢）量之间的关系怎样？

4. 凸极同步发电机在 $0<\varphi<90°$ 负载下运行时，在矢量图中，其电枢磁场的基波和电枢磁动势是否相同？为什么？在隐极电机中又怎样？

5. 同步电机的电枢反应性质是由什么决定的？三相对称电容性负载下电枢反应是否一定是助磁性质的？

二、作图题

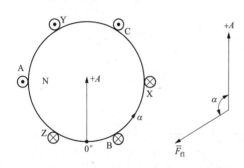

图 32　同步电机定子绕组矢量等效图

1. 有一台同步电机，定子绕组里电动势和电流的正方向已标出，如图 32 所示。

（1）画出当 $\alpha=120°$ 瞬间，电动势 $\dot{E}_0$ 的相量，并把这个瞬间转子位置画在图里。

（2）若定子电流落后于电动势 $60°$ 电角度，画出定子绕组产生的合成基波磁动势 $\bar{F}_{\mathrm{a}}$ 的位置。

（3）如果 $F_{\mathrm{a}}=\dfrac{1}{3}F_{\mathrm{fl}}$，画出磁动势 $\bar{F}_\delta$ 的位置来。

2. 有一台同步发电机，定子绕组里电动势和电流的正方向分别标在图 33（a）、（b）、（c）、（d）里。假设定子电流领先电动势 $\dot{E}_0$ 以 $90°$ 电角度。根据图 33（a）、（b）、（c）、（d）所示的转子位置，作出 $\dot{E}_0$、$\dot{I}$ 相量和 $\bar{F}_{\mathrm{fl}}$、$\bar{F}_{\mathrm{a}}$ 矢量，并说明 $\bar{F}_{\mathrm{a}}$ 是去磁还是助磁性质。

3. 已知一台隐极同发电机的端电压 $U^*=1$，电流 $I^*=1$，同步电抗 $X_{\mathrm{s}}^*=1$，功率因数 $\cos\varphi=1$（忽略定子电阻），用画时空相（矢）量图的办法找出图 34 所示瞬间同步电机转子的位置（用发电机惯例）。

4. 有一台旋转电枢的同步电机，电动势、电流的正方向如图 35 所示。

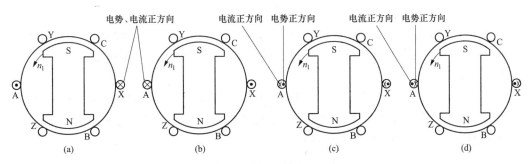

图 33 同步发电机定子绕组矢量等效

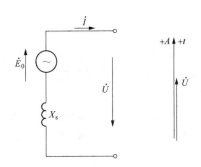

图 34 隐极同发电机等效电路

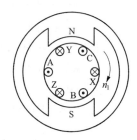

图 35 同步电机旋转等效图

（1）当转子转到图 35 所示瞬间，画出励磁磁动势 F_{fl} 在电枢绕组里产生的电动势 $\dot{E}_{0A}$、$\dot{E}_{0B}$、$\dot{E}_{0C}$ 的时间相量图。

（2）已知电枢电流 $\dot{I}_A$、$\dot{I}_B$ 和 $\dot{I}_C$ 和分别落后电动势 $\dot{E}_{0A}$、$\dot{E}_{0B}$ 和 $\dot{E}_{0C}$ 以 60° 电角度，画出电枢反应合成基波磁动势 $\bar{F}_a$ 来。

（3）求磁动势 $\bar{F}_a$ 相对于定子的转速为多少？

习题十七 同步发电机基本电磁关系（一）

一、思考题

1. 对称负载时，同步电机定子电流建立的电枢旋转磁场是否交链励磁绕组？它在励磁绕组中感应电动势吗？为什么？

2. 按照切割电动势的概念，在磁密最大处导线感应电动势也最大，则矢量 $\bar{B}_0$ 与矢量 $\dot{E}_0$ 好像是同相位的，应该重合，但实际时空相量图中却是 $\dot{E}_0$ 落后与 $\bar{B}_0$ 以 90°，这怎么从物理概念来解释？

3. 同步电机带对称负载运行时，气隙磁场是由哪些磁动势建立的，它们的性质和关系如何？

4. 为何同步电机在对称负载下运行时，每相电流落后于该相励磁电动势的时间角度就等于电枢磁动势落后于交轴的空间电角度？如果三相电流不对称，此结论是否成立？

5. 在什么情况下，同步发电机的 $\dot{I}$ 与 $\dot{E}_0$ 的夹角 ψ 为一个锐角？这一角度是由什么决定的？

6. 对应于同步电抗的磁通包含哪两个组成分量？每相同步电抗与每相绕组本身的励磁电抗有什么区别？为什么说同步电抗是与三相有关的电抗而它的数值又是每相值？

二、计算题

1. 有一台同步发电机，$S_N = 16\ 667$kVA，$U_N = 13\ 800$V（星形接线），$\cos\varphi = 0.8$（滞后），电枢漏抗标幺值 $X_\sigma^* = 0.24$，电枢电阻忽略不计。对应于额定电流的电枢反应磁动势归算为励磁电流 $I_{fa} = 1.35$A，空载特性数据见表4。

表4　　　　　　　　　　　　　　同步发电机空载特性数据

E_0^*	0.25	0.45	0.79	1.00	1.14	1.20	1.25
I_f(A)	45	85	150	205	250	300	350

试用电动势-磁动势相量图求该发电机的额定励磁电流和电压调整率（用坐标纸作图）。

2. 一台隐极同步发电机运行于恒定电压下，其励磁可随时调整，使其线端功率因数在不同情况下经常等于1，试导出此时电枢电流 I 和励磁电动势 E_0 之间的关系。

3. 一台三相汽轮发电机 $S_N = 30\ 000$kVA，$U_N = 11\ 000$V，$I_N = 1570$A，星形接法。

（1）$X_s = 2.35\Omega$，用相量图求出 $\cos\varphi = 0.855$（滞后）时 $I = I_N$ 的功率因数角 φ 和功角 δ。

（2）$X_\sigma = 0.661\Omega$，R_a 不计，画出 $\cos\varphi = 0.5$（超前）时的电动势相量图，并求出 E_σ、E_a 和 E_0。

4. 设有一隐极式同步发电机在某种情况下转子磁极磁场的振幅和定子磁场的振幅相等，发电机的端电压为每相3000V，略去电阻及漏抗，试求当内功率因数角 $\psi = 30°$ 及 $\psi = 60°$时的空载电动势。

5. 已知一台凸极同步电机 $U^* = 1$，$I^* = 1$，$X_d^* = 0.6$，$X_q^* = 0.6$，$R_a = 0$，$\varphi = 20°$（领先），当 $t = 0$ 时，u_A 最大。求：

（1）用电动势相量图求 $\dot{E}_{A0}$。

（2）判断电枢反应是去磁还是助磁。

6. 交流发电机的直轴同步单位电抗为0.8，方轴同步单位电抗为0.5。

绘制滞后功率因数为0.8时满载的相量图，并场每单位开路电压。

忽略饱和度。

习题十八　同步发电机基本电磁关系（二）

一、思考题

1. 为什么研究凸极同步电机时要用双反应理论？

2. 在凸极同步电机中，如果 ψ 角既不等于90°又不等于0°，用双反应理论分析电枢反应磁密 $\bar{B}_a$ 和电枢反应磁动势 $\bar{F}_a$，两个矢量在统一的时空相量图上是否同相？$\bar{B}_a$ 和由它感应的电动势 $\dot{E}_a$ 是否还差90°？为什么？

3. 当凸极同步电机电流 I 为已知恒定数值，而 ψ 变动时其所产生的电枢反应电动势 E_a 值是否是恒值，试问在 ψ 值为什么时所生的 E_a 最大？ψ 值为什么时 E_a 为最小？

4. 凸极同步电机相量图中为什么没有 $j\dot{I}_d X_{aq}$ 和 $j\dot{I}_q X_{ad}$ 这两个电动势分量?

5. 为什么凸极同步电机的电枢反应磁动势 F_{ad}、F_{aq} 要归算到直轴上具有励磁磁动势波形的等效磁动势? 试述电枢磁动势折算系数 k_{ad}，k_{aq} 的意义。

二、计算题、证明题

1. 一台三相、星形接法凸极同步发电机，运行数据是：$U = 230\text{V}$（相电压），$I = 10\text{A}$，$\cos\varphi = 0.8$（滞后），$\psi = 60°$，$R_a = 0.4\Omega$，励磁相电动势 $E_0 = 400\text{V}$，忽略磁路饱和影响，画出电机此时电动势相量图，并求出 I_d、I_q、X_d、X_q 的数值。

2. 设有一台凸极式发电机接在电压为额定值的电网上，电网电压保持不变，同步电抗标幺值 $X_d^* = 1.0$，$X_q^* = 0.6$，$R_a \approx 0$，当该机供给额定电流且功率因数为 1 时，空载电动势 E_0^* 为多少? 当该机供给额定电流且内功率因数为 1 时，空载电动势 E_0^* 为多少?

3. 一台三相凸极同步发电机的额定数据如下：星形接法，$P_N = 400\text{kW}$，$U_N = 6300\text{V}$，$\cos\varphi = 0.8$（滞后），$f = 50\text{Hz}$，$n_N = 750\text{r/min}$，$X_d = 103.1\Omega$，$X_q = 62\Omega$，忽略电枢电阻，试求额定运行时的功角 δ 以及励磁电动势 E_0 的大小。

4. 一台凸极同步发电机，已知 X_d^*、X_q^*、$R_a \approx 0$，$\cos\varphi$，$U^* = 1$，$I^* = 1$，试根据电动势相量图证明：

$$E_0^* = \frac{1 + (X_d^* + X_q^*)\sin\varphi + X_d^* X_q^*}{\sqrt{\cos^2\varphi + (\sin\varphi + X_q^*)^2}}$$

5. 一台 20kVA、220V、60Hz、星形接三相凸极同步发电机以 0.707 的滞后功率因数提供额定负载。电机的单相常数是 $R_a = 0.5\Omega$，$X_d = 2\Omega$，$X_q = 0.4\Omega$。计算指定负载下的电压调整率。

习题十九　同步电机的参数

一、思考题

1. 测定同步发电机空载特性和短路特性时，如果转速降为 $0.95n_N$，对实验结果将有什么影响?

2. 一般认为空载特性 $E_0 = f(i_f)$ 也可以用来作为负载时 $E_\delta = f(i_{f\delta})$，这种看法是否十分准确? 例如，当 $F_f = 1000$ 安匝时所感生的空载电动势为 240V，那么当 $\cos\varphi = 0$，$F_f = 1700$ 安匝，$k_{ad}F_{ad} = 700$ 安匝，合成磁动势 $F_\delta' = 1700 - 700 = 1000$ 安匝时，是否气隙电动势值仍为 240V? 为什么? 并由此说明 $X_p > X_\sigma$。

3. 为什么从空载特性和短路特性不能测定交轴同步电抗? 为什么从空载特性和短路特性不能准确测定同步电抗的饱和值? 为什么零功率因数负载特性跟空载特性有相同的波形?

4. 用转差法求同步电机的 X_d 和 X_q 时，为何转子绕组必须开路? 为何试验时必须先把转子拖到接近同步速再接通定子电源，而不可以把次序颠倒过来?

二、计算题

1. 设有一台 25 000kW，10.5kW，三相绕组星形接法，$\cos\varphi = 0.8$（滞后），50Hz，两极汽轮发电机，已知它的转子绕组每极有 72 匝，转子磁场的波形因数 $k_f = 1.05$，定子电枢反应磁动势为 $F_a = 11.3I$ 安/极，其空载试验和短路试验数据如下：

空载特性数据见表 5。

表 5　　　　　　　　　　　　　两极汽轮发电机空载特性数据

线电压（kV）	6.2	10.5	12.3	13.46	14.1
励磁电流（A）	77.5	155	232	310	388

短路特性数据见表 6。

表 6　　　　　　　　　　　　　两极汽轮发电机短路特性数据

电枢短路电流（A）	860	1720
励磁电流（A）	140	280

同时测得电枢绕组保梯电抗 $X_p^* = 0.19$，而电枢电阻 R_a 可忽略不计。试求：

（1）同步电抗（不计饱和）的标幺值 X_s^*；

（2）当空载电压为额定电压时接上每相阻抗为 $Z_L = 2.82 + j2.115\Omega$ 的星形接法三相负载，求负载电流和端电压；

（3）为保证额定负载运行所需的励磁电流；

（4）在额定负载下运行时，若开关跳闸甩负载，发电机的电压将升高为多少？试计算电压调整率 $\Delta U\%$ 的数值。

2. 国产三相 72 500kW 水轮发电机，$U_N = 10.5kV$，星形连接，$\cos\varphi_N = 0.8$（滞后），$X_q^* = 0.554$，电机的空载、短路和零功率因数负载实验数据如下：

空载特性数据见表 7。

表 7　　　　　　　　　　　　　三相水轮发电机空载特性数据

U_0^*	0.55	1.0	1.21	1.27	1.33
i_f^*	0.52	1.0	1.51	1.76	2.09

短路特性数据见表 8。

表 8　　　　　　　　　　　　　三相水轮发电机短路特性数据

I_k^*	0	1
i_f^*	0	0.965

零功率因数特性（$I = I_N$）数据见表 9。

表 9　　　　　　　　　　　　　三相水轮发电机零功率因数特性数据

U^*	1
i_f^*	2.115

设 $X_\sigma^* = 0.9 X_p^*$，试求：

（1）X_d^* 的不饱和值；

（2）短路比 K_c；

（3）X_p^*；

（4）X_{aq}^*；

（5）i_N^*；

(6) $\Delta U\%$。

3. 一台 400kVA、圆柱形转子的三相交流发电机具有以下开路特性，见表 10。

表 10　　　　　　　　　　**三相交流发电机开路特性数据**

i_f^*	0.4	0.8	1.2	1.6
E_δ^*	0.48	0.88	1.08	1.2

单位漏抗为 0.12，当单位励磁电流为 0.85 时，短路电枢中流过满载电流。确定对应于电枢反应的等效单位励磁电流。

习题二十　同步发电机的并联运行（一）

一、思考题

1. 试述三相同步发电机投入电网的条件。为什么要满足这些条件？怎样来调节和检验是否满足这些条件？

2. 一台同步发电机单独供给一个对称负载（R 及 L 一定）且发电机转速保持不变时，定子功率因数 $\cos\varphi$ 由什么决定？当此发电机并联于无限大电网时，定子电流的 $\cos\varphi$ 又由什么决定？还与负载性质有关吗？为什么？此时电网对于发电机而言相当于怎样性质的电源？

3. 试述功率角 δ 的物理意义。

4. 画出与无限大电网并联运行的凸极同步发电机失去励磁（$E_0=0$）时的电动势相量图，并推导其功角特性，此时 δ 角代表什么意义？

二、计算证明题

1. 一台汽轮发电机并联与无限大电网，额定负载功率角 $\delta=20°$，现因外线发生故障，电网电压降为 $60\%U_N$，问：为使 δ 角保持在小于 $25°$ 范围内，应加大励磁使 E_0 上升为原来的多少倍？

2. 有一台 $P_N=25\,000$kW，$U_N=10.5$kV，星形接法，$\cos\varphi_N=0.8$（滞后），$X_s^*=2.13$ 和 $R_a\approx0$ 的汽轮发电机，试求额定负载下发电机的励磁电动势 E_0、功率角 δ 和 $\dot{E}_0$ 与 $\dot{I}$ 的夹角 ψ。

3. 一台四极的隐极同步电机，端电压 $U^*=1$ 和电流 $I^*=1$，同步电抗 $X_s^*=1$，功率因数 $\cos\varphi=\sqrt{3}/2$（$\dot{I}$ 落后 $\dot{U}$），励磁磁动势的幅值 $F_{f1}=1200$ 安/极，电枢反应基波磁动势的幅值 $F_a=400$ 安/极，忽略定子电阻 R_a，试用时空相矢图求出功角 δ。

4. 画出过励同步发电机的稳态 dq 相量图。从这个相量图中可以看出，励磁和端电压相量之间的转矩角 δ 由下式给出

$$\tan\delta=\frac{IX_q\cos\varphi-IR_a\sin\varphi}{U+IX_q\sin\varphi+IR_a\cos\varphi}$$

习题二十一　同步发电机的并联运行（二）

一、思考题

1. 为何在隐极同步电机中，定子电流和定子磁场不能相互作用产生转矩，但是凸极同步电机中却可以产生？

2. 比较下列情况下同步电机的稳定性：

(1) 当有较大的短路比或较小的短路比时；

(2) 在过励状态下运行或在欠励状态下运行时；

(3) 在轻载下运行或在满载状态下运行时；

(4) 在直接接至电网或通过长的输电线接到电网时。

3. 试为凸极式同步电机推导出无功功率的功角特性。

4. 一台三相隐极同步发电机，并联在无限大电网上，试作出下列三种情况的相量图（忽略电阻），并画出 $\dot{E}_0$、$\dot{I}$ 的轨迹，说明：

(1) 保持励磁不变，调节有功，δ 角及输出无功是否改变？

(2) 保持有功输入不变，调节励磁，δ 角及输出有功是否改变？

(3) 保持输出无功不变，调节有功，δ 角及励磁电流是否改变？

二、计算题

1. 有一台两极 50Hz 汽轮发电机数据如下：

$S_N = 31\,250\text{kVA}$，$U_N = 10.5\text{kV}$（星形接法），$\cos\varphi = 0.8$（滞后），定子每相同步电抗 $X_s = 7.0\Omega$（不饱和值），而定子电阻忽略不计，此发电机并联运行于无限大电网，试求：

(1) 当发电机在额定状态下运行时，功率角 δ_N、电磁功率 P_N、同步转矩系数 $\dfrac{\mathrm{d}T_M}{\mathrm{d}\delta}$、过载能力 k_m 为多大？

(2) 若维持上述励磁电流不变，但输出有功功率减半时，δ、P_M、同步转矩系数 $\dfrac{\mathrm{d}T_M}{\mathrm{d}\delta}$ 及 $\cos\varphi$ 将变为多少？输出无功功率将怎样变化？

(3) 发电机原来在额定状态下运行，现在将其励磁电流加大 10%，δ、P_M、$\cos\varphi$ 和 I 将变化为多少？

2. 一台 50\,000kW、13\,800V（星形接法）、$\cos\varphi = 0.8$（滞后）的水轮发电机并联于一无限大电网上，其参数为 $R_a \approx 0$，$X_d^* = 1.15$，$X_q^* = 0.7$，并假定其空载特性为一直线，试求：

(1) 当输出功率为 10\,000kW，$\cos\varphi = 1.0$ 时，发电机的励磁电流 I_f^* 及功率角 δ；

(2) 若保持此输入有功功率不变，当发电机失去励磁时，δ 值为多少？发电机还能稳定运行吗？此时定子电流 I 为多少？$\cos\varphi$ 为多少？

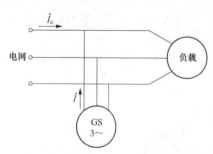

图 36 电网与发电机以及三相负载接线图

3. 一个三相对称负载与电网以及一台同步发电机并联，如图 36 所示，已知电网电压为 380V，线路电流 I_c 为 50A，功率因数 $\cos\varphi = 0.8$（滞后），发电机输出电流 I 为 40A，功率因数为 0.6（滞后）。求：

(1) 负载的功率因数为多少？

(2) 调节同步发电机的励磁电流，使发电机的功率因数等于负载的功率因数，此时发电机输出的电流 I 为多少？此时又从电网吸收的电流 I_c 为多少？

4. 同步发电机通过双并联 3-3 传输电路连接到无限母线上，每条线路的电抗标幺值为 0.6，包括两端的升压和降压变压器。

发电机的同步电抗标幺值为每台 0.9。所有电阻都可以忽略不计，电抗以发电机额定值为基值表示。无限母线单位电压为 1.0。

（1）调整发电机的功率输出和励磁，使其端部稳定输出功率因数为 1.0 的额定电流。计算发电机端子和励磁电压，输出功率和输出到无限母线的无功功率。

（2）现在调整原动机的节流阀，使发电机和无限母线之间没有动力传递。调整发电机的励磁电流，直到每单位滞后无功千伏安传送到无限母线。在这些条件下，计算发电机的端子电压和励磁电压。

然后系统返回到第（1）部分的运行状态。两个并联传输线路中的一个通过断开其两端的断路器来断开。发电机的励磁保持恒定，请问发电机能保持同步吗？在比较了所给出的考虑传输系统的充分意见和最大功率传输后。

习题二十二　同步电动机和同步调相机

一、思考题

1. 从同步发电机过渡到电动机时，功率角 δ、电流 I、电磁转矩 T_M 的大小和方向有何变化？

2. 分别按电动机惯例与发电机惯例画出同步电机在下列运行状态下的电动势相量图：

（1）发出有功功率和电感性无功功率；

（2）发出有功功率和电容性无功功率；

（3）吸收有功功率和发出电感性无功功率；

（4）吸收有功功率和发出电容性无功功率。

3. 已知一台同步电机的电压、电流相量图如图 37 所示。

（1）若此相量图是按发电机惯例画出，判断该电机是运行在发电机状态还是在电动机状态？是运行在过励状态还是欠励状态？

（2）若此相量图按电动机惯例画出，重新回答（1）中的问题。

4. 为什么当 $\cos\varphi$ 落后时，电枢反应在发电机的运行显示出去磁作用？而在电动机中起助磁作用？

5. 为什么反应式同步电动机必须做成凸极式的才行？它建立磁场所需的励磁电流由什么供给？它是否还具有改善电网功率因数的优点？能否单独作发电机供给电阻或电感负载？为什么？

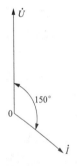

图 37　同步发电机相量图

6. 一水电站供应一远距离用户，为改善功率因数添置一台同步调相机，问此机应装在发电站还是装在离用户不远的变电站内？为什么？

二、计算题

1. 一台三相同步电动机的数据如下：额定功率 $P_N=2000\text{kW}$，额定电压 $U_N=3000\text{V}$（Y接），额定功率因数 $\cos\varphi=0.90$（超前），额定效率 $\eta_N=0.8$，同步电抗为 $X_s=1.5\Omega$，忽略定子电阻 R_a。当电动机的电流为额定值，$\cos\varphi=1.0$ 时，励磁电流为 5A，如果功率改变，电流变为 $0.9I_N$，$\cos\varphi=0.8$（超前），求此时的励磁电流（设空载特性为一直线）。

2. 三相隐极同步发电机额定容量 $S_N=60\text{kVA}$，星形联结，电网电压 $U_N=380\text{V}$，$X_s=1.55\Omega$。当电机过励，$\cos\varphi=0.8$（滞后），$S=37.5\text{kVA}$ 时，求：

（1）作相量图，求 E_0、δ（不计 R_a）；

（2）移去原动机，不计损耗，作相量图，求 I；

（3）用作同步电动机时，P_M 可由题干信息求得，I_f 不变，作相量图；

（4）机械负载不变，P_M 可由题干信息求得，使 $\cos\varphi=1$，作相量图，求此时电动机的 E_0。

3. 某工厂变电站变压器的容量为 2000kVA，该厂电力设备的总负载为 1200kW，$\cos\varphi=0.65$（滞后）；欲添一台 500kW，$\cos\varphi=0.8$（超前），$\eta=95\%$ 的同步电动机，问当电动机满载时全厂的功率因数是多少？变压器是否过载？

4. 一台隐极同步电动机拖动一负载，在额定功率及电压下其功率角 $\delta=30°$，现因电网发生故障，它的端电压及频率都下降了 10%，求：

（1）若此负载为功率不变型，δ 为多少？

（2）若此负载为转矩不变型，δ 为多少？

5. 一个 1000kW，$\cos\varphi=0.5$（滞后）的感性负载，原由一台同步发电机单独供给，现为改善功率因数，在负载端并联一台同步调相机，求：

（1）发电机单独供给此负载需要多大容量（单位为 kVA）？

（2）如利用同步调相机来安全补偿无功功率，则调相机的容量与发电机的容量各为多少？

（3）如果只把发电机的 $\cos\varphi$ 由 0.5（滞后）提高到 0.8（滞后）时，则此时调相机与发电机的容量又各为多少？

（4）如果提高发电机的 $\cos\varphi$ 到 0.9（滞后）与 1.0 时，调相机与发电机的容量又各为多少？并与（3）比较其容量。

6. 一个工厂需要 1500kW、$\cos\varphi=0.7$（滞后）的电力供应。工厂扩建后增加了一台同步电机，其主要参数为 1500kVA，$\cos\varphi=0.8$（超前）。试求：

（1）扩建后的电厂功率因数是多少？

（2）工厂容量和有功功率分别净增加多少？

习题二十三　同步发电机的不对称运行

一、思考题

1. 当转子以额定转速旋转时，定子绕组通以负序电流后，定子绕组与转子绕组之间的电磁联系与通入正序电流时有何区别？

2. 有两台同步发电机，定子的材料、尺寸和零件都完全一样，但转子材料不同，一个转子的磁极用钢板叠成，另一个为实心磁极（整块锻钢），设两者都没有装阻尼绕组，问哪台电机的负序电抗小些？

3. 为什么零序电流只建立漏磁通以及三和三的奇数倍数次谐波磁通？为什么 $X_0 < X_\sigma$？

二、计算题

1. 一台三相同步发电机，在空载电压为额定值的励磁下做短路试验，结果如下：$I_{k3}^* = 0.9$，$I_{k2}^* = 1.2$，$I_{k1}^* = 1.9$，试求 X_1、X_2 和 X_3 值。在计算中电阻略去不计。

2. 一台同步发电机定子接 $\frac{1}{5}U_N$ 的恒定三相交流电压，转子励磁绕组短路。当转子向一个方向以同步速旋转时测得定子电流为 I_N，当转子向相反方向以同步速旋转时测得定子电流为 $\frac{1}{5}I_N$。如忽略零序阻抗，试求该发电机在空载电压下发生机端持续三相、二相、单相短路时的稳态短路电流值（用标幺值表示）为多大？

3. 有一台三相同步发电机额定数据如下：$S_N = 500\text{kVA}$，$U_N = 6000\text{V}$（Y 接），$\cos\varphi_N = 0.8$（滞后），$n_N = 750\text{r/min}$，$f = 50\text{Hz}$。参数为 $X_d^* = 1.31$，$X_q^* = 0.77$，$X_\sigma^* = 0.103$，$X_d'^* = 0.30$，$X_2^* = 0.48$。在空载且 $E_0 = 1.1U_N$ 时发生两线间短路，试求线与线间的稳态短路电流及各相线电压。

4. 已知一三相同步发电机的励磁电动势 E_A 和各序电抗 X_1、X_2、X_0，试用对称分量法求出定子绕组两相并联再和一相串联后带单相负载 Z_L（见图 38）时的各相电压和电流。

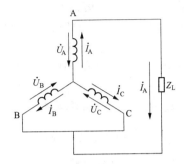

图 38　定子绕组两相并联再和一相串联后带单相负载的三相同步发电机等效电路图

V　异　步　电　机

习题二十四　异步电机的基本工作原理

一、思考题

1. 试述异步电动机的基本工作原理。异步电机和同步电机的基本差别是什么？

2. 什么叫转差率？为什么异步电机运行必须有转差？

3. 一台接在电网上的异步电机，假如用其他原动机拖动，使它的转速 n 高于旋转磁场的速度 n_1，如图 39 所示。试画出转子导条中感应电动势和有功电流的方向以及这时转子有功电流与磁场作用产生的转矩方向。

4. 为什么异步电动机的空气隙必须很小？为什么异步电机的定子铁芯和转子铁芯要用导磁性能良好的硅钢片制成？

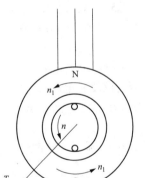

图 39　异步电机运行状态

二、计算题

1. 设有一台 50Hz 八极的三相异步电动机，额定转差率为 4.3%，问该机的同步转速是多少？额定转速是多少？当该机以 150r/min 反转时，转差率是多少？当该机运行在 850r/min 时，转差率是多少？当该机在起动时，转差率是多少？

2. 有一绕线转子异步电动机，定子绕组短路，在转子绕组通入三相对称交流电流，其频率为 f_1，旋转磁场相对于转子以转速 $n_1 = \dfrac{60f_1}{p}$(r/min)（p 为定、转子绕组极对数）沿顺时针方向旋转，问此时转子的转向如何？转差率如何计算？

习题二十五　异步电动机运行分析

一、思考题

1. 若在一异步电机定子绕组上加以频率为 f_1 的正序电压产生正转旋转磁场，在转子绕

组上加以频率为 f_2 的负序电压产生反转旋转磁场,问此时转子转向、转速的大小?其转速是否会随负载的增加而降低?

2. 试说明转子绕组归算和频率归算的意义,归算是在什么条件下进行的?

3. 将变压器的分析方法应用到异步电机中,二者有哪些相同之点和哪些不同之点?异步电动机的电压变比、电流变比和阻抗变比各等于什么?

4. 异步电动机定子绕组与转子绕组没有直接联系,为什么负载增加时,定子电流和输入功率会自动增加,试说明其物理过程。从空载到满载,电机主磁通有无变化?

5. 异步电动机的等效电路有哪几种?它们有何区别?等效电路中的 $\dfrac{1-s}{s}R_2'$ 代表什么意义?能否用电感或电容代替?

二、计算题

1. 有一台 3000V、50Hz、90kW、1475r/min、星形联结三相绕线转子异步电动机,在额定运行情况下的功率因数为 0.86,效率为 0.895。定子上共有 48 槽,定子绕级为双层短矩绕组,每槽有 40 根导体,线圈跨距为 10 槽;转子绕组为双层整距绕组,每一线圈一匝,转子共有 60 槽。定、转子绕组每相的支路数 $a_1=a_2=1$,试求:

(1) 该机的极数、同步速及额定运行情况下的转差率;

(2) 额定输入功率及额定输入电流;

(3) 定、转子电压变比 k_c、电流变比 k_i 及阻抗变比 k_z;

(4) 设在额定运行情况下,定子每相感应电动势为额定电压的 0.9 倍,求转子每相感应电动势的大小及频率。

2. 设有一台三相异步电动机数据如下:6 极、50Hz,转子绕组开路,不转时每相绕组感应电动势为 110V。转子堵住时参数为 $R_2=0.1\Omega$,$X_2=0.5\Omega$。求转子以 980r/min 的速度旋转时的转子每相电动势 E_{2s} 和电流 I_{2s} 及其频率。

3. 一台三相绕线转子异步电动机,当定子加额定电压而转子开路时集电环上电压为 60V,转子绕组为星形连接,转子静止时每相漏阻抗为 $0.6+j4.0\Omega$,若 $Z_1=Z_2'$ 且忽略励磁电流。计算:

(1) 当转子接入一个星形连接的起动电阻,每相电阻值为 5.0Ω,在额定电压下起动时,计算转子中电流的大小。

(2) 转子绕组短接,电机在 $s=0.04$ 运转时,计算转子电流的大小和频率,这时转子上的总机械功率是多少?

4. 有一台三相 380V,星形接法,50Hz,额定转速为 1444r/min 的绕线转子异步电动机,其每相参数为:$R_1=0.4\Omega$,$R_2'=0.4\Omega$,$X_1=1\Omega$,$X_2'=1\Omega$,$X_m=40\Omega$,R_m 略去不计,设转子为三相,定转子的有效匝比为 4,试求:

(1) 满载时的转差率。

(2) 根据等效电路解出满载时的 I_1、I_2 和 I_m。

(3) 满载时转子每相电动势 E_{2s} 及其频率的大小。

(4) 总的机械功率。

习题二十六 异步电动机的功率和转矩

一、思考题

1. 异步电动机运行时,内部有哪些损耗?当电机从空载变化到额定负载运行时,这些损耗中哪些基本不变?哪些是随负载变化的?

2. 一台绕线转子异步电动机，当负载转矩 T_2 不变时，在转子回路中串入一个附加电阻 R_s，它的大小等于转子绕组电阻 R_2，问这时电机的转差率将会怎样变化（近似认为 T_M 不变）？

3. 为什么异步电动机的功率因数总是滞后的？为什么空载时功率因数很低，负载增大，功率因数随之增大，当负载增大到一定程度后，功率因数又开始下降？

二、计算题

1. 一台三相异步电动机的输入功率为 60kW，定子总损耗为 1.0kW，转差率为 0.03，计算总的机械功率和转子每相铜耗。

2. 一台三相六极异步电动机，额定电压为 380V，电源频率为 $f_1 = 50\text{Hz}$，额定容量 $P_N = 28\text{kW}$，额定转速 $n_N = 950\text{r/min}$，额定负载时定子边功率因数 $\cos\varphi_1 = 0.88$，定子铜耗、铁耗共为 2.2kW，机械损耗为 1.1kW，忽略附加损耗，试计算在额定负载时的下列各值：

(1) 转差率 s_N；

(2) 转子铜损；

(3) 效率 η；

(4) 定子电流；

(5) 转子电流频率。

3. 一台六极工频绕线转子异步电动机，$m_1 = m_2 = 3$，带额定负载运行时测得转子电流频率为 2Hz，转子总铜耗为 400W，求：

(1) 额定转速为多少？

(2) 若保持转矩不变，在转子回路串入电阻运行，此时转子总铜耗为 900W，问此时转子转速为多少？

(3) 若转子回路串入电阻起动，起动时转子总铜耗为 12kW，试求起动转矩与额定电磁转矩之比值。

4. 设有一台三相、380V，星形接法，50Hz，1440r/min 的异步电动机，$R_1 = R_2' = 0.2\Omega$，$X_1 = X_2' = 0.6\Omega$；额定电压时空载电流 $I_0 = 12\text{A}$，$\cos\varphi_0 = 0.11$，机械损耗 P_m 为空载输入功率的 8.7%，附加损耗 P_{ad} 为额定输入功率的 1%，试用等效电路求出满载时的 P_1、P_2、P_M、P_Ω、P_{Cu1}、P_{Fe}、P_{Cu2}、P_m、P_{ad} 及效率 η，并绘出功率流程图表明它们的相互关系。

习题二十七　异步电动机的机械特性

一、思考题

1. 异步电动机带额定负载运行时，若电源电压下降过多，会产生什么严重后果？试说明其原因。如电源电压下降 5%，而负载转矩不变，对 T_{max}、T_{st}、n_1、$n(s)$、I_1 和 Φ_m 等有何影响？

2. 某异步电机如果有以下要求：

(1) 转子电阻加倍；

(2) 定子漏电抗加倍；

(3) 外加电压上升；

（4）频率由 50Hz 变为 60Hz。

试求各项对最大转矩有何影响？

二、计算题

1. 有一星形连接三相四极绕线转子异步电动机，$f_1=50\text{Hz}$，$P_N=150\text{kW}$，$U_1=380\text{V}$，额定负载时测得转子铜耗 $P_{\text{Cu2}}=2210\text{W}$、机械损耗 $P_m=2640\text{W}$、附加损耗 $P_{\text{ad}}=1000\text{W}$。已知该电机参数如下：$R_1=R'_2=0.012\Omega$，$X_1=X'_2=0.06\Omega$，$C=1$，试求：

（1）额定工作时的 P_M、s、n、T_M；

（2）产生最大转矩时的 s_m；

（3）当负载转矩不变时，在转子中串入电阻 $R'_f=0.1\Omega$，此时的 s、n、P_{Cu2}；

（4）欲使起动时产生最大转矩，问在转子电路中串入若干电阻（归算到定子边的值）？

2. 一台三相绕线转子异步电机 $P_N=7.5\text{kW}$，$n_N=1430\text{r/min}$，$R_2=0.06\Omega$，现将此电机用在起重装置上，加在电机轴上的静转矩 $T_c=T_2+T_0=4\text{kg}\cdot\text{m}$，要求电机以 500r/min 的转速将重物降落，问此时在转子回路中每相应串入多大的电阻？（忽略 P_m 和 P_{ad}）

3. 一台三相 8 极异步电动机的数据为 $P_N=260\text{kW}$，$U_N=380\text{V}$，$f=50\text{Hz}$，$n_N=722\text{r/min}$，过载能力 $k_m=2.13$，试求：

（1）产生最大电磁转矩时的转差率；

（2）$s=0.02$ 时的电磁转矩。

4. 一台 JO$_2$-62-6、13kW 异步电动机，$U_N=380\text{V}$，三角形接法，额定运行时 $I_{2N}=274\text{A}$，$n_N=970\text{r/min}$，在转矩不变情况下，因电网电压下降使得转子转速为 900r/min，求此时转子电流为多少？

5. 一台三相异步电机的数据为 $P_N=50\text{kW}$，$U_N=380\text{V}$，$f=50\text{Hz}$，极对数 $p=4$，额定负载时的转差率为 0.025，最大转矩为额定转矩的两倍，求产生最大转矩时的转速为多少？（用转矩实用公式）

6. 一台三相六极异步电机的定子及转子总的电抗为每相 0.1Ω，归算到定子边的转子电阻为每相 0.02Ω，求产生最大转矩时的转速。已知电源的频率为 50Hz，又如在起动时需要产生 2/3 最大转矩，问需在转子中接入多大电阻（归算到定子边的值，并忽略定子电阻的影响）？

习题二十八　异步电动机的起动和调速

一、思考题

1. 普通笼型异步电动机在额定电压下起动时，为什么起动电流很大，但起动转矩并不大？但深槽型或双笼型电动机在额定电压下起动时，起动电流较小而起动转矩较大，为什么？

2. 绕线转子异步电动机在转子回路串入电阻起动时，为什么既能降低起动电流又能增大起动转矩？试分析比较串入电阻前后起动时的 Φ_m、I_2、$\cos\varphi_2$、I_{st} 是如何变化的？串入的电阻越大是否起动转矩越大？为什么？

3. 两台同样的笼型异步电动机共轴连接，拖动一个负载。如果起动时将它们的定子绕组串联以后接到电网上，起动完毕后再改接为并联。试问这样的起动方法，对最初起动电流和最初起动转矩的影响怎样？

4. 为什么变频恒转矩调速时要求电源电压随频率成正比变化？若电源的频率降低，而电压大小不变，会出现什么后果？

5. 试分析绕线转子异步电动机在转子回路串入电阻调速时，电机内部发生的物理过程。如果不串入电阻，而是接入一个与转子电流频率相同、相位一致的外加电动势，则电动机的转速将如何变化？

二、计算题

1. 一台三相四极异步电动机额定容量为 28kW，额定电压为 380V，额定负载时的效率为 90%，$\cos\varphi_1$ 为 0.88，定子绕组为三角形联结，在额定电压下的堵转电流为额定电流的 5.6 倍，问若用"星—三角形"起动时，最初起动电流是多少？

2. 一台绕线转子三相异步电动机 $p=2$，$R_1=R_2'=0.01\Omega$，$X_1=X_2'=0.05\Omega$；$n_N=1470\text{r/min}$，不计 I_m，$C\approx1$，$k_e=k_i=1.73$。求：

(1) 把最初起动电流限制在额定电流的两倍，问每相应串多大的电阻？

(2) 求串入电阻后的 $\dfrac{T_{st}}{T_N}$。

3. 一台 $\text{JO}_2\text{-}41\text{-}6$ 型三相 50Hz 笼型异步电动机，额定功率为 3kW，额定电压为 380V，额定电流为 5.7A，$n_N=957\text{r/min}$，定子绕组星形接法。起动时电机参数：$R_1=2.08\Omega$，$X_1=2.36\Omega$，$R_2'=1.735\Omega$，$X_2'=2.8\Omega$，$C=1.03$，试求：

(1) 全压起动时的最初起动电流倍数和最初起动转矩倍数；

(2) 若用自耦变压器起动，自耦变压器的变比 $k_A=2$，此时的最初起动电流倍数和最初起动转矩倍数是多少？

(3) 该电机能否应用"星—三角形"起动？为什么？

4. 绕线转子异步电机 $p=2$，$f=50\text{Hz}$，$R_2'=0.02\Omega$，额定负载时 $n_N=1465\text{r/min}$，若频率不变，转矩不变，求：

(1) 必须在转子内串入多大电阻使 $n=1050\text{r/min}$？

(2) 若转子未串电阻时 $s_m=0.2$，问有可能用降压法使其运行于 1050r/min 吗？

5. 一台三相 50Hz、6 极绕线转子异步电动机，当额定输出功率为 100kW 时转子转速为 980r/min。若轴上的负载转矩保持不变，在转子回路中接入电阻调速，把转速降低到 750r/min，试求消耗在调速电阻上的功率和减速后的输出功率。设电动机的机械损耗为额定输出功率的 1%，不计附加损耗。

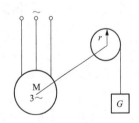

图 40 三相四极绕线转子
异步电动机带重物示意图

6. 一台三相四极绕线转子异步电动机带动一重物升降（见图 40）。已知绞车半径 $r=0.2\text{m}$，重物的重力 $G=500\text{N}$，转子星形连接，每相电阻 $R_2=0.05\Omega$。当重物上升时，电动机转速为 1440r/min，忽略机械摩擦力矩。欲使电动机以 750r/min 的转速把重物放下，问转子每相需串入多少附加电阻 R_s？附加电阻需要多大的电流容量？并证明在重物下降时，转子铜耗 P_{Cu2} 是来自定子的电磁功率 P_M 与来自重物所做的机械功率 P_Ω 之和。

Ⅵ 直 流 电 机

习题二十九　直流电机的基本理论

一、思考题

1. 单叠绕组和单波绕组的联结规律有何不同？同样极对数 p 的单叠、单波绕组的支路对数为什么相差 p 倍？

2. 何谓换向器上的几何中性线？它的位置由什么决定？实际电机中它的位置应在何处？为什么电刷安放在换向器的几何中性线上时，能够获得最大的感应电动势？

3. 何谓电枢反应？电枢反应的性质由什么决定？电枢反应对气隙磁场有何影响？

4. 在直流发电机中，如果电刷偏离几何中性线后，则其电枢反应将对端电压产生什么影响？

5. 为什么交轴电枢反应会产生附加去磁作用？

6. 直流发电机负载运行时电枢电动势与空载时是否相同？计算电动势 E_a 是用什么磁通计算的？电磁转矩是怎样变化的？它的大小与哪些因素有关？

7. 为什么说电枢磁动势的交轴分量与气隙磁场相互作用产生电磁转矩？直轴分量为什么不产生？

8. 换向元件在换向过程中可能出现哪些电动势？是什么原因引起的？它们对换向各有什么影响？

9. 换向极的作用是什么？它装在什么位置？它的绕组应如何连接？如果将已调整好的换向极绕组的极性接反，则运行会出现什么现象？

二、作图计算题

1. 一单叠右行绕组的数据为 $S=K=Z_e=24$，$2p=6$，试画出绕组展开图，并画出主磁极和电刷，支路对数为多少？

2. 一直流发电机，$2p=4$，$2a=2$，$Z=35$，每槽内嵌有 10 根导体，如欲在 1450r/min 下产生 230V 电动势，则每极磁通应为多少？

3. 一直流发电机，$2p=4$，$2a=2$，$S=21$，每元件匝数 $w_s=3$，当 $\Phi_0=1.825\times10^{-2}$ Wb、$n=1500$r/min 时，试求正、负电刷间的电压。

4. 一直流发电机，$2p=8$，当 $n=600$r/min，每极磁通 $\Phi=4\times10^{-3}$ Wb 时，$E_a=230$V。试求：

（1）若为单叠绕组，则电枢绕组应有多少导体？

（2）若为单波绕组，则电枢绕组应有多少导体？

5. 一台四极、82kW、230V、970r/min 的他励直流发电机，如果额定运行时的磁通比空载电压为额定电压时的磁通多 5%，试求电机的额定电磁转矩（设从空载到额定运行维持转速不变）。

习题三十　直流发电机

一、思考题

1. 负载时直流发电机中有哪些损耗？是什么原因引起的？铁耗和机械损耗在什么情况下

可以看成是不变损耗?

2. 如果没有磁路饱和现象,并励直流发电机能否自励? 作图说明。

3. 并励直流发电机正转能自励,反转能否自励? 假若不能自励,应怎么办?

4. 同一台直流发电机,当转速相同时,把它作为他励和并励时的电压调整率是否相同,为什么?

二、计算题

1. 一台四极、82kW、230V、970r/min 的他励直流发电机,如果每极的合成磁通等于空载额定转速下具有额定电压时每极的磁通,试求当电机输出额定电流时的电磁转矩。

2. 一台四极、82kW、230V、970r/min 的并励发电机,在 75℃时的电枢回路电阻 $R_a=0.0259\Omega$,并励绕组每极有 78.5 匝,四极串联后的总电阻 $R_f=22.8\Omega$,额定负载时,并励回路串入 3.5Ω 的调节电阻,电刷压降 $2\Delta U_b=2V$,基本铁耗及机械损耗 $P_{Fe}+P_m=4.3kW$,附加损耗 $P_{ad}=0.005P_N$,试求额定负载时发电机的输入功率、电磁功率、电磁转矩和效率。

3. 已知上题发电机的空载特性数据见表 11。

表 11　　　　　　　　　　　　　并励发电机的空载特性数据

$I_f(A)$	2	3.2	4.5	5.5	6.5	8.2	117
$U_0(V)$	100	150	198	220	244	260	280

若空载时产生额定电压,励磁电路应串入多大调节电阻? 在额定转速下的临界电阻是多少?

4. 一台并励发电机在 600r/min 时空载电压为 125V,假如将转速提高到 1200r/min,同时将励磁回路电阻增加一倍,问电机的空载电压应为多少?

习题三十一　　直流电动机

一、思考题

1. 要分别改变并励直流电动机、串励直流电动机、复励直流电动机的旋转方向,应该怎么办?

2. 试从电动势平衡的关系上说明,为什么直流电动机起动过程中电枢电流是由大变小的? 使电流下降的直接原因是什么?

3. 并励直流电动机在运行时突然励磁绕组断开,试问电机有剩磁或没有剩磁时,后果如何? 若起动时就断了线又有何后果?

4. 一台他励直流电动机在稳态下运行时电枢电动势为 E_a,如果负载转矩 T_2 为常数,外加电压和电枢电路中的电阻均不变,试问减弱励磁使转速上升到新的稳态后,电枢电动势如何变化(大于、等于或小于 E_a)?

5. 电动机的电磁转矩是驱动性质的转矩,看来电磁转矩增大时转速应上升,但从直流电动机的机械特性中却得到相反的结果,即电磁转矩增大时转速反而下降,这是什么原因?

6. 一台正在运行的并励直流电动机,转速为 1450r/min。现将它停下来用改变励磁绕组的极性改变转向后(其他未变),当电枢电流的大小与正转相同时,发现转速为 1500r/min,试问这可能是由什么原因引起的?

7. 拖动某生产机械的直流电动机正转和反转时轴上输出转矩相同,但正转时电枢电流比反转时大，试分析其原因？

二、计算题

1. 并励直流电动机铭牌如下：$P_N = 96\text{kW}$、$U_N = 440\text{V}$、$I_N = 255\text{A}$，$I_{fN} = 5\text{A}$，$n_N = 500\text{r/min}$，已知电枢电阻为 0.078Ω，若忽略电枢反应的影响，试求：

(1) 电动机的额定输出转矩；

(2) 在额定电流时的电磁转矩；

(3) 电机的理想空载转速（即 $I_a = 0$ 时之转速）；

(4) 在总制动转矩不变的情况下，当电枢回路串入 0.1Ω 电阻后的稳定转速。

2. 一台并励直流电动机，$P_N = 5.5\text{kW}$、$U_N = 110\text{V}$、$I_N = 58\text{A}$（从电网来的总电流），$n_N = 1470\text{r/min}$，$R_f = 138\Omega$，$R_a = 0.15\Omega$。在额定负载时突然在电枢回路中串 0.5Ω 电阻，若不计电枢回路中的电感和略去电枢反应的影响，试计算此瞬间下列项目：

(1) 电枢反电动势；

(2) 电枢电流；

(3) 电磁转矩；

(4) 若总制动转矩不变，试求达到稳定状态后的转速。

3. 一台 15kW、220V 的并励直流电动机，额定效率 $\eta_N = 85.3\%$，电枢回路的总电阻（包括电刷接触电阻）$R_a = 0.2\Omega$，并励回路电阻 $R_f = 44\Omega$。欲使最初电枢起动电流限制为额定电枢电流的 1.5 倍，试求起动变阻器应为多少欧？其电流容量应为若干？若起动时不接起动器，则最初起动电流为额定电流的多少倍？

4. 一台并励直流电动机 $P_N = 7.2\text{kW}$、$U_N = 110\text{V}$、$n_N = 900\text{r/min}$，$\eta_N = 85\%$，$R_a = 0.08\Omega$（包括电刷接触电阻），$I_f = 2\text{A}$。若制动转矩不变，在电枢回路串入一电阻使转速降低到 450r/min，试求串入电阻的数值、输出功率和效率。

5. 一并励直流电动机，$U_N = 220\text{V}$，$R_a = 0.4\Omega$，$I_a = 41.4\text{A}$，$n = 1500\text{r/min}$，带恒转矩负载运行。

(1) 在电枢回路串入电阻 $R_j = 1.65\Omega$，求串入电阻后的转速。

(2) 若减少 I_f，使磁通减少 10%，求转速升高为多少？

(3) 若电压下降为 110V，求此时的转速。

6. 一台并励直流电动机的数据如下：$U_N = 220\text{V}$，$R_a = 0.032\Omega$，$R_j = 275\Omega$，将电机装在起重机上，当使重物上升时，$I_a = 350\text{A}$，$n = 795\text{r/min}$，而将重物下放时（重物负载不变，电磁转矩也近于不变），电压及励磁电流保持不变，转速 $n = 300\text{r/min}$，问电枢回路要串入多大的电阻？

7. 一台他励直流电动机数据如下：额定电压 $U_N = 220\text{V}$，额定电枢电流 $I_{aN} = 10\text{A}$，额定转速 $n_N = 1500\text{r/min}$，电枢回路总电阻 $R_a = 1\Omega$（包括电刷接触电阻）。现将电动机拖动一重物 $G = 50\text{N}$（见图 41）。已知绞车车轮半径 $r = 0.25\text{cm}$（忽略机械摩擦、铁损耗以及电枢反应的作用），保持励磁电流为额定值。

(1) 若电动机以 $n = 150\text{r/min}$ 的速度将重物提升，问在电动机电枢回路应串多大电阻才行；

(2) 当重物上升到距地面高度为 h 时，需要停住，这时电动机电枢回路应串多少电阻？

(3) 如果希望把重物从 h 高度下放到地面，并且下放时重物的速度保持为 3.14m/s，这时电枢回路应串入多少电阻?

（4）如果当重物停在 h 高度时而把重物拿掉，这时电动机的速度为多少?

（5）分别计算以上四种情况电动机输入功率、输出功率以及电阻 R_s 上消耗的功率。

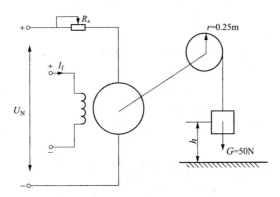

图 41　他励直流电机拖重物示意图

参 考 文 献

［1］叶东 . 电机学 . 天津科学出版社，1995.

［2］孙旭东，王善铭 . 电机学 . 北京：清华大学出版社，2013.

［3］汤蕴璆 . 电机学 . 北京：机械工业出版社，2011.

［4］王艾萌 . 新能源汽车新型电机的设计及弱磁控制 . 北京：机械工业出版社，2014.

［5］王正茂，阎治安，崔新艺，等 . 电机学 . 西安：西安交通大学出版社，2000.

［6］菲茨杰拉德（Fitzgerald，A. E. ）. 电机学 . 刘新正，苏少平，稿琳，译 . 北京：电子工业出版社，2004.

［7］仁田工吉，冈田隆夫，安陪稔，等 . 电机学 . 冯浩，译 . 北京：科学出版社，2004.

［8］张植保 . 电机原理及其运行与维护 . 北京：化学工业出版社，2004.